工业和信息化部"十四五"规划教材

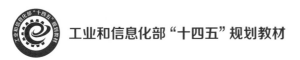

开发人才培养系列丛书

现代Web
开发与应用

微课版

戴开宇 ◉ 编著

U0196206

人民邮电出版社

北 京

图书在版编目（CIP）数据

现代Web开发与应用：微课版 / 戴开宇编著. -- 北京：人民邮电出版社，2024.10
（Web开发人才培养系列丛书）
ISBN 978-7-115-64484-8

Ⅰ．①现… Ⅱ．①戴… Ⅲ．①网页制作工具 Ⅳ．①TP393.092.2

中国国家版本馆CIP数据核字(2024)第104603号

内 容 提 要

本书共 7 章。第 1 章概述 Web 的诞生和发展，以及 Web 的核心标准和协议；第 2 章介绍传统 Web 的 B/S 架构，以及 HTML5 进阶；第 3 章主要介绍 Web3D 和 WebXR；第 4 章介绍 Web 应用的架构演化，包括 Web 开发框架模式、典型的 Web 开发平台、前后端分离架构，以及与 Web 开发和部署相关的云计算技术应用；第 5 章介绍 Web 前端框架，重点介绍 Angular 框架；第 6 章介绍 Web 后端框架，先介绍 Spring 框架（重点是其核心技术 IoC 和 AOP），然后介绍用于 Web 开发的 Spring MVC，以及简化开发的 Spring Boot 等，最后介绍数据访问和持久层框架 Spring Data 和 MyBatis；第 7 章介绍连接前后端的 Web 服务技术，包括典型的 SOAP Web 服务、RESTful Web 服务以及 GraphQL Web 服务，并进一步介绍云原生的核心技术微服务。本书最后的附录提供了 3 个课程项目选题，供读者参考使用。

本书对 Web 开发核心知识点进行深入剖析，能帮助读者快速提升 Web 系统开发能力。本书适合作为高校计算机及相关专业的教材，也适合作为 Web 开发工程师和相关从业者的自学参考书。

◆ 编　著　戴开宇
　　责任编辑　刘　博
　　责任印制　陈　犇
◆ 人民邮电出版社出版发行　　北京市丰台区成寿寺路 11 号
　　邮编　100164　　电子邮件　315@ptpress.com.cn
　　网址　https://www.ptpress.com.cn
　　三河市中晟雅豪印务有限公司印刷
◆ 开本：787×1092　1/16
　　印张：21.75　　　　　　　　　　2024 年 10 月第 1 版
　　字数：592 千字　　　　　　　　2024 年 10 月河北第 1 次印刷

定价：79.80 元

读者服务热线：(010)81055256　印装质量热线：(010)81055316
反盗版热线：(010)81055315
广告经营许可证：京东市监广登字 20170147 号

前 言

　　互联网技术的发展推动了人工智能、云计算、物联网、区块链、元宇宙（一个和现实世界平行的永不消亡的数字化世界）等前沿计算技术的发展，这些技术在各行业得到了广泛应用。Web是最流行的互联网应用之一，也是早期促使互联网开始蓬勃发展的关键应用，与各种前沿计算技术密切相关。早期的Web 1.0方便了人们在互联网上使用跨平台、标准化的图形化浏览器"冲浪"获取信息，从而开启了互联网时代；Web 2.0采用云计算提供的各种应用平台，人们可以通过各种设备进入互联网，使用生活和工作方面的各种应用并且贡献自己的数据，连接彼此；Web 3.0在连接之上更注重将知识和人工智能引入互联网，让机器能自动理解语义，并注重采用物联网的泛在计算，以及采用WebXR技术的虚拟现实用户体验；基于区块链技术的Web 3采用信用计算来保证个人的数据和隐私，并综合采用各种前沿技术（如人工智能和XR技术）来构建元宇宙，被认为是下一代互联网。

　　对计算机相关专业的本科生而言，学习Web技术具有至关重要的意义。首先，Web技术是计算机科学多个领域的综合体现，涉及分布式系统、程序设计、软件工程、计算机网络、数据库管理、图形学、安全工程等多个层面。比如对HTTP 2和HTTP 3如何提高Web应用性能的探究，会涉及计算机网络的知识；对HTTPS如何保证安全的探究，又涉及安全工程方面的内容；进行Web前后端分离的开发，会采用各种范式的编程语言，在应用面向对象的分析和设计技术时，数据库方面的知识也至关重要；WebXR技术则与图形学密切相关；应用云原生技术来开发、部署和运维Web系统，则采用现代软件工程技术。

　　在"新工科"理念下，Web技术显得尤为重要。新工科强调跨学科的整合与创新，关注前沿技术和实际工程应用。而Web技术正是连接不同科技领域的桥梁，通过学习现代Web技术，能将前沿计算技术融入Web应用之中，拓宽同学们的视野，为未来的科技创新奠定基础。通过完成具有一定挑战性的Web应用设计，能够培养同学们的工程素养和解决实际问题的能力，这本身就是计算机学科重要的人才培养目标之一，对帮助同学们顺利完成即将到来的毕业实习和毕业设计、进一步深造或者在未来职业生涯中从事软件研发具有不可估量的价值。"新工科"理念也强调培养人的综合素养，编者也希望本书激励读者利用信息技术构建更美好的世界，并对技术的发展和作用持批判性思维，关注其中的技术伦理。

　　本书通过深入浅出的方式，系统地介绍现代Web技术，并对关键技术提供可以运行的实例帮助读者理解其特征和本质。第1章先概述Web的诞生和发展及相关技术，让读者对Web应用的特点和趋势有清晰的了解；然后对核心的标准做较为详细的介绍，为后续内容的学习打下基础。第2章通过介绍传统Web的B/S架构，将其与桌面应用的C/S架构进行比较，从而介绍融合两者优势的Web应用的发展趋势（比如RIA和PWA等），HTML5一些高级API的主要功能也是融合两者优势。第3章延续HTML5 API的介绍，着重介绍属于HTML5标准的WebGL以及框架Three.js和A-Frame，从而介绍Web上的虚拟现实技术WebVR和WebXR。第4章介绍Web应用的架构演化，包括Web开发框架模式、前后端分离架构，以及基于云计算的Web开发和部署。第5～7章介绍本书Web应用开发的主体内容，即前后端分离架构的Web开发，着重介绍前端的Angular框架、后端的Spring 框架，以及连接前后端的Web服务，并简要介绍微服务。每章均给出学习目标、思考与练习。

本书遵循乔治·西门子（George Siemens）提出的互联网时代的连接主义学习理论，强调知识之间的关联，力求构建条理清晰的知识脉络，强调某项技术的核心特征和本质而不是细节，尤其希望读者更关注具体技术所涉及的专业理论知识和计算思维。这不仅是因为篇幅限制（本书所介绍的许多技术往往在市面上都可以找到专门介绍的书，一本书很难涵盖各项技术的细节），也是因为技术会不断更新。作为某门课程的教材，应该尽量给出那些凝练而经典的学科内容，而不是技术培训教程或者编程指南。互联网上已经有非常多的关于具体技术的详细教程，读者应该培养自主学习能力和一定的信息素养，在解决具体问题的时候能去查找相关资料，进一步了解细节并解决问题。本书更强调的是知识的系统化，希望着重帮助读者构建一棵"Web技术知识之树"的"主干"，引导读者进一步自主学习并丰富自己的这棵知识之树，在合适的位置建立新的分枝；知道正在学习或使用的某项技术位于这棵知识之树的哪个分枝，和其他知识点之间的关系是什么。

本书的一些素材来自学生自主创作的学习视频、助教撰写的课程项目设计文档、学生的毕业设计，比如朱小宁同学制作的Angular学习实例视频，王国镇、柳青藤同学的毕业设计等；另外，一些素材来自互联网相关资源，部分文字和代码借助大语言模型辅助生成了初步文稿，然后进行了人工完善。本书内容还涉及和腾讯等业界知名企业的协同育人项目，这里一并感谢多年的合作者，以及相关学习资源的提供者。尤其要感谢字节跳动的向超磊，对本书的主要示例代码和相关部署运行都进行了验证，并进行了代码和文档的完善，从而尽量确保读者可以顺利运行示例来动手实践学习。王嘉贝同学对本书图表的绘制进行了完善。在此也为由自己水平所限导致的书中的疏漏，向读者致以歉意，并欢迎和感谢指正。

戴开宇

2023年10月1日

< 2 >

目 录

第 5 章
Web前端框架

第 6 章
Web后端框架

第 7 章
Web服务与微服务

附 录
课程项目设计参考

< 2 >

第 1 章

Web发展历程与核心标准

学习目标

- 能描述Web作为一种互联网应用的主要特征。
- 能阐述Web与互联网以及前沿计算技术的关系。
- 能阐述Web应用的核心标准和协议（如URI、HTML、CSS、JavaScript、XML、HTTP、WebAssembly）的主要含义和功能。
- 能阐述Web应用的基本特征，如分布式超媒体、平台无关性等。
- 能对比说明文档Web、应用Web、服务Web的特征和核心协议。
- 能列举Web 2.0的一些典型应用，并总结Web 2.0的应用特征。
- 能列出语义Web的协议栈，并说明每层协议的主要功能。
- 能区分Web 3.0和Web 3的不同侧重点。
- 能从交互、媒介、组织、基础设施和控制等方面对Web 1.0、Web 2.0和Web 3进行比较。
- 能列出并解释Web 3的核心特征（如DAO模式），并举例说明典型的Web 3应用（如NFT、DeFi等）。
- 能列出元宇宙的核心特征，并举例说明。
- 能运用HTML、CSS和JavaScript制作美观和具有交互性的页面。
- 能阐述XML和HTML的核心区别，解释XML作为元语言的特点。
- 能列出XML的主要语法规则，并能发现一个实际XML文档中的错误之处。
- 能阐述XML的DTD和Schema的作用，并比较它们的异同点。
- 能阐述XML的XSLT规范的作用，并比较其和CSS的异同。
- 能解释高级语言对XML的3种主要解析方式（DOM、SAX、StAx），并比较异同。
- 能阐述HTTP的特点，并解释其作为Web协议所具有的相应特点。
- 能阐述HTTPS的特征以及实现机制。
- 能分析和比较HTTP 1.1、HTTP、HTTP 的组成和特征。
- 能说明WebAssembly应用的特征和基本原理，并能开发简单的WebAssembly应用。

1.1 Web的诞生和发展

Web是一种基于互联网的全球信息系统。Web技术是指构建Web应用的技术，比如超文本标记语言（HTML）、超文本传送协议（HTTP）等。Web技术可以说是互联网上应用最广泛的技术，由于互联网的广泛应用而变得尤为重要。传统意义上的Web是指分布在全世界的基于HTTP的服务器（也称为Web服务器）中所有互相连接的超文本集，也称为Web文档，它采用浏览器/服务器（B/S）模式并使用超文本技术链接互联网上的信息和资源。服务器端存放用HTML编写的网页以及其他资源，用户通过浏览器就可以访问全球范围内各个主机上的信息资源。

1.1.1 Web的诞生和相关技术

Web基本概念、发明与特征

英国科学家蒂姆·伯纳斯-李（Tim Berners-Lee）于1989年发表《信息管理：一份建议》（*Information Management:A Proposal*）一文，其中提出了HTML，同时提出了传输这种语言的HTTP。有趣的是，计算机领域的伟大发明Web诞生于物理学领域的CERN（欧洲核子研究组织），其开发了世界上第一个Web网站。全球几千名学者聚集在CERN研究物理学前沿领域，他们需要相互转发和共享论文等资料，采用E-mail应用发送邮件来共享显然很麻烦。而将自己的论文放在某个提供文档传输服务的服务器上，然后通过一个网址来访问和获取文档，会方便得多。所以，最开始Web的发明是为了在网络上共享文档，文档采用HTML。所谓的"超文本（HyperText）"，是指在一般的文档上增加了"跳转"的维度，单击"超链接"可以载入并显示别的文档。这来源于学者们在阅读文献资料的时候希望很方便地访问到相关文档（比如参考文献）的需求。

伯纳斯-李还创建了第一台Web服务器，它的名字叫作NeXT Cube，是一款基于UNIX系统的工作站。所以，几乎可以说由他一人开发了Web的核心组成部分（如HTML、HTTP和URL等）。2002年，他被授予英国爵士头衔，以表彰他在互联网和Web技术方面的杰出贡献。在颁授头衔的仪式中，伯纳斯-李表示他从未考虑过把Web发明出来以获取个人收益，而是出于推动全世界人民之间的交流和分享知识的愿望。他崇尚开放、共享精神，因此他将Web开放给全世界以支持人类共享知识。在2012年伦敦奥运会开幕式上，伯纳斯-李受邀参加表演，如图1-1所示。在巨大的开幕式场馆中，他在面前的计算机上打下一行字，使之成为展示在场馆的巨大文字："THIS IS FOR EVERYONE"。

图 1-1　Web 的缔造者伯纳斯－李和他用来构建第一台 Web 服务器的计算机

Web的发明建立在之前许多重要的技术思想和发明基础之上，如图1-2所示。部分密切相关

< 2 >

的技术的介绍如下。

图 1-2　和 Web 密切相关的重要技术思想和发明

1．信息检索系统Memex

Memex是一种早期的信息管理系统，由万尼瓦尔·布什（Vannevar Bush）于1945年发明。这个系统主要基于电子化的档案管理和信息检索，开创了将信息有效组织起来的先河，可以通过索引、标签等方式将信息有效分类，以方便检索。Memex还为信息共享提供了基础，这使得用户可以将信息简便地存储、传递和共享给其他用户。

Memex的概念和实现对Web技术有很大的启示作用。Web在发展初期，有很多思路和Memex十分相似。比如Memex和Web都是信息存储和信息检索系统，Memex和Web都使用了链接来建立信息之间的关联。在Memex中，用户可以对信息进行标记、归类和短语索引等操作，然后通过链接将这些信息与其他信息相连接。这样一来，用户就可以按照主题等整理数据，并追溯或者查找相关信息。Web大大扩展了Memex的应用范围，并发展成一个全球信息共享的平台。

2．信息论

信息论由克劳德·香农（Claude Shannon）于1948年创立，当时主要是为了解决信息传输中的噪声干扰问题。信息论是信息科学的基础，是一个具有广泛应用价值的学科，涉及通信、计算机科学、密码学、网络安全等多个领域。而Web本质上是一个开放、分布式的全球信息系统，其中包含大量的数据和信息，并通过网络进行传输和共享。信息论为Web的信息传输、压缩存储、搜索和检索等提供了坚实的理论基础。

3．超文本

超文本是一种文本显示方式，其中的文字包含超链接，可以通过单击这些超链接实现跳转到相关文本信息、图像、视频等多媒体内容。它是Web技术的关键概念之一，在Web的界面设计、信息检索、多媒体展示和文档共享等方面发挥着重要作用。其思想来自前文提到的发明Memex的计算机科学家布什，他于1945年发表文章《按照我们的想象》（*As We May Think*），呼吁在有思维的人和所有的知识之间建立一种新的关系。

美国斯坦福研究所的道格·英格尔伯特（Doug Engelbart）将布什的思想付诸实现，他开发的联机系统NLS（oN-Line System）已经具备若干超文本的特性，甚至可以说是他发明了超文本。另外，英格尔伯特还发明了鼠标。但"超文本"（Hypertext）这一词汇是由美国人特德·纳尔逊（Ted Nelson）于1965年创造的，之后超文本成为非线性信息管理技术的专用词汇。当然，如前所述，最早应用到Web技术中的超文本是由伯纳斯–李发明的。

4．互联网

Web应用是一种互联网应用，互联网起源于1969年构建的阿帕网（ARPANET），1984年从其中分出的民用网络发展为现在的互联网。互联网这个采用图结构并且遍布全球的计算机网络彻底改变了人们生活的方方面面，从社交网络到电子商务，乃至国际关系，俨然构建了一个虚拟世界。现实生活的许多事物都映射到了这张巨大的网络中，比如社交网络实际上是现实中社会关系向互联网的迁移。

TCP/IP（Transmission Control Protocol/Internet Protocol，传输控制协议/互联网协议）是一种计算机网络协议，是互联网通信协议的基础。它是20世纪70年代由文特·瑟夫（Vint Cerf）、

< 3 >

鲍勃·卡恩（Bob Kahn）发明的，他们也被称为"互联网之父"。1984年左右，ARPANET采用TCP/IP，早期互联网基本框架形成。1989年，美国国家科学基金组织正式定义了Internet（互联网），将其定义为由具备以下要素所组成的"全球性的、相互连接的计算机网络体系"，这也标志着互联网的正式出现。其中，Web应用就是运行在互联网这一全球网络基础设施上的、最流行的互联网应用。

（1）具有通用协议的网络体系结构，以TCP/IP为基础。

（2）可以相互链接，使得支持TCP/IP的设备和网络可以互联互通。

（3）由于可以随时改变、增加内容以及扩大规模，因此这个网络体系本质上是一个能够不断增长、扩张的全球性基础设施。

（4）具备不同层次和功能的网络资源（如信息、文件、文献等），以及可以提供访问和交换这些资源的应用程序和工具。

这些要素很好地概括了当时互联网的基本特征和构成。现在的互联网已经发展为一个庞大、复杂、多样化的网络体系，但这些要素仍保持着其重要性，是互联网的核心基础。

5．Mosaic

Mosaic是由马克·安德森（Marc Andreessen）和埃里克·比纳（Eric Bina）在1993年设计的一款基于图形界面的Web浏览器。Mosaic被视为Web史上最重要的一款浏览器，引入了许多现代Web浏览器的关键特性，如图形UI（GUI）、多文档浏览和HTTP等。这些特性提升了用户体验，真正促进了Web技术的普及。

Mosaic的另外一个关键作用是促进了Web的标准化。通过引入现有的网络协议和标准（如HTML、HTTP、URL等），Mosaic简化了Web的开发和发布。而Web的一个重要特征是标准化，这使得在互联网上跨平台的应用和互操作成为可能。

许多前沿计算技术都与互联网和Web密切相关。以下简要介绍移动互联网、物联网、云计算、大数据、区块链等相关技术和Web技术的密切关系，如图1-3所示。

图 1-3 与 Web 相关的前沿计算技术

智能手机等移动终端使得人们可以更加方便地随时随地连接到互联网，从而构成**移动互联网**，支持所谓的SoLoMo应用，即具有Social（社交）、Local（本地）、Mobile（移动）特征的应用。比如我们通过手机找到离自己最近的一家餐馆吃饭，看其他人的点评，并且采用移动支付，这就是典型的SoLoMo应用。移动互联网实现了比特世界向原子世界的回迁，而5G这样的高速通信技术使得更多的终端可以同时连入，并且实现低延迟传输。正在发展中的6G标准的一大特征是将支持空天地海分布式接入的泛在应用。

若连入互联网的计算单元足够小，就能嵌入所有物品并将它们通过网络连接起来，实现任何物体、任何人、任何时间、任何地点（所谓4A）的智能识别、信息交换和管理，这就是物联网（Internet of Things，IoT）。比如放在葡萄园里面的传感器可以将温度、湿度等信息传到服务器端，服务器进行相关智能判断后，远程调节葡萄园的温度和湿度，实现智慧农业。整个城市也可以在物联网等信息技术的支持下构建智慧城市，比如自动驾驶汽车可以实现通过网络进行集中调度以及相互通信，实现智慧出行。物联网使得终端和人们之间的距离越来越小，直到"零距离"被人穿戴到身上，构成**可穿戴计算**，比如智能手环、智能眼镜等。Google正在研发会释放能量脉冲治疗癌症的手环。更进一步，可发展为机器与人之间的"负距离"，比如植入人体的芯片。脑机接口技术可以实现脑电波读取。

为了更实时地和物联网终端设备通信，可以构建离终端比较近的服务器进行计算和数据转发，如果有需要才和远端的云计算中心进行数据同步，而这些服务器也许就部署在路边的灯柱上。这就是**边缘计算**。

基于社交网络、电子商务、物联网等应用产生的大量数据，分析和挖掘其中蕴含的信息、知识和智慧，构成了**大数据**应用。大数据应用所需要的存储空间和算力，已不可能放到原来的传统服务器中了，**云计算**成为关键应用。在云端可以像使用传统的水、电、气一样，将许多需要的服务通过按需供给的方式提供，比如云端的机器学习服务等。随着5G这样的高速通信技术的发展和应用，虚拟现实也可以实现在云端计算，将生成的图像实时返回，实现云端虚拟现实。

大数据、云计算提供的巨大存储空间和算力，以及在此基础上的算法改进，形成了AI（Artificial Inteligence，人工智能）的核心技术。比如超多层的神经网络可以在巨大算力和数据的支持下实现深度学习，大量的数据可以帮助构建大规模知识图谱，不断和环境交互并更新参数从而实现强化学习，它们分别对应于传统AI连接主义、符号主义、行为主义三大学派的发展。

此外，人类还第一次将信用这一事物映射到了网络上构建了**区块链**，使用计算而不是传统的权威机构来保证信用。它不仅是虚拟货币的底层支持技术，还基于智能合约构建可信任的任何协同活动的基础。以区块链技术为基础的互联网技术被统称为Web 3。**元宇宙**则是综合采用区块链技术、XR（eXtended Reality，扩展现实）技术、通信技术、AI技术等的应用形态。

云大物移智（云计算、大数据、物联网、移动互联网、智慧城市）等新一代信息技术都和互联网密切相关，这些技术及其引发的技术和传统行业融合发展形成的新形态、新业态，也称为"互联网+"。我国提出来的"互联网+"行动计划，就旨在实现这些前沿信息技术与现代制造业、生产性服务业等的融合创新。

本书后文也会介绍采用Web技术来构建移动应用、基于云计算平台来开发云原生应用、采用WebXR标准开发Web上的XR应用等，概述基于区块链的Web 3，以及和虚拟现实、区块链等密切相关的元宇宙等前沿技术和应用，这些都是Web技术和应用的发展趋势。

1.1.2 从文档Web到服务Web

Web 技术的
发展

从技术和应用特征的角度来说，Web的演变可以划分为3个主要阶段：文档Web、应用Web和服务Web。每个阶段都有其核心概念和技术，如图1-4所示。

1. 文档Web

在Web的早期阶段，主要的内容是超文本文档，即HTML页面。Web被视为一个分布式的文档存储和检索系统，其核心技术HTML是文档Web的基础。超链接（Hyperlink）是链接不同文档的关键技术，允许用户通过单击超链接来导航网页。

<5>

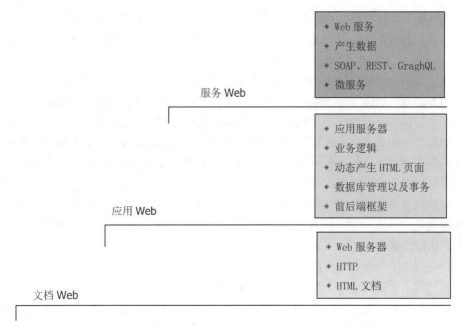

图 1-4　从文档 Web 到服务 Web

2．应用Web

随着时间的推移，Web演变为一个可以执行复杂任务和交互性操作的平台，而不仅仅是文档的存储和检索。Web应用程序成为一种重要的范式，它们能够提供动态内容、用户交互和实时更新。其核心技术有通常运行在客户端的客户端脚本（比如JavaScript脚本），用于增强网页的交互性和动态性等；服务器端编程语言（如PHP、Python、Ruby、Java等）脚本，用于处理用户请求、生成动态内容和与数据库交互等；数据库管理系统（DBMS），用于存储和检索应用程序的数据（也包含事务处理）。同时，前、后端都出现了一些框架来简化Web应用程序开发，比如前端的React、Angular、Vue.js等框架，后端的Spring Boot、Django、Flask、MyBatis等框架。

3．服务Web

服务Web更深入地引入了互操作性和数据共享概念。它强调以Web服务的形式提供数据和功能，这些服务可以由不同的应用程序和系统访问、使用。其核心技术有基于SOAP（Simple Object Access Protocol，简单对象访问协议）的Web服务、REST（Representational State Transfer，描述性状态迁移）化Web服务、Web API（Application Program Interface，应用程序接口）、用于描述Web服务的WSDL（Web Service Description Language，万维网服务描述语言）和Swagger等，进一步发展出了微服务架构，即将应用程序拆分为小型、独立的服务单元，以提高可维护性和扩展性。服务Web特别强调跨应用程序和系统的互操作性，这在当今的互联网生态系统中至关重要。

1.1.3　Web 2.0概述

Web 2.0是一个用来描述Web应用发展阶段和特征的词汇，它强调了用户生成的内容、社交互动和更丰富的互联网体验。Web 2.0的概念于2004年被提出，它是针对早期的Web（又称为Web 1.0）而提出的。Web 1.0时代也称为门户网站时代，内容形式为PGC（Professionally Generated Content，专业生产内容），即由专门机构或专业人士输出内容。用户只能单向地获取静态网站内容，创作者、所有权以及收益分配均归平台，具有强烈的中心化特点，代表性门户网站有新浪、

<6>

搜狐、网易等。而Web 2.0的提出强调了一种新的互联网，强调了以下应用特征。

（1）UGC（User Generated Content，用户生成内容）：Web 2.0强调用户不仅是信息的消费者，还是内容的创造者。用户可以轻松地发布博客、上传图片和视频、评论和分享内容。传统Web 1.0的内容通常是由构建Web网站的机构编辑制作的。Web 2.0 支持用户生成大量多样性的内容，其中大部分可能属于"长尾"，不像传统媒体中的热门内容那样受欢迎，但总体数量庞大。

（2）社交互动：Web 2.0强调用户的互动和参与，而不仅仅被动地消费内容。用户可以发布评论、评分、分享、点赞，还可以与其他用户进行实时互动。社交互动是Web 2.0的核心特征。用户在 Web 2.0 平台上的互动和社交分享活动有助于推动"长尾"内容的发现和传播。用户可以分享他们喜欢的不太热门但有价值的内容，从而扩大这些内容的影响。

（3）丰富的用户体验：Web 2.0应用程序通常具有丰富的UI（User Interface，用户界面）和互动性，支持协作和共享。Web 2.0工具和平台鼓励协作和信息共享（如百度百科和腾讯文档等），通过Ajax等技术实现实时更新和交互。

（4）开放的API和数据：Web 2.0平台通常支持开放的标准和接口，使不同的应用程序和服务能够互相协作和集成。这促进了数据共享和创新。

Web 2.0词云图如图1-5所示。

Web 2.0强调连接、协作、个性化、用户贡献数据等特征。这和互联网具有小世界网络模型的特征，以及一些人类社会规律有关。

首先，互联网中的节点倾向于形成紧密的社交圈或聚类，这是小世界模型的一个特征。这些社交圈可以在社交媒体、在线社区和互联网论坛等地方找到。互联网上的一些网络子结构展现出小世界特性，即存在短路径连接，使得信息和影响能够迅速传播，这在社交网络中尤为明显，如图1-6所示。

图 1-5　Web 2.0 词云图

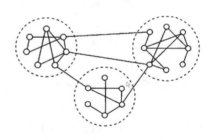

图 1-6　互联网中的节点倾向于形成紧密的社交圈或聚类

其次，在人类社会规律方面，有六度关系理论，也称为"六度分隔理论"。该理论认为任何两个人之间最多只需要通过6个中介步骤（或人际关系）就可以建立联系。这个理论由社会心理学家斯坦利·米尔格拉姆（Stanley Milgram）提出，并在社交网络和人际关系研究中得到广泛应用。它强调了社交网络的连通性和人际关系的密切程度，以及人们之间的潜在联系。

还有一个类似的社会规律概念，即三度影响。它是一种与六度关系理论相关的概念，指的是通过一个人的社交网络中的3个中介，可以将信息、观点、影响等传播给一个完全陌生的人。这意味着即使两个人之间没有直接的社交联系，他们也可以通过共同的朋友或认识的人传播信息、观点、影响等。

Web 2.0特征的应用，允许用户生成内容，支持社交互动和实时更新等。以下是一些主要的Web 2.0应用类型。

< 7 >

（1）社交媒体（Social Media）。社交媒体平台允许用户创建个人资料，分享状态、图片和视频，与朋友互动，关注其他用户，参与讨论等。典型的社交媒体应用有微信、QQ等。

（2）博客（Blog）。博客是一种在线日志或文章发布平台，允许个人或组织以文本、图像、视频等形式发布和分享内容。博客通常具有时间戳和评论功能，允许读者与作者互动。博客更适合于深入的内容创作和知识分享。典型的博客应用有新浪博客、网易博客和搜狐博客等。

（3）微博（Microblog）。微博是短格式的内容，通常限制在数百个字符内，强调简洁和即时性。微博平台通常具有点赞、转发和评论等互动功能，评论通常较短，更注重快速的社交互动，常用于分享即时消息、新闻、生活状态和短时观点，以及与朋友、关注者和社交网络中的其他用户进行快速互动。典型的微博应用有新浪微博等。

（4）在线论坛（Online Forum）。在线论坛是用于讨论特定主题或领域的平台，用户可以发布帖子、回复、讨论问题并分享经验等。典型的在线论坛应用有天涯社区等。

（5）问答社区（Question and Answer Community）。问答社区允许用户提出问题，其他用户可以回答并投票支持最佳答案。这种社区有助于知识分享和问题解决。典型的问答社区应用有知乎等。

（6）播客（Podcast）。播客的内容通过音频或视频形式发布，通常是定期更新的，用户可以订阅并在需要时收听或观看。典型的播客应用有喜马拉雅、荔枝等。

（7）RSS（Really Simple Syndication，简易信息整合）。RSS是一种用于聚合和分发Web内容的标准。用户可以通过RSS订阅自己感兴趣的网站，以便在统一的阅读器中查看最新内容。典型的RSS应用有新浪点点通等。

（8）社交书签（Social Bookmarking）。社交书签允许用户保存、组织和分享网页，同时让其他人浏览和发现有趣的内容。典型的社交书签应用有QQ书签等。

（9）推荐系统（Recommendation System）。Web 2.0 特征在推荐系统中得到了广泛体现。推荐系统利用算法和用户数据，为用户提供个性化的建议、内容或产品。它们借助用户生成的数据和社交互动，为用户推荐他们可能感兴趣的信息、商品、音乐、电影等。推荐系统的例子包括电子商务网站如京东的商品推荐，以及头条这样的社交媒体的内容推荐。Web 2.0 的个性化推荐系统有助于用户发现和访问"长尾"内容，即与用户兴趣和偏好相关的内容，而不仅仅是热门内容。

（10）混搭应用（Mashup Application）。混搭应用是将来自不同数据源或服务的信息和功能整合到一个单一应用程序中的应用。这些应用通过API和Web服务来访问和整合数据，以创建新的、富有创意的应用。混搭应用允许用户自定义其在线体验，将不同来源的数据和功能组合在一起。例如，大众点评结合商家信息和地图数据，为用户提供导购、搜索和地图导航等功能。

1.1.4　Web 3.0概述

"Web 3.0"和"Web 3"都代表了互联网应用发展的趋势和下一代Web应用的特征，是两个相关但不同的概念。

伯纳斯-李于2006年提出了"语义网"（Semantic Web）的愿景，旨在通过使资源具有语义描述来使Web更具机器可读性，从而将互联网从一个简单的信息存储和检索系统转变为一个更智能、更具语义理解能力的网络。现在非常火的知识图谱技术，可认为是语义网的进一步发展。伯纳斯-李还提出了Linked Data（链接数据）的概念，旨在使互联网上的数据更具互操作性和可链接性。Linked Data 基于一组原则和标准，包括使用URI（Uniform Resource Identifier，统一资源标识符）来唯一标识数据、使用HTTP来访问数据，以及使用标准数据格式，如RDF（Resource

< 8 >

Description Framework，资源描述框架）来表示数据。Linked Data 提供了一种实现语义网的方式，可通过链接不同的数据源创建一个更具语义的Web。

　　Web 3.0可以被视为语义网愿景的延伸，它强调了更强大的语义理解、智能化搜索和数据互操作性。Web 3.0的核心概念包括语义化信息、RDF、OWL（Web Ontology Language，万维网本体语言）、SPARQL（SPARQL Protocol And RDF Query Language，SPARQL协议和RDF查询语言）等，旨在使互联网更智能、更容易理解和处理信息。Web 3.0的目标是为用户提供更个性化、智能化的互联网体验，同时提高数据的互操作性和机器理解能力。也有文献认为Web 3.0还包含泛在计算和采用互联的虚拟现实技术来仿真现实世界的内涵。后文将介绍的WebXR技术也可以被认为是Web 3.0应用的一个特征。

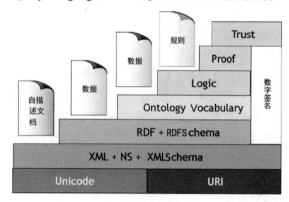

图1-7　语义网协议栈

　　图1-7给出了由W3C（World Wide Web Consortium，万维网联盟）制定的语义网协议栈。

　　语义网协议栈是一组协议和标准，旨在实现互联网上的数据语义化和机器理解。这个协议栈包括多个层次，每个层次都有不同的任务和功能。下面简要介绍各层的含义。

1．Unicode和URI

Unicode 是字符编码标准，用于表示世界上几乎所有语言的字符。它确保了在语义网中可以表示和传输多种语言和字符集的文本数据，从而支持跨语言和文化的互操作性。URI是用于唯一标识资源的字符串，是语义网中数据的基础，它确保了每个数据实体都有唯一的标识符。

2．XML+NS+XMLSchema

XML（eXtensible Markup Language，可扩展标记语言）是一种用于结构化数据的标记语言，NS（Naming Space，名字空间）用于避免元素和属性的命名冲突。XMLSchema用于定义XML文档的结构和数据类型。XML、NS和XMLSchema确保了语义网中的数据可以以结构化和可验证的方式表示。

3．RDF+RDFSchema

RDF是一种用于描述资源和资源关系的数据模型，基于三元组表示（主题-谓词-对象），允许以图形结构的方式表示信息，这有助于机器理解信息。RDFSchema用于定义RDF数据的元数据。RDF和RDFSchema共同提供了语义网中数据的通用表示方式，使不同来源的数据能够以相同的格式进行交换和链接。SPARQL是一种查询语言，允许用户以结构化的方式查询和检索RDF数据，以寻找与特定条件或模式匹配的数据。SPARQL 查询通常包括选择、过滤、排序等操作，使用户能够以非常精细的方式访问RDF数据。

4．Ontology Vocabulary

Ontology Vocabulary（本体词汇）是用于定义数据模型和领域知识的词汇和术语。它包括类、属性、关系等，用于描述数据的语义。其支持数据的语义化和丰富表示，以便更好地理解数据的含义。目前通常采用OWL标准来描述本体。

5．Logic

Logic（逻辑）层描述数据之间的逻辑关系和推理规则，使语义网的数据能够用于推理和智能处理，从而提高数据的价值和机器理解能力。

6. Proof

Proof（证明）层验证数据和知识的正确性和可信度。它包括数字签名和证明机制，以确保数据和知识的可信性（特别是在分布式环境中）。

7. Trust

Trust（信任）层关注数据和知识的信任建立和管理，包括信任网络和信任模型。它有助于确保语义网中数据和知识的可信度，促进数据共享和提高互操作性。这和Web 3中强调采用区块链来保证信用是有相同之处的。

伯纳斯–李提出的语义网、Linked Data，以及基于这些概念提出的Web 3.0，目前更多地体现在知识图谱技术和应用中。知识图谱由Google于2012年提出，是一种表示知识和概念之间关系的技术。它包括从不同数据源抽取出的实体、属性和关系，并将它们组成一个复杂的结构化知识网络。知识图谱应用非常广泛，被认为是实现认知智能的关键技术。Google将知识图谱技术应用于搜索引擎领域，借助其语义信息，能够帮助搜索引擎更好地理解用户的查询意图，以提供更准确和相关的搜索结果。知识图谱还可以被用来回答自然语言提问，构建聊天机器人。另外，它还可以将用户的历史行为和喜好信息与知识图谱中的实体和关系等信息相关联，有助于构建更加智能的推荐系统。

1.1.5 Web 3概述

与Web 3.0不同的是，Web 3依赖于区块链技术，强调去中心化、加密和分布式应用。Web 3由以太坊创始人之一的加文·伍德（Gavin Wood）于2014年提出。Web 3的核心思想是将互联网重新构想为去中心化网络，使用户能够更多地掌控自己的数据和数字资产，而不需要依赖中心化的服务提供商。Web 3还与智能合约技术相关，这些合约自动遵循在区块链上编程的规则，从而创建新的分布式应用和服务。

在Web 2.0平台上，用户创造的内容所有权和控制权都属于平台，平台可以决定编辑、修改、删除或屏蔽用户的内容，甚至可以删掉用户的账号。由于信息集中在Web 2.0应用平台上，存在网络攻击带来的安全隐患，以及个人创建的内容、个人信息和隐私等被大公司垄断等问题。

Web 3建立在去中心化、开放性和更大用户效用的核心概念之上，其主要任务不仅是解决内容的读写，还有达成创作者对创作内容的拥有，使得中心化平台让渡其掌控权，向去中心化的方向转变。在 Web 3中，用户所创造的数字内容，其所有权和控制权属于用户，其所创造的价值根据协议进行分配。在这种体系之下，这些数字内容就不再只是简单的数据，而成为数字资产，其权益得到了资产级别的保障。如果说Web 1.0主要是可读，Web 2.0是可读、可写，那么Web 3就是"可读+可写+可拥有"。或者说，Web 1.0是信息互联网，Web 2.0是关系互联网，Web 3是价值互联网。

综上所述，Web 3.0关注的是互联网上的语义理解和智能化，旨在改善用户体验和数据处理；Web 3更侧重于区块链技术和去中心化的概念，旨在重新定义互联网的架构和用户权益。尽管它们在某种程度上是不同的概念，但Web 3.0和Web 3也可以在某些方面相互促进和补充。例如，Web 3技术可以用于实现Web 3.0的一些愿景，如改善用户数据的隐私和安全，或者支持分布式应用的智能化搜索和推荐。有些文献和图书将这两个概念都称为Web 3.0，本书对二者进行了区分。Web 3词云图如图1-8所示。

可以说Web 3是建立在区块链基础上的去中心化网络及由此衍生的整个生态系统。下面简要介绍与Web 3相关的核心技术和应用呈现形式等。

< 10 >

1. 核心技术：区块链（Blockchain）

前文曾提到区块链，这里做进一步介绍。区块链是一种分布式账本技术，在2008年由中本聪（Satoshi Nakamoto）提出，并用于支持虚拟货币的实现，随后在不同领域得到了广泛的应用和发展。2014年左右，以以太坊（Ethereum）为代表，区块链开始支持智能合约和去中心化应用（DApp）的开发，开启了区块链2.0阶段。

图 1-8　Web 3 词云图

区块链的数据存储在多个节点（也就是区块）而不是集中式服务器上，以确保透明性和去中心化。区块是在区块链中用于永久存储关键信息的单元，包含区块头、交易列表以及区块哈希值等信息。区块的哈希值是区块内通过哈希算法SHA256生成的固定长度的字符串，它能唯一标识一个区块。区块头中包含前一区块的哈希值、代表区块生成时间的时间戳，以及用于生成区块的信息等。交易列表是区块中保存交易信息的主要内容，包含一系列的交易。每笔交易都记录了价值的转移，例如虚拟货币的转账。由于每个区块都包含前一区块的哈希值，这种链式结构形成了"区块链"。这种结构使得区块一旦被添加到区块链中就不能被修改。如果尝试修改区块中的任何信息，区块的哈希值将会改变，因此也会影响到后续的所有区块的哈希值，从而与原有账本对不上。

一旦信息被写入区块链，几乎不可能被篡改，因为需要通过共识机制来修改数据。区块链使用不同的共识算法来确保在网络上达成一致，最常见的是PoW（Proof of Work，工作量证明）和PoS（Proof of Stake，权益证明）。PoW是一种用于确认和记录交易的方法。在PoW中，"矿工"必须通过解决一个复杂的数学问题来证明他们的工作量，这需要计算能力和电力。许多"矿工"参与这个过程，他们之间竞争着解决数学问题。第一个解决问题的人将得到一些奖励。PoW确保了网络的安全性，因为攻击者需要消耗大量的计算能力来修改交易。它也有助于去中心化，因为任何人都可以成为"矿工"，没有特殊权限要求。PoS则是基于拥有的虚拟货币（即权益）来确认和记录交易。PoS相对于PoW使用的电力更少，因为没有解决数学问题的需求。PoS也可以确保网络的安全性，因为攻击者需要拥有大量的虚拟货币才能实施恶意行为。它同样有助于去中心化，因为任何人都可以参与验证交易，只要他们有足够的虚拟货币。如果有恶意节点意图篡改已上链的数据，那么需要让系统中超过51%的节点来达成共识，无论是通过PoW还是PoS，对于节点众多且分布广泛的区块链网络，这基本是不可能做到的。

像以太坊这样的开放式、去中心化的区块链网络，完全开放给任何人参与，无须特殊权限或许可，又称为公链（Public Blockchain）。以太坊是目前在世界范围内使用得最广泛的公链。尽管公链具有许多优点（如去中心化和透明性），但也面临一些挑战，包括可扩展性问题、交易速度限制和能源消耗等。此外，由于开放性质，公链容易受到恶意行为和网络攻击的影响，因此需要不断加强安全性和治理措施。区块链使用密码学技术来保护数据的隐私和安全。

在区块链2.0阶段，区块链从用于虚拟货币进一步扩展为具有生态性的、可大规模应用的智能合约（Smart Contract）平台。智能合约的概念于1995年左右由尼克·绍博（Nick Szabo）提出。智能合约是自动执行合约的代码形式。它是存储在区块链上的一段程序，能够在满足预定条件时自动遵循预定规则。EVM（Ethereum Virtual Machine，以太坊虚拟机）是一个动态运行沙盒，为智能合约提供运行环境。Solidy是当前编写智能合约的主流语言，由以太坊的联合创始人加文·伍德开发。智能合约可以在没有第三方介入的情况下实现资产的转移和分配。由维塔利克·布特林（Vitalik Buterin）于2015年创立的以太坊，是第一个允许开发者部署和执行智能合约的区

< 11 >

块链平台，标志着区块链技术进入2.0阶段。以太坊通过使用一种名为"以太币"的加密货币来激励网络中的节点参与维护网络。之后出现了许多其他支持智能合约的区块链平台，例如EOS、Tezos和Binance Smart Chain等。DEX（去中心化交易所）利用区块链技术和智能合约实现价值的去中心化交换，提供了一个无须信任的交易环境。

区块链1.0主要集中在虚拟货币，其核心功能主要是作为一个去中心化的虚拟货币系统。而区块链2.0则超越了这一点，将区块链构建为可以实现各种应用逻辑和业务逻辑的全球性计算平台。在区块链上运行的、包含完整智能合约与交互界面的分布式应用，称为DApp。以太坊发展出来的钱包、预言机、DeFi（Decentralized Finance，去中心化金融）、NFT（Non-Fungible Token，非同质化通证）等应用，可以都被认为是基于智能合约的DApp。

在区块链2.0阶段，企业开始研究和采用私有区块链，用于内部管理、供应链管理等。之后又产生了多个组织共同管理的区块链网络（也称为联盟区块链），用于解决共同问题，如金融领域的跨境支付。现在的发展趋势是针对其可扩展性和性能的改进，将之应用于更广泛的行业，如医疗保健、物流、能源等。

Hyperledger Fabric是一个开源的企业级分布式账本平台，它是Linux基金会Hyperledger项目的一部分，旨在提供一个灵活、可扩展、可定制和可用于多种业务场景的区块链框架。Fabric支持多个组织和参与者之间共享分布式账本。这意味着多个实体可以在一个共享账本上记录和验证交易，而无须中心化的中介，通常用于开发私链和联盟链。Fabric使用智能合约来定义和执行行业业务逻辑。这些合约可以使用多种编程语言（如Go、Java等）编写。

2. 应用呈现形式：元宇宙（Metaverse）

尼尔·斯蒂芬森（Neal Stephenson）在1992年撰写的科幻小说《雪崩》中提出了"超元域"的概念，后来发展成"元宇宙"。一般认为，元宇宙是整合了各项计算机前沿技术产生的下一代互联网应用和社会形态。它基于XR和数字孪生

元宇宙

（Digital Twin）技术实现时空拓展，基于AI和物联网技术实现数字虚拟人、自然人和机器人的人机融生性，基于区块链、Web 3、数字藏品/NFT等实现经济增值性，在社交系统、生产系统、经济系统上虚实共生，进入元宇宙的每个用户都可以进行虚拟世界中的内容生产，拥有自己的数字资产。

2021年清华大学发布的《2020—2021年元宇宙发展研究报告》提到元宇宙是通过整合多种新技术而产生的，是新型虚实相容的互联网应用和社会形态。它基于XR技术提供沉浸式体验；基于数字孪生技术生成现实世界的镜像；基于区块链技术搭建经济体系，将虚拟世界与现实世界在经济系统、社交系统、身份系统上密切融合，并且允许每个用户进行内容生产和世界编辑。

元宇宙的关键技术包括以下几种。

（1）区块链：元宇宙具有内部经济系统，用户可以购买、出售和交换虚拟物品和服务，甚至有些元宇宙支持使用虚拟货币进行交易。这需要区块链保证元宇宙里的数字资产和数字身份的安全，以及数字资产的正确流动。

（2）XR技术：元宇宙提供沉浸式体验，使用户能够感觉自己真正存在于一个三维的虚拟世界中。XR技术用来实现元宇宙的感官真实性。

（3）通信技术：5G、6G等通信技术，使元宇宙应用具有更流畅的交互体验，支持其互动性和社交性。用户可以通过化身（Avatar）在元宇宙中与其他用户交互，建立社交关系、参与活动、共同完成任务等。

（4）云计算：构建元宇宙所需的数据量极大，对相应存储空间和计算能力的要求非常高，需要云计算的支持。

< 12 >

（5）AI：元宇宙中许多内容的自动产生需要AIGC（人工智能产生内容）技术的支持。对安全和隐私的自动检测和维护、构建元宇宙中的NPC（Nore Player Character，非玩家角色）等，也需要AI辅助实现。

（6）物联网以及人机接口技术：元宇宙也可被认为是一种沉浸式的人机界面，需要可穿戴设备甚至人机接口等来支持更加自然的虚实交融与人机交互。

游戏《堡垒之夜》（*Fortnite*）和《罗布乐思》（*Roblox*）被视为元宇宙的初步实现，它们提供了虚拟的、用户可以互动的世界。Facebook（现改名为Meta）等科技公司已多年积极投入元宇宙的研发和构建。目前公认的较为主要的元宇宙平台有The Sandbox、Decentraland、Cryptovoxels和Somnium Space等。

比如采用WebGL技术开发的Cryptovoxels，就是一种可以采用Web浏览器直接访问的元宇宙，如图1-9所示。

图 1-9　元宇宙应用 Cryptovoxels

Cryptovoxels体现了元宇宙的多个要素和特点，部分如下。

（1）沉浸式体验。Cryptovoxels提供了一个三维的、可交互的虚拟环境，用户可以通过VR（Virtual Reality，虚拟现实）设备或Web浏览器进入，实现沉浸式体验。

（2）持续性存在。Cryptovoxels的世界随时在线，用户可以随时访问。

（3）经济系统和所有权。Cryptovoxels基于以太坊区块链创建了一个去中心化的经济系统。用户可以购买、开发和出售虚拟土地，这些土地的所有权通过区块链记录和验证，保证了其真实性和安全性。此外，用户还可以通过交易虚拟物品获利。

（4）互动性和社交性。用户可以化身的形式在Cryptovoxels中探索、会见朋友、参与活动和交流。Cryptovoxels提供了一个社交平台，使人们可以在虚拟世界中互动。

（5）创造性和可定制性。Cryptovoxels允许用户在自己拥有的土地上建造各种建筑物、创造艺术品等，以展示他们的创造性。用户可以定制自己的空间，创建个性化的内容。

（6）跨平台访问。Cryptovoxels可以通过不同的设备和平台访问，例如，通过桌面计算机的Web 浏览器或通过VR设备访问。

3．价值的载体：NFT

NFT是一种保存在区块链上的Token（通证），代表了对某个独一无二的项目的所有权。与虚拟货币不同，NFT不是相互可替换的，即"非同质化"。这意味着每个NFT都是唯一的。NFT通常基于以太坊的ERC-721或ERC-1155标准构建，通过铸造的合约、不可篡改的时间戳以及区块链共识，保证了其唯一性，从而使其具有稀缺性。NFT还具有不可分割性，即NFT不能被分割成更小的单位进行交易。NFT通过区块链技术清晰地定义了所有权，每个NFT的拥有者都可以被

< 13 >

明确地追踪。同时，NFT可以在个人之间自由交易，通常通过NFT市场（比如世界最大的NFT交易平台OpenSea）进行。NFT还可以通过智能合约实现额外的功能和特性，例如程序化的收益和互动。综上，可以认为NFT是一种Web 3中不可分割、可确权、可追溯的某种信息及价值的载体。

在Web 3背景下，NFT不仅是一种交易和所有权的代表，还是一种实现和传递价值的新方式。Web 3强调去中心化、用户控制的数据和身份、互联互通和高度的个性化。NFT正好符合Web 3的这些理念，通过区块链技术实现了真正的数字所有权，使用户能够在一个开放、全球化和互联网的环境中自由地创造、交易和连接。艺术家和创作者（比如音乐家和视频制作者）可以将他们的作品变成NFT，实现对作品的所有权、原创性和稀缺性的证明，同时也能够通过NFT市场直接向消费者销售和转让作品。在视频游戏和虚拟世界中，NFT可以代表独一无二的游戏物品、角色和资源，玩家可以买卖这些NFT。从体育卡片到虚拟宠物，NFT使各种收藏品能够在数字世界中被创建、交易和拥有。NFT还可用于验证个人身份和所有权，例如学历认证或房地产所有权。Decentraland和Cryptovoxels等元宇宙应用使用NFT来代表虚拟土地和域名的所有权等。

在Cryptovoxels中，用户可以进行一系列与NFT相关的操作。比如，用户可以购买和卖出虚拟土地，这些土地本身就是NFT，它们的所有权和交易记录都会被存储在以太坊区块链上。用户可以创建自己的NFT（例如艺术品、收藏品等），并将其放在Cryptovoxels中销售。用户可以用NFT来定制和装饰他们在Cryptovoxels中拥有的空间。例如，用户可以购买虚拟家具、植物等来装饰他们的虚拟房屋。在这个虚拟空间中，用户可以与其他用户交互、交流，甚至可以进行NFT交换和贸易。用户可以探索Cryptovoxels的世界，学习新知识、获取新经验，并可通过NFT来记录和分享这些经验。

Cryptovoxels中的NFT遵循ERC-721或ERC-1155标准，这是在以太坊区块链上创建、管理和交换NFT的标准。Cryptovoxels中的交易和所有权都是通过在以太坊上运行的智能合约来实现和管理的。这些智能合约自动执行合约条款，保证了交易的透明性和可靠性。通过在Cryptovoxels中进行这些操作，用户不仅可以体验和探索虚拟世界，还可以实现虚拟与现实的价值转移，推动NFT和虚拟世界的发展。

图1-10所示为Cryptovoxels中的NFT及其在OpenSea上的页面。

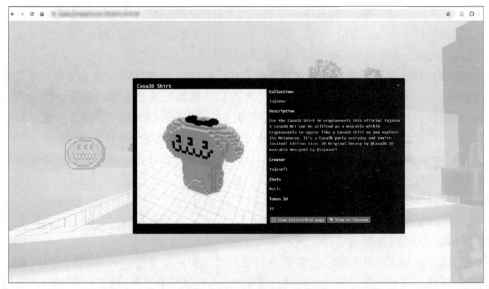

图 1-10　Cryptovoxels 中的 NFT 及其在 OpenSea 上的页面

< 14 >

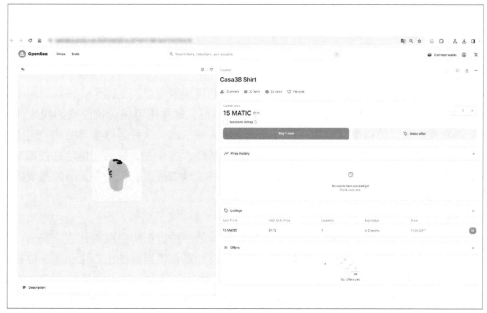

图 1-10　Cryptovoxels 中的 NFT 及其在 OpenSea 上的页面（续）

4．组织形式：DAO

在Web 3的生态中，DAO（Decentralized Autonomous Organization，去中心化自治组织）是一种基于区块链技术运作的组织，通过智能合约自动遵循组织规则，使得组织的决策过程能够在无须单一管理实体的情况下进行，并且减少出现信任问题和降低执行成本。DAO是一种完全由写入区块链的智能合约代码控制的组织形式，这些代码包含组织的运作规则和协议，这使得DAO具有"代码即法律"（code is law）特征，从而可以实现管理的代码化和自动化。DAO还具有透明性，即所有的决策过程和交易都记录在区块链上。

DAO运转的核心是Token激励机制，项目可以通过发放Token奖励那些为项目做出贡献的成员，成员通过Token分享组织的价值和利润。Token激励机制允许任何人参与DAO的治理，只要他们持有相关Token。这种开放性确保了多样性和包容性。通过持有和使用Token，社区成员展现了对项目的忠诚和信任。这种信任关系有助于加强社区的凝聚力，并鼓励成员长期参与和支持项目。DAO通常通过Token来分配投票权，使组织成员能够直接参与组织的决策制定。

DAO可以应用于各种场景，例如创新金融服务（即DeFi）、艺术品创作和策展、社区治理、软件开发等。而DAO的去中心化和公开透明的特征，有助于形成全球规模的协作关系。通过DAO的组织模式，用户可以用多种方式来创造价值，因此DAO可以在更广的范围内吸引贡献者。

以DeFi为例，它是一种不由任何人控制的、基于公链的点对点金融服务。对金融应用而言，信用体系至关重要，所以基于区块链的Web 3非常适合。在DeFi生态中，DAO常常作为一种治理结构，允许DeFi项目的用户和持有者参与决策过程，比如资金管理、风险管理等。一些著名的DeFi项目（如Uniswap、Compound和MakerDAO）都采用DAO作为其治理结构，这些DAO允许持有治理Token的用户投票决定协议的未来发展方向、参数设定以及其他重要决策。

在Cryptovoxels这样的元宇宙应用中，用户可以通过DAO来共同决定虚拟世界中的土地使用和开发，例如土地的分配、建设规范和空间利用；也可以通过DAO来投票决定哪些内容和创意（如艺术品、建筑物等）应该在Cryptovoxels中展示和实现；或者参与制定和修改Cryptovoxels的平台规则和政策，确保平台的发展方向符合社区的利益和价值观；社区成员可以通过DAO来

< 15 >

提出、组织和管理各种社区活动，以促进社区的互动和发展；通过DAO，社区可以共同参与Cryptovoxels的开发和升级决策，例如新功能的添加和现有问题的解决。在这些DAO中，通常会有一种或多种Token用于表示成员的投票权和利益。通过持有和使用这些Token，社区成员可以参与DAO的各种治理活动，例如投票决策和提案。

GameFi（Game Finance，游戏化金融）结合DeFi和区块链游戏，创建了一种新的加密经济模型。在GameFi中，玩家可以通过玩游戏来获得经济回报。这种模型将传统游戏的娱乐性与区块链的经济激励相结合，使得游戏成为一种可以赚取收入的活动。这种通过参与游戏并完成某些任务来获得Token或其他奖励的模型，称为Play-to-Earn模型。游戏内的物品和角色往往以NFT的形式存在，玩家可以买卖和交换相应资产。游戏内的经济活动如买卖、借贷等，通常基于区块链和智能合约，并基于DeFi协议实现去中心化。

5. 数据存储：IPFS

IPFS（InterPlanetary File System，星际文件系统）是一种旨在构建更加开放、安全、高效的Web的协议。它使用分布式、内容寻址和去中心化的设计来替代当前的中心化和基于位置的网络协议（例如HTTP/HTTPS）。IPFS允许用户存储、访问和分享信息，而无须依赖中心化的服务器或服务提供商。与基于位置的寻址不同，IPFS使用内容寻址。这意味着文件的地址基于文件内容的哈希值，而不是文件所在的物理位置。这有助于确保文件的完整性和可靠性。IPFS中的每个文件都通过其哈希值进行标识，相同内容的文件会被去重，只存储一次，可节省存储空间。另外，由于IPFS采用去中心化和分布式的存储，即使某些节点离线或者出现故障，也可以从网络的其他部分获取文件，实现数据的持久化。

Filecoin是IPFS的一个关联项目，是一种去中心化的存储市场。用户可以支付Filecoin来租用存储空间，而存储提供者可以获得Filecoin作为报酬。Filecoin使IPFS成为一个可激励的生态系统。在基于以太坊的元宇宙应用Decentraland中，内容和数据存储依赖于IPFS，以确保数据的持久性、可访问性和完整性。OpenBazaar是一个去中心化的电子商务平台，它使用IPFS来存储商品的信息和图片，实现了一个无须第三方中介、低成本且隐私受保护的在线市场。

6. 身份验证：DID

在任何关键应用中，安全性都是一个核心关注点，对用户可以在任何地方使用的分布式应用（如Web应用）来说更加关键。而安全性问题主要包括身份验证、数据加密和保密、权限管理等问题。在Web 3中，主要采用DID来实现身份验证。

DID（Decentralized ID，去中心化身份）是由W3C提出的一项标准，其目标是建立一种用户可控的去中心化、安全、自主的数字身份系统，有助于保护用户隐私和数据安全。在Web 3应用中，用户可以使用DID来证明其身份，而无须依赖于任何中心化的身份验证服务。DID可用于创建和验证用户的声明或凭证（如学历、职业资格等），这可以用于职业领域、教育领域等。DID还可以帮助个人更好地管理和控制他们的健康数据（如医疗记录、健康状态等），并能够在需要时安全地与医疗服务提供者分享。甚至在物联网领域，DID可以用于设备的身份管理和认证，确保设备的安全和数据的可靠。

DID是采用公私钥对来实现的。创建DID时会生成私钥，由DID持有者保管。私钥用于签署和生成加密签名，以证明某个声明或交易的发起者具有相应的权限或身份。而与私钥配对的公钥是公开的，可被任何人访问，一般作为该用户的账户。公钥包含在DID文档中，该文档与DID相关联并存储在区块链上，只有持有对应私钥的用户才能进行相关内容的访问。这也意味着如果私钥丢失，那么这个账户就永久失效了。当用户使用DID进行某个操作或交易时，用户会使用其私钥生成一个数字签名。由于私钥是秘密的，仅由DID持有者保管，因此该签名证明了该操作是由

< 16 >

DID持有者发起的。

作为用户账户的公钥字符串往往难以记忆，ENS（Ethereum Name Service，以太坊域名服务）提供了类似互联网域名服务的作用。Web 3用户可以注册一个属于自己的ENS域名，将公钥地址和ENS域名绑定。这样用户就可以用具有可读性和有意义的域名代替公钥地址，作为自己在Web 3中身份的象征。

7．Web 3其他概念和技术

在Web 3的复杂生态系统中，还有很多关键概念和技术，部分简要介绍如下。

（1）跨链技术。跨链技术是Web 3的关键组成部分，它允许不同的区块链网络之间进行交互和通信。

一些协议，如Interledger Protocol（ILP），用于实现不同区块链网络之间的互操作性。这些协议各自定义了一组规则，允许不同的区块链网络以标准化的方式交互。一些特定的跨链平台如Cosmos和Polkadot被设计用来支持不同区块链之间的互操作性。

原子交换（Atomic Swap）是一种基础的跨链交互技术，允许在不同的区块链之间直接交换资产，而无须第三方中介。它使用哈希时间锁定合约（HTLC）来确保交换的原子性，即要么交换成功完成，要么全都不执行。

另外，可以通过侧链和平行链辅助实现跨链。侧链是与主链平行运行的链，它允许资产和数据在主链和侧链之间转移。平行链与侧链类似，是与主链平行运行的独立链。这些技术允许创建具有特定用途和优化的区块链，且仍然能够与主链交互。

还可以采用区块链桥（Blockchain Bridge）技术进行跨链互操作。桥是一种智能合约，允许一种虚拟货币从一个区块链网络移动到另一个网络。例如，以太坊上的资产可以通过桥移动到Binance Smart Chain上。桥可以是中心化的，也可以是去中心化的，取决于其设计和实现。

（2）ZKP。ZKP（Zero-Knowledge Proof，零知识证明）是一种加密协议，允许证明方向验证方证明某个陈述是真实的，而无须透露任何有关该陈述真实性的具体信息。ZKP可以应用在Web 3的隐私保护交易中。比如在DeFi中，交易通常是公开可见的。通过使用ZKP，用户可以证明交易的合法性，而无须揭示交易的具体细节，从而保护交易双方的隐私。ZKP还可以用于Web 3的身份验证与权限管理，可以在不透露任何私人信息的前提下，证明用户具有特定的属性或权限。例如，用户可以使用ZKP来证明他们超过了某个年龄，而无须透露确切的年龄。

典型的ZKP技术包括zk-SNARKs，它在以太坊中用于创建隐私交易和解决可扩展性问题。

（3）POAP。POAP（Proof of Attendance Protocol，参加证明协议）是一种基于以太坊的标准，它代表了一种数字徽章，证明持有人参加了一个特定的事件、会议或活动。POAP的Token通常是以NFT的形式发行的，这使得每个POAP的Token都是独一无二且不可替代的。

（4）RSS3。RSS3是一种新的内容分发协议，目标是成为RSS的继承者。它适用于Web 3环境，并支持去中心化存储和分发。RSS3旨在通过自主、可发现、可扩展和可交互的方式，为内容创作者、消费者和开发者提供更多的价值和可能性。

综上所述，Web 1.0是互联网上的第一代Web，主要以静态网页和信息浏览为主，缺乏互动性；Web 2.0引入了更多的用户互动和内容生成，以及更丰富的媒体类型（如视频和音频），但主要还是由中心化的平台控制；Web 3是以区块链和虚拟货币为代表的新一代互联网，它强调去中心化、用户控制自己的数据以及在无须中介的情况下进行价值交换。

表1-1从交互、媒介、组织、基础设施和控制这几个方面对3种Web应用模式进行了比较。

< 17 >

表1-1　Web 1.0、Web 2.0和Web 3的比较

项目	Web应用模式		
	Web 1.0	Web 2.0	Web 3
交互	用户以被动阅读和浏览为主	用户可以实现读和写	用户可以读、写，也可以拥有自己创建的内容
媒介	静态内容	动态和交互式内容	虚拟货币、智能合约等支持虚拟经济的内容
组织	创建Web的机构	中心化的平台	去中心化的网络
基础设施	客户/服务器（C/S）模型	云服务和大数据	区块链、分布式存储、分布式计算
控制	单一的公司或组织	中心化的平台	用户控制和拥有自己的数据，用户和开发者共同参与网络的治理

1.2　Web的核心标准和协议

Web 3是Web发展的趋势，至今尚未得到普及应用。目前主流的Web应用模式还是Web 2.0，本书以目前主流和经典的Web应用技术为主进行介绍（比如依然重点介绍HTTP而不是IPFS）。目前Web应用基于以下核心组件和协议。

- 使用URI标识资源。
- 使用HTTP来传输数据。
- 使用HTML、CSS、JavaScript等技术来创建客户端应用界面。
- 使用XML、JSON等表示数据。
- 基于B/S模式。

作为一种网络应用，Web位于互联网协议层的应用层，和其他互联网上的应用如E-mail、流媒体应用相比，Web有以下几个核心特征。

1．Web是一种分布式超媒体系统

Web是一种分布式系统，从用户的角度看到的信息是具有统一视图的。Web从最初的超文本系统，逐步成为包含图片、声音、视频、Web上的VR等各种媒体的超媒体系统。各种媒体之间可以建立跨越互联网的链接。

2．平台无关性

平台无关性是Web应用的一个核心特征。Web应用可在各种不同的操作系统和设备上运行，因为它们基于Web浏览器，而不依赖特定的操作系统或硬件。从最初跨Windows、UNIX、macOS等操作系统的跨平台性，到之后在iOS和Android之间实现跨平台性。应用Web技术实现跨平台的开发已经产生了许多优秀的框架，比如Native React、Flutter、Electron等。

3．标准性和开放性

Web应用的开发和通信遵循一系列开放的标准和协议，如HTML、CSS、JavaScript、HTTP等。这种开放性意味着开发者可以使用不同的工具和技术来创建Web应用，同时确保互操作性和可维护性，这也使得Web应用具有很好的通用性和可移植性。

4．易用性和交互性

用户可以通过简单的浏览器访问Web应用，无须复杂的安装或配置过程。此外，Web应用也通常支持跨平台的用户体验，从各种设备都可以方便地访问同一个应用，即Web应用具有很好的

< 18 >

可访问性。另外，Web应用的内容通常可以被搜索引擎索引，使用户能够通过搜索引擎查找和访问特定信息。Web应用的开发者可以轻松地在服务器端对应用进行更新和维护，而不需要用户手动安装或升级应用，这可以确保应用保持最新状态，降低用户的管理负担。Web应用还可以与服务器上的数据进行实时互动，允许用户提交表单、上传文件、执行搜索等，从而实现丰富的数据交互功能。

W3C 制定了一系列的核心标准来协助开发者创建具有一致性和互操作性的 Web 页面和应用。这些标准大致可以分为结构化、表现和行为三大类。

W3C 及 Web
核心标准

1．结构化标准

结构化标准主要关注文档的结构和内容。它们定义了文档的框架和构成元素，描述了文档中各个部分的意义和功能，主要包括HTML、XML等。HTML 是用于构建网页内容和结构的基础标记语言，XML 则用于定义信息的结构和含义。

2．表现标准

表现标准主要涉及文档的样式和外观。它们描述了如何将结构化的内容展现给用户，主要是CSS以及相关标准，用于描述 HTML 或 XML 文档的样式，如字体、颜色、间距、位置等。

3．行为标准

行为标准主要涉及文档的交互性和动态特性。它们定义了用户与文档交互时文档应如何响应，为JavaScript、DOM（Document Object Model，文档对象模型）提供了编程接口，允许脚本语言（通常是JavaScript）访问和修改文档的内容、结构和样式，等等。JavaScript是一种动态的、解释性的脚本语言，用于实现客户端的脚本行为，以支持用户交互。DOM 则提供了编程接口，允许脚本语言（比如JavaScript）访问和修改文档的内容、结构和样式等。

下面分别介绍Web的核心标准和协议。

1.2.1　URI

Web应用作为网络程序，需要标识相互操作的、位于网络不同位置的、称为资源的实体。Web中的资源这一概念，与面向对象编程中的对象和类的概念以及函数式编程中的函数的概念一样基本和重要。位于Web上的HTML文本、图片、视频，以及可以执行的程序，都被认为是资源。如同采用身份证号唯一标识一个公民一样，在互联网上唯一标识资源的就是URI。在REST化的Web服务开发中，URI是一个很重要的概念，服务将以URI的形式进行设计和暴露，而对URI进行操作的就是HTTP。

URI又主要分为URL（Uniform Resource Locator，统一资源定位符）和URN（Uniform Resource Name，统一资源名称）两种形式，前者采用网络定位的方式，后者采用唯一命名的方式。

1．URL

URL被W3C编制为因特网标准RFC1738。其语法如下。

```
scheme://host:port/path/resource#section?parameters
```

scheme为协议类型，Web上最常用的为HTTP，目前浏览器一般也支持FTP（File Transfer Protocol，文件传送协议）等协议；host为服务器地址；port为端口号；path为路径；resource可以进一步对应文件资源；section为该资源下的某部分；parameters为参数或值。

< 19 >

2. URN

URN是一种独特的标识符。相比于URL，URN的一个主要特点是它可以维护资源的稳定性和持久性。即使资源的名称发生变化，URN也始终保持不变，使得资源的标识与名称分离，从而可以支持静态资源的有效管理和持久化访问。这对于资源的长期维护和管理非常有帮助。在一些数字库和数字档案管理系统中，URN被用来标识持久化的数字对象。

URN主要由3个部分组成，分别是标识符、名字空间和特定资源名称，格式为"urn:namespace:resource-name"。其中，urn（标识符）是URN的固定前缀，指示该字符串是一个URN。namespace（名字空间）是统一的名字空间标识符，标识URN所使用的范围。例如，URN中要引用的资源类型是图书，那么名字空间就可以是"ISBN"。resource-name（特定资源名称）是特定名字空间下的唯一标识符，表示具体的资源。比如，一个典型的URN例子为urn:ISBN:0-395-36341-1。其中，"urn"是固定前缀；"ISBN"是名字空间，表示国际标准书号；"0-395-36341-1"是特定的书目名称，代表某本书的ISBN。这个URN可以用来唯一标识一本书。

1.2.2 HTML

HTML 基础

HTML是用于构建和设计网页的标准标记语言。它不是一种编程语言，而是一种描述性的标记语言，即使用标记来描述网页上的文本和图像，从而定义网页的结构和内容。HTML文件可保存为扩展名为.htm、.html的文本文件，俗称网页。网页被浏览器解析和渲染，最后作为视图展示给用户。网页通常分为静态网页和动态网页。静态网页的内容在发布到服务器时就已经固定，不会因用户的访问而发生变化。而动态网页可以在用户访问时生成内容，通常会用到服务器端的脚本语言（如PHP、ASP、JSP等）以及数据库技术来实时生成网页内容。动态网页更适合内容频繁更新或需要用户交互的场景。

最初的HTML显示在文本操作系统UNIX的界面上，这样的UI显然对大众不太友好。随着图形化浏览器Mosaic的出现，用户可以很方便地采用移动、单击鼠标等操作，通过浏览器在互联网上冲浪（Surf），Web应用开始成为真正的大众应用，互联网应用也因此真的开始广泛应用于各个领域，开始深刻地改变世界。图1-11给出了HTML发展历程中的关键版本以及特征。

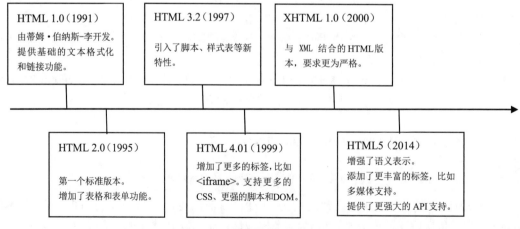

图 1-11 HTML 关键版本以及特征

< 20 >

目前HTML5为主流标准，于2014年最终定稿。HTML5页面基本结构如图1-12所示。

<!DOCTYPE html> 定义了文档类型和 HTML 版本。<html>是HTML 文档的根元素。<head>包含元数据，如标题、字符集和样式表链接。<title>定义文档的标题。<body>是网页的主体内容，包含页面的可见内容，如文本、图片、链接、列表等。

与之前的HTML标准相比，HTML5增强了对语义的支持。表1-2列出了一些常用的HTML5标签和含义。

图 1-12　HTML 页面基本结构

表1-2　一些常用的HTML5标签和含义

	标签	含义
文章和布局	<article>	定义独立的内容区块，例如一篇文章或者博客
	<section>	定义文档中的一个独立部分，比如章节
	<nav>	定义导航链接的部分
	<header>	定义页面或区块的头部
	<footer>	定义页面或区块的底部
	<aside>	定义与页面内容稍微相关的内容，通常作为侧边栏使用
	<main>	定义文档的主体内容
多媒体和嵌入	<audio>	定义音频内容
	<video>	定义视频内容
	<source>	定义媒体元素（<video> 和 <audio>）的媒体资源
	<canvas>	用于绘制图形
	<figure>	定义独立的流内容（如图像、图表、照片、代码等）
	<figcaption>	定义 <figure> 元素的标题
表单和用户输入	<input>	定义输入控件
	<output>	定义脚本的输出结果
	<progress>	定义任务的完成进度
	<fieldset>	用于将表单内的相关元素分组
	<legend>	定义<fieldset>元素的标题
	<datalist>	定义<input>元素的预定义选项
交互元素和脚本	<details>	定义额外的细节或信息
	<summary>	定义 <details> 元素的摘要或标题
	<mark>	定义应该突出显示或强调的文本
	<time>	定义日期或时间
	<script>	定义客户端脚本，比如JavaScript脚本
	<noscript>	定义在脚本未被执行时的替代内容
	<dialog>	定义对话框，比如提示框

可以根据内容对网页进行具有语义的布局，图1-13给出了一个示例。

DOM是一种跨平台和语言无关的模型，它允许程序和脚本动态地访问和更新文档的内容、

< 21 >

结构和样式。DOM为HTML或XML文档提供了一种结构化的表示，可将文档表示为树结构，其中每个节点都是一个对象，代表文档的一部分。这些对象可以是元素节点、属性节点、文本节点等。图1-14给出了基础的HTML5文档的DOM树结构。

DOM

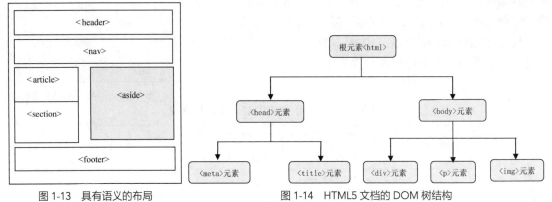

图 1-13　具有语义的布局　　　　　图 1-14　HTML5 文档的 DOM 树结构

　　HTML5还定义了大量的JavaScript API。这些API允许开发者创建更加富有交互性和功能性的Web应用，比如可以本地存储的Web Storage、可以实现双向通信的Web Socket、支持多线程的Web Worker等。

1.2.3　CSS

CSS 简介

　　CSS（Cascading Style Sheets，串联样式表）是一种样式表语言，用于描述HTML或XML文档的呈现样式。CSS描述元素应该如何被渲染，包括布局、颜色、字体、间距等。CSS的主要目的是分离网页内容（由HTML或XML标记写成）和表现层，使得网页更加灵活、可读性更强且易于维护。

　　CSS标准由W3C的CSS工作组开发和维护。CSS1发布于1996年12月，可以实现基本的字体属性、颜色、间距、对齐和背景设置，也支持伪类和伪元素。CSS2于1998年5月发布，引入了媒体查询来应对不同设备和屏幕，增加了对生成内容和自动计数器的支持，新增表格布局和UI样式。发布于2011年6月的CSS2.1对CSS2进行了修正，优化了一些特性，并加强了错误处理规则，使得浏览器的行为更加一致。目前CSS3是最新的官方规范，引入了模块化的方式，使得不同的模块可以独立地发展和更新；也新增了颜色模块，2D和3D变换，过渡和动画，Flexbox和Grid布局模型，圆角、阴影和背景大小，并增强了媒体查询，使得响应式设计更加方便。CSS3已被大部分现代浏览器支持。

　　CSS定义了许多规则来描述页面元素的外观和样式。CSS规则主要由两个部分构成：选择器（Selector）和声明块（Declaration Block）。CSS规则的基础结构如下所示。

```
selector {
  property: value;
}
```

　　选择器用于选择网页上的一个或多个元素，这些元素将被特定的样式规则所影响。选择器

< 22 >

有多种类型，如元素选择器、类选择器、id选择器和属性选择器等。例如，.my-class 会选择所有拥有类名 my-class 的元素。

CSS 选择器

声明块包含一个或多个声明，每个声明都由一个属性和一个值构成。声明块由花括号 { } 标注；每个声明由冒号分隔属性和值，且以分号结束，如下所示。

```
{
  color: red;
  font-size: 16px;
}
```

在这个例子中，color: red; 和 font-size: 16px; 是两个声明，color 和 font-size 是属性，red 和 16px 是这些属性对应的值。

选择器是CSS中非常关键的概念，下面介绍CSS中几种典型的选择器。

1．元素选择器

元素选择器基于元素的名称来选择元素。例如，以下CSS会选择所有的<p>元素，并将它们的文本颜色设置为红色。

```
p {
  color: red;
}
```

2．类选择器

类选择器基于元素的class属性来选择元素。类选择器以.（点）开始。例如，以下CSS会选择所有class属性包含important-text的元素，并将它们的字体加粗。

```
.important-text {
  font-weight: bold;
}
```

HTML文件中对应的部分如下所示。

```
<p class="important-text">这是一段重要的文本。</p>
```

3．id选择器

id选择器基于元素的id属性来选择特定的元素。id选择器以#（井号）开始。例如，以下CSS会选择id为header的元素，并将它的背景颜色设置为蓝色。

```
#header {
  background-color: blue;
}
```

HTML文件中对应的部分如下所示。

```
<div id="header">这是头部。</div>
```

4．属性选择器

属性选择器基于元素的属性来选择元素。例如，以下CSS会选择所有具有target="_blank"属性的<a>元素，并将它们的文本装饰设置为无。

< 23 >

```
a[target="_blank"] {
  text-decoration: none;
}
```

HTML文件中对应的部分如下所示。

```
<a href="http://example.com" target="_blank">无下画线的链接</a>
```

5．分组选择器

分组选择器支持对多个选择器应用相同的样式，而无须重复相同的样式规则。可以使用逗号将多个选择器分组在一起，如下所示。

```
h1, p {
  text-align: center;
  color: red;
}
```

伪类用于定义特定状态下的元素的样式。伪类可以看作元素的一种特殊状态。:hover是一个常见的伪类，用于定义鼠标指针悬停在元素上时的样式。伪类以冒号:来表示，如下所示。

```
a:hover {
    color: red; /* 当鼠标指针悬停在超链接上时，文本颜色变为红色 */
}
```

一些常见的伪类如下所示。
- :active：元素被激活时的样式（例如按下鼠标时）。
- :focus：元素获得焦点时的样式（例如输入框被选中时）。
- :visited：用户已访问的超链接的样式。
- :first-child、:last-child、:nth-child()等：用于选取特定的子元素。

CSS3引入了一些新的伪类，如:not()、:enabled、:disabled、:checked等。

伪元素用于选取元素的某个部分。伪元素以两个冒号::来表示，如下所示。

```
p::first-line {
    color: blue; /* 段落的第一行文本颜色为蓝色 */
}
```

一些常见的伪元素如下所示。
- ::before：在元素内容的前面插入内容。
- ::after：在元素内容的后面插入内容。
- ::first-line：选取元素的第一行。
- ::first-letter：选取元素的第一个字母。

例如，下面的代码会在每个<p>元素内容的前面添加一个装饰性的花括号。

```
p::before {
    content: "{";
    font-size: 2em;
    color: red;
}
```

< 24 >

CSS盒模型（Box Model）也是 CSS的一个关键概念，是CSS布局的基础，它描述了元素框如何与周围元素相互作用。一个盒模型包括以下几个部分，如图1-15所示。

盒模型以及链接 CSS 规则

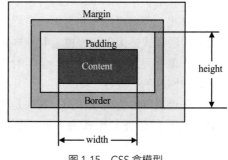

图 1-15　CSS 盒模型

1．内容（Content）

这是盒模型中的实际内容，如文本、图片等。内容的大小可以通过 width 和 height 属性来设置。

2．内边距（Padding）

内边距是内容周围的空白区域，它清晰地隔开了内容和边框。内边距的大小可以通过 padding 属性来设置。

3．边框（Border）

边框环绕在内边距和内容周围。边框的大小、样式和颜色可以通过 border 属性来设置。

4．外边距（Margin）

外边距是盒模型的外部空白区域，用来隔开周围的元素。外边距的大小可以通过 margin 属性来设置。

将CSS规则和HTML或者XML进行连接，一共有外部样式表、内部样式表和内联样式3种方式。下面分别简要举例说明。

1．外部样式表（External Style Sheet）

外部样式表是将CSS 规则写在一个外部文件（通常具有 .css 扩展名）中，然后在 HTML 文档的 <head> 区域内通过 <link> 元素引入。示例如下。

```
<head>
    <link rel="stylesheet" type="text/css" href="mystyle.css">
</head>
```

2．内部样式表（Internal Style Sheet）

内部样式表是将 CSS 规则写在 HTML 文档 <head> 区域内的 <style> 元素中。示例如下。

```
<head>
    <style type="text/css"> <!-- 内部样式表 -->
        .example {
            color: red;
        }
    </style>
</head>
```

3．内联样式（Inline Style）

内联样式是直接在 HTML 元素内部使用 style 属性来应用 CSS 规则。示例如下。

```
<div class="example" style="color: red;"> <!-- 内联样式 -->
        Hello World!
</div>
```

外部样式表便于管理，可实现样式和内容的分离，可被多个 HTML 文件共享，有助于网站

< 25 >

的一致性和维护；内部样式表适合单个文档的特定样式，可实现样式和内容一定程度的分离；内联样式适用于快速覆盖其他样式，一般用于单个元素的样式设置，但不利于样式管理和网站的一致性。如果定义了几种样式，优先级最高的为内联样式，其次是内部样式表，然后是外部样式表，最后是默认样式。

下面给出一个采用了CSS3和HTML5来进行冒泡排序可视化的简单页面示例，如图1-16所示。1.2.4小节将添加JavaScript处理功能，实现一个完整的、采用了动画效果的冒泡排序可视化页面。

图 1-16　冒泡排序可视化页面 1

该页面的HTML代码如下所示。

```html
<!DOCTYPE html>
<html lang="zh">
<head>
    <meta charset="UTF-8">
    <link rel="stylesheet" href="styles.css">
    <title>冒泡排序可视化</title>
</head>
<body>
    <header>
        <h1>冒泡排序可视化</h1>
        <p>冒泡排序是一种简单的排序算法。它重复地遍历要排序的数列，一次比较两个元素，
如果它们的顺序错误就将之交换。重复这个过程直到没有数据再需要交换，这时排序完毕。</p>
    </header>
    <h2 id="status">初始数列</h2>
    <div id="container">
        <div class="box" style="height:70px;" data-value="7">7</div>
        <div class="box" style="height:30px;" data-value="3">3</div>
        <div class="box" style="height:50px;" data-value="5">5</div>
        <div class="box" style="height:10px;" data-value="1">1</div>
        <div class="box" style="height:40px;" data-value="4">4</div>
        <div class="box" style="height:20px;" data-value="2">2</div>
    </div>
    <button>开始排序</button>
</body>
</html>
```

该HTML文件通过 <link rel="stylesheet" href="styles.css"> 链接外部样式表styles.css。该CSS文件和该HTML文件位于同一个目录，该CSS文件内容如下。

```css
body {
    font-family: 'Arial', sans-serif;
    background-color: #f9f9f9;
    text-align: center;
```

< 26 >

```css
    margin: 0;
    padding: 0;
    box-sizing: border-box;
}

header {
    background: #50b3a2;
    color: #ffffff;
    padding: 20px;
    border-bottom: 3px solid #27a192;
    margin-bottom: 20px;
}

h1 {
    margin-bottom: 10px;
}

h2 {
    font-size: 20px;
}

p {
    margin: 0;
    padding: 0;
    font-size: 16px;
    line-height: 1.6;
}

#container {
    display: flex;
    justify-content: center;
    align-items: flex-end;
    gap: 15px;
    background-color: #ffffff;
    padding: 10px;
    border: 2px solid #BDC3C7;
    border-radius: 5px;
    margin: 20px;
    height: 100px;
    position: relative;
}

.box {
    background-color: #ECF0F1;
    color: #2C3E50;
    border: 1px solid #BDC3C7;
    border-radius: 5px;
    width: 30px;
    display: flex;
    align-items: center;
    justify-content: center;
    position: relative;
```

< 27 >

```
    box-shadow: 2px 2px 5px rgba(0, 0, 0, 0.2);
}

button {
    padding: 10px 20px;
    background-color: #3498DB;
    color: white;
    border: none;
    border-radius: 5px;
    cursor: pointer;
    transition: background-color 0.3s ease;
}

button:hover {
    background-color: #2980B9;
}

button:active {
    transform: translateY(2px);
}
```

在以上文件中，body、header、h1、h2、p、button是元素选择器；#container是id选择器；.box是类选择器。:hover 和 :active是伪类，分别代表鼠标指针悬停和鼠标按下的状态。

在<div class="box" style="height:70px;" data-value="7">7</div>中，style="height:70px;"是内联样式，直接在HTML元素中定义了样式。

该样式体现了CSS3的一些特色。在#container的声明中，display: flex;定义了一个弹性容器，justify-content和align-items定义了子元素的对齐方式；box-shadow: 2px 2px 5px rgba(0, 0, 0, 0.2);为元素添加了阴影效果；transition: background-color 0.3s ease;为元素的background-color更改添加了过渡效果；border-radius: 5px;用于创建圆角。

另外，预处理器如Sass或Less支持开发者以更加结构化和模块化的方式来编写CSS，可以使用变量、混合、嵌套等，最终这些预处理器代码会被编译成标准的CSS代码。Sass拥有更丰富的功能和特性，例如支持条件语句、循环等，使得Sass在逻辑处理方面更强大；Less的功能相对较少，主要提供变量、混合、嵌套等基础特性。现在，Sass和Less都可以在Node.js环境中编译为CSS执行。

CSS 媒体查询

1.2.4 JavaScript

JavaScript是一门重要的Web开发语言，它属于动态、弱类型、基于原型的编程语言，常用于构建交互式Web页面。1995年，布伦丹·艾希（Brendan Eich）为Netscape Navigator浏览器开发了JavaScript。1997年，JavaScript被ECMA（欧洲计算机制造商协会）采纳为标准，成为ECMA-262，也就是大家常说的ECMAScript（ES）。JavaScript成为ECMAScript标准的重要具体实现。ECMAScript是通过ECMA-262标准化的一门脚本程序设计语言。这个标准包括语言的语法、类型、语句、关键字、保留字、操作符、对象等方面的规定。但JavaScript不仅包含ECMAScript 规定的内容，还包含其他内容，例如DOM、BOM（浏览器对象模型）和其他Web API，这些内容不包含在ECMAScript

JavaScript 简介

< 28 >

标准中。在近年来的重要ECMAScript标准中，ES5添加了严格模式、JSON支持和新的数组方法，如forEach、map、filter等；ES6/ES2015引入了类、模块、迭代器、箭头函数、模板字符串、解构赋值、Promise等；ES7引入了async/await（异步函数）等。

JavaScript 特征

模板字符串

JavaScript作为一种客户端脚本语言，用于实现客户端与用户的交互、客户端的计算与操作。现在，它也能运行在服务器端，例如在Node.js环境中。JavaScript拥有丰富的框架和库，例如React、Angular和Vue用于构建Web前端；Express和Koa用于开发Web服务器端；Electron框架用于构建跨平台的桌面应用程序；jQuery用于简化DOM操作；Lodash提供了许多实用的工具函数。JavaScript由于其在Web开发中的广泛应用和生态系统的丰富性，长期以来一直是GitHub上较受欢迎的语言。其丰富的框架、库和工具以及Node.js，使其可以用于服务器端开发，极大地推动了JavaScript在开源社区的应用。

数组方法

迭代器

JavaScript的基础知识和核心概念主要如下。

1．变量和数据类型

JavaScript有8种数据类型，包括6种基本数据类型（Undefined、Null、Boolean、Number、BigInt、String和Symbol）和一种复合数据类型（Object）。

JavaScript 变量类型

2．函数和对象

函数是JavaScript中的"一等公民"，可以作为参数传递，也可以从其他函数中返回。JavaScript使用基于原型的继承，对象可以继承其他对象的属性。虽然JavaScript ES6引入了class 关键字来提供基于类的面向对象编程语法，但这实际上是基于原型的继承模型的语法糖。在运行时，class 会被转换为函数和基于原型的继承。

函数式语言

JavaScript 中函数定义的三种形式

3．事件驱动模型

JavaScript在浏览器环境中通常采用事件驱动模型，允许用户与网页互动。

4．异步编程

JavaScript支持异步编程模型，允许非阻塞的代码执行，如回调、Promise和async/await。

闭包

5．闭包和作用域

JavaScript函数能够创建闭包，这意味着函数能够"记住"它们被创建时的作用域，并访问这些作用域中的变量。

JavaScript是众多流行浏览器原生支持的编程语言，在Web中的应用非常广泛，主要如下。

定义类与继承　　动态语言　　模块化

1．动态内容与交互性

JavaScript能够操作DOM，使得开发者可以动态地修改网页内容、结构和样式。用户与网页进行交互时（例如单击按钮、提交表单时），JavaScript能捕捉相应事件并做出响应。

2．动画与视觉效果

JavaScript能够操作CSS样式和实现各种动画效果，如淡入淡出、滑动、缩放等。它还可以利用Canvas API或WebGL 来实现复杂的二维和三维图形渲染。因此，JavaScript常用于网页游戏的开发，利用HTML5、Canvas API和WebGL 等技术来创建图形、音效和动画等。

< 29 >

3．异步加载与Ajax

JavaScript可以发送异步请求Ajax，从而在不重新加载整个页面的情况下从服务器加载新数据。这对于构建快速、无缝体验的现代Web应用至关重要。

4．服务器端开发

借助Node.js，JavaScript能够用于构建服务器端应用，处理 HTTP 请求、连接数据库等。

5．移动应用开发

利用React Native、Ionic 等框架，JavaScript可以用于开发跨平台的移动应用。

6．Web API 交互

JavaScript可以与各种Web API（例如地理位置API、Web音频API、Web存储等）交互，实现丰富多彩的功能和体验。

在1.2.3小节采用CSS+HTML构建的冒泡排序可视化页面的基础上，加入JavaScript代码来处理程序逻辑、操作DOM并加入动画后的页面如图1-17所示。

与 HTML 结合　　动态内容与交互性　　与 CSS 结合

图 1-17　冒泡排序可视化页面 2

JavaScript文件script.js的代码如下。

```
async function sort() {
    const statusElement = document.getElementById('status');
    // 更改状态为"排序中"
    statusElement.innerText = '排序中';
    let boxes = document.querySelectorAll('.box');
    for (let i = 0; i < boxes.length - 1; i++) {
        for (let j = 0; j < boxes.length - i - 1; j++) {
            boxes[j].style.backgroundColor = '#E74C3C';
            boxes[j + 1].style.backgroundColor = '#E74C3C';
            await new Promise(resolve => setTimeout(resolve, 1000));
            let value1 = Number(boxes[j].innerText);
            let value2 = Number(boxes[j + 1].innerText);
            if (value1 > value2) {
                boxes[j].innerText = value2;
                boxes[j + 1].innerText = value1;
                let tempHeight = boxes[j].style.height;
                boxes[j].style.height = boxes[j + 1].style.height;
```

< 30 >

```
                          boxes[j + 1].style.height = tempHeight;
                }
                boxes[j].style.backgroundColor = '#ECF0F1';
                boxes[j + 1].style.backgroundColor = '#ECF0F1';
                boxes = document.querySelectorAll('.box');
            }
        }
        // 更改状态为"排序完毕"
        statusElement.innerText = '排序完毕';
}
```

在sort.html文件中，需要在<body>元素后面添加以下代码，将script.js包含进来。

```
<script src="script.js"></script>
```

并在<button>按钮上添加一个属性onclick="sort()"，用户单击按钮即可发起函数调用。

```
<button onclick="sort()">开始排序</button>
```

以上JavaScript代码通过getElementById()和querySelectorAll()这两个方法来选取HTML元素，这体现了JavaScript可以通过DOM操作HTML元素。通过改变元素的innerText和style属性，JavaScript能够动态地修改HTML页面的内容和样式。比如开始排序后，通过代码statusElement.innerText = '排序中';将statusElement的文本内容从"初始数列"更改为"排序中"，UI上相应的文本也会更新。在排序操作全部完成后，statusElement的文本内容被更改为"排序完毕"。

通过async和await关键字以及Promise对象，JavaScript代码实现了异步操作，这使得在排序过程中页面能够有1s的延迟，而不会阻塞其余的JavaScript代码执行。这显示了JavaScript的非阻塞特性和事件驱动模型。

另外，以上代码通过JavaScript操作DOM元素的style属性实现了CSS控制。比如以下两行代码将正在比较的两个盒模型的背景颜色设置为#E74C3C，以便用户可以清楚地看到哪两个元素正在被比较。

```
boxes[j].style.backgroundColor = '#E74C3C';
boxes[j + 1].style.backgroundColor = '#E74C3C';
```

比较完成后，将两个盒模型的背景颜色恢复为原始颜色#ECF0F1，代码如下所示。

```
boxes[j].style.backgroundColor = '#ECF0F1';
boxes[j + 1].style.backgroundColor = '#ECF0F1';
```

以下3行代码中，如果两个相邻的盒模型的顺序不正确，那么它们的height样式将会被交换，这意味着用户将会看到这两个盒模型的位置被交换。

```
let tempHeight = boxes[j].style.height;
boxes[j].style.height = boxes[j + 1].style.height;
boxes[j + 1].style.height = tempHeight;
```

Web上常用的一种数据格式JSON（JavaScript Object Notation，JavaScript对象表示法）。它是一种轻量级的数据交换格式，易于阅读和编写，同时也易于机器解析和生成。JSON是一种独立

< 31 >

于语言的文本格式，基于JavaScript 的对象字面量（Object Literal）语法。JSON 是Web开发中数据交换的主要格式之一，其由于语法简单、易于读写、解析速度快，成为XML的一种替代方案，常用于调用Web API返回的数、localStorage 的数据存储以及Web开发工具和库的配置文件。

JSON

JSON解析和生成在大多数现代编程语言中都是原生支持或有库支持的，包括 JavaScript。比如，JavaScript 提供了 JSON.parse() 方法来解析 JSON 字符串，将之转化为 JavaScript 对象。JavaScript 还提供了 JSON.stringify() 方法来将 JavaScript 对象转化为 JSON 字符串。

JSON 的语法格式相当简单，主要包含对象（Object）和数组（Array）两种结构，以及4种数据类型（String、Number、Boolean和Null）。以下是 JSON 的基本语法格式。

1. 对象

对象在JSON中由对象字面量表示，它是无序的键值对（key/value）集合。键（key）是字符串，值（value）可以是任意合法的JSON数据类型，如下所示。

```
{
  "name": "John",
  "age": 30,
  "isStudent": false
}
```

2. 数组

数组在 JSON 中由数组字面量表示，是有序的值集合。数组中的值可以是任意合法的 JSON 数据类型，如下所示。

```
["apple", "banana", "cherry"]
```

下面是一个综合了 JSON 各种语法格式的例子。

```
{
  "name": "John",
  "age": 30,
  "isStudent": false,
  "courses": ["Math", "English", "Programming"],
  "address": {
    "street": "123 Main St",
    "city": "Anytown"
  },
  "phone": Null
}
```

这个例子展示了一个包含多个键值对的对象，其中 "courses" 对应一个数组值，"address" 对应一个嵌套的对象，而 "phone" 对应一个Null值。

1.2.5 XML

XML 简介

XML是一种灵活且可自定义的标记语言，为W3C制定的一项国际规范。

< 32 >

W3C发布了关于XML的一系列规范，定义了XML的语法和结构。XML可以用来对各种类型的数据进行建模。其设计目标是创建一种简单而又可扩展的、针对结构化和半结构化信息的文本表示机制，从而在Web相关应用中共享数据。它是一种元语言，即用于定义其他语言的语言。

以下是一个非常简单的XML文档示例。

```
<person>
  <name>
    <title>Teacher</title>
    <first-name> kaiyu </first-name>
    <last-name> dai </last-name>
  </name>
  <email> kydai@fudan.edu.cn </email>
  <hometown province= "Hunan">Xiangtan</hometown>
</person>
```

标记是指左尖括号（<）和右尖括号（>）之间的文本，分为开始标记（如 <name>）和结束标记（如 </name>）。元素是开始标记、结束标记以及位于二者之间的所有内容。在上面的示例中，<name> 元素包含3个子元素：<title>、<first-name> 和 <last-name>。属性是元素的开始标记中的"名称-值"对，属性间用空白符隔开。在该示例中，province是<hometown>元素的属性名称。可以看到和HTML不同的是，该XML示例中的元素、属性都是可以自定义的，从而具有很好的可扩展性。

XML文件可以文档为中心或以数据为中心。在以文档为中心的情形下，XML采用半结构化文档的表现机制，其关键元素是半结构化的、带置标的正文，比如用于表示要出版的文档数据、网页数据等。而应用于以数据为中心的情形时，通常XML用于标记高度结构化的信息，一般由机器生成和消费，内容置标率很高，且一般没有大段正文，比如用于Web服务调用过程中的参数和结果数据传输等。

与HTML相比较，XML具有以下重要特点。

1. 可扩展性好

HTML的标记集是固定的，即HTML的语法一旦确定，是很难扩展的。XML是一种元标记语言，支持用户构建自己的标记。大量特定领域的应用语言使用XML进行定义，比如描述二维矢量图形的SVG（可缩放矢量图形）语言、CML（化学标记语言）、MathML（数学标记语言）等。前文所提到的Web 3.0中的RDF、OWL等也都有XML定义的语言格式，本书后文将介绍的SOAP和WSDL等Web服务协议也都由XML定义。

2. 文档的表示形式多样化

HTML的标记通常就是用来定义网页文档的结构和外观的。一个HTML文件基本对应一种表现形式。XML主要是表示文档内容的，通过链接到不同的CSS或XSLT（eXtensible Stylesheet Language Transformation，可扩展样式表语言转换），就可以使一个XML文档有不同的表现形式，从而实现个性化的UI或文档风格。

3. 信息描述和检索能力强

HTML是针对人机交流而设计的，标记几乎都用来设计网页的结构和外观，不能描述矢量图形、数学公式、化学符号等特殊对象的语义。检索信息时，需要对全部页面解析并抽取其中所需要的数据，检索质量较差。XML是一种支持语义的标记语言，这也是语义网协议栈的基础数据

< 33 >

表示采用XML，其上层各种协议如RDF、RDFSchema、OWL等也采用XML表示的原因。XML对文档内容具有自描述能力，应用程序更容易定位文档中的信息，从而支持智能搜索。

4．支持结构化数据的表达和分享

结构化的数据指的是其内容、意义或应用被标记的数据。HTML难以表达结构化的数据，服务器端在HTML中嵌入动态数据是比较麻烦的，客户端应用程序也不方便自动从HTML中获取所需的数据，从而在分布式环境中分享数据很困难。XML可以通过DTD（Document Type Definition，文档类型定义）或XMLSchema指定文档中的元素以及元素之间的关系，还可以通过包含机制将多数据源数据集成为单个文档。作为一种文本表示方法，XML具有很好的跨平台性，并得到大量流行高级语言的支持，可以很方便地采用各种流行编程语言对XML数据或者文档进行解析和处理。XML已经成为Web上交换数据和文档的标准机制。

5．更强的链接功能

对HTML来说，链接主要是网页之间的跳转。链路丢失后不能自动纠正，不能维持文档间的任何历史和关系，因此如果所访问的页面URL地址变化了，则会得到404报错信息。另外，HTML的链接方式是单向的，被链接到的网页无法知道它是从哪个网页链接过来的，在一些应用场景下这个信息很关键。XML具有XLL（eXtensible Link Language，可扩展链接语言），支持可扩展的链接和多方向的链接。它突破了HTML只支持超级文本概念下最简单的链接限制，能支持双向链路、环路、多个源的集合链接等。HTML主要是网页之间的链接关系，而XML是数据之间的——便于进行数据建模。

6．更好的分布式计算支持

早期网络一般都在服务器端处理数据并生成HTML文档，客户端基本不做数据处理，传到客户端的HTML基本是一个视图文件，由浏览器渲染并展示给用户。由于XML被广泛支持，XML数据或者文档可以在客户端被处理，降低了对服务器端的要求，使得广泛、通用的分布式计算成为可能。所以XML也是分布式计算技术的核心要素。

在Web应用中，XML主要承担以下角色和功能。

1．网页内容结构化

在早期的Web开发中，XML被用作一种结构化网页内容的文档表示形式。比如XHTML（eXtensible HyperText Markup Language，可扩展超文本标记语言）是一种遵循XML语法规则的HTML，它要求更加严格的标记规则，例如所有的标记必须被正确地嵌套和关闭。HTML5提供了更加灵活和富有表现力的网页设计能力，随着HTML5的推广和应用，XHTML的使用有所减少，但仍然有其适用的场景，尤其是在需要遵循严格语法规则的应用中。

2．配置文件

XML经常用于存储配置信息，许多Web应用和服务器软件都使用XML文档来进行配置。在后文要介绍的Spring框架中，就可以采用XML来进行配置。Maven项目也通常采用XML文档pom.xml来进行项目配置。

3．数据交换

在Web中，XML常被用作一种数据交换格式，使得不同系统和平台之间能够有效地共享数据。例如，Web服务常常使用XML来传递消息和返回结果。

4．Web应用中的数据表示

如前文所述，RSS是一种典型的Web 2.0应用。它基于XML的Web内容订阅和发布格式，用于发布经常更新的信息，如新闻标题、博客文章等。SVG常用于在客户端浏览器中绘制矢量图形，它也是一种XML应用，用于描述二维矢量图形，可以直接嵌入Web页面。

< 34 >

5．数据存储

XML提供了一种可用于存储结构化数据的方法。虽然现代的Web应用更可能使用数据库和JSON来存储数据，但XML仍被用于某些应用场合。比如采用XML作为存储格式的原生数据库Xindice。

6．语义网和知识图谱

XML也是构建语义网以及后续发展起来的知识图谱的基础之一，它允许创建者对Web内容进行更详细的描述，从而使机器能够更好地理解Web内容。语义网通常采用XML来存储RDF、OWL等知识和语义表示数据。

XML制定了较为严格的语法，从而实现对数据的准确定义，有利于分布式计算环境中的数据分享和处理。满足XML语法要求的XML文档称为格式良好（Well-Formed）的文档；如果给出了DTD或XMLSchema来约束其数据格式，那么遵守 XML 语法规则也遵守在其 DTD 或XMLSchema中定义的规则的XML文档，称为有效（Valid）文档。针对以上两种文档的要求都不符合的XML文档则为无效文档。

XML 文档分类

XML 规范组成

下面简要说明XML文档中的一些语法规则。

- XML文档定义了XML 声明中包含的"名称-值"对，并要求如果有声明，那么它一定是文档的第一项。
- XML文档中的注释必须放置于<!--和--> 之间。
- XML 文档必须包含在单一根元素中。
- 元素可以嵌套，但是不能交叉，即应符合树结构。
- 结束标记是必需的。
- 元素是区分大小写的。
- 属性必须有用引号标注的值。
- <![CDATA [和]]>之间的字符数据不被解析。
- 通过 xmlns 属性可以定义名字空间，名字空间的作用主要是防止元素名称的冲突。

XML 语法规则

下面介绍用于验证XML文件有效性的DTD和XMLSchema，它们的作用基本一样，都是描述验证有效性的规则。但是两种规范采用了不同的描述方式，XMLSchema规范更新，其描述能力也更为强大。Spring框架的配置文件就使用了DTD，而基于SOAP的Web 服务则更多使用了XML Schema。

1．DTD

DTD是一组能融合在XML数据中或者以单独的文档存在的声明，采用类似于正则表达式的模式来定义元素的内容模型，用于对XML文档进行描述和校验，以保证XML文档的有效性。所

DTD 简介

DTD 声明

谓有效性检查是指通过将一个XML实例文档与一个用于校验的DTD进行比较验证，确认 XML 数据遵循特定的预定结构，从而使应用程序可以预定的方式来接收和处理数据。

DTD通过给出一系列规则，描述了文档中允许的元素、属性以及元素之间的层次关系和出现次数。DTD 有两种形式：内部 DTD 和外部 DTD。内部 DTD 直接嵌套在 XML 文档中，而外部 DTD 保存在单独的文件中。

下面是一个内部DTD示例。

```
<?xml version="1.0"?>
```

< 35 >

```
<!DOCTYPE students [
  <!ELEMENT students (student+)>
  <!ELEMENT student (name, age, grade)>
  <!ATTLIST student id ID #REQUIRED>
  <!ELEMENT name (#PCDATA)>
  <!ELEMENT age (#PCDATA)>
  <!ELEMENT grade (#PCDATA)>
]>
<students>
  <student id="s1">
    <name>John Doe</name>
    <age>20</age>
    <grade>A</grade>
  </student>
  <student id="s2">
    <name>Jane Doe</name>
    <age>22</age>
    <grade>B</grade>
  </student>
</students>
```

在这个示例中，通过内部DTD定义了students元素，该元素可以包含一个或多个student元素。每个student元素必须包含name、age 和 grade元素，这些元素只能包含解析字符数据（PCDATA）。以该DTD定义为例，DTD的关键语法和规则说明如下。

（1）<!DOCTYPE>。这是文档类型声明，用于定义文档的根元素，并可以选择性地引用外部DTD或包含内部DTD。

（2）<!ELEMENT>。<!ELEMENT> 定义了XML文档中的元素及其内容模型。内容模型描述了元素的子元素和这些子元素的顺序、出现次数。

文档类型声明

- + 表示元素必须出现一次或多次。
- ()表示元素可以出现零次或多次。
- ? 表示元素可以出现零次或一次。
- , 表示元素按序列出现。
- | 表示元素必须选择其中一个选项。

示例如下。

```
<!ELEMENT students (student+)>
```

这里，students 元素必须包含一个或多个 student 元素。

（3）(#PCDATA)。(#PCDATA) 表示解析的字符数据，这意味着这些数据会被解析器解析，示例如下。

```
<!ELEMENT name (#PCDATA)>
```

这里，name 元素的内容必须是字符数据。

（4）<!ATTLIST>。<!ATTLIST> 也是 DTD 的一部分，用于定义元素的属性，示例如下。

```
<!ATTLIST student id ID #REQUIRED>
```

id属性被定义为student元素的必需属性，其值必须是唯一的。

< 36 >

外部DTD独立存在于另一个文件中，从一个或多个外部URL链接到XML文档中。比如可以将上例中的内部DTD规则单独保存在一个独立文件（例如students.dtd）中，并在XML实例文档中引用此外部DTD来对XML数据进行验证。students.dtd中的内容如下所示。

```
<!ELEMENT students (student+)>
<!ELEMENT student (name, age, grade)>
<!ATTLIST student id ID #REQUIRED>
<!ELEMENT name (#PCDATA)>
<!ELEMENT age (#PCDATA)>
<!ELEMENT grade (#PCDATA)>
```

XML实例文档students.xml中的内容如下所示。

```
<?xml version="1.0"?>
<!DOCTYPE students SYSTEM "students.dtd">
<students>
  <student id="s1">
    <name>John Doe</name>
    <age>20</age>
    <grade>A</grade>
  </student>
  <student id="s2">
    <name>Jane Doe</name>
    <age>22</age>
    <grade>B</grade>
  </student>
</students>
```

在这个示例中，XML 文档使用 SYSTEM 关键字引用了外部 DTD 文件 students.dtd，以验证其结构。这是一种私有DTD的引用方式，私有DTD更适合那些专门为特定应用定制的DTD。私有 DTD的声明方式如下。

```
<!DOCTYPE root-element SYSTEM "URI-to-DTD">
```

其中"URI-to-DTD"是DTD文件的路径或URL。

公用DTD允许开发者使用公开可用的、预定义的DTD，这使得组织能够共享和重用DTD，提高了开发效率。公用 DTD采用PUBLIC关键字声明，示例如下。

```
<!DOCTYPE root-element PUBLIC FPI URL>
```

其中FPI是"Formal Public Identifier"的缩写，含义为"公用标识符"，用于唯一标识该DTD。FPI通常包括创建DTD的组织的名称、文档类型和版本信息。使用FPI的目的是提供一个与具体位置无关的方式来引用DTD，使不同的系统和应用程序可以识别和使用相同的文档结构。URL是DTD文件的路径，如果在本地没有找到FPI对应的DTD，解析器可以使用这个URL来下载DTD文件。以Spring框架的一个Bean声明文件中的外部DTD声明为例来做说明，该声明如下。

```
<!DOCTYPE beans PUBLIC "-//SPRING//DTD BEAN//EN" "http://www.springframework.
org/dtd/spring-beans.dtd">
```

在这个示例中，beans是文档的根元素；PUBLIC 关键字表示这是一个公用DTD；"//SPRING//DTD BEAN//EN" 是公用标识符，通常包含创建DTD的组织的名称、DTD的类型和语

< 37 >

言，其中SPRING 是组织名，DTD BEAN 描述了DTD的类型，EN 表示语言（这里代表英语）。"http://www.springframework.org/dtd/spring-beans.dtd" 是DTD文件的URL，指明了DTD文件的位置。

2．XMLSchema

和DTD一样，XMLSchema也用于定义XML文档的结构和内容，是W3C的推荐标准。与DTD 不同的是，XMLSchema本身也是一个XML文档，提供了更加丰富和灵活的数据

 Schema 简介 模式文档和实例文档 模式文档元素定义

类型，并能够支持名字空间。比如，XMLSchema本身提供了42种简单类型的定义，其中包括String、Int、Date、Decimal、Boolean、timeDuration和uriReference等。开发人员还可以基于这些简单类型，采用类似面向对象的思想进行继承和扩充，定义自己的数据类型。

以下是一个基于前文DTD示例的XMLSchema示例，用于描述和验证学生信息XML文档。

```
<?xml version="1.0"?>
<xs:schema xmlns:xs="http://www.w3.org/2001/XMLSchema">

  <xs:element name="students" type="studentsType"/>

  <xs:complexType name="studentsType">
    <xs:sequence>
      <xs:element name="student" type="studentType" maxOccurs="unbounded"/>
    </xs:sequence>
  </xs:complexType>

  <xs:complexType name="studentType">
    <xs:sequence>
      <xs:element name="name" type="xs:string"/>
      <xs:element name="age" type="xs:integer"/>
      <xs:element name="grade" type="xs:string"/>
    </xs:sequence>
    <xs:attribute name="id" type="xs:ID" use="required"/>
  </xs:complexType>

</xs:schema>
```

在此示例中，关键语法和规则如下。

- <xs:schema> 是 XMLSchema 文档的根元素，用于包含所有的类型定义和元素声明。其中，xmlns:xs="http://www.w3.org/2001/XMLSchema" 定义了 XMLSchema 的名字空间。
- <xs:element> 用于定义元素。name 属性指定元素的名称，type 属性指定该元素的类型。
- <xs:complexType> 用于定义复杂的元素类型。一个元素如果包含子元素或者带有属性，则被称为复合类型。name 属性指定了该类型的名称。比如名称为studentType的复合类型中，包含一个 <xs:sequence>，<xs:sequence> 指定其子元素必须按照指定的顺序出现。这个 <xs:sequence> 里定义了3个子元素（name、age 和 grade）和一个属性（id）。type="xs:string" 和 type="xs:integer" 使用XMLSchema内部支持的简单数据类型定义了数据类型。
- <xs:attribute> 用于定义属性。如在<xs:attribute name="id" type="xs:ID" use="required"/>中，name定义了属性的名称；type="xs:ID"定义了属性的类型，表明属性是一种特殊的字符串，必须在整个XML文档中唯一。use="required" 表示属性是必需的。

< 38 >

对应的XML文档示例如下。

```xml
<?xml version="1.0"?>
<students xmlns:xsi="http://www.w3.org/2001/XMLSchema-instance" xsi:noNam
espaceSchemaLocation="your-schema-location.xsd">
    <student id="s1">
      <name>John Doe</name>
      <age>20</age>
      <grade>A</grade>
    </student>
    <student id="s2">
      <name>Jane Doe</name>
      <age>22</age>
      <grade>B</grade>
    </student>
</students>
```

在该XML文档中，通过xsi:noNamespaceSchemaLocation属性指定了该XML文档所对应的XMLSchema的位置。

3．XML＋CSS构建客户界面

XML作为描述纯数据的文件，可以使用前文所述的CSS来装饰XML页面，从而将数据可视化，展示给用户。XML与CSS的结合使得开发人员能够更加灵活和高效地处理数据展示和UI设计，有利于实现更高质量的Web开发和维护。

依然以上面描述学生信息的XML文档为例，可以设计CSS文件styles.css内容如下。

```css
students {
    display: flex;
    flex-wrap: wrap;
    justify-content: space-around;
    padding: 20px;
    background-color: #f2f2f2;
}

student {
    background-color: #ffffff;
    border: 1px solid #cccccc;
    border-radius: 8px;
    padding: 20px;
    margin: 20px;
    width: 200px;
    box-shadow: 0 4px 6px 0 rgba(0, 0, 0, 0.1);
}

name, age, grade {
    margin: 8px 0;
    font-size: 16px;
}

name {
    font-weight: bold;
}
```

< 39 >

对应的XML文档内容如下。

```
<?xml version="1.0" encoding="UTF-8"?>
<?xml-stylesheet type="text/css" href="styles.css"?>
<students>
    <student id="1">
        <name>John Doe</name>
        <age>20</age>
        <grade>A</grade>
    </student>
    <student id="2">
        <name>Jane Doe</name>
        <age>22</age>
        <grade>B</grade>
    </student>
    <!-- 更多学生数据 -->
</students>
```

在上述 XML 文档中，<?xml-stylesheet type="text/css"href="styles.css"?> 是处理指令，用于关联 CSS。在浏览器中打开该XML文档，可以看到两名学生的信息以卡片的形式展现。

利用XML+CSS技术实现数据与表现的分离具有多方面的优势，部分如下。

（1）提高可维护性。通过将内容与样式分离，开发人员可以专注于各自的领域，提高工作效率。在不更改内容的情况下，通过修改CSS文件即可实现界面的整体更新，方便维护。

（2）提高可扩展性。同一份XML文档可以与不同的CSS一起使用，以满足不同的需求和应用场景。比如可以针对不同的设备和屏幕尺寸提供不同的样式，实现响应式设计。

（3）提高重用性。CSS可以在多个XML文档之间重用，保持一致性并减少重复工作。可以创建模板，以便快速构建具有相同结构和样式的新文档。

（4）提高效率。由于样式和内容是分开的，可以减少单个页面的加载时间，也可以减少因重复嵌入样式而消耗的网络带宽。

（5）标准化。使用标准的XML和CSS语法，有助于保持代码质量，并符合W3C规范。遵循标准的代码可以更好地在各种浏览器和设备中保持一致的表现。

4．XSLT用于转换与展示

XML还有一个重要的规范——XSLT，用于将XML文档转换为其他类型的文档，可以通过对XML文档中的数据进行处理将之转换为另外一个XML文档，也可以将之转换为HTML文档或

XSL

XSLT

XPath

XHTML文档，以便在网页上显示。下面是一个 XSLT 示例，它将 XML 文档转换为 HTML文档。

```
<xsl:stylesheet version="1.0" xmlns:xsl="http://www.w3.org/1999/XSL/Transform">
    <xsl:output method="html" indent="yes"/>

    <xsl:template match="/students">
        <html>
            <head>
                <title>Student List</title>
                <style>
                    .student { border: 1px solid #ccc; margin: 10px;
padding: 10px; width: 300px; }
```

< 40 >

```
                    .name { font-weight: bold; }
                </style>
            </head>
            <body>
                <xsl:apply-templates select="student"/>
            </body>
        </html>
    </xsl:template>

    <xsl:template match="student">
        <div class="student">
            <div class="name">
                <xsl:value-of select="name"/>
            </div>
            <div class="age">
                Age: <xsl:value-of select="age"/>
            </div>
            <div class="grade">
                Grade: <xsl:value-of select="grade"/>
            </div>
        </div>
    </xsl:template>
</xsl:stylesheet>
```

其中的关键语法元素简述如下。

（1）<xsl:stylesheet>：用于定义整个 XSLT 文档。它是 XSLT 文档的根元素。

（2）<xsl:template match="/">：用于定义一个模板。match 属性用于指定模板匹配的 XML 元素。

（3）<xsl:apply-templates select="student"/>：用于应用模板。select 属性用于选择当前模板应用到的 XML 元素。

（4）<xsl:value-of select="name"/>：用于插入 XML 元素的值。select 属性用于选择当前模板应用到的 XML 元素。

（5）<xsl:output method="html" indent="yes"/>：用于定义输出的文档类型和格式。在这个例子中，输出类型是 HTML，并且输出会缩进。

要将上述 XSLT 应用到 XML 文档上，只需要将以下处理指令添加到 XML 文档的顶部。

```
<?xml version="1.0" encoding="UTF-8"?>
<?xml-stylesheet type="text/xsl" href="styles.xsl"?>
<!-- 其他 XML 元素 -->
```

通过href属性指向 XSLT 文件的路径和名称，这样，在支持XSLT的浏览器中打开XML文档时，浏览器就会使用XSLT转换XML文档，并显示转换结果。一般需要在服务器上部署，然后通过浏览器访问XML文档。

5. 高级语言对XML的解析和处理

由于XML的标准化和通用性，一般流行的高级语言都可以对其进行解析和处理，在这里仅做简要介绍。高级语言对XML的解析方式一般分为两种：一种是加载整个XML文档到内存中，形成DOM然后进行操作，这种方式适合较小的、需要频繁修改的XML文档；另外一种是基于流的解析方式，读取大型XML文档时很有用。

XML 的解析 API

基于流的解析方式（也就是事件驱动的解析方式）又可以分为推（Push）和拉（Pull）两种

< 41 >

类型。推型（例如SAX），解析器遍历XML文档，并在遇到XML元素（如开始标签、结束标签、文本内容等）时触发相应的事件，然后调用处理这些事件的回调方法，开发者需要实现这些回调方法来处理XML数据。其特点是内存占用低，不需要将整个XML文档加载到内存中。但是无法回溯，只能向前解析。与由解析器控制解析过程的推型不同，拉型（例如 StAX）由应用程序控制解析过程，应用程序请求解析器提取下一个事件，然后决定如何处理。这提供了对解析过程更高的控制，同样具有内存占用低的优势，而且可以回溯。拉型更加灵活，适合更复杂的处理逻辑；推型较为简单，主要用于只读取XML数据的场景。

1.2.6　HTTP

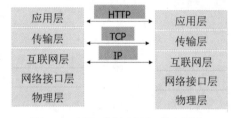

HTTP 基础

Web作为一种网络应用，Web服务器和客户端浏览器之间通过HTTP进行通信。HTTP位于TCP/IP的应用层，如图1-18所示。HTTP 1.1和HTTP 2都是以TCP/IP为基础的应用协议，所以在传输层采用的是TCP而不是UDP（User Datagram Protocol，用户数据报协议）。但这也是HTTP性能不高的一个原因，所以在逐步推进的HTTP 3中，采用的是UDP。

图 1-18　HTTP 位于 TCP/IP 的应用层

HTTP的一个重要特征是无状态协议，也就是每次通信之后将断开连接，服务器也不会记住客户端，客户端后续的访问又是一个新的开始。这样带来的问题是，比如购物网站这样的Web应用，在之前的页面上所做的操作（比如购买的物品），在下一个页面中不再有效，这样就无法实现需要记住状态的应用。这个问题是通过Cookie机制来解决的。Cookie是写入客户端浏览器的一个小文本，下次该客户端来访问的时候将带着Cookie里的信息来，从而服务器能识别是哪个客户端，采用无状态的协议来实现对需要的状态的应用。Cookie也是保持会话（Session）信息的支持机制。

传统Web应用的访问机制都是客户端发起请求、服务器响应请求，之前Web服务器程序已经启动并监听端口。由于不保持连接，当服务器返回数据并断开后，服务器无法将更新后的数据推送给客户端。这将难以满足一些应用的需求，比如股票信息不断发生变化，如果客户端浏览器不是一直不断地访问，服务器端的新数据就无法到达客户端。这也是后文要讨论的服务器应如何推送数据的问题。

采用HTTP是Web应用的关键特征。随着互联网各种前沿应用的发展，Web的含义也在拓展，其核心含义是基于HTTP或者相关协议，在互联网上实现跨平台的分布式计算。客户端不一定要采用浏览器，并使用HTML做客户端界面，Web 2.0应用支持各种客户端的实现。物联网由于需要在不同的信息系统间进行通信，除开使用MQTT（Message Queuing Telemetry Transport，消息队列遥测传输）这样的协议外，也广泛采用HTTP相关协议，比如实现各种家用电器之间的通信，从而实现智能家居。而目前分布式计算应用开发主流的微服务架构，在各个服务组件间进行相互调用时，往往也是采用基于HTTP的REST化的Web服务。

表1-3给出了HTTP支持的请求方法说明，以及在目前流行的HTTP版本上的支持情况。

最常用的HTTP请求方法是GET和POST，它们都可以用来从客户端向服务器端传输数据（比如参数）。但是一般不推荐使用GET方法来对实体的主体进行传输。GET方法在URL中传输的数据是有长度限制的，一般限制在2KB，而POST方法基本不受限制。GET方法是通过HTTP第一部分中的URL传输数据的，数据会显示在浏览器地址栏中，所以不能用来传输敏感数据。而POST

< 42 >

方法传输的数据放在HTTP第三部分的请求主体中，因此GET方法比POST方法更不安全。对于参数的数据类型，GET方法只接受ASCII字符，而POST方法则不受限制。

表1-3　HTTP支持的请求方法说明

方法	说明	支持的HTTP版本
GET	请求指定的资源	所有 HTTP 版本
POST	传输实体的主体	所有 HTTP 版本
PUT	从客户端向服务器传输并存储指定的资源	所有 HTTP 版本
DELETE	请求服务器删除指定的资源	所有 HTTP 版本
HEAD	与 GET 方法类似，但服务器在响应中只返回头部信息	所有 HTTP 版本
OPTIONS	方法要求服务器列出可对资源实行的操作方法，在响应头的 Allow 字段里返回	所有 HTTP 版本
TRACE	追踪请求-响应的传输路径	HTTP 1.1 及以上版本
PATCH	对资源应用部分修改	HTTP 1.1 和 HTTP 2
CONNECT	用于网络隧道的建立，常用于 SSL（Secure Socket Layer，安全套接字层）隧道	HTTP 1.1 及以上版本

在HTTP里，所谓的"幂等"是指多次执行相同的操作，结果相同。显然，GET和HEAD是幂等操作，而POST则不是。

PUT的作用与POST类似，也可以向服务器传输数据。但通常POST表示的是"新建"，而PUT则是"修改"。在实际应用中，两者功能很接近，通常采用POST而较少使用PUT。

以数据库的操作类比，HTTP请求GET对应于"查找"，即SQL（Structure Query Language，结构查询语言）语句的SELECT；DELETE对应于"删除"，即SQL语句中的DELETE；PUT对应于"修改"，即SQL语句中的UPDATE；而POST表示"新建"，即SQL语句中的"INSERT"。HTTP的这些操作语义在RESTful Web服务中得到充分体现，即使用HTTP作为统一操作接口对Web上的资源进行增、删、改、查等操作。

1．HTTP请求与响应

HTTP请求由3个部分构成，分别如下。

- 请求方法、URI、协议/版本。
- 请求头（Request Header）。
- 请求正文。

下面为一个HTTP请求的示例。

```
POST /submit-form HTTP 1.1
Host: www.example.com
User-Agent: Mozilla/5.0 (Windows NT 10.0; Win64; x64)
Content-Type: application/x-www-form-urlencoded
Accept: text/html,application/xhtml+xml,application/xml;q=0.9,*/*;q=0.8
Accept-Language: en-US,en;q=0.5
Accept-Encoding: gzip, deflate, br
Connection: keep-alive
Content-Length: 27

username=test&password=1234
```

< 43 >

在该HTTP请求示例中，第一行表明采用POST方法，向服务器的相对URL指向的资源/submit-form提交数据，HTTP的版本为1.1。

请求头中，Host指定了被请求资源的互联网主机；User-Agent描述了发出请求的用户代理的软件、操作系统等信息；Content-Type告诉服务器发送的数据的类型，这里表示数据是表单编码的；Accept告诉服务器客户端能够接收哪些类型的媒体（其中，q参数表示"品质因子"，用于表示客户端对于接收不同媒体类型的偏好程度。q值的范围是0到1，其中1表示最高优先级。该示例中，text/html和application/xhtml+xml具有默认的q值1，这意味着这两种类型是客户端最希望接收的。其次希望接收的类型是application/xml，q值为0.9。其他类型的媒体优先级较低，q值为0.8）；Accept-Language告诉服务器客户端期望以哪种语言接收信息；Accept-Encoding告诉服务器客户端支持哪些编码；Connection: keep-alive表示客户端希望保持连接，以便发送多个请求；Content-Length: 27表示请求体的长度为27，单位是字节。

然后是一个空行分隔请求头和请求正文。请求正文是实际发送给服务器的数据。由于Content-Type是application/x-www-form-urlencoded，正文是以键值对的形式编码的，键、值由&分隔。

和HTTP请求相似，HTTP响应也由如下3个部分构成。

- 协议、状态码、描述。
- 响应头（Response Header）。
- 响应正文。

下面为一个HTTP响应的示例。

```
HTTP 1.1 200 OK
Date: Mon, 23 Oct 2023 12:37:00 GMT
Server: Apache/2.4.1 (Unix)
Last-Modified: Sat, 20 Oct 2023 14:36:00 GMT
ETag: "45b6-3e8-4ce1b170"
Content-Length: 1000
Content-Type: text/html

<html>
<body>
    <h1>Hello, World!</h1>
</body>
</html>
```

在该HTTP响应示例中，第一行的200 OK是状态码和文本描述。200是一个成功的状态码，表示请求已被成功处理；OK是对应文本描述的原因短语。

响应头中，Date给出了该响应被创建的日期和时间；Server描述了服务器的软件和版本；Last-Modified表示资源的最后修改日期和时间；ETag提供了一个资源的标识符，用于缓存管理；Content-Length表示响应正文的长度，单位是字节；Content-Type表示响应正文的媒体类型，这里是HTML文档。

和HTTP请求一样，依然采用一个空行分隔响应头和响应正文。这里的响应正文包含一个简单的HTML文档。实际的HTTP响应可能会包含更多的头部信息，而响应正文可以包含任何类型的数据，比如HTML、JSON、XML、图片、视频等。

针对HTTP之前版本的一些弱点（尤其是实时性、安全性等问题），许多新的相关协议以及新版本的HTTP开始出现。下面简述旨在提升Web安全性的HTTPS，以及旨在提升Web性能的

< 44 >

HTTP 2、HTTP 3。

2．HTTPS

HTTP是一种明文协议，而HTTPS（HyperText Transfer Protocol Secure，超文本传输安全协议）是HTTP的安全版本，它是在HTTP和TCP之间加入了SSL/TLS协议层，提供数据加密、完整性校验和身份认证，确保用户与网站交互的数据安全，保护用户免受第三方的窃听、篡改和伪装等攻击。

SSL和TLS（Transport Layer Security，传输层安全）协议是为网络通信提供安全及数据完整性的加密协议。TLS是SSL的标准化版本。在SSL/TLS握手阶段，客户端和服务器会协商加密算法和密钥，进行身份验证并生成会话密钥，以保障后续的数据传输安全。在握手完成后，客户端和服务器会使用协商的密钥加密HTTP消息，通过TCP进行传输。

HTTPS通过将对称加密和非对称加密相结合实现了混合加密，从而加密数据防范窃听风险。HTTPS使用对称加密来加密实际传输的数据，一旦客户端和服务器协商了一个共享的会话密钥，就会使用这个密钥来加密和解密传输的数据。对称加密由于加、解密速度快且效率高，非常适合大量数据的加密传输。HTTPS使用非对称加密来安全地交换对称密钥，非对称加密用于在握手阶段安全地传输对称密钥。由于非对称加密的计算量大，通常只用于加密小量数据，例如会话密钥。

HTTPS使用MAC（Message Authentication Code，报文鉴别码）来防范篡改风险。MAC是一种基于密钥的哈希函数，可以用于验证消息的完整性和认证消息的发送者。在发送消息时，发送者会使用共享密钥生成MAC，并将MAC一同发送。接收者收到消息后，也会使用相同的密钥生成一个新的MAC并与接收到的MAC进行比较。如果两者匹配，则消息未被篡改。

HTTPS使用SSL/TLS证书来防范冒充风险。SSL/TLS证书是一种数字证书，由受信任的CA（Certificate Authority，证书授权中心）签发，用于验证网站的身份。当用户访问HTTPS网站时，服务器会向客户端提供其SSL/TLS证书。客户端浏览器会验证证书的合法性，检查证书是否由受信任的CA签发、证书是否过期，以及证书中的域名是否与网站的域名匹配。如果验证失败，浏览器会警告用户，这有助于保护用户免受中间人攻击和钓鱼网站的威胁。

HTTPS的运行步骤如图1-19所示。

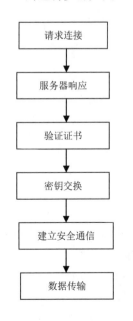

用户在浏览器中输入 HTTPS 网址并按 Enter 键，浏览器向服务器发起连接请求。

服务器返回一个包含公钥的数字证书，证书中还包含网站的一些信息以及数字签名。

浏览器验证数字证书的合法性。

如果证书验证通过，浏览器生成一个随机的对称密钥（即会话密钥），用服务器的公钥加密后发送给服务器。

服务器用私钥解密，得到会话密钥。之后服务器和浏览器之间的通信都会使用这个对称密钥进行加密。

浏览器与服务器之间可以安全地传输加密的消息，实现数据的机密性、完整性和可验证性。

图 1-19　HTTPS 的运行步骤

< 45 >

综上所述，通过结合混合加密、校验机制和数字证书，HTTPS能够有效地防范窃听、篡改和冒充等风险，保证Web应用的安全性。

3．HTTP 2

Web应用的性能对于用户体验非常重要。有研究表明，如果不能在3s内完成加载网页，那么有约40%的访问者就会离开该网页。

HTTP 2、HTTP 3

HTTP 2是HTTP的第2个主要版本，是HTTP 1.x的下一个版本。其目标是降低网络延迟，提高HTTP的性能，实现更高效的请求处理，并提高网络通信的安全性。这一协议的开发是由Google的SPDY协议推动的，SPDY旨在维持HTTP语义的同时降低网页加载延迟。

HTTP 2的主要特性有以下几点。

（1）多路复用。HTTP 2允许多个请求和响应在同一个连接上并行交换。这消除了HTTP 1.x中的队头阻塞问题，从而提高了效率和速度。队头阻塞问题是HTTP 1.x的一个核心问题，它限制了网络性能和页面加载速度。在HTTP 1.0中，每一个HTTP请求都需要建立一个新的TCP连接。这意味着对于一个页面中需要加载的多个资源（如图片、CSS文件、JavaScript文件等），每一个资源的请求都需要建立和断开一个TCP连接，从而效率低下。为了解决这个问题，HTTP 1.1引入了持久连接，也称为keep-alive连接，它允许在一个TCP连接上进行多个请求和响应的交换。但是，尽管一个TCP连接上可以顺序发送多个请求，响应仍然必须按照请求的顺序返回。这意味着，如果第一个请求的响应基于某种原因被延迟，那么后续的所有响应即使已经准备好了，也必须等待，直到第一个请求的响应被发送。这就是所谓的队头阻塞问题。为了解决这个问题，开发者经常使用一些技巧，如域名分片（即使用多个域名来并行加载资源）或并行建立多个TCP连接。但这些方法可能会引入其他问题，如浪费服务器和客户端资源。

在HTTP 2中，所有的通信都是由更小的消息和帧组成的，每个帧都属于一个特定的流，流是连接中的一个独立的双向字节序列，即单独的请求和响应交换。通过流，多个请求和响应之间可以在一个TCP连接上并行交换，而无须等待其他请求/响应完成，如图1-20所示。

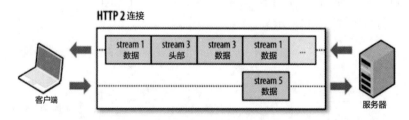

图1-20　HTTP 2允许多个请求和响应在同一个连接上并行交换

（2）头部压缩。HTTP 2的请求和响应的头部信息会被压缩，从而减小了传输的数据量。HTTP 2使用HPACK压缩格式来减少传输的消息或只传输必需信息，进一步降低了网络延迟。这解决了HTTP 1.x中每个请求和响应都要发送大量冗余头信息的问题。

HPACK是专为HTTP 2设计的一种头部压缩格式。它采用动态表与静态表的方式存储HTTP的头部字段及其值，然后在传输时使用该条目的索引号来代替完整的头部名称和值，从而实现压缩。静态表是指由常见的头部字段及其值组成的预定义列表，客户端和服务器都保存有静态表。动态表则通过已发送和接收的头部数据而动态变化。这是一种有限的、可变大小的缓存机制。HPACK还使用哈夫曼编码来进一步压缩头部的名称和值。通过这些机制和策略，HPACK实现了有效的HTTP头部压缩，从而降低了网络延迟，提高了HTTP 2的性能和效率。

（3）服务器推送。HTTP 2支持服务器推送。这里的服务器推送，与后文要介绍的HTML5的

< 46 >

服务器主动发送资源到客户端浏览器的含义不同。服务器可以预测客户端将会需要哪些资源，并将这些资源推送到客户端的缓存中。客户端可以选择存储这些资源，这样当客户端需要这些资源时就无须再向服务器请求，从而降低了延迟、提高了性能。

（4）优先级和流量控制。HTTP 2允许设置请求的优先级，服务器会让高优先级的请求发送更多的帧，使得重要的请求更快得到响应。

HTTP 2还具有流量控制机制，可以防止资源的浪费和拥塞，优化带宽的利用。虽然连接层TCP也支持限流，但HTTP 2是在流的层面实现流量控制。在HTTP 2中，流量控制是通过窗口机制实现的。每个流和整个连接都有关联的流量控制窗口，窗口的大小决定了一个方向上可以发送的数据量。这种机制允许接收端控制接收数据的速率，从而避免资源耗尽（如缓冲区溢出）。比如，Apache服务器使用mod_http2模块来支持HTTP 2，这个模块提供了几个配置指令来控制流量，可以使用H2WindowSize指令设置连接和流的初始窗口大小，默认值为64KB。

（5）二进制帧层。HTTP 2引入了二进制格式来表示数据，从而具有更高的效率、更低的解析复杂度。

如图1-21所示，HTTP 2把所有传输的信息分成更小的帧，并且每种帧都有一个特定的目的。每个帧中的内容包括帧长度（指定帧的长度）、帧类型（定义帧的目的）、标志（与帧类型关联的布尔标志）、流标识符（指定帧属于哪个流）。

其中帧类型包括DATA、HEADERS、PUSH_PROMISE、SETTINGS等。DATA帧携带实际的数据，例如 HTTP 响应正文；HEADERS帧为携带一个或多个键值对的头部；服务器使用PUSH_PROMISE帧来告知客户端它将会发送一个推送响应；SETTINGS帧传输配置参数，双方都可以发送这个帧来告知对方自己的配置。

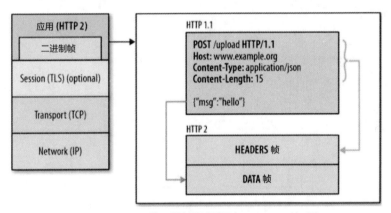

图 1-21　HTTP 2 的二进制格式以及与 HTTP 1.1 的对比

4．HTTP 3

HTTP 3是HTTP的第3个主要版本，是HTTP 2的下一个版本。HTTP 3在HTTP的语义基础上引入了QUIC（Quick UDP Internet Connection，快速UDP互联网连接）协议来替代之前的TCP/HTTPS传输层协议，充分发挥了QUIC在低延迟、拥塞控制、流量控制和多路复用方面的优势。

QUIC是一种基于UDP的可靠传输协议，其目标是提供比TCP更低的延迟和更高的性能。QUIC于2012年由Google公开，并开始在其Chrome浏览器和一些Google服务之间进行实验。其最初的设计目标是减少在移动网络和无线网络上的页面加载时间。传统的TCP和TLS组合需要多次往返的握手过程，而QUIC被设计为减少这些延迟。它直接建立在UDP之上，允许更快地建立连接和重新连接。由于QUIC协议的成功和潜在的好处，IETF（Internet Engineering Task Force，因特网工程任务组）决定采纳并标准化QUIC，在此过程中进行了一些修改，并将之作为HTTP 3的

< 47 >

基础。随着HTTP 3的标准化，QUIC得到了广泛的采纳和关注，许多主要的浏览器和网络服务提供商已经或计划支持它。

　　QUIC提供了优秀的拥塞控制和丢包恢复机制，特别是在网络条件不佳的情况下能够显著提高性能。QUIC协议还支持零往返延迟的握手（0-RTT），这意味着重复连接可以更快地建立，进一步提高网页加载速度。借助QUIC，HTTP 3能够实现真正意义上的多路复用，避免出现"队头阻塞"问题。另外，QUIC协议内建了TLS 1.3，提供了强大的加密和身份验证机制，确保了数据传输的安全。对HTTP 2来说，HTTPS是可选协议，但大多数HTTP 2的实现都是基于HTTPS的。

　　从图1-22来看，与HTTP 2协议栈相比较，HTTP 3（即建立在QUIC协议上的HTTP）的协议栈中，QUIC取代了TCP提供的大多数功能，包括创建连接和拥塞控制部分；取代了HTTPS的全部，内建了安全传输层，降低了创建延迟；取代了HTTP 2的部分功能，比如流量控制和首部压缩等。

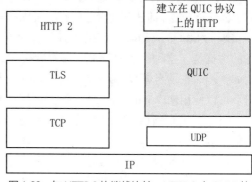

图 1-22　与 HTTP 2 协议栈比较，HTTP 3 中 QUIC 的位置

　　httparchive官网跟踪和分析Web上的各种技术和趋势，并提供大量的数据和报告，展示各种技术（特别是那些有助于更有效地使用网络资源的技术）如何被采纳。比如，它跟踪并分析了HTTPS、HTTP 2和其他Web标准在Web上的使用情况，提供了这些技术采纳率的详细数据。可以通过访问httparchive官网，得到HTTPS、HTTP 2和HTTP 3从2018年到目前的一些应用数据报告，如图1-23所示。

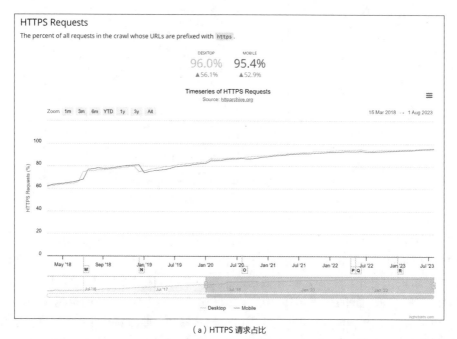

（a）HTTPS 请求占比

图 1-23　httparchive 网站给出的 HTTPS、HTTP 2 和 HTTP 3 的应用情况

< 48 >

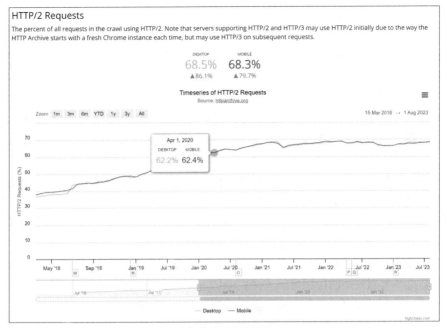

（b）HTTP 2 请求占比

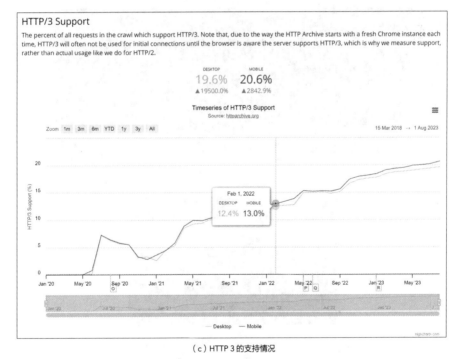

（c）HTTP 3 的支持情况

图 1-23　httparchive 网站给出的 HTTPS、HTTP 2 和 HTTP 3 的应用情况（续）

可以看到，从2018年至今，这3个协议的整体趋势都是日益得到广泛采用。目前，HTTPS的请求已经超过95%，HTTP 2的请求数也在采集的数据中占比超过60%，支持HTTP 3的浏览器占比20%左右。

< 49 >

1.2.7　WebAssembly

WebAssembly（简称Wasm）是由W3C制定的开放标准，是一种为现代Web浏览器设计的二进制指令集。在 WebAssembly 出现之前，JavaScript 是唯一能够在浏览器中运行的编程语言。JavaScript的性能逐年提升，但其解释性质的特征使得它无法达到本地编译语言的运行速度。为了解决这个问题，WebAssembly 被引入为一种与JavaScript并行的、可以运行在Web平台上的编译型语言。WebAssembly 旨在以接近本地代码的速度运行，从而为用户带来更加丰富和高效的Web应用体验。

WebAssembly 出现之前，Web 开发主要依赖于 HTML、CSS 和 JavaScript 这3种语言。其中，HTML 负责描述网页内容，CSS 负责样式和布局，JavaScript 负责脚本和交互功能。这3种语言各司其职，构成了传统的Web技术栈。而 WebAssembly 的出现，可以说使Web编程有了第四种语言。WebAssembly 适合于执行那些对性能要求极高的任务，例如游戏开发、图像处理和需要大量计算资源的科学计算等。基于WebAssembly构建的 AutoCAD Web 和Google Earth都是出色的应用实例，使得这些大型复杂的应用可以通过Web浏览器来进行访问和使用，而无须下载和安装任何额外的软件，提升了用户体验和增强了可访问性，如图1-24所示。

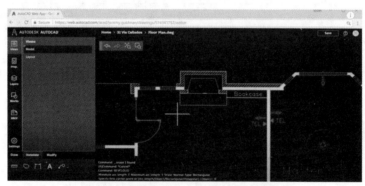

（a）基于 WebAssembly 构建的 AutoCAD Web

（b）基于 WebAssembly 构建的 Google Earth

图 1-24　基于 WebAssembly 构建的应用实例

从Google Native Client（NaCl）、asm.js到WebAssembly，Web 开发经历了一系列的技术革新，以满足现代Web应用对于性能不断提高的需求。Google NaCl是Google推出的一项沙箱技术，旨在使得开发者能够以近乎原生的性能在浏览器中执行C/C++ 代码。但其仅在Google Chrome浏览器中可用，缺乏跨浏览器支持。asm.js是Mozilla公司提出的一种高度优化的JavaScript子集，它通过利用JavaScript引擎的某些特性来实现优化，允许开发者将 C/C++ 代码转换为接近原生性能的

< 50 >

JavaScript代码。作为JavaScript子集，asm.js在几乎所有现代浏览器中均可运行。但asm.js代码是文本格式，导致加载大型asm.js模块时会消耗更多的时间。而且asm.js主要是为了能够运行由C/C++转换来的代码，而WebAssembly被设计为多语言平台，可以支持多种编程语言（如C、C++、Rust等）。C/C++代码可以通过Emscripten工具链编译为二进制文件，进而可以导入网页中供JavaScript调用。Rust则内置了对WebAssembly的支持。Web Assembly工作原理如图1-25所示。

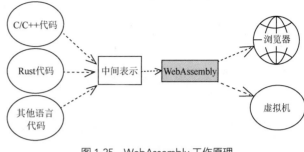

图 1-25　WebAssembly 工作原理

下面以C程序为例给出一个在Windows操作系统下简单的WebAssembly编译和运行示例。首先要安装Python和Git，然后从GitHub网站下载Emscripten工具的.zip文件并解压在某个目录（如emsdk）下。以管理员权限运行以下命令，进入该目录并安装和激活Emscripten。

```
cd emsdk
.\emsdk install latest
.\emsdk activate latest
```

然后编写一个简单的C程序，比如hello.c，内容如下所示。

```
#include <stdio.h>
int main() {
    printf("你好, WebAssembly!\n");
    return 0;
}
```

接下来，使用emcc（Emscripten 编译器前端）将 C 代码编译为WebAssembly。在 hello.c所在目录中运行以下命令。

```
emcc hello.c -s WASM=1 -o hello.html
```

这样会生成3个文件：hello.html、hello.wasm和hello.js。使用一个 HTTP 服务器来打开hello.html，可以看到网页中输出了“你好, WebAssembly!”。由于浏览器的安全限制，直接打开hello.html 可能会遇到问题。

尽管WebAssembly主要用于构建在Web浏览器中运行的应用，但因其设计所考虑的可移植性，其也可以在浏览器之外使用。WASI（WebAssembly System Interface，WebAssembly系统接口）是一个系统接口，它定义了一组WebAssembly模块，可以用来访问操作系统的功能。通过 WASI，WebAssembly模块可以进行文件系统访问等系统级操作，同时仍然保持跨平台和安全性。WASI使得WebAssembly模块可以更容易地与宿主环境互动，允许无缝集成。WASI有助于WebAssembly成为不仅适用于Web环境，还适用于其他环境（如服务器、物联网设备等）的通用运行时平台，使其成为一种可用于构建跨操作系统应用的通用编译目标，扩展了WebAssembly的应用场景，如图1-26所示。这样，各种语言有望通过WASI实现跨平台运行，将大力推动分布式计算。

< 51 >

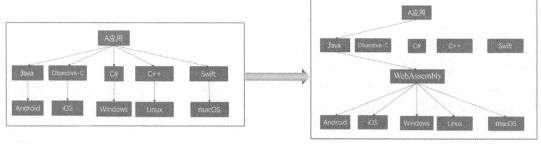

图 1-26　实现跨语言和跨操作系统

思考与练习

1．满足XML语法要求的文档称为_____的文档；遵守 XML 语法规则也遵守在其DTD 或XMLSchema中定义的规则的XML文档称为_____文档。

2．概括地讲，XML的应用可以分为数据处理以及以_____为中心的应用。

3．XML的验证规范主要有_____、_____。

4．概括地讲，XML的应用中，以数据为中心的应用主要表达高度结构化的信息，而以_____为中心的应用则表达半结构化的信息。

5．对XML的DOM和SAX两种解析规范而言，DOM是基于树的，而SAX是基于_____的。其中具有比较好的随机访问性能的是_____。

6．文档类型声明外部公用DTD的语法是 <!DOCTYPE root_element_name _____ FPI URL>，其中FPI为正式公用标识符，URL指明外部DTD的URL。

7．XMLSchema将数据类型分为_____和_____。

8．在XMLSchema中，有一个元素名为"object"，元素类型为"string"，请编写该元素的XMLSchema模式：<xsd: element_____>。

9．常用的XML文档的解析方式可以分为_____、_____和_____。

10．HTTPS通过使用_____协议对HTTP传输的数据进行加密。

11．（多选题）以下Web组件、协议、技术或者功能，现代标准的Web浏览器需要原生支持的有（　　　）。

　A．JavaScript

　B．CSS

　C．Flash

　D．XML解析

　E．DOM解析

　F．jQuery

12．XML描述的重点是（　　　）。

　A．数据的类型

　B．数据的规则

　C．数据本身

　D．数据的显示方式

< 52 >

13．下列选项中不属于XML给应用带来的优势的是（　　　）。

　　A．XML提供了开放式的数据交换功能

　　B．XML文档内容具有自描述性，支持智能搜索

　　C．XML提供了更好的人机界面

　　D．XML可以支持强大的超链接功能

14．关于XML的基本特点，下列叙述错误的是（　　　）。

　　A．XML是一种元标记语言，它定义了一组用来形成语义标记的规则集，用户可以构造自己的标记

　　B．XML是一种语义化的标记语言，具有自描述性。XML文档本身不仅包含描述文档内容的标记，并且描述了文档的外观格式

　　C．XML提供了一种将多数据源数据集成为单个文档的客户端包含机制。采用XSLT，数据位置也可以重排

　　D．服务器可以只发出一个XML文件，而由客户根据自己的需求选择和制作不同的应用程序以处理数据

15．下列关于DTD的描述错误的是（　　　）。

　　A．DTD是基于正则表达式的，描述能力有限

　　B．DTD没有Int数据类型的支持

　　C．DTD直接支持名字空间

　　D．一个文档只能与一个DTD相关联

16．以下关于XMLSchema的说法错误的是（　　　）。

　　A．XMLSchema可以像其他XML文件一样被解析和处理

　　B．XMLSchema支持一系列的数据类型

　　C．XMLSchema支持XML文档的转换

　　D．XMLSchema支持继承和扩充，类似面向对象思想

17．以下不属于XMLSchema相对DTD的独特优点的是（　　　）。

　　A．XMLSchema支持一系列的数据类型（Int、Float、Boolean、Date等）；DTD没有XMLSchema支持的数据类型多，在大多数应用环境下数据描述能力不足

　　B．XMLSchema基于XML，从而可以像其他XML文件一样被解析和处理；DTD则采用正则表达式

　　C．XMLSchema直接支持名字空间，而DTD不直接支持名字空间

　　D．XMLSchema可以给出如下限定：一个属性值必须存在，而且可以给出其默认值；而DTD则不具有这个功能

18．RDF为基于XML的一种知识管理标准，其含义为（　　　）。

　　A．可伸缩向量图

　　B．同步多媒体集成语言

　　C．无线标记语言

　　D．资源描述框架

19．Web和互联网的关系是怎样的？

20．Web应用有哪些主要特征？

21．请说明Web发展的3个重要阶段（文档Web、应用Web和服务Web）各自的特征，包括典型的技术。

< 53 >

22．URI、URL和URN各自的含义以及它们之间的关系是什么？

23．Web应用是如何体现跨平台特性的？分别用桌面应用开发和移动应用开发举例说明。

24．请说明XML的特征、其与HTML的区别，以及它为什么会成为Web服务技术的基础。

25．请简单说明XML名字空间的含义和作用。

26．简述XML、HTML各自的特点，以及它们之间的区别和联系。

27．简述XML的解析方式DOM、SAX、StAX各自的特点和适用场合。

28．解释相对于HTTP 1.x，HTTP 2所引入的多个改进和优化（如多路复用、头部压缩、服务器推送、优先级和流量控制、二进制帧层）的含义。

29．（设计与实践）基于本章给出的冒泡排序算法可视化动画，运用CSS3+HTML5+JavaScript实现其他流行的排序算法可视化动画，比如快速排序、合并排序、选择排序、堆排序等。

30．（设计与实践）自主探索和学习HTTPS、HTTP 2、HTTP 3等HTTP的相关文献和资料，并根据资料做配置服务器支持等相关实践。体验并撰写学习和实践心得，如下所示。

- 针对HTTP 2：使用 Wireshark 这样的HTTP 2解析器来分析和调试协议；对https://http2. akamai.com/demo进行测试和分析等。
- 针对HTTPS：利用OpenSSL和Nginx配置私有HTTPS服务器等。

31．（设计与实践）基于本章给出的WebAssembly示例，实现文本界面的汉诺塔问题求解；修改盘子的数量，与只采用JavaScript实现汉诺塔问题求解进行运行时间的比较。

< 54 >

第2章 B/S架构与HTML5进阶

学习目标

- 能阐述Web应用的B/S架构的含义和作用。
- 能区分和对比说明B/S架构和C/S架构的特征，以及各自的优点和缺点。
- 能阐述RIA的特征，以及辨析其和B/S、C/S模式融合的异同。
- 能阐述Ajax应用的特征和运行原理，并能运用JavaScript、Axios和jQuery开发简单的 Ajax应用。
- 能阐述Fetch的运行机制，比较其和Ajax的异同，并能开发Fetch应用。
- 能阐述使用Promise、异步函数进行异步调用的方法，并能比较它们的异同点。
- 能阐述PWA的含义，并比较RIA和PWA的异同点。
- 能阐述HTML5标准中的Web Storage、Web Socket、Web Worker、WebRTC等API的 主要功能，并能运用这些API进行编程。
- 能说出Service Worker的作用，并解释为何它是PWA应用的核心组件。

2.1 B/S架构

2.1.1 B/S架构简介

B/S 架构简介

网络互操作的架构主要分为C/S（Client/Server，客户/服务器）架构和 P2P（Peer-to-Peer，对等网络）架构。对应到Web应用架构上，也主要分为 B/S（Browser/Server，浏览器/服务器）架构的传统Web应用，以及P2P风格的Web服务。这 里我们主要介绍传统Web应用的B/S架构。

B/S架构可被认为是一种特殊的C/S架构，其中的浏览器可被当作一种通用的客户端。浏 览器可以解释HTML代码并结合其他组件将其渲染成可视化的网页，而基本主流的操作系统 都支持标准的浏览器。这就构成了Web的一大特征，即不需要额外安装特定应用程序，就可 以很方便地在各种操作系统上运行Web应用。这来源于Web采用了HTML、CSS、JavaScript

等，以及各流行浏览器对这些标准的兼容支持，从而使Web具有很重要的特征——跨平台性。对互联网上的各种平台而言，Web的这个特征是其作为互联网应用的关键。另外，Windows、UNIX、Linux、macOS等操作系统相互竞争，Web应用支持所有这些主流操作系统，从而无须为每种操作系统以及特定的开发平台和编程语言都编写一个应用。在移动互联网开发中，Web技术可避免采用不同的语言和平台为Android、iOS等系统开发应用。

B/S架构是传统Web应用的一个基本特征，这也使浏览器端展示程序状态的更新是以页面为单元的，我们看到的变化是页面发生改变。传统Web应用的逻辑有点像远程桌面，当用户执行了一个操作后，远端的另外一个程序将运行结果的界面返回，网络上传递的是表示界面的HTML文件以及相关的支持文件（如CSS文件、JavaScript文件、图片文件等）。显然，传统Web应用和远程桌面一样，不需要在客户端装什么软件，只需要等待服务器端运行完程序并将界面传回来，但也使其很难有好的实时性。

2.1.2 B/S架构和C/S架构

当C/S模式下的客户端是浏览器时，模式就成了B/S模式，如图2-1所示。而根据业务逻辑主要位于服务器端还是客户端，又可分为瘦客户端和胖客户端。一般而言，B/S模式为瘦客户端应用。RIA（Rich Internet Application，富互联网应用）和PWA（Progressive Web Application，渐进式Web应用）等Web应用模式的发展，促进了B/S和C/S各自优势的融合。

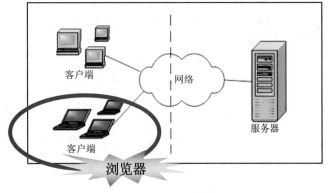

图 2-1　B/S 和 C/S 的关系

在C/S的应用中，被设计得很小以至于大多数的数据操作均在服务器端进行的客户端称为瘦客户端。其优点如下。

- 容易部署。主要在服务器端集中部署。
- 容易使用。具有较为统一和标准的界面、操作规则等。
- 通过集中管理使系统管理更容易。通过集中管理和监督可以很容易地发现问题，在服务器端就可以解决问题；安装和更新只需要在服务器端进行。

因为复杂的处理在服务器端进行，所以瘦客户端使用的资源很少。

而在本地执行大多数的数据处理，只有数据本身存储在服务器上的客户端称为胖客户端。其优点如下。

- 提供给终端用户更多的功能，使终端用户可根据自己的需要配置应用程序，因为胖客户端可以存储客户系统的大部分个人数据。
- 可以减少服务器的负担，因为复杂的计算操作由客户端自己完成。
- 由于在本地处理，因此交互性好、用户体验好，也易于在本地维护用户的状态。
- 协议是自定义的而不是公开的标准化协议，使得安全性更高，也可以通过优化提高网络性能等。

而胖客户端应用的缺点，正是之前阐述的瘦客户端的优点。比如安装、部署、更新等运维工作比较麻烦；需要较多的客户端资源；因为客户端程序不具有标准化特征，所以使用上往往比较

< 56 >

复杂，需要进行学习和培训。

综上，属于瘦客户端的Web应用一般便于维护和升级，具有较好的跨平台和可移植性，并且采用的HTTP和端口基本不会被防火墙屏蔽，具有很好的分布式计算能力，但是用户体验不太好。由于HTTP不是一个实时协议，因此难以满足对实时性要求高的双向通信应用的需求。

从 RIA 到 PWA

2.2 从RIA到PWA

正是B/S和C/S模式各自的优缺点，使得一种试图综合两者优点的互联网应用——RIA（Rich Internet Application，富互联网应用）出现，并逐步发展成为PWA。融合B/S和C/S的各自优势成为Web应用发展的主流方向，也使得Web应用开始重视前端，从而出现了MVVM（Model-View-ViewModel，模型-视图-视图模型）等模式。C/S模式的许多优点也是HTML5技术中Web Storage、Web Worker、Web Socket试图实现的，比如本地存储、多线程、双向通信等。

2.2.1 RIA

从前文的分析来看，传统的Web应用程序在实现复杂应用方面存在缺点。比如，Web模型是基于页面的模型，客户端功能较弱，基本就是视图的呈现；即使作为视图层，也很难完成复杂、实时的用户交互，比如界面制作的用户体验难以和桌面应用媲美；因为以页面为单元，每次应用状态的改变，都需要同步访问服务器，并获得整个HTML页面进行刷新；服务器端数据的更新也无法主动推向客户端。

RIA是指使用Web技术（如HTML、CSS、JavaScript等）并具备与桌面应用程序相似UI和功能的应用程序。通过RIA，用户可以在Web浏览器中使用类似于桌面应用程序的功能，并获得相似的交互体验。

RIA的Rich（丰富）可以体现在以下方面。

1．丰富的用户界面

RIA可以提供更加丰富的UI和交互效果，如平滑过渡、动态效果、拖曳等。另外，还提供了丰富的界面组件，这些组件可以很好地与数据模型相结合。

2．丰富的数据模型

RIA不再仅限于传输HTML页面，客户端和服务器端可以传输XML、JSON等多种数据，UI也可以显示和操作更为复杂的、嵌入客户端的数据模型。这改变了传统Web应用以页面为应用状态改变单元的做法，从而不需要每次都刷新整个页面，提高了响应速度和用户体验，并使单页面应用也可以实现复杂的应用逻辑。

3．丰富的通信模式

可以实现双向的全双工通信，不再是"请求—响应"这样的传统Web通信模式。服务器端可以主动向客户端推送数据，还可以脱离网络环境离线工作，提供更好的用户体验和更高的工作效率。

可以说，RIA技术试图结合Web应用、桌面应用的优势，并采用最好的通信模式。常见的RIA技术包括Flash、Silverlight、Java的RIA等。

（1）Flash。Flash是Macromedia公司（已被Adobe公司收购）推出的一组多媒体软件和技术，可以使用标准浏览器插件来播放动画，运行交互式应用程序。Flash技术使用矢量图形格式，可

< 57 >

以实现非常流畅的动画效果，同时提供了大量的交互控制选项，如音频、视频、鼠标事件等。Flash技术还支持多种格式的音频和视频文件，可以创建各种类型的多媒体应用程序，如在线视频播放器、游戏等。Flash曾与Dreamweaver和Fireworks并称"网页三剑客"。

Adobe Flex和AIR都是基于Flash技术的RIA开发工具，可以帮助开发者创建跨平台和跨浏览器的Web应用程序、桌面应用程序和移动应用程序等。

Adobe Flex是一个开发框架，用于创建RIA应用。它基于主要用于界面描述的MXML（Macromedia XML）和用于交互的ActionScript编程语言。开发者可以使用Flex框架来创建丰富的UI并与服务器进行数据交互，Flex框架提供了丰富的UI组件和布局选项，使开发者能够以较少的代码实现功能强大的RIA应用。

Adobe AIR是一个免费的运行时环境，可以让开发者使用HTML、CSS、JavaScript、MXML和ActionScript等Web技术来构建桌面应用程序和移动应用程序。Adobe AIR应用程序可以在多个平台和操作系统上运行，如Windows、macOS、iOS、Android等，具有与原生应用程序相似的性能和外观，同时支持各种API和库，支持多媒体、网络通信等。

结合前端Flash技术和后端Java技术的开源框架BlazeDS曾经也非常流行，它使开发人员能够在Java服务器端和Adobe Flex客户端之间进行通信。BlazeDS的主要功能包括RPC（Remote Procedure Call，远程过程调用）、数据传输、消息传递等。它与Flex紧密集成，可以轻松地处理Flex客户端所需的数据。此外，它还支持AMF（Action Message Format，动作消息格式）标准，使数据可以精简的二进制格式进行传输，从而提高传输速度和安全性。BlazeDS支持Java EE和Spring框架，并且可以与许多常见的Java服务器端技术（如Hibernate、MyBatis等）结合使用。它还提供了许多API和支持，使开发人员能够轻松地构建和管理基于Java的RIA应用程序。

Flash以及相关技术在RIA领域具有出色的表现，但因为是属于公司的专利产品，同时需要浏览器插件的支持。随着移动时代的到来，加之受到HTML5和CSS3等技术的挑战，Flash技术逐渐失去市场份额，许多流行的浏览器不再支持Flash技术。在Adobe公司于2020年12月宣布结束对Flash技术的支持后，Flash技术逐步淡出人们的视野。

（2）Silverlight。Silverlight是微软开发的一款RIA应用程序框架。基于该框架，开发人员可以使用C#或VB.NET等编程语言来编写应用程序，从而利用微软.NET平台的功能。它支持基于XML的标记语言XAML（eXtensible Application Markup Language，可扩展应用程序标记语言）快速地创建界面和布局。Silverlight的主要特性包括动态图像、视频和流媒体、跨浏览器跨平台支持、三维图形、多语言支持等。

Silverlight曾广泛用于视频和流媒体，具有高性能和可扩展性。除此之外，Silverlight还可以用于开发非常复杂的Web应用程序，比如专业的3D建模软件、CRM（Customer Relationship Management，客户关系管理）软件、ERP（Enterprise Resource Planning，企业资源计划）系统等。微软Office Online也曾使用Silverlight来提供在线Office应用。

随着HTML5以及移动应用变得越来越流行，Silverlight的应用逐渐减少。微软于2012年宣布停止对Silverlight的更新和支持，因此现今已不推荐使用。

（3）Java的RIA。Java是Sun公司以及后来的Oracle公司开发和维护的，诞生之日起就具有互联网的基因，是一种网络时代的语言。运行在浏览器中的Applet（小程序）使Java流行起来，现在Java由于其具有很好的移植性和跨平台性，是构建后端的主流语言之一。Java的RIA发展路线经历了Java Applet、Java Web Start和JavaFX。

Java Applet是Java的第一个RIA解决方案，它在1995年推出。Java Applet通过浏览器插件可以

< 58 >

嵌入网页运行，从而使开发人员创造出富有交互性的Web应用程序。但是，由于Java Applet的安全问题和Java插件的缺陷，Java Applet的使用率逐渐下降，目前已经不推荐使用。

Java Web Start在Java 1.4中推出，它使用Java Web Start客户端从Web服务器中下载并执行Java应用程序，可以让开发人员轻松地将Java程序部署到客户端机器上。但它也存在一些安全问题，需要开发人员自行处理。

JavaFX是基于Java的RIA平台，功能强大，国外企业采用较多。它可以与Java SE和Java EE平台无缝集成，可以方便地创建丰富而具有个性化的UI。JavaFX提供了许多高级功能，如硬件加速、二维/三维图形、多媒体、动画等。同时，JavaFX具有良好的可扩展性，支持各种平台。然而因为JavaFX并不是Web标准，加之学习和使用门槛较高，在Web上的使用率相对较低。

2.2.2　Ajax与Fetch

Ajax 应用的运行模型与运行机制

Ajax由杰西·加勒特（Jesse Garrett）提出，它是"Asynchronous JavaScript + XML"（异步JavaScript + XML）的缩写。其主要功能是实现客户端和服务器端的异步通信，同时实现客户端以数据为基础的页面局部刷新。这其实实现了桌面应用程序的部分特征。

Ajax技术的关键组件是XHR（XMLHttpRequest），它是现代浏览器的原生支持对象，所以浏览器运行Ajax应用无须安装任何插件。只需要标准浏览器就能运行是在互联网上具有可移植性从而实现跨平台应用的关键。早期的Google Map、Google Suggest等应用将Ajax推广开来。

图2-2所示为一个标准的Ajax程序处理流程。首先由页面事件（比如用户敲击键盘或者鼠标拖放等事件）触发整个流程，浏览器创建一个JavaScript 对象XMLHttpRequest，把HTTP方法（如Get/Post）和目标URL以及请求返回后的回调函数设置到XMLHttpRequest对象，通过XMLHttpRequest向服务器发送请求。请求发送后浏览器可以继续响应用户的界面交互，只有等到请求真正从服务器返回的时候才调用回调函数对响应数据进行处理，从而实现异步的通信。

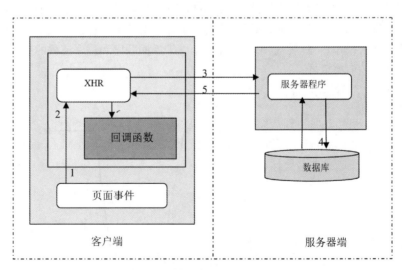

图 2-2　标准的 Ajax 程序处理流程

其中应用的都是Web标准技术，比如HTML和CSS用于页面渲染和表现，使用XML或者JSON数据格式来传递数据而不是传递页面，DOM用于动态地修改局部页面。而用JavaScript编写

< 59 >

的代码结合上述几种技术，使其成为协同工作的整体。

    JavaScript对象XMLHttpRequest是实现Ajax的关键，相当于Ajax引擎。它代理浏览器发起HTTP请求并接收HTTP响应。这期间，用户可以继续进行操作而不会被阻塞，这样就实现了客户端和服务器端的异步通信。图2-3给出了传统Web应用模型和Ajax Web应用模型的对比，体现了Ajax引擎的作用。

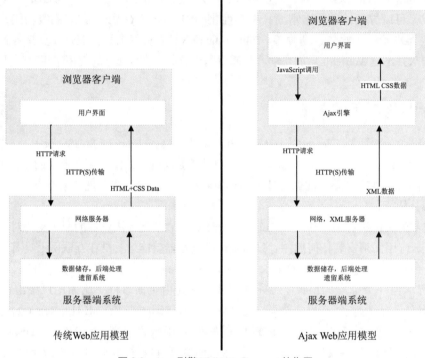

图 2-3　Ajax 引擎 XMLHttpRequest 的作用

    图2-4所示为传统Web应用的同步模型和Ajax应用的异步模型的对比。可以看到，在同步模式下，服务器处理期间用户只能等待结果返回；而Ajax应用异步模式，在服务器处理期间，用户可以在浏览器端执行操作。当然，这里也存在一个维护返回顺序和程序流程的一致性问题。Ajax应用会带来哪些问题值得思考。

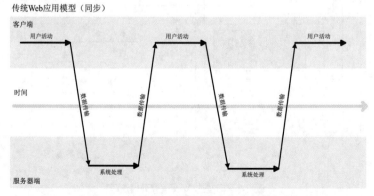

图 2-4　传统 Web 应用的同步模型和 Ajax 应用的异步模型的对比

< 60 >

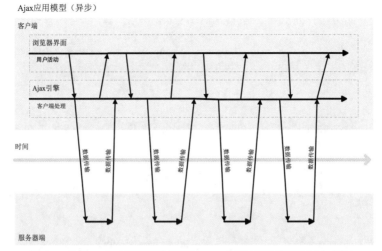

图 2-4　传统 Web 应用的同步模型和 Ajax 应用的异步模型的对比（续）

表2-1所示为XMLHttpRequest对象的属性/方法及说明。

表2-1　XMLHttpRequest对象的属性/方法及说明

属性/方法	说明
onreadystatechange	每个状态改变都会触发这个事件处理器
readyState	请求的状态：0表示未初始化，1表示正在加载，2表示已加载，3表示交互中，4表示完成
responseText	服务器的响应，表示为一个文本字符串值
responseXML	服务器的响应，表示为一个XML
status	服务器的HTTP状态码
statusText	HTTP状态码的相应文本
abort()	停止当前请求
getAllResponseHeader()	把HTTP请求的所有响应头作为键值对返回
getResponseHeader（"Header"）	返回指定头部的串值
open（"method"，"url"）	建立对服务器的调用
send(content)	向服务器发送请求
setRequestHeader("header", "value")	把指定头部设置为所提供的值

下面给出一个简单的Ajax示例，模拟浏览器端从服务器端获取某个给定学号的学生的绩点，由此演示Ajax的运行机制。

浏览器端页面AjaxClient.html的代码如下。

Ajax 调用代码
演示及 Ajax 调
用总结

```html
<!-- AjaxClient.html -->
<!DOCTYPE html>
<html>
<head>
    <meta charset="UTF-8">
    <title>获取学生绩点信息</title>
    <script type="text/javascript">
        function getStudentGPA() {
// 创建XmlHttpRequest对象
            var xhr = new XMLHttpRequest();
```

< 61 >

```
//监听返回值，对页面进行更新
            xhr.onreadystatechange = function () {
                if (xhr.readyState == 4 && xhr.status == 200) {
                    var resultDiv = document.getElementById("result");
                    resultDiv.innerHTML = xhr.responseText;
                }
            };
//调用open()方法设置基本请求信息
            xhr.open("GET", "http://localhost:3000/get_student_gpa.php?student_
id=001", true);
//发送请求
            xhr.send();
        }
    </script>
</head>
<body>
    <button onclick="getStudentGPA()">获取绩点信息</button>
    <div id="result"></div>
</body>
</html>
```

在以上代码中，我们单击"获取绩点信息"按钮会触发getStudentGPA()函数的运行，该函数内部会发起一个Ajax调用。首先创建一个新的XMLHttpRequest对象，并将其状态监听器设置为处理响应。然后，代码调用xhr.open()方法，指定发起HTTP的GET请求的URL及其参数student_id=001，同时第二个参数设置为true表示发起异步请求。最后使用xhr.send()方法来发送请求。

服务器采用简单的PHP脚本随机生成一个数字模拟绩点，并将结果格式化为HTML字符串，以响应来自XHR对象的请求，返回数据给客户端，代码如下。

```
<!-- get_student_gpa.php -->
<?php
header('Access-Control-Allow-Origin:http://127.0.0.1:5500');
header('Content-Type:text/plain;charset=UTF-8');
$student_id = $_GET["student_id"];
$gpa = rand(0, 4) + rand(1,9) * 0.1;
echo "学号 $student_id 的绩点是 $gpa";
flush();
?>
```

采用IDE（Integrated Development Environment，集成开发环境）工具VS Code的PHP Debug插件来简单运行服务器端，网址为http://localhost:3000/get_student_gpa.php。同时采用VS Code的Live Server插件将AjaxClient.html部署在临时服务器中，并可以从http://127.0.0.1:5500/AjaxClient.html访问到。这样，从AjaxClient.html中的Ajax代码去访问另外一个域的服务器时，需要允许跨域访问。以上PHP代码中的以下语句，就是通过设置HTTP头部属性Access-Control-Allow-Origin的值允许来自 http://127.0.0.1:5500的脚本跨域访问。

```
header('Access-Control-Allow-Origin:http://127.0.0.1:5500');
```

在VS Code中右击AjaxClient.html，并选择使用Live Server打开后，会启动浏览器并访问网址http://127.0.0.1:5500/AjaxClient.html，单击"获取绩点信息"按钮后会在下方显示从服务器端获取的信息，如图2-5所示。

< 62 >

一些前端框架可以简化Ajax代码的编写，比如jQuery提供了一组强大的API来支持Ajax调用，读者可以阅读5.1.2节来了解。这里介绍另外一个流行的JavaScript库Axios。

图 2-5　Ajax 示例运行结果

Axios是一个流行的JavaScript库，可以在浏览器和Node.js环境中使用，用于执行HTTP请求，支持常见的请求方法，包括GET、POST、PUT、DELETE等。它支持Promise，因此可以使用async/await来处理异步操作。Axios自动将响应数据转换为JSON格式，无须手动解析。也可以通过配置来指定其他数据格式，如XML等。Axios支持定义请求和响应的拦截器，以添加、修改或删除请求头、请求参数、响应数据等。还可以一次性发起多个并发请求，并等待它们全部完成后执行操作。

以下是一个使用Axios发起GET请求的示例。在这个示例中，首先引入Axios库，然后使用axios.get()方法发起GET请求，指定要请求的URL。然后使用Promise的.then()和.catch()方法来分别处理成功和失败的响应。示例代码如下。

```
const axios = require('axios'); // 在Node.js中引入Axios
// 如果在浏览器中使用，则采用import axios from 'axios';

// 发起GET请求
axios.get('https://jsonplaceholder.typicode.com/posts/1')
  .then((response) => {
    // 处理成功响应
    console.log('响应数据:', response.data);
  })
  .catch((error) => {
    // 处理失败响应
    console.error('请求错误:', error);
  });
```

JavaScript中的Promise是一种用于处理异步操作的对象，它代表了一个正在进行并最终会完成的操作，可以是一个网络请求、文件读取、定时器等。ES6原生提供了Promise，主要是为了有效地避免"回调地狱"的产生，更好地处理异步操作，使代码更具可读性和可维护性，同时还允许更灵活地处理成功和失败的情况。Promise对象具有3种状态：pending（进行中）、fulfilled（已成功）和

rejected（已失败）。它们分别表示操作正在进行、操作已成功完成以及操作已失败。一旦Promise状态变为fulfilled或rejected，就会触发相关的回调函数。Promise 构造函数接收一个函数作为参数，该函数称为起始函数。起始函数包含两个参数，其中resolve在异步操作成功时调用，reject在异步操作失败时调用。

Promise实例具有以下几个方法。

- .then()：用于处理 Promise 成功状态。
- .catch()：用于处理 Promise 失败状态。
- .finally()：无论 Promise 是成功还是失败都会执行。

以下是一个简单的Promise示例，演示如何使用Promise处理异步操作。

```
// 创建一个返回Promise的函数，模拟异步操作
```

< 63 >

```
function fetchData() {
  return new Promise((resolve, reject) => {
    setTimeout(() => {
      const randomNum = Math.random();
      if (randomNum < 0.5) {
        // 模拟成功情况
        resolve('数据成功: ${randomNum}');
      } else {
        // 模拟失败情况
        reject('数据失败: ${randomNum}');
      }
    }, 1000); // 模拟1s后完成操作
  });
}

// 使用Promise
fetchData()
  .then((data) => {
    console.log("成功: ", data);
  })
  .catch((error) => {
    console.error("失败: ", error);
  });
```

这个示例首先定义了一个名为fetchData()的函数，它返回一个Promise对象，模拟异步操作，1s后随机成功或失败。

然后使用.then()方法来注册成功时的回调函数，使用.catch()方法来注册失败时的回调函数。当异步操作完成后，Promise对象的状态会变为fulfilled或rejected，相应的回调函数将被调用。

ECMAScript 2017引入了异步函数（Async Function），提供了更简洁的语法来处理异步操作。异步函数是基于Promise构建的，函数内部使用Promise来管理异步操作，代码易于理解和编写。以下是将之前的示例改写成使用异步函数的示例。

```
// 异步函数，使用async关键字声明
async function fetchData() {
  return new Promise((resolve, reject) => {
    setTimeout(() => {
      const randomNum = Math.random();
      if (randomNum < 0.5) {
        resolve('数据成功: ${randomNum}');
      } else {
        reject('数据失败: ${randomNum}');
      }
    }, 1000);
  });
}

// 使用异步函数
async function main() {
  try {
    const data = await fetchData(); // 使用await关键字等待异步操作完成
    console.log("成功: ", data);
```

< 64 >

```
  } catch (error) {
    console.error("失败: ", error);
  }
}
main(); // 调用异步函数
```

在这个改进的示例中，使用了async关键字来声明异步函数fetchData()和main()。fetchData()函数返回一个Promise对象，与之前相同。在main()函数中，使用await关键字等待fetchData()函数的执行结果。这使得异步代码看起来更像同步代码，提高了可读性。

使用异步函数可以使异步代码更加清晰和易于管理，特别是在处理多个异步操作时。注意，使用try...catch块来捕获可能的错误，就像使用Promise的.catch()方法一样。

随着Web技术的发展和浏览器的升级，目前基于XHR的Ajax逐步被Fetch所替代。Fetch是一种现代的Web API，用于发起网络请求，获取数据并在浏览器中进行处理。Fetch是通过浏览器内置的JavaScript API来支持的。因为现代浏览器如Chrome、Firefox、Safari、Edge等在其中实现了这个API，所以这些浏览器的较新版本都原生支持Fetch。对于老版本的浏览器，可能需要使用垫片（Polyfill）或额外的库来模拟Fetch功能。Fetch是基于Promise的，提供了一种更简单、更强大的方式来处理HTTP请求。它具有以下特点和优势。

Fetch

- 基于Promise：Fetch使用Promise对象来处理异步操作，使得处理回调函数更为清晰和可维护。fetch()方法接收一个URL作为参数，并返回一个Promise对象，用于表示异步的网络请求。
- 简洁的API：Fetch提供了简洁的API，使用起来比传统的Ajax更容易。它使用fetch()函数来发起请求。
- 内置的Response对象：Fetch返回的是Response对象，它包含响应的状态、头部信息和响应正文。可以使用Response对象的方法来处理数据，例如将响应转换成JSON。
- 跨域请求：Fetch支持跨域请求，可以用于访问不同域名下的资源，但需要服务器端支持CORS（跨域资源共享）。
- 支持流：Fetch支持流式数据传输，这对于处理大型文件或流数据非常有用。

以下示例使用Fetch发起GET请求。

```
fetch('https://api.example.com/data')
  .then(response => response.json())
  .then(data => console.log(data))
  .catch(error => console.error('请求错误: ', error));
```

与XHR相比，Fetch的API更简洁，比如Fetch使用fetch()函数，而XHR使用XMLHttpRequest对象；XHR通常使用回调函数来处理异步操作，而Fetch基于Promise，使得异步代码更易于管理；XHR的响应处理需要手动解析，而Fetch返回的是一个包含响应信息的Response对象，可以更方便地处理；XHR的跨域请求需要特殊处理（例如JSONP或CORS头部），Fetch支持跨域请求，但也需要服务器支持CORS；Fetch支持流式数据传输，XHR通常需要加载整个响应正文。

2.2.3　PWA

PWA是由Google公司提出的一种Web应用开发技术，其目的主要是解决传统Web应用的痛点

< 65 >

和不足，如速度缓慢、离线使用受限、缺乏本机应用的交互性和功能等问题。PWA基于现有Web标准技术（如HTML、CSS和JavaScript等），但与传统Web应用不同，PWA应用可以在浏览器缓存中存储应用程序的核心部分，让用户可以在离线环境下访问应用程序。PWA应用还可以使用基于Service Worker的技术，使得应用启动更快且执行更加顺畅，提供与本机应用类似的交互体验。使用PWA应用程序的用户可以在Web应用程序和本机应用程序之间实现自由切换。同时，PWA应用程序可以随时从应用商店中安装和卸载。PWA结合了Web和本地应用程序的优点，是Web应用程序的一个重要发展方向。具体而言，PWA有以下优点。

- 响应式设计：PWA应用程序可以进行响应式设计，即可以适应各种屏幕大小和设备类型，从而达到良好的用户体验。
- 离线访问：PWA应用程序可以离线使用，减少网络连接时的等待时间，提高用户体验和应用的可用性。
- 交互式：PWA应用程序可以实现与本地应用程序相似的交互体验，例如像原生应用程序一样推送通知、加入主屏幕、在后台运行等。
- 安全性：PWA应用程序使用HTTPS进行数据传输，因此比传统Web应用程序更加安全。
- 可搜索：PWA应用程序能够被搜索引擎索引，从而更好地让用户发现和使用。
- 易用性：PWA应用程序可以直接在用户的设备上运行，更加简单易用。

PWA和上文所介绍的RIA技术的主要不同在于，PWA使用的是Web的标准和技术，所以更加简单易用，且开发人员可以使用自己熟悉的工具进行开发，用户也不需要额外安装应用程序。而RIA需要使用特定的开发工具（如Adobe Flash或JavaFX），这些工具需要开发者具备较高的技能水平；从使用上来说，则需要用户先安装桌面应用程序或浏览器的插件才能使用。RIA应用程序在一些浏览器和移动设备上可能会出现不兼容或无法使用的问题。相比之下，PWA应用程序具有更好的兼容性和可移植性，可以在不同的设备和操作系统上运行。并且，PWA应用程序可以被搜索引擎和应用商店发现，因此更容易被用户发现和使用。

2.3 HTML5 进阶

第1章将HTML5作为Web的核心标准进行了初步介绍，也提到HTML5还包括对一系列API的支持。本节给出一些重要的HTML5 API的简介，这些API充分体现了融合B/S和C/S优势的Web应用的特点，也是对RIA和PWA的具体实现的介绍。比如PWA的核心Service Worker，就是HTML5的一个重要API。

2.3.1 Web Storage

C/S架构相比B/S架构的一个优势是可以在客户端本地存储数据，从而可以更快地进行本地数据处理。HTML5的Web Storage就实现了Web应用中的本地键值对数据存储能力。Web Storage在2009年9月被列入W3C工作草案，2016年4月正式成为W3C推荐标准。它给浏览器提供了一种比Cookie更加方便的本地存储机制。相较于Cookie仅4KB的小容量，Web Storage根据不同浏览器的实现，一般能存储5MB～10MB的数据。并且读取 Web Storage 的数据通常比从服务器读取Cookie 快。另外，相较于Cookie烦琐的原生操作，Web Storage提供的API就方便了

< 66 >

许多。Web Storage可以和Cookie互补使用。对于需要在服务器和客户端之间传递的会话信息，仍然可以使用 Cookie，而 Web Storage 更适合存储大量不需要发送到服务器的数据。

　　Web Storage主要包含sessionStorage和localStorage两种机制。两者的区别在于sessionStorage的生命周期为页面会话期间，而localStorage则没有时间限制。即当浏览器被关闭、页面会话结束时，sessionStorage内的内容将被清除，而localStorage内的内容仍将存在。在调用window.sessionStorage或window.localStorage时，浏览器会生成一个Storage对象，它主要包含 1 个属性和5个方法，具体如表2-2所示。

表2-2　Storage对象的属性/方法及说明

属性/方法	说明
length	存储在 Storage 对象中的数据项（键值对）的数量
key(n)	返回第 n 个数据项的键
getItem(key)	返回给定键关联的值
setItem(key, value)	添加一个新的数据项到 Storage 对象，或者更新一个已存在的数据项的值
removeItem(key)	删除给定键的数据项
clear()	清除 Storage 对象中的所有数据项

　　本书附录课程项目选题1中，有一个应用场景是虚拟博物馆，sessionStorage在系统中的一个应用是传递博物馆名称。在游客选择要游览的博物馆、跳转到展厅界面的时候，或者博物馆管理员验证身份、进入展品编辑界面的时候，需要对用户选择的博物馆信息进行存储，以便后续操作。在用户选择博物馆后，用sessionStorage.setItem("name", name)语句将博物馆名称存储在本地，再在跳转后的页面使用let museum_name = sessionStorage.getItem("name")语句获得存储的博物馆名称，用于博物馆名称显示和后续查询工作。

　　sessionStorage在系统中的另一个应用是在管理员修改展品信息时存储旧的展品信息，可以直接从Web Storage获取数据写入页面，把旧的展品信息显示给管理员，以方便其确认哪些条目需要修改。以下代码片段用于展品信息的设置和在页面展示。

```
//展品信息的设置
sessionStorage.setItem("modalName",m.name);
sessionStorage.setItem("introduce",m.intr);
sessionStorage.setItem("country",m.country);
sessionStorage.setItem("year",m.year);
sessionStorage.setItem("class",m.classification);
sessionStorage.setItem("labelLen",m.labels.length);
for(let i = 0; i < m.labels.length; i++){
    sessionStorage.setItem("label" + i, m.labels[i]);
}

    //展品信息在页面展示
    document.getElementById("name").innerText = sessionStorage.getItem
("name");
    document.getElementById("n").value = sessionStorage.getItem("modalName");
    document.getElementById("introduce").innerText=sessionStorage.getItem ("introduce");
    document.getElementById("country").value=sessionStorage.getItem("country");
    document.getElementById("year").innerText= sessionStorage.getItem("year");
    document.getElementById("classification").value=sessionStorage.getItem("class");
```

< 67 >

2.3.2 Web Worker

Web Worker
简介

Web Worker
示例说明

编写桌面应用程序或者C/S架构的客户端程序时，开发人员可以采用多线程编程。但是对Web客户端编程来说，在HTML5引入Web Worker之前，JavaScript在浏览器中是单线程的。这意味着所有的JavaScript代码都在一个主执行线程上运行，这同一线程也负责处理用户交互和DOM操作。因此，JavaScript本身并没有提供真正意义上的"线程"创建和管理的机制。当执行长时间的计算或阻塞任务时，UI可能会变得不响应。

随着Web Worker的引入，开发者可以在浏览器环境中创建和运行后台线程。这些线程运行在与主线程不同的上下文中，允许开发者执行并行任务而不会影响UI。Web Worker 允许JavaScript创建多个线程，子线程完全受主线程控制。其限制是不得操作DOM，不能访问全局变量（如window、document之类的浏览器全局变量）或是全局函数，不能调用alert()之类的函数。Web Worker有以下3种。

- Dedicated Web Worker（专用线程）：只能被创建它的页面访问，随当前页面的关闭而结束。这是最常见的工作线程类型，可以创建一个运行在后台的 JavaScript 文件的线程。它完全独立于其他线程，所以不能直接访问主线程中的UI元素。
- Shared Web Worker（共享线程）：允许多个脚本和浏览器上下文（例如来自不同的标签页或iframe的脚本）与同一个工作线程进行通信。
- Service Worker：前文所述PWA的核心，主要用于离线缓存、推送通知和网络代理。

由于Service Worker的特殊性，单独在下一小节中介绍。本节主要介绍前面两种Web Worker。

1．Dedicated Web Worker

Dedicated Web Worker的主要方法及说明如表2-3所示。

表2-3　Dedicated Web Worker的主要方法及说明

方法	说明
postMessage(data)	用于子线程与主线程互相通信
terminate()	在主线程中终止Worker
onMessage	有消息时触发该事件，消息内容可通过事件对象的data来获取
error	出错处理。错误信息包括e.message、e.filename、e.lineno

Web Worker可以通过注册监听器addEventListener和onMessage（onError）来进行主线程和子线程之间的通信。下面给出一个使用Web Worker进行斐波那契序列（Fibonacci Sequence）计算的示例。斐波那契序列计算是经典的计算密集型任务，特别是当我们递归地计算较大的数字时。在此期间，主线程（UI）将保持响应状态，不会被此计算任务阻塞，这正是使用Web Worker的主要优势。

主线程main.js的主要代码如下。

```
// 创建一个新的Web Worker
var worker = new Worker('worker.js');

// 请求斐波那契序列的第40个数字（这将需要一段时间来计算）
worker.postMessage(40);

// 从Worker接收消息（计算结果）
```

< 68 >

```
worker.onmessage = function(event) {
    console.log('Received Fibonacci result:', event.data);
};

// 接收Worker的错误
worker.onerror = function(error) {
    console.error('Worker error:', error);
};

// 当用户与页面交互或执行其他任务时，UI 将保持响应状态，不会被阻塞
```

Worker线程worker.js的代码如下。

```
// 从主线程接收消息
onmessage = function(event) {
    var number = event.data;

    // 计算斐波那契序列的指定数字
    var result = fibonacci(number);

    // 将结果发送回主线程
    postMessage(result);
};

// 递归地计算斐波那契序列
function fibonacci(n) {
    if (n <= 1) return n;
    return fibonacci(n - 1) + fibonacci(n - 2);
}
```

在使用Dedicated Web Worker的过程中，可以通过在主线程程序中调用worker.terminate()来终止子线程，或者在子线程中调用self.close()来关闭自己。

2．Shared Web Worker

Shared Web Worker可以被多个脚本或浏览器上下文共享，适用于实现跨多个浏览器上下文通信和共享数据。以下是一个简单的示例，其中两个不同的标签页共享同一个 Shared Web Worker，以进行简单的消息计数。

实现Shared Web Worker的SharedWorker.js的代码如下。

```
let count = 0; // 用于计数的变量

// 当有新的上下文连接到 Shared Web Worker 时触发
self.onconnect = function(event) {
    const port = event.ports[0];
    port.onmessage = function(event) {
        if(event.data === 'increment') {
            count++;
            port.postMessage('Current count: ${count}');
        }
    };
    port.start();
};
```

< 69 >

HTML文件index.html的代码如下所示。

```
<button onclick="sendMessage()">Increment Count</button>
<p id="output"></p>

<script>
    const worker = new SharedWorker('SharedWorker.js');
    worker.port.start();

    worker.port.onmessage = function(event) {
        document.getElementById('output').textContent = event.data;
    };

    function sendMessage() {
        worker.port.postMessage('increment');
    }
</script>
```

在以上代码中，主线程使用SharedWorker()构造函数接收Shared Web Worker脚本的URL作为参数，创建一个新的Shared Web Worker实例。该实例包含一个port属性，该属性是一个MessagePort对象，它代表与Shared Web Worker的连接。要开始从该端口接收消息，必须调用其start()方法启动消息端口的消息传递，告诉端口准备好开始接收消息了。每当新的上下文（例如一个新的标签页或iframe）连接到Worker时，就会触发onconnect事件。事件对象包含一个ports属性，该属性是一个数组，其中包含新连接的MessagePort对象。通过MessagePort对象，主线程和SharedWeb Worker可以互相发送和接收消息。可以使用port.postMessage()方法发送消息，同时使用port.onmessage事件监听器接收消息。MessagePort还支持其他一些方法和事件，例如onerror事件监听器用于捕获在Shared Web Worker中发生的错误，close()方法用于关闭消息端口的连接。

在两个不同的浏览器标签页中打开该HTML文件，当用户在任何一个标签中单击"Increment Count"按钮时，count变量在Shared Web Worker中递增。由于计数器位于Shared Web Worker中，所以每个标签页都显示当前的最新计数，并且该计数在各个标签页中都是相同的。

借助Web Worker，代码可以在与主线程不同的线程上运行，因此可以执行真正的并行处理。复杂的计算或数据处理任务可以在后台处理，不会阻塞UI或其他用户交互操作，从而使Web页面具有更好的响应性，提升了用户体验。Web Worker运行在与主执行线程不同的上下文中，因此它们的错误不会影响主线程，主线程的错误也不会影响它们。主线程和Web Worker之间可以通过发送和接收消息进行通信。另外，使用Service Worker，网站和Web应用可以提供增强的离线体验，通过缓存内容提供离线功能。

2.3.3 Service Worker

前端缓存概述

Application Cache 简介

Service Worker

前文在介绍PWA的时候曾经提到过，PWA的核心组件是Service Worker。Service Worker 是一个运行在Web应用后台的脚本，作为Web应用与浏览器之间的代理，它可以劫持、修改网络请求，使资源可以被缓存，从而提供离线访问的能力。与传统的Web Worker不同，Service Worker主要用于离线缓存、后台数据拉取、推送通知等。

Service Worker 允许开发者缓存应用的关键资源，确保在断网或网络不稳定的环境中，应用仍然能够正常运行。这可大大提高应用的可用性，提升用户体验。通过Service Worker，开发者可以缓存应用的关键资源和数据，从而在再次访问时迅速加载，减少等待时间，提供即时响应。

< 70 >

Service Worker 支持后台推送通知,即使Web应用没有打开,也可以将关键信息推送到用户的设备,从而保持用户的参与度和活跃度。Service Worker 允许应用在后台同步数据,确保当用户再次访问应用时数据是最新的。Service Worker 还可以拦截网络请求并根据定义的策略来决定如何响应,比如优先从缓存获取、网络回退等,这为开发者提供了对网络操作的精细控制,有助于提升用户体验。另外,Service Worker 仅在HTTPS上运行,可确保内容的完整性和用户的隐私安全(若是本地服务器则可以使用HTTP)。结合其他PWA组件(如Web App Manifest),Service Worker 可以使Web应用表现得更像原生应用,甚至可以被添加到主屏幕,拥有全屏模式、启动画面等。综上所述,Service Worker 的这些功能和特性使其成为PWA的核心,它允许Web应用在性能、可用性和功能上达到与原生应用类似的程度。这体现了B/S和C/S融合的优势。

Service Worker的生命周期完全独立于Web页面,其生命周期主要有以下几个阶段:首先,Service Worker要进行注册;一旦注册成功,Service Worker便进入安装阶段;安装完成后,Service Worker将被激活并控制页面。

以下JavaScript代码用于检查浏览器是否支持Service Worker,并尝试注册。

```javascript
if ('serviceWorker' in navigator) {
    navigator.serviceWorker.register('/service-worker.js')
    .then(function() {
        console.log("Service Worker 注册成功");
    }).catch(function(error) {
        console.error("Service Worker 注册失败:", error);
    });
}
```

Service Worker 只能控制其所在目录及子目录下的请求。例如,位于 /scripts/service-worker.js 的Service Worker只能捕获到来自 /scripts/ 目录的请求。

利用Cache API,Service Worker能够在安装阶段缓存资源,并在之后的网络请求中拦截这些资源的请求,从缓存中提供相应资源。代码如下所示。

```javascript
self.addEventListener('install', function(event) {
    event.waitUntil(
        caches.open('my-cache').then(function(cache) {
            return cache.addAll([
                '/index.html',
                '/styles/main.css',
                '/scripts/main.js'
            ]);
        })
    );
});
```

代码中的addEventListener()方法监听了Service Worker的install事件,这个事件会在Service Worker首次安装或其文件内容发生改变时触发。event.waitUntil()方法会确保Service Worker等待提供的Promise完成才进入下一个生命周期阶段。如果Promise被拒绝,当前的安装进程将被视为失败。caches.open('my-cache')将打开一个名为my-cache的缓存,如果它还不存在,那么浏览器会创建它。cache.addAll()是一个将多个资源添加到缓存的方法,它接收一个URL数组,并为每个URL发起请求,将响应保存到缓存中。

Service Worker 可以捕获网络请求,并决定如何响应,如以下代码所示。

< 71 >

```
self.addEventListener('fetch', function(event) {
    event.respondWith(
        caches.match(event.request).then(function(response) {
            return response || fetch(event.request);
        })
    );
});
```

在以上示例代码中，self.addEventListener()监听了任何由关联页面发起的网络请求的fetch事件。event.respondWith()方法使开发者能够直接控制由Service Worker控制的页面的响应，开发者可以提供一个Promise或直接的响应。caches.match(event.request)查找缓存中是否存在与传入请求相匹配的响应，如果找到了匹配的响应，它将被返回；否则，该Promise会被拒绝。response || fetch(event.request)表示如果缓存中有匹配的响应，它将被返回；如果没有，它就会发起一个真正的网络请求。这是一种常见的策略，被称为"Cache, falling back to network"（通过缓存获取失败回退到网络）。

以上缓存和网络请求管理两部分的关键代码，组成了Service Worker中资源缓存和请求响应的基础逻辑，使Web应用在离线或网络不稳定的情况下仍能提供内容给用户。

除了缓存和网络请求管理，Service Worker还支持后台推送通知。这里就不给出示例了，读者可自行学习。

另外，Service Worker的更新和版本控制是其核心特性。当Service Worker文件有任何更改（即使只是一字节的改动），浏览器都会将其视为一个新的Service Worker。这样设计是为了确保Web应用可以尽可能快地获取和使用最新的内容和功能，尤其是在Service Worker被用于资源缓存和提供离线功能时。如果不按这种方式工作，Web开发人员可能会遇到困难，因为过期或旧版本的缓存可能会导致应用出现问题或不一致。自动检测文件变化简化了版本控制的过程，开发者无须手动更改版本号或其他标识。

假设你的Web应用使用了Service Worker来缓存静态资源以提高加载速度和提供离线功能，当用户首次访问你的Web应用时，Service Worker被注册并缓存特定资源。过了一段时间，你对Web应用进行了更新，改变了一些样式，并修改了Service Worker脚本中的缓存列表。当用户再次访问Web应用时，浏览器会检测到差异，下载并将其视为新的Service Worker。新的Service Worker会开始其生命周期，包括install和activate事件。在activate事件中，你可以清除旧版本的缓存并确保用户在下一次页面加载时看到的是最新的内容。这样的机制可确保Web应用始终尽可能地给用户提供最新的体验，同时允许开发者有足够的控制权和灵活性来管理更新和缓存。

2.3.4　WebSocket

WebSocket

在传统的B/S架构下，都是客户端先发起请求，服务器进行响应。这种请求—响应模式在某些应用场景中不足以满足应用的需求。比如在实时聊天应用中，用户希望立刻看到对方发出的信息；股票或其他金融工具的价格需要实时更新；在多人在线游戏中，玩家的动作需要实时同步到其他玩家的界面上；多用户同时编辑同一个文档时，一个用户所做的更改应该实时地在其他用户的界面上体现。服务器推送技术使服务器能够实时地发送数据到客户端，而无须客户端明确地请求。以下是实现这种推送效果的3种主要方法。

1. 传统轮询（Polling）

客户端定期发送请求到服务器询问是否有新数据。如果有新数据，服务器会响应数据；如果

< 72 >

没有，则返回一个空的响应。这种方法的优点是简单，容易实现。缺点是可能导致许多无效的请求，即没有获得新数据的请求，从而浪费资源。

2．长轮询（Long Polling）

客户端发送请求到服务器，服务器待有新数据可用或超时时才响应。一旦服务器响应，无论有数据还是超时，客户端立即再次发送请求。这种方法的优点是较传统轮询更加高效，因为它减少了空的响应。缺点是实现稍复杂，可能需要更多的服务器资源维持现有的连接。

3．长连接（HTTP Streaming）

客户端发送一个请求到服务器，然后服务器保持连接并持续地发送数据到客户端。这种方法的优点是实时性高，无须频繁地建立新连接。缺点是实现相对复杂，可能需要特定的服务器配置。

Comet一词是用于描述从服务器到客户端的实时数据推送技术的术语，通常是基于HTTP的长连接来实现的。Comet为早期的Web应用提供了一种实现实时交互的方式，但随着技术的发展，更高效和标准化的技术（如WebSocket）已经出现并逐渐取代了Comet在很多应用中的位置。与之前的服务器推送技术相比，WebSocket更加高效和实时，目前已成为标准，在许多现代浏览器和服务器中都得到了广泛支持。WebSocket可提供全双工、持久化的连接，允许服务器和客户端之间双向实时地传输数据。由于是持久连接，数据传输的延迟大大降低。与频繁的轮询相比，WebSocket在数据传输上更加高效，同时，保持开放的连接意味着服务器可以承载更多的并发连接。

WebSocket通过一次握手机制，在客户端和服务器之间建立一个类似TCP的连接，从而实现客户端和服务器之间的通信。WebSocket通信协议在2011年被IETF定为标准RFC 6455，并由RFC 7936补充规范。WebSocket API也被W3C定为标准。WebSocket的特征如下。

- 建立在TCP之上的应用层协议，需要通过握手连接才能进行通信。
- 与HTTP有着良好的兼容性，默认端口也是80或443，并且握手阶段采用HTTP，因此握手时不容易屏蔽，能通过各种 HTTP 代理服务器。
- 数据格式比较轻量，性能开销小，通信高效。可以发送文本，也可以发送二进制数据。
- 没有同源限制，客户端可以与任意服务器通信。
- 它是一种双向通信协议，采用异步回调的方式接收消息，真正实现了全双工数据传输。

图2-6所示为HTTP和WebSocket协议握手过程的比较。

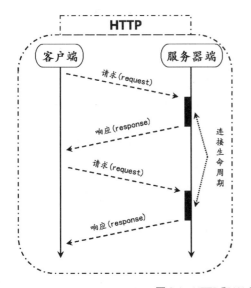
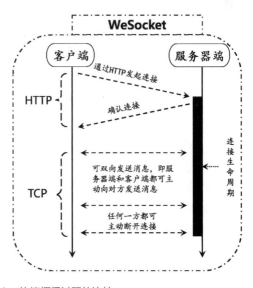

图 2-6　HTTP 和 WebSocket 协议握手过程的比较

< 73 >

客户端若想与服务器建立一个WebSocket连接，会发送一个类似于HTTP的请求，称为WebSocket握手请求。以下是一个WebSocket握手请求的示例。

```
GET /chat HTTP 1.1
Host: server.example.com
Upgrade: websocket
Connection: Upgrade
Sec-WebSocket-Key: dGhlIHNhbXBsZSBub25jZQ==
Origin: http://example.com
Sec-WebSocket-Protocol: chat, superchat
Sec-WebSocket-Version: 13
```

在这个示例中，Upgrade: websocket指示客户端想要升级当前的HTTP连接到WebSocket。Connection: Upgrade与Upgrade头部配合，告诉服务器客户端希望升级这个连接。Sec-WebSocket-Key: dGhlIHNhbXBsZSBub25jZQ==是一个Base64编码的值，由客户端随机生成，并发送到服务器。服务器会使用这个值与一个特定的GUID（Globally Unique Identifier，全局唯一标识符）一起生成一个SHA-1哈希值，然后进行Base64编码，并将结果作为Sec-WebSocket-Accept头部的值发送回握手的响应。这一过程确保了服务器能够正确处理WebSocket请求。Origin:http://example.com指出了发起WebSocket请求的源，它与CORS相关，帮助服务器决定是否接受此WebSocket请求。Sec-WebSocket-Protocol: chat, superchat中，用一个逗号分隔的字符串列表chat, superchat表示客户端支持的子协议。服务器可以从这个列表中选择一个它也支持的子协议，并在响应中使用Sec-WebSocket-Protocol头部返回所选的子协议。Sec-WebSocket-Version: 13表示WebSocket协议的版本，当前的版本为13。建立连接后，连接将从HTTP升级到WebSocket协议，从而允许全双工、实时的通信。

服务器接受一个客户端的WebSocket握手请求并同意建立一个WebSocket连接后，会发送一个WebSocket握手响应。以下是一个WebSocket握手响应的示例。

```
HTTP 1.1 101 Switching Protocols
Upgrade: websocket
Connection: Upgrade
Sec-WebSocket-Accept: s3pPLMBiTxaQ9kYGzzhZRbK+xOo=
Sec-WebSocket-Protocol: chat
```

HTTP 1.1 101 Switching Protocols是标准的HTTP响应行。状态码101意味着服务器理解了客户端的请求，并将协议切换为客户端请求的协议，这里即WebSocket。Upgrade: websocket与客户端的Upgrade请求头匹配，表示协议正在切换到WebSocket。Connection: Upgrade与Upgrade头部配合，告诉客户端服务器已经同意升级这个连接。Sec-WebSocket-Accept: s3pPLMBiTxaQ9kYGzzhZRbK+xOo=是对客户端发送的Sec-WebSocket-Key头部的响应。服务器会取客户端发送的键，追加一个特定的GUID，然后生成SHA-1哈希值并进行Base64编码，作为Sec-WebSocket-Accept头部的值，客户端可以使用这个头部来验证服务器是否正确地处理了WebSocket握手。Sec-WebSocket-Protocol: chat表示如果客户端在其握手请求中发送了Sec-WebSocket-Protocol头，并提供了可供选择的子协议，服务器可以使用此头部选择并确认一个子协议。在这个例子中，服务器选择了"chat"子协议。一旦此响应被客户端接收和处理，WebSocket连接就建立了，可以进行双向、实时的数据传输。

下面给出应用WebSocket API构建一个简单聊天室的示例。客户端client.html代码如下。

< 74 >

```
<!DOCTYPE html>
<html lang="en">
<head>
    <meta charset="UTF-8">
    <title>简单聊天室</title>
</head>
<body>

<!-- UI -->
<div>
    <textarea id="chatOutput" rows="20" cols="50" readonly></textarea><br>
    <input id="chatInput" type="text" size="48">
    <button id="sendButton">发送</button>
</div>

<script>
    const chatOutput = document.getElementById("chatOutput");
    const chatInput = document.getElementById("chatInput");
    const sendButton = document.getElementById("sendButton");

    // 创建 WebSocket 连接
    const websocket = new WebSocket('ws://your-websocket-server-url');

    // 当 WebSocket 连接建立时触发
    websocket.onopen = function(event) {
        chatOutput.value += '系统：连接到服务器\n';
    };

    // 当从服务器接收到数据时触发
    websocket.onmessage = function(event) {
        chatOutput.value += '对方：' + event.data + '\n';
    };

    // 在发生错误时触发
    websocket.onerror = function(error) {
        chatOutput.value += '系统：发生错误\n';
    };

    // 当连接关闭时触发
    websocket.onclose = function(event) {
        chatOutput.value += '系统：与服务器断开连接\n';
    };

    // 为"发送"按钮添加事件处理器
    sendButton.addEventListener('click', function() {
        const message = chatInput.value;
        chatOutput.value += '我：' + message + '\n';
        websocket.send(message);  // 发送消息到服务器
        chatInput.value = '';  // 清空输入框
    });
</script>
```

< 75 >

```
</body>
</html>
```

在这个示例中，HTML 部分提供了一个输出框、一个输入框和一个按钮，使用户能够输入和发送消息。JavaScript 部分创建了一个 WebSocket 连接，为连接上的各种事件定义了事件处理器，并为"发送"按钮定义了一个单击事件处理器。运行时，需要将 'ws://your-websocket-server-url' 替换为实际WebSocket 服务器的 URL。

下面使用 Node.js 和 ws（Node.js 环境下的一个 WebSocket 库）来构建服务器部分。首先需要安装 ws 和 express 两个库，命令如下。

```
npm install ws express
```

服务器程序server.js的代码如下。

```
const express = require('express');
const http = require('http');
const WebSocket = require('ws');

const app = express();

// 初始化 HTTP 服务器
const server = http.createServer(app);

// 初始化 WebSocket 服务器
const wss = new WebSocket.Server({ server });

// 存储所有已连接的 WebSocket 客户端
const clients = [];

wss.on('connection', (ws) => {
    console.log('Client connected');

    // 将新连接的客户端添加到列表
    clients.push(ws);

    // 当收到来自客户端的消息时
    ws.on('message', (message) => {
        console.log('Received message: ${message}');

        // 广播消息到所有已连接的客户端
        for (let client of clients) {
            if (client.readyState === WebSocket.OPEN) {
                client.send(message);
            }
        }
    });

    // 当客户端断开连接时
    ws.on('close', () => {
        console.log('Client disconnected');
```

< 76 >

```
        const index = clients.indexOf(ws);
        if (index > -1) {
            clients.splice(index, 1); // 从列表中移除断开的客户端
        }
    });
});

server.listen(3000, () => {
    console.log('Server is listening on port 3000');
});
```

以上代码使用 ws 库创建了一个新的 WebSocket 服务器，并将其绑定到之前创建的 HTTP 服务器上。当一个新的 WebSocket 客户端连接时，将其添加到 clients 列表中。这样，当广播消息时，就可以轻松地将消息发送到所有已连接的客户端。使用 ws.on('message',...) 监听来自客户端的消息。当收到消息时，将它广播到所有已连接的客户端。使用 ws.on('close',...) 监听客户端的断开事件，当客户端断开连接时，将其从 clients 列表中移除。

这个示例实现了一个简单的 WebSocket 聊天程序，能够接收来自客户端的消息并将其广播到所有其他已连接的客户端。为了简化程序，该示例并没有添加错误处理和其他高级功能，如用户身份验证、私人消息等。

表2-4所示为WebSocket上的属性/方法/事件及说明。

表2.4 WebSocket上的属性/方法/事件及说明

属性/方法/事件	说明
readyState	CONNECTING (0): 连接还未打开。 OPEN (1): 连接已经打开并准备好进行通信。 CLOSING (2): 连接正在关闭的过程中。 CLOSED (3): 连接已经关闭或者连接不能打开
bufferedAmount	还未被传送到网络或者尚未被传输的 UTF-8 文本的字节数
extensions	服务器选择的扩展名
protocol	服务器选择的子协议，这是创建 WebSocket 时在 protocols 参数中指定的
close([code[, reason]])	关闭 WebSocket 连接或停止连接 WebSocket 服务器
send(data)	使用 WebSocket 连接发送数据
open	处理方法onopen()，当 WebSocket 连接建立时触发
message	处理方法onmessage()，当从服务器接收到数据时触发
error	处理方法onerror()，在发生错误时触发
close	处理方法onclose()，当连接关闭时触发

许多Web服务器端软件支持WebSocket协议，比如Java Netty、Undertow、Node.js Express、Socket.IO等。其中Socket.IO框架是一个支持WebSocket的、非常优秀和流行的框架。

Socket.IO是一个实现对WebSocket封装的JavaScript库，用于服务器和浏览器之间的双向通信。除了完成对WebSocket协议的实现和封装，该库还提供了其他的功能，包括广播至多个套接字、存储与不同客户有关的数据、异步输入输出操作等。唯一的硬性要求是服务器和浏览器必须都使用Socket.IO来实现通信。

Socket.IO是可靠的，在具有代理服务器、负载均衡服务器或客户端具有个人防火墙的情况

< 77 >

下也可以建立连接。如果客户端和服务器的连接中断，客户端会不断自动尝试重新连接，直到重新连接上服务器为止。为了支持自动断线重连机制，Socket.IO通过在服务器和客户端上设置计时器，并在连接握手期间共享超时值（pingInterval和pingTimeout参数）实现断线检测功能，使服务器和客户端都可以知道另一方何时不再响应。

此外，Socket.IO还支持划分不同的名字空间，由此可以将不同职责的代码模块相互分离，客户端也可以根据需要去连接不同的名字空间。在每个名字空间中，开发者可以定义频道用以管理连接者，可以定义用户连接时的加入事件和用户断开连接时的离开事件等，以便于通信的维护。

客户端通过调用io(url)函数即可和服务器建立连接。客户端和服务器均可以通过emit(event,data)函数向特定连接套接字发送自定义事件和对应的信息，通过on(event,callback)监听指定的事件并设置处理函数。开发者还可以给emit()或send()添加broadcast标签，这样事件就会广播给发送相应消息的套接字外的所有套接字。

以下示例代码采用Socket.IO实现与之前示例相同功能的聊天室。使用Socket.IO实现相同功能会简化很多代码，因为Socket.IO提供了更高级的封装，包括广播、房间、事件等功能。首先，需要安装Socket.IO和Express，命令如下。

```
npm install socket.io express
```

以下是服务器server-io.js的代码。

```
const express = require('express');
const http = require('http');
const socketIo = require('socket.io');

const app = express();
const server = http.createServer(app);
const io = socketIo(server);

io.on('connection', (socket) => {
    console.log('Client connected');

    socket.on('chat message', (message) => {
        console.log('Received message: ${message}');

        // 使用 Socket.IO 的广播功能将消息发送到所有客户端
        io.emit('chat message', message);
    });

    socket.on('disconnect', () => {
        console.log('Client disconnected');
    });
});

server.listen(3000, () => {
    console.log('Server is listening on port 3000');
});
```

以上代码使用socketIo(server) 创建一个新的 Socket.IO 服务器并绑定到 HTTP 服务器；使用io.on('connection',...) 监听新的客户端连接，每个客户端连接都会传递一个 socket 对象，它代表与

< 78 >

该特定客户端的连接；使用socket.on('chat message',...) 监听来自客户端的 'chat message' 事件；当 'chat message'事件触发时，使用Socket.IO的广播功能io.emit('chat message', message) 将消息发送到所有客户端；使用socket.on('disconnect',...) 监听客户端的断开事件。

使用Socket.IO，不再需要手动维护客户端列表，因为库已经处理了这个问题。同时，广播消息变得更加简单，只需进行函数调用。此外，Socket.IO还提供了对房间、中间件、错误处理等更高级功能的支持，使开发人员能够轻松地构建复杂的实时应用程序。

客户端的HTML结构可以和之前的相同，不同之处是需要在<head>部分引入Socket.IO的客户端库，代码如下。

```
<script src="/socket.io/socket.io.js"></script>
```

这里仅给出客户端的JavaScript代码，如下所示。

```
<script>
    const chatOutput = document.getElementById("chatOutput");
    const chatInput = document.getElementById("chatInput");
    const sendButton = document.getElementById("sendButton");

    // 使用 Socket.IO 创建连接
    const socket = io.connect('http://localhost:3000');

    socket.on('chat message', (message) => {
        chatOutput.value += '对方: ' + message + '\n';
    });

    sendButton.addEventListener('click', function() {
        const message = chatInput.value;
        chatOutput.value += '我: ' + message + '\n';

        // 使用 socket.emit 发送消息
        socket.emit('chat message', message);
        chatInput.value = '';
    });
</script>
```

以上代码使用const socket = io.connect('http://localhost:3000'); 创建一个新的连接；使用 socket.on('chat message',...) 监听来自服务器的 'chat message' 事件，当此事件触发时，更新聊天输出框的内容；使用socket.emit('chat message', message) 发送消息到服务器，这会触发服务器上对应的 'chat message' 事件监听器。使用Socket.IO的客户端库，与服务器进行交互变得非常简单，开发人员不再需要处理WebSocket的生命周期和状态等，因为库已经处理了这些问题。

2.3.5　WebRTC

WebRTC

下面介绍本书附录课程项目选题2中需要用到的一个HTML5扩展API——来源于Google项目WebRTC（Web Real-Time Communication，Web实时通信）。

WebRTC由一组标准、协议和JavaScript API组成，用于实现浏览器之间（端到端）的音频、视频及数据共享。WebRTC的出现使得Web端的实时通信摆脱了对第三方技术的依赖，由浏览器

< 79 >

配合开发者对协议的实现即可完成实时通信。

MediaStream、RTCPeerConnection和RTCDataChannel构成了WebRTC的主要部分，分别对应音频和视频流的获取、音频和视频数据的通信管理以及任意应用数据的通信管理。

MediaStream是用于获取音频和视频流的JavaScript API部分，通过navigator.getUserMedia（constraints, successCallback, errorCallback）来获取本地的音频和视频流，接收的3个参数分别是音频和视频的控制选项、获取成功的回调函数和获取失败的回调函数，调用成功后会返回获取到的流对象，可以通过属性赋值传入HTML中的<video>标签，在浏览器中进行画面展示。流对象中会携带一个或多个同步轨道，若对音频和视频都进行了获取，则会存在音频轨道和视频轨道。浏览器在底层的实现细节中加入了调用视频和音频引擎分别对获取到的视频流和音频流进行增强处理的过程，并保证流之间的同步关系。

为了实现视频通信，不仅要获取自己的音频和视频流对象，还需要将自己的音频和视频流对象发送给通信方，并接收对方发送的流对象，在本地将之与HTML中对应的<video>标签绑定。由于目的是传输音频和视频流用作实时通信，少量的丢包造成的音频和视频的微小卡顿并不是我们关心的重点，因此UDP低延迟和发送速率稳定的优势使得WebRTC选择UDP作为传输音频和视频流时的传输层协议。

但仅仅使用UDP进行传输还远远不够。不同于一般的C/S模式，WebRTC是基于C/S的P2P对话模式，但因为子网的出现，大部分用户的IP地址是子网的内部IP地址，不能用于公网通信，只有通过NAT（Network Address Translation，网络地址转换）服务器翻译后才能向外传输，因此需要解决的首要问题就是NAT穿越问题。对此，WebRTC使用ICE（Interactive Connectivity Establishment，交互连接建立）、STUN（Session Traversal Utilities for NAT，NAT会话穿越应用程序）和TURN（Traversal Using Relay NAT，使用中继NAT穿越）来解决。STUN服务器的运行机制是客户端主动向服务器发送查询请求，STUN服务器将客户端经过NAT服务器映射后的IP地址返回给客户端，由此客户端便能将自己应用层中所使用的IP地址替换为暴露在公网上的、经过NAT服务器映射后的IP地址，达到通过NAT服务器建立连接的目的。TURN和STUN的区别在于STUN服务器的作用是查询映射后的IP地，而TURN服务器则是作为通信"中转站"，使通信的

两方分别和TURN服务器建立连接，TURN服务器进行消息的转发。ICE并不是像STUN和TURN一样用于NAT穿越的方案，ICE是一个整合NAT穿越协议的框架，用于收集两端之间公共线路的IP地址，尝试在两端之间建立起数据通道，并且在这一过程中不断进行信息的更新。图2-7所示为WebRTC的分层协议。

XHR	SSE	WebSocket	RTCPeerConnection	DataChannel
HTTP 1.x/2.0			SRTP	SCTP
会话层（TLS）：可选			会话层（DTLS）：必选	
传输层（TCP）			传输层（UDP、ICE、STUN、TURN）	
网络层（IP）				

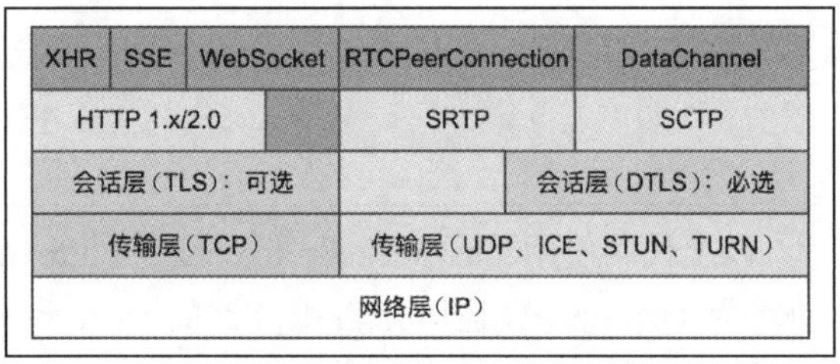

图 2-7　WebRTC 的分层协议

WebRTC使用DTLS（Datagram Transport Layer Security，数据报传输层安全性）协议用于保障数据传输的安全；SCTP（Stream Control Transmisson Protocol，流控制传输协议）和SRTP（Secure Real-time Transport Protocol，安全实时传输协议）用于在UDP之上提供不同流的多路复用、拥塞和流量控制，以及部分可靠的交付和其他服务。

RTCPeerConnection和DataChannel是WebRTC的JavaScript API部分提供的浏览器端的编程类型。RTCPeerConnection的关注点主要是控制并维护P2P的连接，以及相应连接各个时期的数据变化。RTCPeerConnection的工作包括管理穿越NAT的ICE信息流、自动维持和STUN服务器或TURN服务器的连接持久化、跟踪本地和远程的音频和视频流以及提供发起连接、接收应答的API，并且维护当前连接的所有属性以便开发者进行查询。DataChannel的工作主要包括管理连接

< 80 >

双方其他静态数据的传输。

　　下面是一个简单的WebRTC视频聊天示例，该示例给出了WebRTC应用最核心的部分，即获取本地媒体、创建一个RTCPeerConnection，并设置远程和本地描述。

　　页面main.html代码如下。

```
<!DOCTYPE html>
<html lang="en">
<head>
    <meta charset="UTF-8">
    <title>WebRTC Example</title>
</head>
<body>
    <video id="localVideo" autoplay muted></video>
    <video id="remoteVideo" autoplay></video>
    <script src="app.js"></script>
</body>
</html>
```

　　其中JavaScript文件app.js的代码如下。

```
    // 获取HTML元素
const localVideo = document.getElementById('localVideo');
const remoteVideo = document.getElementById('remoteVideo');
// 获取媒体设备的权限
navigator.mediaDevices.getUserMedia({ video: true, audio: true })
    .then(stream => {
        localVideo.srcObject = stream;
        // 创建RTCPeerConnection
        const pc = new RTCPeerConnection();
        // 当接收到远程流时，在远程视频元素中显示
        pc.ontrack = event => {
            remoteVideo.srcObject = event.streams[0];
        };
        // 把本地流添加到PeerConnection
        stream.getTracks().forEach(track => {
            pc.addTrack(track, stream);
        });
        // 创建并设置offer
        pc.createOffer()
            .then(offer => pc.setLocalDescription(offer))
            .then(() => {
                // 这里通常会将offer发送到服务器，然后转发给另一位用户
                // 这里为简化示例，直接设置为远程描述
                pc.setRemoteDescription(pc.localDescription);
            });
    })
    .catch(error => {
        console.error('Error accessing media devices.', error);
    });
```

　　以上示例代码通过navigator.mediaDevices.getUserMedia()获取用户的视频和音频流，然后将其设置为本地视频元素的srcObject，这样就可以预览本地摄像头的视频了。代码还创建了一个

< 81 >

RTCPeerConnection对象，为RTCPeerConnection设置ontrack事件监听器，当从远程接收到媒体流时会触发此事件。可以将远程流设置为远程视频元素的srcObject，然后将从摄像头获取的本地媒体流的所有轨道（视频和音频）添加到RTCPeerConnection。使用createOffer()方法创建一个offer，这是WebRTC连接的初始步骤。然后设置这个offer为本地描述。通常会将这个offer发送到服务器，服务器再转发给另一个客户端。但为了简化程序，这里直接将其设置为远程描述。这只是一个非常基础的示例，在实际应用中需要考虑信令（用于在用户之间传递offer、answer和ICE候选者等）、ICE服务器配置、错误处理等多个方面。

2.3.6　其他HTML5 API

除前文介绍的Web Storage、Web Socket、Web Worker、Service Worker、WebRTC等API外，HTML5还引入了大量新的API和功能，旨在使Web成为一个功能齐全的应用程序平台。部分如下。

其他 HTML5 API

1．IndexedDB

IndexedDB是一个在浏览器中存储结构化数据的Web API，也是一个事务性的数据库系统，支持键值对存储；可以存储和检索大型数据对象，如文件和BLOB（Binary Large Object，二进制大对象）；可以通过索引提高查询速度，通常用于大量数据的存储；支持不需要持续在线的应用程序实现离线应用、持久化数据存储的功能。

IndexedDB

2．File API

该API允许Web应用程序读取用户选择的文件或内容、获取其元数据，并在客户端进行读取和处理。可以通过HTML5的<input type="file">元素获取选定的文件，并能读取本地文件内容。可以获取文件的基本信息，如名称、大小和类型。读取文件内容为ArrayBuffer或BLOB。可以用于图片预览、文件读取和处理。

3．Geolocation API

该API可以提供当前位置信息，监听位置变化，提供相关的经度、纬度、高度、速度等信息。用户必须给予权限才能获取位置信息。支持应用于地图、本地化服务、位置方面的功能。

4．Notifications API

该API可以显示桌面通知，并设置通知的标题、正文和图标等。通知可以与用户的操作系统和其通知设置进行交互。同样，用户必须给予权限才会收到通知。可以应用在聊天应用、邮件应用或任何需要提醒用户的应用。

5．Canvas & WebGL

Canvas为二维图形提供了渲染环境，而WebGL为三维图形提供了渲染环境。Canvas的2D绘图环境可以动态渲染图形、文本、图像等，支持图形操作，如缩放、旋转和剪裁。WebGL是一个基于OpenGL ES的3D绘图API，支持GPU加速，可以渲染复杂的三维图形和效果。这两个API可以应用于图形、游戏、数据可视化中。

另外，还有允许开发者为元素添加拖放功能的DnD（Drag and Drop，拖放）API，可以应用在文件上传、交互式UI设计中；支持开发者直接与浏览器的历史记录进行交互的History API，可以用于SPA（单页面应用）导航，比如添加、修改或删除历史记录条目；允许元素进入全屏模式的Full-screen API，用于游戏、视频播放、富交互应用；允许开发者知道当前的页面是否对用户可见的Page Visibility API，可以用于暂停非活动标签中的动画或视频。

< 82 >

思考与练习

1．Web Storage分为_____和localStorage。前者生命周期为会话期间，而后者没有时间限制。

2．Web Worker分为Dedicated Web Worker和_____Web Worker。前者生命周期为当前页面，而后者可以被多个页面访问。

3．一般而言，以下关于B/S和C/S架构的比较，说法错误的是（　　　）。
　　A．C/S提供了更安全的存取模式　　　　B．B/S一般有更好的性能
　　C．C/S系统整合性差　　　　　　　　　D．采用C/S模式将降低网络通信量

4．以下关于HTML5的localStorage和采用Cookie存储数据的区别，说法错误的是（　　　）。
　　A．localStorage在子域名之间不能直接共享存储数据，而Cookie可以
　　B．服务器端对Cookie数据的获取有标准接口支持，而对localStorage则没有
　　C．Cookie数据存储有大小的限制，而localStorage没有
　　D．Cookie数据存储有过期控制支持，而localStorage本身并不具有

5．阐述瘦客户端（传统Web架构）和胖客户端（C/S）的含义和各自的优缺点。

6．解释Web作为人和机器"共享的信息空间"的内涵。

7．Ajax应用会带来哪些问题，以及有什么相应的解决办法？

8．（设计与实践）通过观看视频、阅读补充材料等，选择HTML5高级应用技术（如以下技术的一种或者多种）进行学习和实践。

● WebSocket框架，比如Socket.IO等针对Web应用需要实时通信的JavaScript工具库。
● 使用Web Worker实现多线程编程。
● 使用Web Storage实现本地存储。
● 使用WebRTC实现基于浏览器的音视频。
● 使用HTML5对地理位置定位的支持实现地图上的定位。

9．（设计与实践）自主学习Java处理WebSocket的API，实现一个采用Java构建的聊天室服务器。

> 提示
>
> 使用Java API for WebSocket（JSR-356）创建WebSocket端点有以下两种方式。

（1）使用@ServerEndpoint在类上注解。
（2）集成Endpoint抽象类。

10．（设计与实践）自主学习Spring和Spring Boot相关内容，实现一个采用Spring构建的聊天室服务器。

> 提示
>
> 使用Spring创建WebSocket端点有以下两种方式。

（1）使用@MessageMapping注解，结合Spring WebSocket模块的STOMP（Simple Text Oriented Messaging Protocol，流文本定向消息协议）支持。STOMP是一个简单的、文本导向的消息协议。

（2）直接实现WebSocketHandler接口，或扩展TextWebSocketHandler/BinaryWebSocketHandler，为WebSocket会话提供自定义处理。

第3章 从Web3D到WebXR

学习目标

- 能列出并解释作为Web 3展示层和应用层的元宇宙特征。
- 能列出主要的Web3D技术，及其各自的特征和相应的开发场景。
- 能阐述WebGL的运行机制和开发流程，以及WebGL和OpenGL、OpenGL ES的关系。
- 能阐述Three.js和WebGL开发Web3D应用的异同之处。
- 能阐述Three.js支持Web3D开发的核心功能。
- 能运用Three.js和Socket.IO开发简单的多人环境。
- 能阐述WebVR和WebXR的概念，并比较它们的异同之处。
- 能阐述A-Frame框架的特征和核心功能，并能运用A-Frame开发WebXR应用。

3.1 数字化：从编码到元宇宙

科幻小说如尼尔·斯蒂芬森的《雪崩》、刘慈欣的《三体》，都包含对由数字化技术构建的虚拟世界的想象：有一天，人类可以进入一个模拟真实世界的、网络化的数字世界，在那里人们都有自己的数字化身，通过它们人们可以见面、探险、娱乐以及工作。元宇宙一词也诞生自《雪崩》。发展至今，人们的生活和工作正向由计算机构建的数字化世界迁徙，许多行业都在进行数字化转型，2021年也号称"元宇宙元年"。如后文所述，Web技术是构建这样的虚拟世界的关键技术。

数字化是指采用离散数值来表示信息的一种方式，而采用计算机技术的数字化是指将声音、图形、视频等信息转换成计算机中的二进制数。这个过程也称为编码，即信息从一种形式按照某种规则或格式转换为另一种形式的过程。而编码的逆过程称为解码。编码思维是一种重要的计算思维。《编码：隐匿在计算机软硬件背后的语言》一书围绕着编码，从软硬件的角度阐述了计算机构建和运作的核心原理。

尼古拉·尼葛洛庞帝（Nicholas Negroponte）是著名的麻省理工学院媒体实验室的创办人，他在20世纪80年代出版的《数字化生存》一书中阐述了数字革命和计算机技术在人类生活中的重要性，探讨了其发展对人类生存可能产生的影响，强调了数字技术在人类生活和进步中的作用、数字化思维的重要性以及相关的数字安全和隐私问题。尼葛洛庞帝预见了以物质为基础的现实世界（也称为"原子世界"）发展为以比特为基础的数字世界（也称为"比特世界"）的趋势。他由此也被誉为"数字之父"。

数字化发展至今，出现了XR、数字孪生、元宇宙等前沿技术。下面做简要介绍。

XR是指通过计算机将真实与虚拟相结合，构建一个支持人机交互的虚拟环境，也是VR、AR（Augmented Reality，增强现实）、MR（Mixed Reality，混合现实）等多种技术的统称。下面对这些技术做简要介绍。图3-1给出了这些技术的关系。

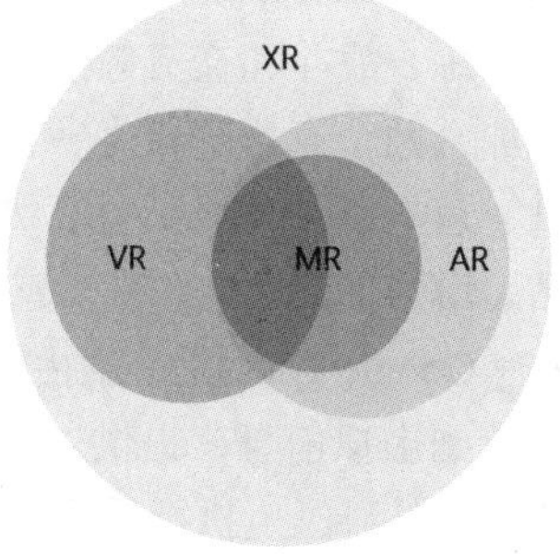

图 3-1　XR 与 VR、AR、MR 的关系

1. VR

VR于1989年由美国VPL Research公司的雅龙·拉尼尔（Jaron Lanier）提出。它是一种模拟现实环境的技术，利用计算机技术、感知技术和视听设备等通过虚拟环境模拟出一种感官上的沉浸感。主要涉及计算机图形学（Computer Graphics）、人机交互（Human-Computer Interaction）、虚拟现实建模（Virtual Reality Modeling）和全息投影技术等。虚拟现实系统，又称为虚拟环境，是指由计算机生成的实时三维空间，主要用于研究交互式实时三维图形在计算机环境模拟方面的应用。

桌面虚拟现实是指通过在桌面计算机上安装VR软件和使用特定的VR外设，用户就可以在计算机屏幕上创造的一种虚拟环境。无须佩戴VR头显设备和其他VR设备，用户就可以在桌面的虚拟世界中漫游和体验虚拟环境。桌面虚拟现实成本相对较低，方便易用，普及率高，在游戏、建筑、室内设计、科学可视化、物理仿真等领域应用广泛。

与桌面虚拟现实对应的是沉浸式虚拟现实，后者是一种高度沉浸式的虚拟环境。使用者通过佩戴VR头显设备等设备进入虚拟环境，感受到全方位、逼真的虚拟体验。沉浸式虚拟现实系统通常包括VR头显设备、触觉反馈装置、定位和追踪系统等配套VR设备。

VR头显设备是一种近眼显示设备，通过结合高清晰度的显示器与透镜等技术，呈现立体的虚拟现实视图。用户通过佩戴这种头盔式立体显示器，就可以获得沉浸式的虚拟现实体验。典型的VR头显设备包括由Oculus公司开发的Oculus Rift、三星公司开发的Samsung Gear VR、索尼公司开发的 PlayStation VR、Google开发的Daydream View等。

美国伊利诺斯大学EVL（Electronic Visualization Laboratory，电子可视化实验室）开发的CAVE（Cave Automatic Virtual Environment，自动洞穴虚拟环境）系统就是一种典型的沉浸式虚拟现实系统。CAVE系统通常采用四周幕布进行全景投影展示，用户身处其中会有沉浸式的体验。由于结合了投影和显示技术，CAVE系统可以提供高分辨率的虚拟图像，实现非常真实的显示效果。CAVE系统中通常配有跟踪和交互设备，用户可以在虚拟环境中实现各种动作（例如手势识别、物体模拟等），并且该系统支持多人同时使用。

2. AR

AR是指借助计算机图形技术和可视化技术产生现实环境中不存在的虚拟对象，并通过传感技术将虚拟对象和真实环境准确叠加，借助显示设备将虚拟对象与真实环境融为一体，呈现给使用者感官效果真实的环境。使用AR技术，周围的真实世界和虚拟世界可以相互融合。通过手机、平板电脑或AR眼镜等设备，用户可以看到与现实世界重叠的虚拟世界图像，还可以与虚拟世界进行互动。AR技术的实现需要依赖多种技术（如光学技术、计算机视觉技术、定位技术

< 85 >

现代 Web 开发与应用（微课版）

等），通过三维注册等技术使得整个系统中包含真实物体和虚拟物体。

Pokemon Go是一款由Niantic Labs开发的AR游戏，玩家可以在现实世界中捕捉虚拟精灵，进行训练、战斗和交流等活动。Ingress也是一款由Niantic Labs开发的AR游戏，在游戏中，玩家需要加入两个竞争阵营之一，并到世界各地收集"Portal Key"等钥匙，打击对方阵营，并获得能量、道具以及升级到更高级别的机会。这两款游戏通过让玩家在现实世界中收集和交互虚拟物品，增强了交互性和真实感。

Google Glass是一款由Google开发的AR智能眼镜，它通过显示屏、摄像头等允许用户在视线中看到虚拟信息，提供了全新的信息交互途径。比如可以通过视频和语音交互提供医疗应用支持，当外科医生执行手术和操作急救流程时，可将图像和数据传送到设备上，医生可以看到心电图、X光片和血压监控等信息。

3. MR

MR技术是在VR技术和AR技术的基础上发展而来的一种新兴技术，它将计算机生成的虚拟物体与现实环境中的真实物体结合在一起，提供了更加逼真、丰富和生动的交互体验。用户可以在这一全新的混合现实中交互和操作。

微软公司推出的HoloLens结合了VR和AR技术，用户佩戴HoloLens可以将虚拟的物品和现实世界实时结合起来，获取全新的沉浸式虚拟体验。HoloLens是典型的MR技术产品，类似的产品还有美国公司Magic Leap开发的MR头盔Magic Leap One。

在3种XR技术中，VR通常全部由计算机生成虚拟环境，AR是将虚拟环境叠加到现实环境上，而MR是现实环境和虚拟环境融合并且可以互动。这3种XR技术也相互联系，比如AR需要构建一个VR然后将之叠加到现实环境中。MR可以认为是AR的升级版，通常所说的AR是将数字信息叠加到现实环境上，并不将现实环境进行数字化建模到虚拟世界中；而MR则将现实和虚拟环境的边界模糊了，现实也进行了数字化建模并和虚拟环境融为一体。MR的技术难度比较大，但也被认为是下一代XR的重要形态之一。

4. 网络虚拟环境

网络虚拟环境（Networked Virtual Environment，NVE）又称为多人环境（Multi-User Environment，MUE）、分布式虚拟环境（Distributed Virtual Environment，DVE）、共享虚拟环境（Shared Virtual Environment，SVE）等，指的是一种利用VR技术创造的可以让多个用户进入并且可互动沟通的虚拟环境。它通常是利用计算机构造的现实世界的数字化模拟，地理上分布的用户可以通过网络共享该环境，并与周围的环境以及其他用户进行交互。这就是本章开头描述的早期许多文学作品中提及的数字化生存空间。在前面介绍的XR技术之上加上网络技术（尤其是互联网技术），并且解决用户间的空间同步、实时协同、消息传递和冲突检测等技术难题，才可以实现网络虚拟环境。

网络虚拟环境需要具有以下3个方面的基本功能。

（1）可视模拟真实世界。首先需要三维模拟真实世界，并支持多媒体内容。支持用户在场景中漫游，让用户沉浸式体验虚拟世界，甚至可以通过虚拟现实设备给用户立体视觉、触觉等真实感受。

（2）交互性。用户在网络虚拟环境中以化身形式出现，能通过一定的输入设备与其他用户进行交互，还可以和环境以及其他计算机控制的NPC交互。也就是要求网络虚拟环境能支持其中多个用户、实体之间通过消息实现跨网络的交互。

（3）数据共享。网络虚拟环境中的数据应该可以在一定规则下被进入的用户共享。用户看到的应该是统一的视图。每个加入虚拟环境的计算机上都有一些"实体"，即虚拟环境中的人或物，"实体"通过发送"更新消息"交换彼此的瞬时状态。

< 86 >

数字化技术尤其是XR和网络技术的结合发展至今，产生了数字孪生和元宇宙等相关前沿技术。下面分别做简要介绍。

5．数字孪生

数字孪生的概念可被认为来自1991年出版的科普图书《镜像世界》（*Mirror Worlds*），作者是耶鲁大学的计算机教授戴维·格伦恩特尔（David Gelernter）。该书中提到，从我们眼前的计算机屏幕上，你可以看到包括你所在城市的现实世界的图像，这就称为镜像世界；并且通过和这些图像的交互，你可以和现实交互。镜像世界的理念将给计算机的使用带来革命性变化，把计算机从仅仅作为手边的工具转变成"魔法水晶球"，让我们可以更生动地看待并且更深入地了解这个世界。

现在一般认为"数字孪生"一词是由NASA（美国国家航空航天局）提出的。应用计算机技术进行火箭、卫星等航天器的设计和测试过程中，为了优化已有的设计流程，NASA提出了使用"数字孪生"模型，建立物理实体在虚拟平台上的数字映射，并在其中进行实时的仿真、优化等工作，从而提高设计的安全性和效率。《数字孪生体技术白皮书（2019）》中给出的数字孪生的介绍是"数字孪生是现有或将将有的物理实体对象的数字模型，通过实测、仿真和数据分析来实时感知、诊断、预测物理实体对象的状态，通过优化和指令来调控物理实体对象的行为，通过相关数字模型间的相互学习来进化自身，同时改进利益相关方在物理实体对象生命周期内的决策"。

实现数字孪生，也就是现实世界向数字世界提供数据，数字世界返回计算分析之后的信息。在这种双向连通和数据、信息交互中，需要借助传感器将现实世界中更新的实时数据反馈到数字世界，进而实现在虚拟空间的仿真。所以物联网技术是实现数字孪生的重要技术，而增强现实或虚拟现实是数字孪生的输出方式。在智慧城市的建设中，可以先建立该工程的全数字模型，进行数字模拟和精确分析之后再启动工程，以此减少施工变更，避免安全隐患，有效控制成本，实现最优化设计和施工。比如杭州萧山区的红绿灯通过云平台的城市大脑功能进行自动调配，从而缩短救护车的通达时间。在机械设计和制造领域的DFM（Design For Manufacturing，面向制造的设计）、DFA（Design For Assembly，面向装配的设计）中，在做相应的制造和装配前，在设计的时候就进行虚拟制造和装配，采用数字孪生技术可以帮助用户进行虚拟化建模、仿真和优化设计等操作，从而大大提高产品设计、制造和装配的品质、效率。

ThingJS 由北京优锘科技开发，是一个应用广泛的物联网三维可视化开发平台。ThingJS基于HTML5和 WebGL 技术，在WebGL流行库Three.js上又做了一层封装，可以帮助用户快速地构建数字孪生应用。ThingJS 包含低代码、零代码的开发方式，提供了一系列可视化模板和组件，用户只需通过简单的拖放和配置就能够快速构建出自己的数字孪生应用。ThingJS 还提供了丰富的数据可视化组件以及传感器数据处理和可视化等功能，让用户能够更直观地了解设备的状态和性能。ThingJS采用分层级的三维场景构建，提供了基于对象的访问和操作，通过绑定事件进行交互操作；还提供了相机视角控制、粒子效果、温湿度云图、界面数据展示等各种可视化功能。

图3-2所示为ThingJS数字孪生平台架构。其中，在引擎层，ThingJS底层采用自主研发的T3D渲染引擎，可以无插件地在标准浏览器中渲染三维场景。在开发层，基于T3D引擎，程序员可以采用ThingJS开发语言进行开发。在工具层，作为低代码平台，用户可以采用CityBuilder进行3D城市编辑；采用CampusBuilder进行3D园区编辑；采用TopoBuilder进行2D拓扑编辑；采用X-Builder实现零代码应用配置，直接配置就实现应用需求；采用ThingJS-Editor场景蓝图编辑器，不使用代码也可以配置场景和相关事件；采用ThingJSUI界面编辑器，可从UI库中拖放式构建UI；采用DIX孪生数据处理器，可实现数据连接和处理的功能。在资源层，提供了ThingDepot物模型资源库、AppDepot应用插件库、UIDepot UI资源库，用户可以直接拖放使用。在生态层，

< 87 >

提供了"森有品IoT商品库""森友会产业IoT虚拟空间""森方案场景方案库"对接应用场景。以上各层的功能都集成在ThingStudio中。

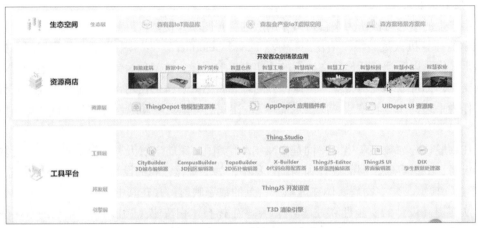

图 3-2　ThingJS 数字孪生平台架构

从其官方网站还可以进入森大陆，以网络虚拟环境的方式进入森友会，选择化身可以进入森工厂展厅、森剧场等。森工厂展示了构建数字孪生应用的各个车间，图3-3所示为选择化身和名字后进入森工厂展厅的场景。

图 3-3　进入森工厂展厅的场景

数字孪生技术也是元宇宙的重要组成部分。下面简要介绍元宇宙这个许多技术的"集大成者"。有人认为元宇宙是下一代的互联网，腾讯公司也提出了类似的"全真互联"概念。

6. 元宇宙

前文提到的《雪崩》中提出的"超元域"发展成了"元宇宙"。而更早发表于1982年的科幻小说《神经漫游者》提出了赛博空间（Cyberspace）一词，其含义同"元宇宙"基本一样。类似的想法在许多电影中也有所体现，比如《黑客帝国》通过脑机接口进入虚拟世界，《头号玩家》通过VR游戏模糊了真实世界和虚拟世界的边界。其他如《异次元骇客》《阿凡达》《源代码》等电影，《西部世界》《黑镜》等电视连续剧也都有虚拟世界相关情节设计。

一般认为，元宇宙是整合了各项计算机前沿技术产生的下一代互联网应用和社会形态，它基于XR和数字孪生实现时空拓展，基于AI和物联网技术实现数字虚拟人、自然人和机器人的人机融生性，基于区块链、Web 3、数字藏品/NFT等实现经济增值性，在社交系统、生产系统、经济系统上虚实共生，进入元宇宙的每个用户都可以进行虚拟世界中的内容生产，拥有自己的数字资产。

如前所述，网络虚拟环境等技术和应用早已经出现，元宇宙的概念和应用为何最近几年才爆发出来呢？可以认为是需要计算机前沿技术如大数据、云计算、AI、区块链等先进技术有了足够积累和发展后，由一个新型市场、业态或场景来最大化综合应用这些技术。而元宇宙正是融合了这些技术发展而来的一种全要素高级融合的互联网技术和应用形态。2021年清华大学发布的《2020—2021年元宇宙发展研究报告》提到元宇宙是通过整合多种新技术而产生的，是新型虚实相容的互联网应用和社会形态。它基于XR技术提供沉浸式体验；基于数字孪生技术生成现实世界的镜像；基于区块链技术搭建经济体系，将虚拟世界与现实世界在经济系统、社交系统、身份

< 88 >

系统上密切融合，并且允许每个用户进行内容生产和世界编辑。

目前，Roblox是公认的比较接近元宇宙概念的平台。伴随着2021年Roblox的上市，元宇宙概念大火，因此2021年又被认为是"元宇宙元年"。Roblox是一家成立于2004年的美国公司，主要从事虚拟游戏的开发和运营。Roblox既是在线游戏创作社区，也是社交游戏平台，用户可以在游戏中聊天互动，并利用Roblox提供的制作工具进行创作。Facebook公司在2014年收购Oculus VR公司后，开始布局虚拟现实和元宇宙领域，并在2019年底宣布将其母公司更名为Meta，以支持公司在VR、AR和MR领域的发展，重新定义公司的使命为构建元宇宙。国内外许多公司都在布局和发展元宇宙。但对于任何技术发展的潮起潮落，编者认为都不应该盲目跟风，而要以批判性思维进行全面考虑和认识，在确定趋势的基础上，确保每一步的科技发展都能切实促进人们生活的幸福感提升，以及国家乃至世界的发展积极而正面。不过，对重要的技术进行判断的基础是要全面认识和多方面思考相应技术。

从人、生产工具和虚拟经济系统几个方面，Roblox具备了元宇宙几个重要的基本要素。首先，在Roblox中，每一个玩家都拥有自己的社交身份，可以自由进入这个平台上由两千多万款创作者开发的游戏中，也可以将现实的社交关系引入这个无限的游戏。它还给创作者提供了游戏制作平台Roblox Stuido和云服务，允许创作者开发、发布游戏以及其他内容。此外，Roblox搭建了一套虚拟经济系统，针对玩家出售名为Robux的虚拟货币，玩家可以用Robux购买游戏创作者设计的虚拟游戏道具；针对创作者，Roblox提供了Creator Marketplace平台供创作者出售道具建模等数字资产。

RoBlox给出的元宇宙八大要素是身份、朋友、沉浸感、低延迟、多元化、随时随地、经济系统和文明。下面就这些要素做简要介绍和讨论。

（1）身份（Identity）。用户应该能够在虚拟世界中拥有自己的虚拟身份，并且元宇宙应该有严格的用户管理制度，保障用户账号和虚拟财产的安全。同时，用户即使采用的是虚拟身份，也要为自己在元宇宙中的行为承担相应的责任。

用户可以在元宇宙构建的虚拟世界中拥有一个化身，并可以进行个性化定制，使之代表自己的形象，体现个性。"化身"这一概念出现在1986年发布的第一款图形化多用户虚拟空间游戏《栖息地》中，而该游戏是受到科幻小说《神经漫游者》启发而开发的。著名电影《阿凡达》的片名也是"化身"一词的英文单词Avatar的音译。

（2）朋友（Friends）。社交是用户的核心需求之一。元宇宙中应该有一个稳定的社交网络，让用户能够与他人进行交流和互动，并能构建稳定的朋友关系。VRChat就是一款搭建虚拟场景、虚拟形象来满足用户社交需求的产品。玩家可以通过VRChat提供的软件开发工具包创造自己专属的角色模型。玩家还可以创建"房间"并通过虚拟角色彼此交流、玩夺旗游戏等。

（3）沉浸感（Immersive Experiences）。元宇宙应该提供高度沉浸式体验，用户能够真正将自己融入虚拟的世界中。这里的沉浸感首先是采用XR技术实现感官沉浸，包括视觉、听觉、触觉等方面，让用户产生和现实类似的身临其境的感觉。这里还有许多技术需要突破。比如模拟气味的虚拟现实设备嗅觉发生器，可以在虚拟现实环境中生成各种不同的气味。但是由于存在难以创建高保真度气味、硬件要求高、用户个体化差异较大等因素，从而难以设计一个满足所有人需求的嗅觉虚拟现实设备。沉浸感的另外一层含义是用户可以在元宇宙中进行生活和工作相关的许多活动，包括在元宇宙中直接谋职工作，得到精神和物质的双重满足。

（4）低延迟（Low Latency）。元宇宙中的设备和网络应该支持低延迟的互动，让用户在虚拟环境中能够获得更快速的响应。前沿网络技术如5G/6G是实现低延迟的关键。

（5）多元化（Diversity）。元宇宙应该将工作、娱乐、社交等大量模拟现实世界的场景包

< 89 >

含进来，囊括一切真实世界里的"人、事、物"。更加多元的经济形态和社会生活如电商、心理咨询、健身等都可以纳入元宇宙生态。元宇宙构建的虚拟世界是对现实的映射，也称为R2V（Reality to Virtual，从现实到虚拟）。元宇宙也需要支持多元化的文化和语言，让用户能够得到自己需要的服务和内容，并且能创作出UGC（User Generated Content，用户生成内容）。2002年左右，《魔兽争霸Ⅲ》开放了地图编辑器，支持用户设计地图与关卡玩法，更改游戏角色的技能，开启了UGC游戏平台的概念。DOTA这款著名的游戏就诞生自《魔兽争霸Ⅲ》的地图编辑器。而以《我的世界》为代表的沙盒游戏，给了用户更多创作的自由度，这也是该游戏即使采用画面并不精美的像素方块，但是仍能吸引众多玩家、成为全球最畅销的游戏之一的重要原因。所以，提供给用户低门槛的创作工具以支持用户创建UGC，是元宇宙能保持多元化、具有用户黏性的一个重要因素。

（6）随时随地（Anywhere, Anytime）。元宇宙中的服务和内容应该能够随时随地地访问，用户能够在计算机、手机、平板电脑等不同设备上访问元宇宙。元宇宙中各种网络协议和数据格式是兼容的，且不同平台和系统之间能够互通。人们随时随地能进入元宇宙还意味着这是一个"无限存续"的世界，不会因为某个平台关闭而消亡。用詹姆斯·卡斯（James Carse）撰写的《有限与无限的游戏》一书中探讨的生命的两种不同方式（即有限游戏和无限游戏）来说，元宇宙是一种没有明确结束点的游戏。

（7）经济系统（Economy）。元宇宙中应该有一个稳定的虚拟经济系统，用户能够创造资产，并通过虚拟资产进行虚拟交易、购买虚拟商品和服务、赚取虚拟货币等，形成经济闭环。用户在元宇宙中花费的时间和精力也是一种劳动的付出，应该得到价值的体现。人们在元宇宙中的活动能替代现实生活中的谋生，这也是元宇宙能促使用户在其中进行有意义的活动而不会无所事事的关键。Roblox中提供了Robux虚拟货币，而另外一款著名的虚拟世界软件《第二人生》也提供了可以兑换现实货币的虚拟货币——林登币。但应如何治理虚拟经济和虚拟货币而使之不扰乱真实世界的经济，是一个需要深入思考的复杂问题。区块链技术以及基于之上的智能合约等在构建元宇宙方面起到关键作用，比如PoW就是一种试图针对用户的付出体现公平性的激励模式。

（8）文明（Civilization）。元宇宙中应该有一个积极进步的文明，也要有社会的治理，建立法规和规章制度，以确保用户在虚拟世界中的安全与合法权益，同时承担社会责任，引导人类文明的发展。前面提及的《第二人生》曾经在21世纪初广泛用于建立虚拟校园、商场、繁华城市、社交空间等。2007年是它的巅峰，有500万名注册用户。哈佛大学在其中有虚拟校园，IBM在其中有虚拟培训中心，瑞典外交部也在其中设置有虚拟外交部。联合国也曾经在《第二人生》中创建了一个虚拟岛屿，用于教育公众和增强公众意识，尤其是关于气候变化和社会责任等方面的问题。但是后来这款很接近元宇宙概念的平台还是没落了，一个重要的原因是出现了很多不符合道德要求和法律的现象：对未成年人不健康的内容、洗钱以及侵犯版权等。作为科技伦理之一的数字伦理在构建元宇宙的过程中极其重要。出现这种现象的一个重要原因，一方面可能是没有很好地设定文明规则；另外一方面可能是没有设计人们日常就需要进行的有意义和多元化的活动，让人们能在其中持续创造生命价值。

元宇宙中文明的保证还包括虚拟世界中世界状态的保存，让文明可以延续下去。这需要有云存储这样具有极大存储空间和集中统一存储能力的技术来保证。

元宇宙和Web技术密切相关，而且很可能会基于Web的理念并采用Web技术发展，因为Web不采用某家公司的专利技术，不会因为某个公司关闭其软件平台而消失；Web使用标准化的开发技术，从而可以很方便地实现跨平台和互操作，人们可以在多个平台上随时随地接入虚拟世界；Web领域拥有大量包括Google、Mozilla在内的大型公司和组织，以及Web开发人员，从而大量用

< 90 >

户可以很方便地采用标准技术开发和创建其中的内容；Web本身就拥有跨互联网的通信协议和基础设施，基于HTTP的REST协议已经成为服务计算中的标准服务通信协议，广泛应用于云计算、物联网等领域，可以成为元宇宙需要的网络基础设施。

2006年初，杰弗里·泽德曼（Jeffrey Zeldman）提出Web 3.0的概念，引导互联网向3D技术、语义网、虚拟世界等方向发展。Web 3.0的定义和技术架构很符合元宇宙的构想，可以说元宇宙是当时提出的Web 3.0的一种发展和实现。Web的发明者伯纳斯–李同样于2006年提出的Web 3.0概念中强调"可读+可写+可拥有"，也就是用户是核心，让用户能够访问和存储自己的数据是关键，而不应该由少数大型科技平台占有用户数据，并以控制数据最多作为竞争的关键。

这里还有一个容易混淆的概念——Web 3。与Web 3.0不同的是，Web 3强调依赖区块链技术，基于区块链技术和去中心化的协议构建互联网。近些年比较流行的创作者经济、DAO等相关概念，被认为是Web 3的重要组成部分。

无论元宇宙相关技术将如何发展，最终形成的标准如何，Web所具有的特点和其中蕴含的思想值得我们学习和思考。

3.2 Web3D概述

Web3D综合使用了Web技术和三维图形技术，目标是在Web上构建具有交互性的三维场景。它涉及计算机图形学、数字媒体艺术、计算机软硬件系统等多个领域的知识。Web3D技术的演进经历了多个阶段，以下就一些主要的Web3D技术进行介绍。

3.2.1   VRML和X3D

典型的Web3D技术是基于VRML（Virtual Reality Modeling Language，虚拟现实建模语言）的。VRML在1994年春第一届国际互联网络年会上被提出，它是一种遵循SGML（Standard Generalized Markup Language，标准通用标记语言）标准的标记语言，主要用于声明式创建三维图形。1996年8月，VRML 2.0发布，对之前的1.0版本进行了大力改进，尤其是加入了许多交互性功能。VRML国际标准草案文本于1997年4月被提交，这一VRML标准草案就是ISO/IEC14772:1997，也称VRML97。

VRML是一种简单的、基于文本的描述性三维建模语言，VRML文件是以.wrl为扩展名的文本文件。VRML的访问方式通常是基于B/S模式的。其中Web服务器提供VRML文件及支持资源（图像、视频、音频等），用户通过网络下载这些文件，并通过浏览器插件在网页中交互式地访问该文件描述的虚拟环境。VRML的浏览器插件有由COSMO Software开发的Cosmo Player插件、由ParallelGraphics开发的Cortona VRML Client插件、由Blaxxun Interactive开发的blaxxun Contact插件等。

VRML采用分层的节点组织场景，节点中的属性域和对应的值描述相应节点。在VRML 2.0规范中共定义了54种类型的节点来描述三维场景中的各种对象。下面简要介绍采用VRML构建虚拟世界的几个主要功能。

1. 描述三维场景的物体、光、材料、环境特性和真实感效果

以下给出一个简单的在blaxxun Contact中打开的VRML例子，图3-4所示的圆柱高为3.0、半

< 91 >

径为1.0、透明度为0.5。采用Background和其中的域skyColor定义了一个背景节点，表示场景背景色。这里我们将背景颜色设置为白色。

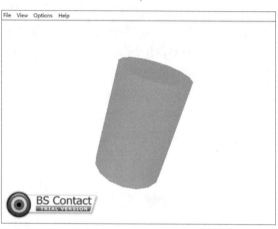

```
#VRML V2.0 utf8
# 显示一个圆柱
Shape {
    appearance Appearance {
        material Material {
            diffuseColor   1   0   0
            transparency  0.5
        }
    }
    geometry Cylinder{
        height 3.0
        radius 1.0
    }
}
Background{
    skyColor 1 1 1
}
```

图3-4　VRML 代码示例和对应的效果

图3-4所示例子中Shape为形状节点，该形状节点可以包含几何节点和可视属性节点作为其域值。几何节点又可以细分为几何造型节点和几何属性节点。几何造型节点描述场景中物体的几何造型，包括Box（长方体）、Sphere（球体）、Text（文本）、IndexFaceSet（索引面集）等；几何属性节点描述的是几何特征，包括Coordinate（坐标）、Normal（法矢）、TextureCoordinate（纹理坐标）等。例子中的Cylinder即几何造型节点，其中包含的域height和radius及相应的值描述了相应节点。可视属性节点描述了诸如材质、纹理等特征，只有和相应的可视属性联系在一起，几何造型才是可视的。例子中的Appearance为可视属性节点，其中包含Material域，而Material域又包含diffuseColor（漫散射颜色）和transparency（透明度）域来描述该材质。

VRML采用Light节点描述光照信息。Light节点可以设置各种光源类型、颜色、位置、方向等属性，用于实现不同的光照效果。常用的VRML光源节点包括创建点光源的PointLight节点、创建定向光源的DirectionalLight节点、创建聚光灯光源的SpotLight节点等。

VRML可以描述环境效果，比如通过Appearance节点中的Fog节点实现雾的效果。在背景音乐方面，VRML提供了Sound节点，可以在VRML场景中添加不同类型的声音文件（例如.wav或.mid文件），并可以设置音量大小、循环次数、播放延迟等参数。

VRML还可以通过多媒体集成来实现更为丰富的场景效果，支持空间立体声、视频贴图等。空间立体声是通过PositionalSound节点实现的，该节点将声音与三维空间中的特定点相关联，使声音根据用户的视角和位置来播放，并根据用户距离声源的远近调整声音的大小和平衡。视频贴图是通过Texture节点绑定视频文件到3D模型表面实现的，从而可以直接在模型表面播放视频。可以使用不同类型的视频文件（包括.mp4和.avi文件等），并可以通过控制参数控制视频的大小、播放速度和循环次数等。

2．虚拟场景中的关键三维交互和动画制作功能

虚拟场景中的关键三维交互和动画制作功能是通过定义多种检测器节点类型来实现的。其中

< 92 >

几种可以检测环境变化（包括时间推移），称为环境检测器；另外几种可以检测用户操纵指点设备（如鼠标的动作），称为指点设备检测器。它们能够检测用户和虚拟环境中几何造型交互动作（如按动开关）、用户在虚拟环境中的行为以及时间推移等。

　　检测器提供的这些信息通过由VRML定义的整个事件体系产生视觉或听觉效果，给用户带来和环境互动的交互式体验。比如，TouchSensor检测用户是否单击了某个物体；ProximitySensor检测用户是否靠近了某个物体；KeySensor检测用户是否按下了键盘上的某个键；TimeSensor以指定的时间间隔触发事件；等等。这些节点可以与其他节点组合使用，从而实现各种交互式VRML场景。例如，使用TouchSensor可以实现用户单击某个按钮后，虚拟世界中呈现不同的场景效果。

　　动画可以视为一些属性值随着时间的变化发生变化的过程。VRML结合TimeSensor和各类插值器节点，可以实现各种动画效果。插值器节点用于通过线性插值或其他插值算法，控制场景对象的一些基本属性（比如位置、方向、颜色或材质等）。其基本功能就是在一组离散的数值数据（键值对）的基础上，通过插值算法计算任意时间点的数值，以达到动态控制属性值从而实现动画的目的。

　　VRML支持的插值器节点包括以下几种。

- ColorInterpolator：用于控制颜色的插值器节点。
- CoordinateInterpolator：用于控制坐标值的插值器节点。
- NormalInterpolator：用于控制法线的插值器节点。
- OrientationInterpolator：用于控制方向的插值器节点。
- PositionInterpolator：用于控制位置的插值器节点。
- ScalarInterpolator：用于控制标量值（浮点数、整数等）的插值器节点。

　　上述插值器节点的用法较为相似，通常在节点中定义一个控制诸如位置、颜色等属性的key（键）和 keyValue（键值）。通过设置key和keyValue进行插值运算，以实现对象属性随着时间变化而平滑动态变换的效果。例如，PositionInterpolator会在一列坐标点key上插值计算任意时间点的坐标，再通过ROUTE指令将动画控制器和变换器节点连接起来，制作出动画场景。

　　下面是一个简单的动画效果示例，采用TouchSensor的单击检测以及TimeSensor和PositionInterpolator实现。打开相应的VRML文件，会显示一个位于屏幕中央的圆柱体，单击该圆柱体后，其会往右移动到x坐标为2的位置，然后往左移动到x坐标为-2的位置。

```
#VRML V2.0 utf8
DEF T Transform{
    translation 0 0 0
    children [
        Shape{
        geometry Cylinder {
            radius 0.5
            height 2.0
        }
        appearance Appearance{material Material{diffuseColor 1 0 0}}
    }
    DEF  Tou  TouchSensor{}
    ]
}
Background{skyColor 1 1 1}

DEF TS TimeSensor {
```

< 93 >

```
    cycleInterval 10
}
DEF PI PositionInterpolator {
    key [0 0.5 1]
    keyValue [0 0 0 , 2 0 0, -2 0 0]
}

ROUTE   Tou.touchTime   TO  TS.startTime
ROUTE   TS.fraction_changed TO PI.set_fraction
ROUTE   PI.value_changed TO T.translationn
```

在该示例中，首先定义了一个Transform节点，表示对象的变换。并使用了"DEF"命令标识节点"T"，以便在后续的代码中引用它。其中包装了一个红色的圆柱体对象。在同一个Transform节点下面，和圆柱体对象并列定义了一个标识为"Tou"的TouchSensor，代表对该检测器和圆柱体进行了绑定。单击圆柱体后会触发该检测器记录单击时间。

然后定义了一个TimeSensor，用于控制动画的播放。此处使用"DEF"命令将该节点标识为"TS"，以便在后续代码中引用它。

接着定义了一个PositionInterpolator，用于在时间轴上插值计算对应的坐标变化。此处使用了关键帧的方式进行插值，key表示时刻，keyValue 表示当时刻变化时对象的位置发生了怎样的变化（比如[-2 0 0]表示对象在 x 轴上的位置为-2，y 轴方向和 z 轴方向不发生变化）。此处使用"DEF"命令将该节点标识为"PI"，以便在后续代码中引用它。

通过"ROUTE"命令将TouchSensor节点、TimeSensor节点和PositionInterpolator节点进行了连接。具体来说，单击圆柱体会触发TouchSensor 节点的单击时间，然后传递给TimeSensor节点从而开始计时；而随着时间的流逝，计时器的TS.fraction_changed将时间变化传递给PI.set_fraction节点，PI.value_changed将插值的对象位置变化传递给"T"节点，从而产生动画效果。

3．提供外部编程接口

VRML还提供了EAI（External Authoring Interface，外部编程接口），支持Java。EAI连接了Web浏览器中运行Applet的Java虚拟机和用于显示VRML内容的浏览器插件。嵌入在浏览器中的Java Applet可以捕捉同一个页面中VRML场景的变化，并可以动态对VRML场景进行加载、修改和删除。虽然VRML有很好的分布特性，但它本身并没有提供网络间通信的标准，它本身提供的编程脚本语言VRMLScript相对简单。通过和Java的结合，可以实现基于VRML和Java的联网多人虚拟世界。

具体而言，VRML文件可以通过HTML文件的标记<EMBED>或者<OBJECT>等包含在HTML文件中，而Java Applet可以通过HTML文件的标记<CODE>包含在同一个HTML文件中。这样包含在同一个HTML文件中的Java Applet可以通过EAI来访问VRML虚拟场景，如图3-5所示。EAI是一个与具体VRML插件相关的Java包，由3部分组成：Vrml.external、Vrml.external.field、Vrml.external.exception。EAI允许一个Java Applet以如下3种方式访问VRML场景。

- 发送一个事件到VRML场景中节点的事件入口。
- 接收VRML场景中节点的事件出口发出的最新值。

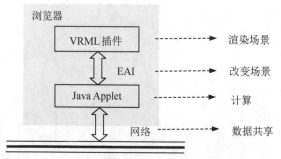

图3-5 EAI 连接 Java Applet 和 VRML 插件

< 94 >

- 当VRML场景中节点的事件入口发生一个事件时能得到一个通知，激活回调方法。

下面以一个采用VRML以及Java开发的、基于B/S架构的多人环境为例做介绍，如图3-6所示。用户可以在浏览器中选择化身进入一个多人环境。浏览器的上部显示了一个采用Cortona VRML Client插件构建的VRML场景，其中有一个NPC。浏览器下部是Java Applet界面，用户可以在这里聊天，也可以和NPC聊天；中间还显示了当前在线用户的名字。

图 3-6　采用 VRML 以及 Java 开发的、基于 B/S 架构的多人环境

系统的基本框架如图3-7所示。

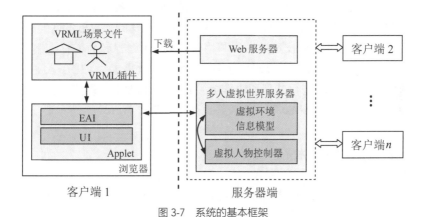

图 3-7　系统的基本框架

浏览器客户端连接到Web服务器，从Web服务器上下载VRML文件以及Java Applet。浏览器中的VRML插件解释VRML文件并显示三维场景；Applet主要用于构建UI，并采用Socket实现客户端和浏览器端之间的网络通信；Applet还包括用于控制VRML场景的EAI代码。

多人虚拟世界服务器是一个独立的Java应用程序，是连接多个客户端的中心，用于传递客户端变化、维护虚拟环境的全局一致性。它除去包含实现分布式虚拟环境基本特征部分的服务（比如数据分发功能、登录管理功能）外，还包含虚拟世界的信息管理服务器，用于记录一些语义信息、定义整个虚拟环境中面向应用的事件，以及根据应用逻辑定义执行规则。每个加入该多人环境中的客户端有着该虚拟世界的完整副本，而包含语义信息的数据库由多人环境服务器统一维

< 95 >

护。这样，在网络上传输的只是客户端的更新信息，客户端在本地根据这些更新信息进行处理。

图3-7所示在多人环境服务器中还设计了一个虚拟人物控制器，由它来决定虚拟场景中自主的智能虚拟人需要采取的行为，而浏览器端虚拟场景中的VRML文件用于描述虚拟人形象以及动画。

4. VRML其他重要节点

VRML可以使用原型节点（PROTO），利用已有节点面向对象地定义新的节点；使用脚本节点（Script）定义复杂的执行逻辑，支持VrmlScript以及Java等语言；VRML支持多个分布式文件的多种对象和机制，包括内联式嵌入其他VRML文件，通过Anchor节点可以创建基于三维实体的超链接指向其他文件。

基于VRML和Java的开源框架有Vnet、DeepMatrix等。而1996年基于VRML构建的CyberTown是一款赛博朋克风格的城市建造模拟游戏，被誉为古典元宇宙的一个重要里程碑。图3-8是采用VRML构建的基于Web的多人环境CyberTown的首页截图。

VRML是一门优秀的用于Web虚拟现实建模的语言，采用简单的声明式语法，能创建丰富完整的Web三维场景，给后续其他

图 3-8　采用 VRML 构建的基于 Web 的多人环境 CyberTown

Web3D技术的发展打下了很好的基础。但是因为需要浏览器插件的支持，加上并没有采用标准的数据格式，最终被X3D（Extensible 3D）所替代，但是X3D的许多概念和场景的组织方式和VRML基本是一样的。

X3D全称为"可扩展三维图形标准"，是新一代的VRML标准，采用XML重新定义了VRML的各个组件。X3D是由Web3D联盟（Web3D Consortium）开发的。Web3D联盟是一个非营利性行业组织，致力于推动三维图形技术的发展和用于Web应用编程界面的标准制定。X3D继承了VRML的特性，但是为了满足日益增长的互操作性和可扩展性需求，X3D引入了一系列新特性和改进（比如支持在大型团队中进行共享和协作），目前在VR和AR等领域广泛应用。一些三维建模软件，如Blender、Maya和3ds Max等，能较好地兼容X3D技术。

3.2.2　其他Web3D技术

除开Web3D联盟支持的VRML和X3D等Web3D标准，还有许多属于某个公司专利产品或者开源的Web3D技术，下面做简要介绍。

1. Java相关Web3D技术

Java自诞生之日起，就与网络和Web技术密切相关。Java最开始的开发设想是实现一门在消费类嵌入式电子设备中运行的语言，而最终Web浏览器成了Java Applet嵌入运行的地方。随着Web的发展，具有跨平台特性的Java流行起来，成为互联网时代的代表性程序设计语言。不过，随着HTML5标准的推出，需要插件和不是W3C标准的Java退出了Web前端舞台，目前Java更多是作为Web后端的开发语言和平台。

前面介绍过的著名沙盒游戏《我的世界》就是使用Java开发的，该游戏由瑞典游戏设计师马库斯·佩尔松（Markus Persson）于2009年开发。2010年，他成立了游戏公司Mojang，并正式发布了《我的世界》，使之成为现象级的虚拟世界平台。这也显示了Java的三维虚拟世界开发能力。

< 96 >

Java有两种方式实现三维图形编程。其中一种方式是Java应用程序调用OpenGL API，从而实现加速三维图形的渲染，主要用于开发有高性能要求的3D应用程序，并且允许直接访问GPU。采用这种方式的Java库有 GL4Java、LWJGL、JOGL等。另外一种方式是采用Java场景树，使用Java代码处理三维图形和动画，而不是使用GPU。Java的Scene Graph API（如JavaFX和Java 3D）提供了不同层次的封装，允许开发人员创建复杂的三维场景和动画。这种方式的优点在于快速开发和更高的可移植性，但可能会受到三维图形渲染性能的限制。

JavaFX采用3D API来实现三维场景构建。JavaFX 3D API提供了一组Java类和接口，实现了矢量图形、光照和材质，以及3D物体的空间变换、裁剪和绘制等交互式三维场景。可以用于在JavaFX应用程序中创建各种复杂的三维场景和效果。

Java 3D是一种基于Java的三维图形API，用于创建和渲染三维图形场景。Java 3D从较高层次为开发者提供对三维实体的创建、操纵和着色，提供了完整的三维交互式图形功能。其数据结构采用的是树结构，如图3-9所示。

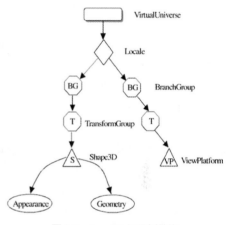

图 3-9　Java 3D 场景树结构

最顶层节点是唯一的节点VirtualUniverse（虚拟空间）。在VirtualUniverse节点下面是Locale（场所）节点，某一时刻只有一个Locale节点处于显示状态。接下来有一个到多个BranchGroup（分支）节点，在它下面建立一个基准坐标系TransformGroup（转换节点），就可以相对这个坐标系放置Shape3D（三维形体），还需要给出该形体的Appearance（外观）和Geometry（几何信息）等。坐标系可以嵌套。最后用另一个TransformGroup节点下的ViewPlatform（观察平台）节点指定人的观察位置。另外，在BranchGroup节点下还可以指定背景、灯光、雾效、声音、鼠标事件等属性节点。

要构建一个三维场景，Java 3D应用程序必须首先创建一个VirtualUniverse对象；并且至少把一个Locale对象附加上去。然后构建场景，它由一个BranchGroup结点开始并且包括至少一个ViewPlatform对象，而场景图就附加于这个对象。当一个包含场景图的ViewPlatform对象被附加于一个VirtualUniverse对象，Java 3D的渲染循环就开始工作。这样，场景图就会和它的ViewPlatform对象一起被绘制在画布上。

同样属于场景图API的还有jMonkeyEngine。这是一个高性能的三维图形API，和Java 3D具有类似的场景结构，有一套很好的优化机制，这使得它的运行速度要比Java 3D更快。其主要由渲染系统、材质系统、图形UI系统、贴图和图片解码器、文件解码器、Scene插件、粒子系统、日志、物理系统、光照系统等构成。

JOGRE是一个以Java作为平台的开源在线游戏开发API，提供基于Java的多用户在线游戏平台，支持三维交互式场景的构建。

Wonderland是一个基于Java的开源虚拟世界和3D应用程序平台，提供了基于Web的用户接口和管理控制台，使得用户可以轻松创建和管理虚拟世界的场景和用户，也方便实现多人协作和远程交互，可以在各种应用程序（如在线教育、虚拟会议、设计协作等）中使用。图3-10所示为Wonderland项目曾经的主页截图，但目前该项目已经停止维护。

< 97 >

Project Wonderland: Toolkit for Building 3D Virtual Worlds

Experimental Technology sponsored by this community and Sun Microsystems Laboratories

Project Wonderland is a toolkit for creating collaborative 3D virtual worlds. Within those worlds, users can communicate with high-fidelity, immersive audio, and can share live applications such as web browsers, OpenOffice documents, and games.

Download Binary Download Source

图 3-10　基于 Java 的开源虚拟世界项目 Wonderland

2. 其他Web3D技术

Flash Stage3D是Adobe Flash平台的一个三维渲染API，它基于OpenGL ES 2.0标准，并使用GPU硬件加速来提供高性能的三维渲染能力。它于2010年被引入Adobe Flash Player 11。它支持各种3D渲染效果（如纹理映射、照明、阴影、反射、抗锯齿等），并且提供了易于使用的API，支持ActionSript和JavaScript编程语言。基于Flash平台的流行3D引擎包括开源3D引擎Away3D、商业3D引擎Flare3D、完整的3D游戏开发引擎Alternativa3D等。由于Flash技术逐渐被主流浏览器所弃用，因此Flash Stage3D以及相关的框架也没有那么流行了。

QuickTime VR（QTVR）是一种由苹果公司开发的交互式全景图像技术，于1995年发布，提供了一种全新的浏览方式，使得观看者能身临其境般查看全景图像，支持用户通过鼠标或触屏来控制场景中的视角和移动方向，以实现沉浸式浏览体验。用户可以使用QuickTime VR Authoring Studio基于拍摄的一系列水平和垂直的图像创建完整的全景图。但在当前互联网开发的环境下，这种技术已经无法满足虚拟现实和全景技术的高需求，因此已经很少使用。QTVR也不再被苹果公司更新和维护。

Google O3D是一种基于Web的3D技术，旨在提供一个开放、跨平台的3D渲染API。它可以使用JavaScript编写，支持各种3D渲染和动画效果，同时可以实现多种用户交互功能。

ViewPoint是一种基于Web的3D技术，它由Viewpoint公司开发，使用了MIME（Multipurpose Internet Mail Extensions，多用途互联网邮件扩展）类型来支持3D图像和动画。该技术提供3D渲染、动画和模型分析等高级功能，可在多个平台和浏览器上使用。

Virtools是一种基于Web的3D技术，由Dassault Systemes公司开发，它是一种虚拟现实平台，可以实现游戏、3D模型和虚拟现实应用程序的开发。

Cult3D是一种基于Web的3D技术，由Cycore公司开发。它属于基于插件的3D技术，可实现高质量的渲染、动画和交互性，并提供从简单的静态图像到复杂的虚拟现实应用的全面解决方案。

ShockWave3D是Macromedia公司开发的一种Web3D技术，它使用了渲染引擎和插件来实现高质量、高速度的3D动画和游戏。ShockWave3D的优势在于其轻量、易于使用和高度交互性，可用于开发企业级应用程序和游戏。

Unity3D是一种流行的跨平台游戏引擎，可以用于在计算机、移动设备和Web上开发3D应用程序。它主要采用C#语言开发，支持各种3D渲染和动画效果，以及多种用户交互功能。Unity3D还提供了更加全面的游戏开发工具和资源，可帮助开发人员更高效地创建互联网上的3D游戏和应用程序。

Flash Stage3D、QuickTime VR、ShockWave3D、ViewPoint、Cult3D、Virtools、Google O3D等技术均属于相关公司开发的具有专利性的技术，由于没有采用Web标准并且大多需要安装浏览器插件，目前已经很少应用。

< 98 >

目前主流技术是作为HTML5标准组成部分的WebGL以及相关的JavaScript框架。目前比较流行的Web3D框架有Three.js、Babylon.js、A-Frame等。Three.js和Babylon.js是两个流行的WebGL框架，它们提供了易于使用的API和工具，使得开发人员可以在浏览器中轻松地创建高品质的3D渲染效果。A-Frame是一种基于WebVR的3D框架，它提供了易于使用的API和WebVR支持，可以使开发人员快速地创建各种虚拟现实应用程序。Unity3D作为跨平台游戏引擎，在Web3D领域也有较广泛的应用。

3.3 WebGL概述

WebGL（Web Graphics Library，Web图形库）是一种Web标准技术，属于HTML5 API的重要组成部分，用于在Web浏览器上实现高性能的三维图形，是WebXR的关键技术。WebGL 基于 OpenGL，让用户可以使用JavaScript来实现无插件的Web3D开发。WebGL使用 HTML5 中的<canvas>标签绘制图形，并随着HTML5页面发布到Web上。由于Web的跨平台特性，WebGL程序也可以很方便地在计算机、智能手机和平板电脑上使用。实际上，也可以将WebGL技术看作使Web应用的效果与客户端程序媲美的技术，它使得在现代浏览器中不装任何插件就可以显示具有互动性、真实效果感的2D尤其是3D内容，而Web本身具有的标准化、分布性使得构建一个跨互联网、多人环境的虚拟世界更加方便可行。

OpenGL（Open Graphics Library，开放图形库）是用于渲染2D、3D矢量图形的跨语言、跨平台的应用程序编程接口，广泛应用于计算机辅助设计CAD（Computer Aided Design）、游戏开发等计算机图形领域。OpenGL是在个人计算机上使用最广泛的两项三维图形渲染技术之一，另外一项是Direct3D（微软DirectX技术的组成部分，主要用于在Windows平台上开发三维图形）。而OpenGL则可以运行在Linux、macOS、Windows等多种平台上，并且是开源的，这使得它得到非常广泛的应用。OpenGL ES（OpenGL for Embedded Systems）是OpenGL的嵌入式系统版本，主要用于移动设备和嵌入式系统。WebGL是OpenGL ES和Web标准技术的结合，它继承了OpenGL ES的高性能和可移植性，并增加了一些Web特有的功能来满足Web开发者的需求。目前WebGL和OpenGL 都由一个非营利的行业协会Khronos设计和维护，该协会专注于制定和推广一些开放标准。Google、Mozilla、Opera等浏览器厂商都是其中的成员，为WebGL标准的制定和推广做出了各自的贡献。

WebGL 1于2011年由Khronos的WebGL工作小组制定并发布，目前WebGL的最新版是WebGL 2。WebGL 1基于OpenGL ES2.0，WebGL 2基于OpenGL ES3.0。WebGL 2比WebGL 1支持更多的先进渲染特性，如更多的着色器阶段、实例化渲染、基于浮点数的纹理和绘图缓冲区，以及更好的多采样抗锯齿等。此外，WebGL 2还增强了着色器语言和调试工具，使得开发人员能够更加轻松地进行高性能Web 三维图形渲染的开发和调试。OpenGL和WebGL的关系以及演化如图3-11所示。

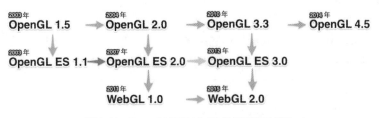

图 3-11　OpenGL 和 WebGL 的关系以及演化

< 99 >

WebGL可以通过采用JavaScript以及OpenGL ES使得CPU和GPU协同工作，在浏览器中实现高性能的三维图形渲染。其中，CPU处理WebGL应用程序（如UI事件、网络通信等）的逻辑代码，以及一些计算任务（如矩阵运算、碰撞检测和物理模拟等）。而GPU执行顶点转换、光照和纹理映射等任务。

WebGL程序运行时，浏览器的JavaScript引擎解释执行JavaScript代码，其中若涉及着色器程序，则将WebGL指令发送给GPU进行计算和渲染。GPU是专门用于执行图形计算的硬件，可以高性能地进行三维图形的渲染，其中有专门用于处理几何计算的硬件模块，可以将三角形的顶点转换为GPU内部的几何对象，然后进行光照和纹理处理等。WebGL程序执行过程如图3-12所示。

着色器程序是WebGL的核心特性之一，它决定了WebGL的渲染方式和图形绘制效果，使用了一种类似于C语言的OpenGL着色器语言（GLSL）实现。GLSL代码可以采用字符串的形式内嵌在JavaScript中。着色器程序运行在GPU中，用于转换几何形状的顶点并计算光照效果和纹理贴图等，主要包括顶点着色器、片元着色器等。

图 3-12　WebGL 程序执行过程

在顶点着色器中，可以对每个顶点的属性（包括位置和颜色等）进行处理。顶点着色器接收从JavaScript代码传过来的顶点坐标，并将其转换为屏幕上的位置。着色器程序也大量应用于用户自定义的后期渲染中，实现各种后期特效。这时往往需要对图形的颜色等进行处理，而坐标不变。比如以下顶点着色器示例程序接收一个输入的顶点位置参数a_Position，然后将其直接输出到gl_Position变量中。gl_Position是WebGL的内置变量，表示顶点在屏幕上的位置。

```
attribute vec4 a_Position;

void main() {
    gl_Position = a_Position;
}
```

片元着色器则用于计算最终的颜色，并将其输出到屏幕。它接收输入的顶点颜色、纹理颜色等参数，再计算得出最终颜色值将其渲染到颜色缓冲区，最后显示到浏览器上，从而绘制出图形。片元是一个WebGL术语，可以理解为像素。以下片元着色器代码接收一个输入的纹理坐标参数v_TextureCoord，根据这个参数从纹理底层采样颜色，并输出采样到的颜色值到gl_FragColor变量中。该变量也是WebGL的内置变量，它表示片元在屏幕上的颜色值。

```
precision mediump float;
varying vec2 v_TextureCoord;
uniform sampler2D u_Sampler;
```

< 100 >

```
void main() {
    gl_FragColor = texture2D(u_Sampler, v_TextureCoord);
}
```

通过编写和组合不同的着色器程序，可以实现各种不同的三维图形渲染效果，比如阴影和镜面反射效果等。

下面给出一个完整的简单WebGL程序示例。该程序获得canvas的dom对象，进而获得WebGL的上下文gl，通过该gl指定一个用于清空canvas的颜色并执行清空。注意该颜色值的表示方法和OpenGL ES中一样，颜色值区间为0到1而不是0到255。最终页面将显示一个青绿色的矩形区域。

```
<!-- webGLSample1.html -->
<!doctype html>
<html>
<head>
    <meta charset="UTF-8">
    <title>WebGL简单示例</title>
</head>
<body onload="main()">
<canvas id="canvas" height="200" width="300">
    你的浏览器不支持WebGL！
</canvas>
</body>

<script>
    function main() {
        //首先获得canvas的dom对象
        var canvas = document.getElementById("canvas");
        //获得WebGL的上下文
        var gl = canvas.getContext("webgl");

        //若浏览器不支持WebGL将输出一个错误，并结束运行
        if(!gl){
            console.log("该浏览器不支持WebGL");
            return;
        }

        //指定一个用于清空canvas的颜色
        gl.clearColor(0.5,1.0,0.7,1.0);
        //执行清空
        gl.clear(gl.COLOR_BUFFER_BIT);
    }
</script>
```

图 3-13　使用了顶点着色器和片元着色器的完整 WebGL 2 程序的运行效果

下面给出一个使用了顶点着色器和片元着色器的完整WebGL 2程序，该程序将在浏览器上绘制一个青绿色背景，并在其中绘制一个红色矩形，如图3-13所示。

```
<!-- webGLSample2.html -->
```

< 101 >

```html
<!DOCTYPE html>
<html>

<head>
  <meta charset="utf-8">
  <title>WebGL Tutorial</title>
  <script src="https://www.khronos.org/webgl/sdk/debug/webgl2.js"></script>
  <style>
    canvas {
      border: 1px solid black;
    }
  </style>
</head>

<body>
  <canvas id="canvas"></canvas>

  <script type="text/javascript">
    const vertexShaderSource = '#version 300 es

        // 将顶点坐标传入顶点着色器
        in vec4 a_position;

        void main() {
          // 设置顶点的位置
          gl_Position = a_position;
        }
      ';
    const fragmentShaderSource = '#version 300 es
        precision mediump float;

        // 将片元颜色输出
        out vec4 outColor;

        void main() {
          // 片元颜色为红色，不透明
          outColor = vec4(1.0, 0.0, 0.0, 1.0);
        }
      ';

    function main() {
      const canvas = document.querySelector("#canvas");
      const gl = canvas.getContext("webgl2");

      if (!gl) {
        alert("WebGL2 not supported.");
        return;
      }
      // 创建顶点着色器和片元着色器
      const vertexShader = createShader(gl, gl.VERTEX_SHADER, vertexShaderSource);
      const fragmentShader = createShader(gl, gl.FRAGMENT_SHADER, fragmentShaderSource);
```

< 102 >

```
// 创建程序对象，将两个着色器连接成一个程序
const program = createProgram(gl, vertexShader, fragmentShader);

// 获取 a_position 属性的位置
const positionAttributeLocation = gl.getAttribLocation(program, "a_position");

// 创建缓冲区，并将数据保存到其中
const positionBuffer = gl.createBuffer();

// 将绑定点设置为缓冲区对象，表示该缓冲区是用来存储顶点坐标数据的
gl.bindBuffer(gl.ARRAY_BUFFER, positionBuffer);

// 定义矩形的 4 个顶点
const positions = [
  0.5, 0.5,
  -0.5, 0.5,
  0.5, -0.5,
  -0.5, -0.5,
];

// 将顶点坐标数据写入缓冲区
gl.bufferData(gl.ARRAY_BUFFER, new Float32Array(positions), gl.STATIC_DRAW);

// 获取画布的大小
const canvasWidth = canvas.clientWidth;
const canvasHeight = canvas.clientHeight;

// 确定绘制区域并设置视口
gl.viewport(0, 0, canvasWidth, canvasHeight);

// 清空画布，并设置背景颜色为黑色
gl.clearColor(0.5, 1.0, 0.7, 1.0);
gl.clear(gl.COLOR_BUFFER_BIT);

// 使用程序
gl.useProgram(program);

// 将顶点属性与缓冲区绑定
gl.bindBuffer(gl.ARRAY_BUFFER, positionBuffer);

// 告诉WebGL如何从缓冲区中读取顶点数据
gl.enableVertexAttribArray(positionAttributeLocation);
const size = 2;
const type = gl.FLOAT;
const normalize = false;
const stride = 0;
const offset = 0;
gl.vertexAttribPointer(
  positionAttributeLocation,
  size, type, normalize, stride, offset);
// 绘制矩形
const primitiveType = gl.TRIANGLE_STRIP;
```

< 103 >

```
    const count = 4;
    gl.drawArrays(primitiveType, 0, count);
}

function createShader(gl, type, source) {
    const shader = gl.createShader(type);
    gl.shaderSource(shader, source);
    gl.compileShader(shader);
    const success = gl.getShaderParameter(shader, gl.COMPILE_STATUS);
    if (success) {
        return shader;
    }
    console.log(gl.getShaderInfoLog(shader));
    gl.deleteShader(shader);
}

function createProgram(gl, vertexShader, fragmentShader) {
    const program = gl.createProgram();
    gl.attachShader(program, vertexShader);
    gl.attachShader(program, fragmentShader);
    gl.linkProgram(program);
    const success = gl.getProgramParameter(program, gl.LINK_STATUS);
    if (success) {
        return program;
    }

    console.log(gl.getProgramInfoLog(program));
    gl.deleteProgram(program);
}

    main();
  </script>
</body>

</html>
```

3.4 Three.js

3.4.1 Three.js概述

Three.js 概述

WebGL是OpenGL子集的底层API，这使得采用原生WebGL开发较为烦琐。因此通常会采用封装了WebGL的框架进行开发，流行的有Three.js、BabylonJS、A-Frame等Web3D和WebVR框架。其中Three.js是较流行的开源框架。

Three.js是一个基于WebGL的轻量级开源WebGL框架，由里卡多·卡贝洛（Ricardo Cabello）于2010年发布。它采用面向对象编程，将WebGL的底层操作封装为对场景、相机、光源以及各

< 104 >

类继承自Ojbect3D的网格物体等的操作，并内置了许多基本模型对象和有用的工具类，极大简化了Web3D的编程步骤。Three.js使用户能够使用一些高级功能而无须深入了解 WebGL 的实现细节，从而使得用户可以通过简单的编程实现基于Web的虚拟现实游戏、产品展示、远程教育等应用。Three.js还具有良好的兼容性，可以方便地与其他代码进行整合。其中，开发者仍然可以用原生WebGL实现一些自定义的复杂功能。此外，Three.js还支持利用WebAudio标准构建三维音效、利用WebXR标准构建沉浸式虚拟环境等。

图3-14较为全面地给出了Three.js的关键组件，其中右侧的组件是构建一个基本的具有交互性的Web3D场景所必需的组件，左侧是一些功能增强的组件。构建Web3D场景需应用计算机图形学原理，与这些组件相关的概念也是计算机图形学的重要概念。

图 3-14　Three.js 的关键组件

Three.js中最重要的组件之一是场景（Scene），场景是所有3D对象、光源（Light）和相机（Camera）等组件的容器，这些组件共同呈现出了完整的3D场景。在场景中可以添加多种预定义在Three.js中的3D对象（如立方体、球体、环等），可以使用内置的API创建并将之添加到场景中，这比采用WebGL进行底层的顶点和片元操作要简单得多。

相机可以用来定位和呈现场景，实际上最终渲染到屏幕上的场景就是以观察者的眼睛作为相机的位置而计算得到的。光源可以用来照亮场景中的各个元素。Three.js中有多种相机和光源类型供选择，可根据实际需求进行灵活配置。

除了基础3D对象、相机和光源之外，Three.js还提供了多种可以增强和优化场景性能的组件。其中一个关键组件是材质（Material），材质会影响对象的颜色、贴图等外观属性。可以使用现成的内置材质，也可以自定义材质来实现个性化的效果。

最终，Three.js采用渲染器（Renderer）将场景渲染成屏幕上的图像。Three.js默认使用WebGL进行渲染，但也支持使用其他渲染器，比如CanvasRenderer或者SVGRenderer。

Three.js由JavaScript编写，可以很方便地和其他JavaScript框架集成。比如和Socket.IO结合可以实现基于Web技术的多人环境，即用户可以选择化身通过浏览器就进入虚拟世界，可以跨互联网进行交互和行为共享。这为实现沉浸式协作应用提供了许多可能，比如基于Web3D多人环境的远程协同学习。而将Web3D和基于区块链的Web 3结合，有望构建基于Web技术的元宇宙。

Three.js官网的examples 中有许多经典的示例，是非常好的学习Three.js的资料，如图3-15所示。这些例子既可以在线查看，也可以通过Three.js的GitHub地址下载到本地，可以通过本地Web服务器打开示例观看并对应源代码进行学习。

Three.js 基础概念

Three.js 进阶功能

物理引擎

交互与输入控制

WebGL 可视化编辑网站与框架

< 105 >

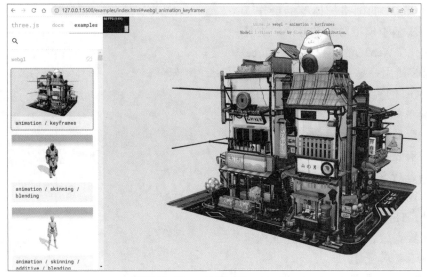

图 3-15　Three.js 官网的 examples

3.4.2　采用Three.js构建一个简单多人环境

1. 实现一个单人漫游环境

下面我们通过一步步构建一个基于Three.js和Socket.IO的简单多人环境来进行学习。这个简单的多人环境可以进一步扩充，来实现更为复杂的多人环境，从而构建应用于各个领域的、基于Web的虚拟世界应用。

（1）安装或配置使用Three.js库。

有以下两种方法安装或配置使用Three.js。

① 从GitHub下载three.min.js，将其放在名为js的子目录中，并在HTML文件中进行引用，代码如下。

```
<script src="js/three.min.js"></script>
```

② 使用npm命令安装Three.js库并导入项目。

● 安装Three.js库的命令如下。

```
npm i --save three
```

● 导入Three.js库，以下为JavaScript较新版本ES6风格的代码。

```
import * as THREE from 'three'
```

接下来我们采用第一种方法来构建一个Web3D场景。

（2）编写简单的HTML文件框架并创建场景。首先，创建HTML文件simpleWorld.html，之后我们的代码都会写在<script>标签中。比如以下我们在<script>标签内用const scene = new THREE.Scene();创建一个场景。如前所述，场景是一个重要概念，场景包含相机、地形、天空盒等对象，渲染时还可以在不同的场景间进行切换。如果我们构建一个游戏关卡，每一个关卡都是一个场景。场景还负责游戏对象的创建和销毁工作。

< 106 >

```
<!-- simpleWorld.html -->
<!DOCTYPE html>
<html>

<head>
    <meta charset=utf-8>
    <title>A Simple Mutil-Player World</title>
    <style>
        body {
            margin: 0;
        }
        canvas {
            width: 100%;
            height: 100%
        }
    </style>
</head>

<body>
    <script src="js/three.min.js"></script>
    <script>
        const scene = new THREE.Scene();
    </script>
</body>

</html>
```

将该HTML文件和js等辅助目录部署在Web服务器下，打开后会出现一个空白页面。这是因为在场景中还没有添加任何东西（尤其是没有捕捉场景图像的相机），也没有进行渲染。

（3）添加相机。场景创建完毕后，接下来向场景中添加相机。相机如同人的眼睛，用来捕捉三维场景中的图像，每个场景都应至少包含一个相机。

相机分为透视相机和正交相机两种，这里选择创建的相机为透视相机。相机捕获的内容占满整个页面，其视角为45°，坐标为(0,20,50)，相机的镜头指向点(0,15,0)。紧接着在前面创建场景的HTML文件中添加如下代码。

```
const SCREEN_WIDTH = window.innerWidth, SCREEN_HEIGHT = window.innerHeight;
const VIEW_ANGLE = 45, ASPECT = SCREEN_WIDTH / SCREEN_HEIGHT, NEAR = 0.3, FAR = 1000;
const camera = new THREE.PerspectiveCamera(VIEW_ANGLE, ASPECT, NEAR, FAR);
camera.position.set(0, 20, 50);
camera.lookAt(new THREE.Vector3(0, 15, 0));
scene.add(camera);
```

（4）创建渲染器。

上一步虽然添加了相机，但是没有进行渲染。相机创建好后，就应该创建渲染器了。我们选择创建的渲染器为WebGLRenderer，并设定为抗锯齿。抗锯齿参数antialias是创建WebGLRenderer时的一个可选参数，其他参数可以自行查阅文档。渲染器渲染的内容同样占满整个页面。最后将渲染器内部的<canvas>对象添加到body中，代码如下。

```
const renderer = new THREE.WebGLRenderer({antialias: true});
```

< 107 >

```
renderer.setSize(SCREEN_WIDTH, SCREEN_HEIGHT);
document.body.appendChild(renderer.domElement);
```

然后我们需要创建渲染回调函数。requestAnimationFrame 是浏览器提供的 JavaScript API，传递回调函数为参数，代码如下。

```
function render() {
        requestAnimationFrame(render);
        renderer.render(scene, camera);
    }
  render();
```

至此，一个场景所必备的基本要素已经构建完成，打开浏览器访问可以看到整个页面变成了全黑，因为没有灯光也没有实体对象。接下来我们需要往场景中添加各种实体对象。

（5）添加灯光。一些材质的表现是受灯光影响的，灯光又主要分为以下几种。

- 环境光（AmbientLight）。
- 点光（PointLight）。
- 方向光（DirectionalLight）。
- 聚光（SpotLight）。

除环境光以外的灯光支持阴影。这里我们为场景简单地添加环境光，采用柔和的白色灯光。将以下代码添加到前面场景中添加相机的语句scene.add(camera);之后。

```
const light = new THREE.AmbientLight( 0xaaaaaa );
scene.add( light );
```

（6）添加物体。

首先我们简单了解和物体相关的几个概念，这些也是计算机图形学中的典型概念。

① 几何形状（Geometry）。Three.js中提供了许多预设的基本几何形状、如立方体（BoxGeometry）、平面（PlaneGeometry）、球体（SphereGeometry）、立体文字（TextGeometry）等。使用Geometry可以方便地创建所需形状的物体。后文的天空盒使用的就是立方体。

② 材质（Material）。Material对象定义了物体的材质，包括颜色、透明度等。Three.js 提供了一些预设材质，如MeshBasicMaterial、MeshPhongMaterial、MeshLambertMaterial等。比如MeshPhongMaterial可用于表现有金属光泽的材质。

③ 贴图（Texture）。Texture通过为物体的一个面或多个面添加图像，对物体进行表面的细节处理。Three.js通常采用THREE.TextureLoader对象来构造loader，通过loader去加载图像来完成texture的构建，具体的过程在后文的天空盒里会介绍。

④ 网格（Mesh）。Geometry和Material不能单独被渲染，只有结合成网格，才能被渲染到屏幕上。

简单了解了物体的相关概念后，我们来向场景中添加一些物体。首先我们在场景中添加一个地板。地板是一个平面，导入地板的图片作为纹理，且将纹理设为横向、纵向都重复4次。最后经过位移和旋转，将之添加到场景中。在将灯光添加到场景的语句之后，添加如下代码。

```
const textureLoader = new THREE.TextureLoader();
textureLoader.load("./assets/textures/floor/FloorsCheckerboard_S_Diffuse.jpg",
function(texture) {
        texture.wrapS = texture.wrapT = THREE.RepeatWrapping;
        texture.repeat.set(4, 4);
```

< 108 >

```
        const floorMaterial = new THREE.MeshBasicMaterial({
            map: texture,
            side: THREE.DoubleSide
        });
        const floorGeometry = new THREE.PlaneGeometry(500, 500, 5, 5);
        const floor = new THREE.Mesh(floorGeometry, floorMaterial);
        floor.position.y = 0;
        floor.rotation.x = Math.PI / 2;
        scene.add(floor);
    })
```

这时我们通过 Web 服务器访问更新的文件，可看到场景中已经铺上了有贴图的地板。下面我们再来添加天空盒。

天空盒是一个立方体对象。在实际应用中，用户视角只在盒子内部活动，所以只需要渲染盒子内部表面。值得注意的是，天空盒应当足够大，使得相机在移动时看天空仍然觉得足够远。但是，天空盒不能超出相机可视范围。将以下代码添加到前述代码后面。

```
// 首先创建一个盒子立方体，长、宽、高均设为500
const skyBoxGeometry = new THREE.BoxGeometry(500, 500, 500);
/* 接下来创建材质并映射到指定图片，设定为只渲染背面（对立方体来说，从外面看到的是正面，从内部看到的是背面）*/
const skyBoxMaterial = [
 new THREE.MeshBasicMaterial({
            map:
  textureLoader.load('./assets/textures/skybox/px.jpg'), side: THREE.BackSide
        }), // 右面
 new THREE.MeshBasicMaterial({
            map:
  textureLoader.load('./assets/textures/skybox/nx.jpg'), side: THREE.BackSide
        }), // 左面
new THREE.MeshBasicMaterial({
            map:
  textureLoader.load('./assets/textures/skybox/py.jpg'), side: THREE.BackSide
        }), // 上面
 new THREE.MeshBasicMaterial({
            map:
  textureLoader.load('./assets/textures/skybox/ny.jpg'), side: THREE.BackSide
        }), // 下面
 new THREE.MeshBasicMaterial({
            map:
  textureLoader.load('./assets/textures/skybox/pz.jpg'), side: THREE.BackSide
        }), // 后面
 new THREE.MeshBasicMaterial({
            map:
  textureLoader.load('./assets/textures/skybox/nz.jpg'), side: THREE.BackSide
        }) // 前面
    ];
    // 创建天空盒并添加到场景
const skyBox = new THREE.Mesh(skyBoxGeometry, skyBoxMaterial);
scene.add(skyBox);
```

< 109 >

刷新页面，可以观察到被天空盒包围的场景，如图3-16所示。

图 3-16 被天空盒包围的场景

（7）添加控制。

添加了物体之后，我们看到的只是一个静态的渲染页面。接下来，我们希望通过不断移动相机的位置、调整相机的角度来从各种角度观察三维场景，模拟第一人称视角，实现场景漫游效果。接下来添加对相机的控制。

在js文件夹中添加FirstPersonControls.js，并在index.html中导入，代码如下。

```
<script src="js/FirstPersonControls.js"></script>
```

接着，编写代码创建FirstPersonControls类，并在其中添加代码，以实现各种控制功能。

首先实现通过鼠标单击浏览器页面控制相机的进入和退出。当我们想要控制相机时，调用dom元素的requestPointerLock方法进行鼠标指针的锁定，并为document的pointerlockchange事件做监听来进入或退出控制状态；为pointerlockerror事件做监听来判断浏览器能否使用该API。

```
class FirstPersonControls {
    constructor(domElement) {
        this.domElement = domElement || document.body;
        this.isLocked = false;
    }
    onPointerlockChange() {
        this.isLocked = document.pointerLockElement === this.domElement;
    }
    onPointerlockError() {
        console.error('THREE.PointerLockControls: Unable to use Pointer Lock API');
    }
    connect() {
        this.domElement.addEventListener('click', this.domElement.
requestPointerLock);
        document.addEventListener('pointerlockchange',
            this.onPointerlockChange.bind(this), false);
        document.addEventListener('pointerlockerror',
            this.onPointerlockError.bind(this), false);
```

< 110 >

```
        }
    }
```

在index.html中创建渲染器并进行渲染，加入以下代码。

```
const fpc = new FirstPersonControls(camera);
fpc.connect();
```

刷新页面，可以看到，进入场景单击鼠标左键时，鼠标指针消失；按ESC键后，鼠标指针恢复。

接下来实现通过移动鼠标控制相机的旋转。在锁定状态下，通过移动鼠标来控制相机的旋转。

- 为control添加camera。
- 将camera封装进pitchObject，再将pitchObject封装进yawObject。
- 将yawObject添加到场景中。
- 移动鼠标触发相关对象的旋转。

完善后的FirstPersonControls类的代码如下所示，其中增加了注释，并在部分语句处给出了让读者进行的相关思考。

```
class FirstPersonControls {
    constructor(camera, domElement) {
        this.domElement = domElement || document.body;
        this.isLocked = false;
        this.camera = camera;
        // 初始化camera，将camera放在pitchObject正中央
        camera.rotation.set(0, 0, 0);
        camera.position.set(0, 0, 0);
    // 将camera添加到pitchObject，使camera沿水平方向轴旋转，并提升pitchObject的
相对高度
        this.pitchObject = new THREE.Object3D();
        this.pitchObject.add(camera);
        this.pitchObject.position.y = 10;
        // 将pitObject添加到yawObject，使camera沿竖直方向轴旋转
        this.yawObject = new THREE.Object3D();
        this.yawObject.add(this.pitchObject);
    }
    onPointerlockChange() {
        console.log(this.domElement);
        this.isLocked = document.pointerLockElement === this.domElement;
    }
    onPointerlockError() {
        console.error('THREE.PointerLockControls: Unable to use Pointer
Lock API');
    }
    onMouseMove(event) {
        if (this.isLocked) {
            let movementX = event.movementX || event.mozMovementX ||
                event.webkitMovementX || 0;
            let movementY = event.movementY || event.mozMovementY ||
                event.webkitMovementY || 0;
```

< 111 >

```
            this.yawObject.rotation.y -= movementX * 0.002;
            this.pitchObject.rotation.x -= movementY * 0.002;
            // 这一步的目的是什么?
            this.pitchObject.rotation.x = Math.max(-Math.PI / 2, Math.min(Math.PI /
                2, this.pitchObject.rotation.x));
        }
    }
    connect() {
        this.domElement.addEventListener('click', this.domElement.requestPointerLock);
        // 在函数后面添加bind(this)的目的是什么?
        document.addEventListener('pointerlockchange',
            this.onPointerlockChange.bind(this), false);
        document.addEventListener('pointerlockerror',
            this.onPointerlockError.bind(this), false);
        document.addEventListener('mousemove', this.onMouseMove.bind(this), false);
    }
}
```

在index.html里面修改fpc的构造，并添加下列语句。

```
// 修改fpc的构造，传入参数camera
const fpc = new FirstPersonControls(camera);
fpc.connect();
// 向场景添加用于控制相机的Object
scene.add(fpc.yawObject);
```

最后，实现通过键盘控制相机的移动，同时演示如何得到键盘控制消息并进行相应的处理。通常用户会在虚拟环境中大量使用键盘来进行控制，比如按某个键让自己的化身跳跃。在锁定状态下，通过键盘操作来控制相机的平移。

- 在FirstPersonControls类中定义onKeyUp()和onKeyDown()方法，分别绑定相应事件。
- 在FirstPersonContrls类中定义update()方法，在每次渲染时调用该方法，传入两次渲染的时间间隔来完成相机的移动。

补充的代码如下所示。

```
//键W、S、A、D的KeyCode
const KEY_W = 87;
const KEY_S = 83;
const KEY_A = 65;
const KEY_D = 68;
class FirstPersonControls {
    constructor(camera, domElement) {
        // ...
        // 初始化移动状态
        this.moveForward = false;
        this.moveBackward = false;
        this.moveLeft = false;
        this.moveRight = false;
    }
    // ...
    onKeyDown(event) {
        switch (event.keyCode) {
```

< 112 >

```
            case KEY_W:
                this.moveForward = true;
                break;
            case KEY_A:
                this.moveLeft = true;
                break;
            case KEY_S:
                this.moveBackward = true;
                break;
            case KEY_D:
                this.moveRight = true;
                break;
        }
    }
    onKeyUp(event) {
        switch (event.keyCode) {
            case KEY_W:
                this.moveForward = false;
                break;
            case KEY_A:
                this.moveLeft = false;
                break;
            case KEY_S:
                this.moveBackward = false;
                break;
            case KEY_D:
                this.moveRight = false;
                break;
        }
    }
    update(delta) {
        // 移动速度
        const moveSpeed = 100;
        // 确定移动方向
        let direction = new THREE.Vector3();
        direction.x = Number(this.moveRight) - Number(this.moveLeft);
        direction.z = Number(this.moveBackward) - Number(this.moveForward);
        direction.y = 0;
        // 移动方向向量归一化，使得实际移动的速度不受方向影响
        if (direction.x !== 0 || direction.z !== 0) {
            direction.normalize();
        }
        // 移动距离等于速度乘以间隔时间delta
        if (this.moveForward || this.moveBackward) {
            this.yawObject.translateZ(moveSpeed * direction.z * delta);
        }
        if (this.moveLeft || this.moveRight) {
            this.yawObject.translateX(moveSpeed * direction.x * delta);
        }
    }
    connect() {
        // ...
        document.addEventListener('keydown', this.onKeyDown.bind(this), false);
```

< 113 >

```
        document.addEventListener('keyup', this.onKeyUp.bind(this), false);
    }
}
```

这里我们只需要W、S、A、D这4个键，每个键的KeyCode信息可以在 https://keycode.info/ 中查到。相应修改index.html中的渲染部分如下。

```
let clock = new THREE.Clock();
function render() {
fpc.update(clock.getDelta());
requestAnimationFrame(render);
renderer.render(scene, camera);
}
```

这里通过THREE.Clock对象来计算间隔时间，还可以用其他的方法来实现，请读者自行研究。

（8）实现"响应式相机"。

在构建相机的时候，我们通过窗口的宽高比来设置相机的aspect（视锥宽高比），当浏览器窗口宽高发生变化时，我们希望相机的aspect能随着浏览器窗口的变化而改变，从而实现"响应式相机"。同时，我们希望渲染也能响应窗口变化。需要在index.html中添加如下代码。

```
        window.addEventListener("resize", onWindowResize);
    function onWindowResize() {
        camera.aspect = window.innerWidth / window.innerHeight;
        camera.updateProjectionMatrix();
        renderer.setSize(window.innerWidth, window.innerHeight);
    }
```

再次刷新页面，拉伸窗口，我们能看到相机和渲染都有相应的变化。

至此，一个简单的单人漫游场景就实现了。下面，我们通过采用Socket.IO来实现一个多人交互环境。

2．实现一个多人交互环境

此处基于前文构建的单人漫游场景，采用Socket.IO框架实现多人交互的、基于Web的小小虚拟世界。

Socket.IO是一个封装了WebSocket协议的JavaScript库，有两个部分：在浏览器中运行的客户端库和一个面向Node.js的服务器端库。两者有着几乎一样的API。在接下来的实践中，我们将分别使用客户端和服务器端的Socket.IO库来进行相应的实现。

（1）采用Express框架构建服务器。

我们使用Node.js来构建服务器，首先安装相应的软件和框架。

我们要使用到服务器端的Express框架与Socket.IO框架。

① 在当前的项目文件夹下面建立一个server子目录，放置服务器端的项目文件，并安装express包与socket.io包，命令如下。

```
mkdir server
cd server
npm init -y
npm install --save express
npm install --save socket.io
```

< 114 >

② 在server目录下创建index.js，并加入如下代码。

```
var app = require('express')();
var http = require('http').createServer(app);
var io = require('socket.io')(http, {
    cors: {
        origin: "http://127.0.0.1:5500",
        methods: ["GET", "POST"]
    }
});
app.get('/', function (req, res) {
    res.send('<h1>Hello world</h1>');
});
io.on('connection', function (socket) {
    console.log('client ' + socket.id + ' connected');
    socket.on('disconnect', function () {
        console.log('client ' + socket.id + ' disconnected');
    })
});
http.listen(3000, function () {
    console.log('listening on *:3000');
});
```

其中，从服务器端给出了跨域访问请求。由于本次实践客户端采用VS Code进行调试，并采用live-server插件启动服务器，因此默认端口号为5500，这里可以修改为你所启动的Web服务器的地址和端口号，或者采用"*"表示允许下载自任何IP地址和端口号的客户端网页访问，如以下代码所示。不过如果在生产环境中，一般不鼓励这样做，因为这样容易产生安全问题。

```
cors: {
    origin: "*",
    methods: ["GET", "POST"]
}
```

③ 修改配置文件，建立启动命令。

前面的npm init命令会在当前目录下生成一个配置文件package.json，为了更加方便地启动服务器端脚本，在该文件的scripts项中加入"start"行，表示这条script对应"node index.js"，如下所示。

```
"scripts": {
  "test": "echo \"Error: no test specified\" && exit 1",
  "start": "node index.js"
},
```

④ 运行服务器，在控制台上执行以下命令。

```
npm start
```

控制台出现以下内容，说明服务器已经成功运行在3000端口上。

```
> node index.js
listening on *:3000
```

< 115 >

打开浏览器，输入网址localhost:3000进行访问，应该可以看到图3-17所示内容。

图 3-17　服务器成功运行后的浏览器页面

（2）在客户端加入联网功能。

使用面向客户端的Socket.IO的方法有如下两种。

- 从GitHub下载socket.io.js，并将该库文件包含在使用的html文件中，代码如下。

```
<script src="js/socket.io.js"></script>
```

- 使用npm命令安装socket.io-client的模块并将之导入项目，命令如下。

```
npm I -save socket.io-client
import io from 'socket.io-client'
```

接下来我们采用第一种方法来构建客户端，然后在index.html中添加如下语句。

```
const socket = io('ws://localhost:3000');
```

此时客户端的基本准备工作就完成了。我们进入或离开客户端的三维场景时，若能看到服务器端的控制台上有如下所示提示信息，说明连接已经成功。

```
> node index.js

listening on *:3000
client LaT4_hflGfKGi5phAAAB connected
```

（3）实现行为共享。

建立连接过后，要通过客户端与服务器端之间的通信实现同步从而实现行为共享，主要分为以下3个步骤。

① 客户端在每一帧更新时上传自己的实时信息。在本次实践中，主要是位置信息与旋转信息。

在客户端simpleWorld.html文件的render()函数中添加向服务器端发送实时信息的代码。新的render()函数的代码如下所示。

```
function render() {
    fpc.update(clock.getDelta());
    socket.emit('player', {
        position: fpc.yawObject.position, rotation:
            fpc.yawObject.rotation
    });
    requestAnimationFrame(render);
    renderer.render(scene, camera);
}
```

< 116 >

② 服务器端接收每个客户端的实时信息（位置信息与旋转信息），并广播给其他客户端。当有某个客户端断开连接时，也要进行一次广播。在服务器端index.js文件的io.on()回调函数中添加代码，更新后的io.on()函数的代码如下。

```
io.on('connection', function (socket) {
    console.log('client ' + socket.id + ' connected');
    socket.on('player', function (data) {
        data.socketid = socket.id;
        socket.broadcast.emit('player', data);
    });
    socket.on('disconnect', function () {
        console.log('client ' + socket.id + ' disconnected');
        socket.broadcast.emit('offline', {
            socketid: socket.id
        });
    })
});
```

③ 客户端收到服务器端传来的其他客户端的实时信息，并在自己的场景中更新。

首先在index.html中建立一个新的场景（该场景将其他客户端的socket.id映射到其模型上），用以判断服务器发来的需要更新位置信息的客户端是否在场景中。如果没有在场景中，则需要为相应客户端新建一个模型，并将之加入场景；如果已经在场景中了，只需要更新用户对应模型的位置信息和旋转信息。下载GLTFLoader.js到js文件夹（https://github.com/mrdoob/three.js/blob/master/examples/js/loaders/GLTFLoader.js）里，并在index.html中将之导入，代码如下

```
<script src="js/GLTFLoader.js"></script>
```

接着在index.html中添加针对服务器转发的其他用户的事件信息的响应代码。将以下代码添加到最后调用渲染函数进行渲染之前，以及前文初始化socket的代码const socket = io('ws://localhost:3000');之后。

```
    let playerMap = new Map();
    socket.on('player', data => {
        if (playerMap.has(data.socketid)) {
            let model = playerMap.get(data.socketid);
            model.position.set(data.position.x, data.position.y, data.
position.z);
            model.rotation.set(data.rotation._x, data.rotation._y + Math.
PI / 2,data.rotation._z);
        } else {
            socket.emit('player', {
                position: fpc.yawObject.position, rotation:
                    fpc.yawObject.rotation
            });
            const loader = new THREE.GLTFLoader();
            loader.load("./assets/models/duck.glb", (mesh) => {
                if (!playerMap.has(data.socketid)) {
                    mesh.scene.scale.set(10, 10, 10);
                    scene.add(mesh.scene);
                    playerMap.set(data.socketid, mesh.scene);
                    let model = playerMap.get(data.socketid);
```

< 117 >

```
            }
        });
    }
});
socket.on('offline', data => {
    if (playerMap.has(data.socketid)) {
        scene.remove(playerMap.get(data.socketid));
        playerMap.delete(data.socketid)
    }
});
```

　　重启Node.js服务器端，打开多个浏览器窗口，我们可以看到连进该虚拟环境中的用户化身相互可见（采用的是"duck"这个模型），并且移动和旋转行为都会实时共享。至此，一个简单的多人交互虚拟环境就搭建完成了，如图3-18所示。

图 3-18　多人交互虚拟环境运行效果

3.5　WebXR

3.5.1　WebXR概述

　　WebXR是一组由W3C制定的、用于支持VR和AR的Web应用程序开发标准，由WebVR演变而来。它允许Web应用程序使用VR头戴式设备、AR眼镜或其他类似设备来增强用户的沉浸式体验。WebXR提供了一个API，即WebXR Device API，使Web开发人员可以轻松地访问连接到计算

< 118 >

机、智能手机或平板电脑的VR头戴式设备或AR眼镜。比如查找兼容的 VR 或 AR 输出设备，以适当的帧率将 3D 场景渲染到设备等。另外，WebGL用于将 3D 世界渲染到 WebXR 会话中，通常采用Three.js框架。WebXR可以为Web应用程序添加更加沉浸的功能，例如虚拟旅游、游戏和培训等。

WebXR的浏览器支持方式，包括使用支持WebXR标准的浏览器，以及采用Polyfill。目前来说在流行的浏览器中完全支持WebXR Device API的不多。不过可以相信的是，将会有越来越多的浏览器支持WebXR标准。Polyfill是指在当前浏览器不支持某些新特性的情况下，通过JavaScript代码来模拟实现其功能，以确保在不支持相应新特性的浏览器上用户也能够获得类似的体验，从而提高网站的兼容性；使用WebXR 模拟器插件，比如Firefox浏览器就有WebXR API Emulator插件，可以实现在浏览器中通过调整一个虚拟的XR设备，在浏览器中获得一个该设备展示的VR或者AR图像，图3-19所示为官方网站上的一个说明示例。

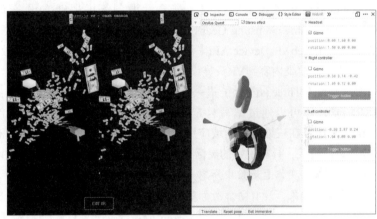

图 3-19　Firefox 浏览器 WebXR API Emulator 插件说明示例

一个WebXR应用的生命周期如图3-20所示。

确保支持XR — 调用 navigator.xr，若未定义，则说明浏览器或设备不支持WebXR，终止进入 XR模式。调用 navigator.xr.isSessionSupported()，检查指定的会话模式，包括 inline 、 immersive-vr 、 immersive-ar 是否可用，若不可用，终止进入XR模式。

建立XR会话 — 调用 navigator.xr.requestSession 建立 XR 会话，返回 XRSession 对象。

运行帧循环 — 调用 XRSession 的 requestAnimationFrame，进行 XR 设备的首帧渲染。在过程中不断调用 requestAnimationFrame，进行帧循环渲染。

结束XR会话 — 当需要结束或者用户手动退出XR模式时，调用 XRSession.end() 方法，结束当前 WebXR会话。

图 3-20　一个 WebXR 应用的生命周期

WebXR应用的开发方式包括3种：第一种方式是使用封装好的第三方库，比如Three.js、A-Frame、Babylon.js等；第二种方式是采用WebGL进行三维内容渲染，然后使用WebXR Device API调用设备功能进行显示；第三种方式是使用WebAssembly技术，使用传统的3D引擎能在设备

< 119 >

上显示VR/AR内容，然后使用Emscripten工具链将之编译并移植到Web上。

下面简要介绍一个和Three.js框架风格不同的WebXR框架——A-Frame。

3.5.2 A-Frame框架

A-Frame框架是Mozilla VR团队构建的一个基于HTML的、用来构建Web上的VR和AR应用的框架。A-Frame基于Three.js，提供了声明式、可扩展以及组件化的编程结构，使构建3D/VR/AR场景更加方便。其内部使用Web Components自定义了HTML标签，内置了WebXR和Three.js。A-Frame还从底层针对WebXR 做了优化，以争取能够像本地应用一样来运行，比如达到90FPS（Frames Per Second，帧每秒）的帧率，通常会将动画的帧率设置为60FPS或更高，以确保动画效果流畅，从而使用户获得更好的体验。

A-Frame还支持众多流行的头戴显示设备等虚拟现实设备（如HTC Vive、Oculus Rift、Google Daydream、Samsung GearVR、Cardboard），使其在WebXR领域的应用具有许多优势。A-Frame使用WebXR Device API来访问虚拟现实头显设备的传感器数据，比如位置和方向，从而变换相机以及渲染内容到VR头显设备上。并且，A-Frame支持AR。

A-Frame对Three.js进行了进一步的简化，XR创作者可以用类似构建HTML页面的方式构建XR场景，还可以通过编写自定义组件和系统来构建。和采用命令式编程的Three.js不同，A-Frame采用了在三维游戏领域应用广泛的、成熟的ECS（Entity-Component-System，实体-组件-系统）设计模式，具有很好的灵活性和可扩展性。下面简要介绍ECS模式。

- 实体：实体是场景中所有对象的基础，是一种用来包含组件的容器对象，可被认为是占位符对象。没有附加组件的实体不会渲染出来任何东西。
- 组件：组件是可重用的模块或数据容器，可以依附于实体以提供外观、行为、功能等。组件就像积木世界中的积木块，可以通过混合、匹配和配置组件来定义不同类型的对象。这也是ECS系统比面向对象系统更具优势的地方。在面向对象系统中，如果要构建具有某些特征的类和对象，通过继承来实现就会有很多层，而且可能出现多重继承中可能发生的冲突和矛盾。而采用组合组件的方式就会灵活和简单很多。
- 系统：系统为组件提供全局范围的管理和服务。系统处理逻辑，组件充当数据容器，从而实现逻辑和数据的分离，更具有灵活性和可扩展性，并且具有模块化和可复用性等特征。

具体实现上，A-Frame采用声明式、基于DOM的方式实现ECS。<entity>标签用来表示实体，而组件以<a-entity>标签的属性的方式进行声明，类似于<html>标签的style属性的key-value形式，属性名和属性值中间用冒号分隔，多个属性之间用分号分隔。比如以下代码定义了一个球，其中geometry、position等就是以组件的方式给实体a-entity提供外形、位置等。

```
<a-entity geometry="primitive:sphere; radius:2"  position="0 0 -15" >
</a-entity>
```

A-Frame还提供了一些简单易用的标签元素，如 <a-box><a-sphere><a-sky>等。这些被称为原语（primitive），实际上是实体-组件模式的封装，简化了编程。比如以上球就可以采用下面的原语来实现。

```
<a-sphere position="0 0 -15" radius="2"></a-sphere>
```

A-Frame本身的核心组件包括几何模型（geometry）、材料（material）、光线（light）、动画

< 120 >

（animation）、模型支持（model）、光线投射（raycaster）、阴影（shadow）、定位音频（positional audio）、文本（text），以及针对头显设备Vive/Touch/Daydream/GearVR/Cardboard的控制等。下面给出一个使用A-Frame构建的简单的森林小木屋场景的完整代码作为示例。

```
<body>
    <a-scene>
        <!-- 预加载的贴图资源 -->
        <a-assets>
            <img id="grass" src="grass.jpg">
            <img id="doortexture" src="doortexture.jpg">
        </a-assets>

        <!-- 地面 -->
        <a-plane material="shader:flat; src:#grass; repeat:1 1" position="0 0 0"
rotation="-90 0 0" width="50" height="50" color="#4CAF50"></a-plane>

        <!-- 树 -->
        <a-cylinder position="6 0 -6" radius="0.2" height="5" color="#8D6E63"></
a-cylinder>

        <a-cone position="6 3 -6" radius="10" color="#1B5E20"></a-cone>

        <!-- 小木屋 -->
        <a-box material="shader:flat; src:#doortexture; repeat:1 0.5"
position="0 1 -10" width="3" height="2"
            depth="3"></a-box>
        <a-cone position="0 3 -10" height="2" radius-bottom="3" radius-
top="0" color="#795548"></a-cone>
        <a-box position="0 0.75 -8.5" width="1" height="1.5" depth="0.1"
color="#795548"></a-box>
    <!-- 东升西落的太阳 -->
    <a-entity rotation="0 0 0" animation="property: rotation; to: 0 0
360; loop: true; dur: 100000">
        <a-sphere radius="0.5" position="15 0 0" color="#FA0"></a-sphere>
    </a-entity>

    </a-scene>
</body>

</html>
```

把图片、声音文件等静态资源放在<a-asset>标签中进行声明，可提前将资源预加载到场景中。虽然也可以在声明实体对象时加载资源，但预加载使代码组织更清晰，是良好的编程习惯。在本示例中，预加载了两张图片资源，分别定义其id为grass、doortexture，分别用于地面和小木屋外墙面的贴图。后面在贴图属性中将图像源文件设置为刚才预加载的图片资源id，以#为前缀，就可以引用预加载的图片资源。

动画组件是A-Frame内置的核心组件之一。以下语句给出了模拟太阳实体的动画。

```
animation="property: rotation; to: 0 0 360; loop: true; dur: 100000"
```

表示该实体绕 z 轴旋转360°，动画周期为100s，并且无限循环。

图3-21所示为以上代码在浏览器中展示的场景。

< 121 >

除开内置的核心组件，A-Frame还有很多社区贡献的组件，如粒子系统（aframe-particle-system-component）、物理系统（aframe-physics-system）、多人模式（networked-aframe）、海洋（oceans）、山脉（mountain）、语音识别（aframe-speech-command-component）、运动捕捉（aframe-motion-capture）、瞬移（aframe-teleport-controls）、人手（aframe-super-hands-component），以及增强现实（augmented-reality）等。

图 3-21　A-Frame 简单示例运行场景

在上例中可以很方便地加入一个环境组件，并且产生一片森林。只需要在HTML的<head>部分导入一个注册了环境组件的库文件，代码如下。

```
<script src="https://unpkg.com/aframe-environment-component/dist/aframe-environment-component.min.js">
</script>
```

然后在<scene>元素下面添加一个实体，并用环境组件作为元素的属性描述该实体，如下所示。

```
<!--利用组件产生一片森林-->
<a-entity environment="preset: forest; dressingAmount: 500"></a-entity>
```

这样就能产生一片森林，这时可以删除之前的地面实体，运行效果如图3-22所示。当然，最好也将太阳实体设置为真的产生光的效果，并且随着一大片森林的加入，太阳实体的轨道半径等也需要做些调整，为各个实体加上阴影效果会更加逼真。这里主要为了说明组件的使用方法，所以只给出一个简化的示例。

图 3-22　使用了环境组件的 A-Frame 示例运行效果

A-Frame提供了自定义组件的功能。可以通过AFRAME.registerComponent注册用户自定义的组件，并且编写相应的事件处理函数实现。如下示例代码注册了一个名为myComponent的用户自定义组件，代码注释中解释了该组件中的属性定义，以及相应的事件处理回调函数的作用。

```
// 在myComponent.js文件中编写以下代码注册组件
AFRAME.registerComponent('myComponent', {
  //定义和描述组件属性，包括属性的类型和默认值等
  schema: {},
  //初始化组件时被调用一次，用于设置初始状态和实例化变量
  init: function () {},
  //在组件初始化和组件属性更新时被调用
  update: function () {},
  //在场景渲染循环的每一帧上被调用
  tick: function () {},
  //从实体中删除组件时或者当实体从场景中分离时被调用
  remove: function () {},
```

< 122 >

```
    //当场景或实体暂停时被调用
    pause: function () {},
    //当场景或实体播放来添加任意背景或动态行为时被调用
    play: function () {}
});
```

要使用已经定义好的组件，需要在HTML文件中导入包含定义组件的.js文件，代码如下。

```
    <script src="myComponent.js"></script>
```

并且在<a-scene>标签下，在定义某个实体的时候将该组件作为属性来描述实体，代码如下。

```
<a-scene>
    <a-entity myComponent></a-entity>
 </a-scene>
```

下面我们将前面森林小木屋示例中的太阳改为采用自定义组件来实现。在forest.html所在目录的子目录js中创建moving-sun.js文件，在其中编写注册自定义组件moving-sun的代码，具体如下。

```
AFRAME.registerComponent('moving-sun', {
    schema: {
        radius: {
            default: 0.5
        },
        position: {
            type: 'vec3',
            default: {
                x: 15,
                y: 0,
                z: 0
            }
        },
        color: {
            default: '#FA0'
        },
        duration: {
            default: 100000
        }
    },
    init: function () {
        var data = this.data;
        var el = this.el;
        el.setAttribute('rotation', '0 0 0');
        el.setAttribute('animation', 'property: rotation; to: 0 0
360; loop: true; dur: ' + data.duration);
        var sphereEl = document.createElement('a-sphere');
        sphereEl.setAttribute('radius', data.radius);
        sphereEl.setAttribute('position', data.position);
        sphereEl.setAttribute('color', data.color);
        el.appendChild(sphereEl);
    }
});
```

在代码中，我们首先通过AFRAME.registerComponent方法注册了一个名为 'moving-sun' 的组件。组件的schema表示了组件具有的属性，init函数表示该组件被初始化的时候需要执行的操

< 123 >

作。在init函数中，"var data = this.data;"这条语句的作用是获取当前组件的data属性，并将其存储在一个名为data的局部变量中。在A-Frame中，组件的data属性包含了组件的schema定义的所有属性的当前值。这些值可以是默认值，也可以是使用者通过HTML标签设置的自定义值。通过将this.data赋值给一个局部变量data，开发者可以更方便地访问和操作这些属性值，而不必每次都用"this.data.属性名"的方式来引用。"var el = this.el;"这行代码的作用是获取当前组件所附着的DOM元素，通常是一个A-Frame实体（例如，下面的示例将moving-sun组件附着在了<a-entity>中，并将其存储在一个名为el的局部变量中）。在A-Frame的组件系统中，this.el代表了该组件当前所附着的实体。这允许开发者通过变量el直接访问和修改这个实体的属性，如设置其属性或者向其添加子元素。所以，上面我们基于组件的schema属性创建了一个<a-sphere>元素来表示球体，并将创建的球体作为子元素添加到当前组件所附着的实体中，并设置该实体的初始rotation属性和animation属性，以使其旋转。

要使用该自定义的 moving-sun组件，只需将其添加到forest.html文件中的实体中，用以下代码替换之前采用<a-sphere>原语描述的太阳实体语句。

```
<!-- 东升西落的太阳 -->
<a-entity moving-sun></a-entity>
```

也可以通过自定义属性来进行更多的自定义配置，比如以下语句将创建一个更红、升落更快的太阳，可以增加时间的流逝感。

```
<!-- 东升西落的太阳修改版：更红更快 -->
<a-entity moving-sun="radius: 1; position: 20 0 0; color: #FF0000; duration: 10000;"></a-entity>
```

以上示例展示了采用自定义组件可以更好地实现可扩展性、可重用性和可定制性等特征。采用开源社区贡献的丰富组件，可以很方便地、更具有高层语义地搭建复杂场景，而不需要都从零开始创建各种场景元素。

A-Frame还提供了一个便捷的内置3D可视化检测工具，在Windows操作系统下按Ctrl+Alt+I组合键可以切换到该工具，如图3-23所示。

图 3-23　A-Frame 内置 3D 可视化检测工具

< 124 >

该工具提供了开发人员在创建和调试 VR 场景时所需的基本工具，从而帮助开发人员更加高效地创造虚拟世界，并快速而准确地排除问题。它具有一个实体检查器，可以检查当前场景中的实体树。从界面左侧可以看到实体的父级、子级以及组件等相关信息。选取某个组件，还可以在右侧修改该组件的相关属性（比如可以修改实体的位置、旋转和缩放），并且实时从页面的三维场景中看到修改的效果，从而方便地创建、编辑和调试虚拟现实场景。图3-23就显示了在左侧选取场景节点<a-scene>后，在右侧可以通过编辑面板中的FOG节点来给场景添加不同颜色的雾效。

思考与练习

1．对VRML使用XML封装后的新一代Web虚拟现实建模语言是＿＿＿＿＿。

2．在本章构建的简单多人环境中添加以下功能。

① 在场景中添加一些墙体或者箱子，并加入物理引擎功能，实现碰撞检测。

② 用户可以通过下拉列表框选择化身模型，从而实现个性化。

③ 在环境中添加音乐、雾等环境组件，使得场景更加生动和富有层次感。

④ 通过添加按钮或者下拉列表框，或者通过特定的键触发化身实现一些动作（比如按空格键可以跳跃），并且实现该行为的共享，即用户可以看到彼此的动作。

⑤ 创建"房间"功能，从而将多个虚拟场景进行分隔管理，并可以尝试用基于兴趣区域（Area of Interest，AOI）的方法管理一些行为共享，例如，有些事件发生在用户化身不在的其他房间，则该事件不会被用户所看到，从而不需要通过网络将其转发给该用户。AOI技术在构建多人交互虚拟环境时常用于优化网络资源，通过只处理和传输玩家周围区域内的数据来减少带宽使用和提高系统性能。

⑥ 将基于Socket.IO聊天的功能结合进来，使用户可以通过聊天框进行文字沟通。

⑦ 更进一步，将WebRTC的功能集成进来，使用户还可以通过音、视频沟通。

< 125 >

第 4 章

Web开发模式与框架

学习目标

- 能说出Java EE与Java SE的区别。
- 能说出Java EE适合什么类型Web应用的开发。
- 能解释Java EE的核心组件Servlet、JSP、JavaBean的作用，以及阐述重要API（如JDBC）主要用于Web应用中什么功能的开发，其特征是什么。
- 能应用Java EE的核心组件和MVC架构开发较为简单的Web应用。比如具有登录注册功能，以及能对数据进行增、删、改、查的使用MySQL数据库的内容管理系统。
- 能描述MVC架构特征，以及在Java开发路线下Servlet、JSP、JavaBean分别作为MVC中的什么角色，并举例说明。
- 能阐述MVC、MVP、MVVM、Flux和Redux框架模式的概念，并对比说明各自特征。
- 能阐述分布式计算发展过程中，单层架构与多层架构各自的优点和缺点。
- 能描述Web从2层架构发展到3层、*N*层架构的主要变化和原因。
- 能举例说明*N*层架构中各层的主要Web技术，以及它们的特点和作用。
- 能说明构建一个大型Web应用，为获得好的性能可以采取的措施。
- 能阐述前后端分离架构的含义，并总结其要点。
- 能阐述云计算的核心概念和特征，包括云计算的概念、云计算的特征、云计算的分类。
- 能解释说明IaaS、PaaS、SaaS等典型云计算应用层次的概念和区别。
- 能将基于云计算的应用与传统的应用进行比较，从而总结各自的特点和优势。
- 能说明在传统*N*层架构的Web应用中如何通过云计算平台解决一些问题。
- 能阐述云平台经典的核心服务和应用服务的概念，比如弹性计算、对象存储、VPC、路由设置等，并说明其对于构建大型应用的作用。
- 能运用典型的公有云平台，通过VPC划分和配置云平台上的防火墙，在虚拟主机上安装相应的软件，部署一个较为完整的Web应用。
- 能说明虚拟容器的概念，并使用Docker进行Web应用在云计算平台上的部署。

　　Web作为互联网上最重要的应用，本身具有分布式计算的特征。随着Web应用越来越复杂，以及越来越高的用户体验需求，Web架构发生了一些演变，并且出现了不同的开发模式。本章介绍Web应用的*N*层架构，典型的Web开发平台和框架，MVC、MVP、MVVM、Flux等Web开发框架模式，前后端分离，以及Web与云计算。

4.1　Web应用的N层架构

首先我们看看分布式计算的发展。最开始为单层结构或者主机系统，如图4-1所示。

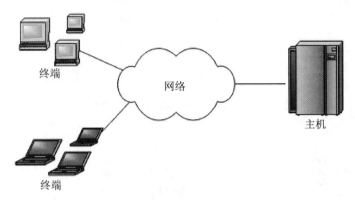

图 4-1　单层结构或者主机系统

在这种计算模式下，主要计算都在主机中完成，各个终端只起到显示的作用。用户在终端的操作信息通过网络传送到主机中，相当于桌面计算机的显示设备和主机的连接线延伸成了网络。主机系统中，数据访问、表示和业务逻辑都位于一个应用中，功能紧耦合在一起，代码的复用性、可维护性和可修改性都不好。由于不是分布式的，因此也不具有可伸缩性。当然，由于功能都集中在主机中，因此相对而言安全性、数据和应用状态的一致性等都比较好。

许多遗留信息系统（Legacy Information System）属于这样的情况。遗留信息系统是指那些过时的、已经老旧但仍然在使用的计算机系统。因为长期以来历史数据和业务流程都建立在这些系统上，迁移成本和风险都比较高。通常需要采用不同的方法，尝试将这些系统更好地整合到现有业务流程中，以便更新和维护。许多公司默认的选择是保持其现有的系统。比如金融行业的银行核心业务系统往往采用COBOL（COmmon Business Oriented Language，面向通用商业语言）编写。COBOL特别适合操作大批量以及具有循环处理周期的数据。为COBOL的发明做出重要贡献的格蕾丝·霍珀（Grace Hooper）被誉为"COBOL之母"，她也被认为是程序设计中"bug"概念的提出者，以及第一个编译程序的编写者。目前，在银行、保险、会计等行业中，还有很多系统采用COBOL运行在大型机上，仍然有一定比例的ATM交易依靠COBOL代码运行。

随着分布式计算机技术的发展，基于C/S和基于B/S的计算模式成为主流。可以认为B/S模式是C/S模式的一种特殊情形，只是这时的客户端成了浏览器。对C/S和B/S的介绍和比较在前文中已经做过详述。通常，我们认为在C/S模式下，主要的业务逻辑计算位于客户端；而在B/S模式下，主要的业务逻辑计算位于服务器端。所以前者称为胖客户机模型，后者称为瘦客户机模型，如图4-2所示。前文也讨论过，目前Web应用前端技术的一个发展方向也是融合C/S客户端（也就是桌面应用）和B/S应用中浏览器的优势。RIA、PWA等HTML5的API，以及后文要介绍的MVVM等框架模式，都将越来越多的计算任务放到了Web前端中。

随着业务逻辑的日益复杂和客户量的增加，需要保存和处理的数据越来越多，从原来的两层架构中的业务逻辑层中单独分离出了数据服务层。就Web系统而言，还需要生成在客户浏览器中渲染的HTML页面，这属于表示层。由此演化出了B/S应用的三层架构，如图4-3所示。

< 127 >

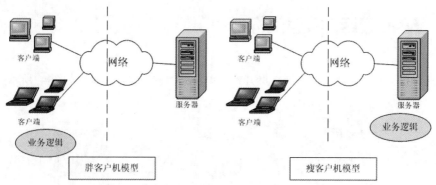

图 4-2　两层结构的胖客户机模型和瘦客户机模型

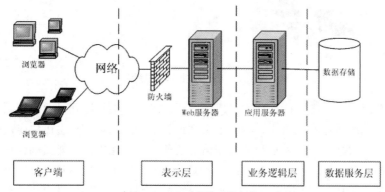

图 4-3　B/S 应用的三层架构

　　业务逻辑层由于应用的复杂性，通常又会继续进行应用模块的划分，并运行在通过高速网络连接的不同服务器上。B/S应用的三层架构中，尤其是业务逻辑层会继续横向扩展为多层，这样就演化成了*N*层架构，如图4-4所示。左边的客户端分为浏览器、桌面程序以及移动应用。各个层之间的连线表示了可以直接访问。比如桌面应用可以直接访问数据存储层的数据库。而通常Web应用是从客户端浏览器通过URI访问Web服务器，服务器端可以设置防火墙进行访问限制，以增强Web应用的安全性。Web服务器调用应用服务器进行复杂的应用计算，而涉及数据存储的处理则通过部署在应用服务器中的数据持久化层和数据管理层来完成。

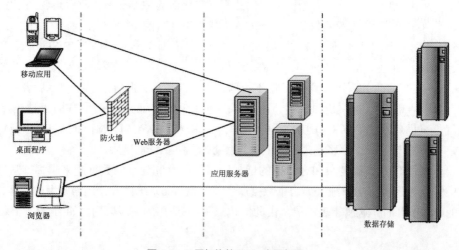

图 4-4　*N* 层架构的 Web 应用部署

< 128 >

一个N层架构的Web应用的典型分层如图4-5所示，每层负责处理特定的任务，以实现整个应用的分层管理和高内聚、低耦合的设计原则。

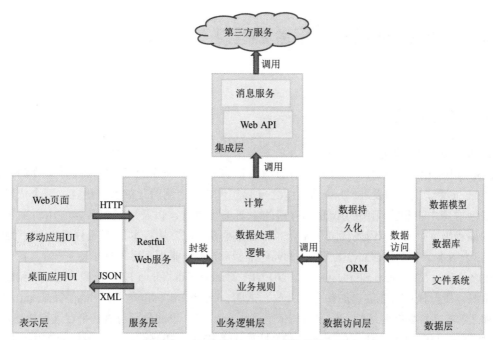

图 4-5　N 层架构的 Web 应用的典型分层

- 表示层：这一层是 Web 应用的前端界面，用于展示UI并接收用户的输入，和用户进行交互，类似于传统程序的输入输出层。表现层通常由HTML、CSS和JavaScript等Web前端技术实现，并可以通过Ajax和服务器进行通信。
- 服务层：这一层通常出现在较为复杂的应用中。位于表示层和业务逻辑层之间，为表示层提供一组可用的服务接口。服务层封装了业务逻辑层的功能，使得不同的客户端（如Web应用、移动应用）能够通过一致的接口调用业务逻辑。服务层通常实现于服务器端，并可以通过RESTful API等方式向客户端提供服务。
- 业务逻辑层：这一层通常处理业务逻辑，包括数据处理、验证、授权，以及大量和业务相关的处理。这一层通常实现于服务器端，可以使用Java、Python等编程语言，或者Spring、Django等框架实现。
- 数据访问层：这一层用于处理数据的持久化和读写，通常与关系数据库（如MySQL、PostgreSQL等）或非关系数据库（如MongoDB、Redis等）进行交互。数据持久化通常可以通过ORM（Object Relationship Mapping，对象关系映射）实现，从而可以采用流行的面向对象编程的方式实现数据库的增、删、改、查处理。典型的ORM框架有MyBatis、Hibernate等。
- 数据层：这一层包含了应用程序使用的数据模型和数据库。它通常包括数据库服务器和文件存储系统等，用于持久化存储数据。

较为复杂的Web应用中可能还会有集成层。该层负责与外部系统或第三方服务进行交互，处理所有外部通信，如API调用、消息队列通信等。

N层架构常用于大型应用程序的设计和开发，其主要优点是很好地划分了大型应用程序各模块的职责，从而实现模块化设计，降低代码维护和更新的难度，提高应用程序的可扩展性和可维

< 129 >

护性。此外，*N*层架构也支持开发人员更好地编写、测试和部署应用程序。

4.2 典型的Web开发平台和框架

4.2.1 Java EE

1. Java EE平台概述

Java是由Sun公司开发的一门面向对象编程语言，2009年Sun公司被Oracle公司收购，此后Java由Oracle继续维护和发展。Java从诞生之日起就代表了网络时代的编程语言，至今依然是移动互联网应用中占很大比例的Android应用的主要编程语言，以及后端服务器应用所采用的最主要的编程语言。Java一词还代表了平台。Java发展历程中，从版本1.2开始分为J2ME、J2SE和J2EE这3个版本，分别代表Java微型版、Java标准版和Java企业版。后来从JDK 5开始，各个平台分别改名为Java ME、Java SE和Java EE。2017年，Oracle宣布将Java EE的开源计划移交给Eclipse基金组织，使得该项目能够更加独立、开放、透明，Java EE被标准化并采用新名称Jakarta EE。为了和之前的名称保持延续性，后文我们依然采用Java EE。下面分别对这些平台进行简述。

（1）Java ME。Java ME常用于开发在物联网中的嵌入式和移动设备上运行的应用程序，但是目前在智能手机的移动应用中已经不那么流行。目前最大的应用领域在于嵌入式系统，特别是针对一些资源有限、计算能力较弱的设备，例如智能家居设备、智能穿戴设备、手持设备、Java卡、汽车电器等。在这些应用中，Java ME可以提供良好的跨平台性能，适合在多种设备上部署；提供优秀的安全性能，能够保护设备和用户的隐私数据。

（2）Java SE。Java SE为其他版本（比如Java EE）提供了坚实的基础。Java SE主要定义了运行Java应用的特征和核心语法。Java应用的一个核心特征是运行在JVM（Java Virtual Machine，Java虚拟机）之上。Java虚拟机是一个非常重要的概念，可以将Java字节码转换为机器代码并运行在不同的操作系统上，是Java跨平台特性的实现基础。Java的发明公司Sun提出的"一次编写，到处运行"，就是指Java代码编译后生成的字节码文件可以运行在各个平台的JVM中，从而实现跨平台，这也是Java广泛应用于互联网应用的主要原因。

JRE（Java Runtime Environment，Java运行时环境）是Java程序的运行环境，包括JVM标准的实现及Java核心类库，只需要安装JER即可运行Java的标准应用。JDK（Java Development Kit，Java开发工具包）又包括JRE、各种Java工具和Java基础类库。要开发Java程序，首先要安装JDK。在安装主目录的bin子目录下，可以看到许多Java工具，比如Java编译器（javac）、Java说明文件生成器（javadoc）、调试器（jdb）等。比较流行的JDK有开源社区的Open JDK、Oracle JDK等。

（3）Java EE。Java EE是在Java SE上添加一系列企业应用常用的功能规范形成的标准。和Java SE一样，Java EE并不是一个具体的产品，而是一个标准。不同的Java EE供应商可以开发自己的应用程序服务器来实现该标准，常用的有Apache软件基金会开发的开源Java Web应用服务器Tomcat、JBoss开发的WildFly、Oracle开发的WebLogic、IBM开发的WebSphere、Oracle维护的GlassFish，以及由Eclipse基金组织开发的开源轻量级服务器Jetty等。

Java的3个主要平台中都包含许多实现相关特性的标准。这些标准由JCP（Java Community Process，Java社区流程）组织制定和更新。JCP由Java开发者、供应商和专家组成，他们共同制

< 130 >

定和更新Java规范。JSR（Java Specification Request）是Java规范请求的缩写，它是制定JCP的一个流程。JSR是用于提出和开发Java标准规范的请求。只有通过JSR机制，Java的新特性、API和技术才可以被纳入Java标准规范，并且被Java开发人员和供应商采用并实现，得到广泛的应用。

Java EE包含的关键JSR涵盖了Java EE的核心技术，并且扩展了现有的Java平台和工具，使得开发者可以更加轻松和高效地构建和部署企业级应用程序，而企业级应用程序通常是基于Web平台构建的。较新的Java EE 8中包含几十个标准规范。Java EE 8于2017被JCP正式通过，之后移交给Eclipse基金组织继续开发和维护。2022年Jakarta EE 平台第10版发布。Jakarta EE 10和Java EE 8从功能和技术特性上而言比较接近，都重点关注了云原生技术，比如加强了云服务相关配置、对多租户的支持、简化的安全控制等。图4-6所示为官方提供的Jakarta EE 10架构图，可以看出Java EE基于Java SE扩展提供了许多API以支持各种企业级应用。

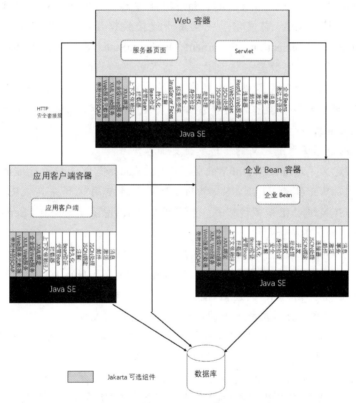

图 4-6　Java EE 基于 Java SE 扩展提供了许多 API

可以看到，Java EE架构中包含客户端、Web层、企业Bean层以及数据层，分别包含应用客户端容器、Web容器、企业Bean容器等。容器为组件提供了运行时支持。组件之间通常不会直接调用，而是通过容器提供服务。容器的作用是管理组件的生命周期，并可以在合适的时机为组件注入服务，比如声明式的事务管理、安全检测、资源池化以及状态管理等。

客户层主要指带有GUI的Java桌面应用。Web层主要包括JSP和Servlet，主要用于动态生成HTML网页返回给客户端。企业Bean层主要指运行在应用服务器受管环境中并支持事务，这一层也就是业务逻辑层。架构图中带箭头的实线表示了各层之间可以直接访问的关系，比如客户应用可以直接通过JDBC访问数据库。而通常在Web应用中，客户端是浏览器，通过HTTP/HTTPS访问Web层，Web层访问企业Bean构建的业务逻辑层，业务逻辑层再访问数据层。

下面列出Jakarta EE 10中的一些核心JSR，并扩充介绍其中Java EE常用的组件和技术。

< 131 >

- Servlet：定义了Java Servlet API。Servlet是Java企业版Web应用程序的核心，后文将展开介绍。Servlet的较新版本4.0，增加了对HTTP 2的支持。

- JSP（Java Server Page，Java服务页面）：一种用于创建动态网页的技术，它允许将Java代码嵌入HTML页面中，从而实现页面内容的动态生成。JSP页面由HTML标记和JSP元素组成。使用JSP元素可以访问JavaBean、Java类和对象，以及执行Java语句和表达式。JSP在服务器端被解析和编译，然后作为Servlet被执行。在执行期间，JSP页面会动态生成为HTML页面，并通过HTTP传输到客户端浏览器展示。

- CDI：定义了上下文和依赖注入。CDI提供了一种依赖注入框架，用于管理Java EE应用程序中组件之间的依赖关系和生命周期。依赖注入是一种重要的编程模式，将在后文进一步介绍。

- JDBC（Java Database Connectivity，Java数据库连接）：Java SE中得到支持的用于访问数据库的标准API，它提供了一组用于连接数据库并执行SQL语句的接口和类（如DriverManager、Connection、Statement、PreparedStatement、ResultSet等），使应用程序能够从数据库中读取数据、修改数据、插入数据和删除数据等。除了基本的数据库连接和操作，JDBC API还提供了许多高级功能，如事务处理、批处理和元数据处理等。JDBC API能够连接和操作各种类型的关系数据库（如MySQL、Oracle、SQL Server、PostgreSQL等），并向应用程序开发者提供了一致的方式访问数据库。这使得Java应用程序在不同的数据库系统之间的移植变得更加容易。

- JAX-RS：定义了Java RESTful Web服务API，为Java提供了一种标准的方式来创建基于REST原则的Web服务。JAX-RS支持Java开发人员使用注释来定义REST Web服务的端点，支持JSON和XML等多种格式。新版的JAX-RS增强了对SSE（Server-Sent Event，服务器推送事件）的支持。

- JSON-P和JSON-B：这两种API提供了Java对于JSON数据格式的支持。JSON是一种Web上常用的数据格式，会在后文展开介绍。JSON-P定义了Java JSON处理API，提供了一种用于操作JSON文档的API，包括解析、生成和转换JSON数据的方法。JSON-B提供了一种在JSON文本和Java对象之间方便地进行相互转换的API。

- JPA：定义了Java持久层API。JPA提供了一种面向对象的方式来管理数据库，可使Java开发人员更容易地访问、操作、查询和持久化数据。

- JSF（JavaServer Faces，Java服务页面）：一个Java Web应用程序框架，它采用基于事件响应的机制，为Web应用程序提供UI组件和行为。JSF规范定义了JSF编程模型，并提供了JSF API，使Java开发人员能够轻松地创建WebUI，以及跨网络实现对UI交互行为的响应。

- JMS规范：JMS（Java消息服务）支持Java应用程序发送和接收消息。JMS规范定义了JMS API，它是一组Java接口，可用于实现JMS功能。JMS是一种可靠、异步的通信方式，适用于分布式系统中基于MOM（Message Oriented Middleware，消息中间件）的通信，通常分为点对点通信以及基于订阅-发布模式的通信。

- JTA：JTA（Java事务API）为Java应用程序提供了良好的事务支持。JTA规范支持开发人员在Java EE应用程序中实现分布式事务，允许多个Java事务参与协调。它定义了两个接口TransactionManager和UserTransaction，都支持创建、提交和回滚事务。前者更多地使用在应用服务器场景中，因为这些服务器已经通过JTA提供了默认的TransactionManager实现。后者常用于编写独立的Java应用程序来管理事务，允许更细粒度的控制，具备更高的灵活性。

< 132 >

- **WebSocket API**：前文已经介绍过，WebSocket是一种通信协议，支持浏览器和服务器建立双向通信。Java EE中的WebSocket API支持使用Java通过WebSocket协议进行通信。

- **JNDI（Java Naming and Directory）**：Java命名和目录服务。该API在Java SE中即得到支持。它为分布式环境中的Java EE服务和对象提供了统一的命名和目录访问支持，使得Java应用程序能够动态地查找和使用各种命名和目录服务。例如查找JDBC数据源、消息中间件的端点等。开发人员可以将这些服务的名称和位置抽象出来，而不需要硬编码在代码中。另外，JNDI也提供了一种将Java对象绑定到名字空间中的方法，这使得Java对象可以通过名称进行访问和查找。这对于分布式应用程序非常有用，因为它支持在不同的Java虚拟机或远程服务器之间共享和访问Java对象。

- **JMX（Java Management Extensions，Java管理扩展）**：JMX是一个监视和管理Java应用程序的API。JMX提供了一种标准化的方式来监视Java应用程序中的资源、性能数据和运行状态，可以通过JMX接口进行访问。它允许开发者在运行时查看应用程序的状态并动态管理应用程序。JMX可以应用于网络管理、路由器和交换机管理等场景。

- **XML Web Services**：在Jakarta EE 10中它是一种可选API。作为Java平台的XML Web服务规范，支持SOAP，这是一种基于XML的协议，可以用于在网络上传输结构化数据。它也支持WSDL，用于描述Web服务如何访问。采用SOAP的Web服务和前面提到的REST Web服务是两种流行的Web服务，都将在后文进行介绍。

- **Bean Validation**：提供了一种用于验证JavaBean属性的标准方式。可以在运行时自动验证数据模型的有效性，从而避免无效数据的出现。Bean Validation提供了许多内置的验证注释，比如@NotNull、@Size、@Pattern等。还可以自定义验证注释和验证器来满足特殊需求。

除开拥有Java的Oracle公司维护的Java EE标准，以及移交到Apache基金组织后的Jakarta EE标准，在Java的企业级开发中，还有着被更广泛应用的开源框架。尤其是后文要介绍的Spring框架，针对当时比较重量级的EJB（Enterprise JavaBean，企业Java Bean）难以测试、被容器侵入从而难以重用等问题，提出了轻量级的解决方案。下面简要介绍两个比较流行的组合框架：SSH和SSM。

SSH是指3个框架Struts、Spring和Hibernate的集成，之后Struts发展为Struts2。这3个框架分别实现N层架构中的表示层、业务层和持久层，如图4-7所示。

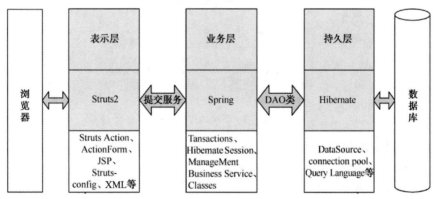

图4-7　SSH 组合框架

Struts（Struts2）是一个MVC框架，它可以将请求和响应分离，支持表单验证、数据绑定等功能，在SSH框架中主要起到控制器作用，并负责选择视图返回给用户，所以也作为显示层。Spring框架可以说是Java领域最流行的框架，提供了一个轻量级的IoC（Inversion of Control，控

< 133 >

制反转）容器，并提供AOP（Aspect-Oriented Programming，面向方面的程序设计）、事务管理等功能，使得应用开发更加灵活和高效，后文将进一步介绍Spring框架。基于Spring强大的整合其他业务组件的能力，其主要承担业务层的功能。Hibernate是一个面向对象的关系数据库映射ORM框架，它可以将Java对象映射到关系数据库中，并提供了灵活的查询语言HQL和Criteria，作为持久层。

目前SSM组合框架的应用比SSH更加广泛，如图4-8所示。其中Spring MVC替代了Struts/Struts2作为表示层，MyBatis替代了Hibernate作为持久层，而中间的业务层依然由Spring担任。

Spring MVC比Struts/Struts2具有以下优势。

（1）更加简单，上手更加方便。

（2）通过注解来简化了采用XML进行配置的做法。

（3）测试更加方便，Spring MVC可以通过模拟HTTP请求来进行控制器的单元测试，而Struts2则需要依赖并使用一个完整的Web容器来测试控制器，增加了测试的复杂度。

（4）作为Spring平台中的一个模块，可以更方便地和其他Spring的组件整合，如Spring IoC、Spring AOP、Spring Data等。

MyBatis也是采用Java的、非常流行的ORM框架。相对于Hibernate，MyBatis的优势如下。

（1）更加灵活的SQL控制：MyBatis允许开发者以XML或注解形式编写SQL，从而能够和数据库底层进行更加精细的交互操作。而Hibernate只是将SQL语句抽象为HQL或者Criteria查询语句，不方便进行更细致的操作。

（2）学习曲线更加平缓，API更加简单易用。

（3）对于SQL的执行优化更好，更加适合于一些需要高性能的业务场景。

（4）可以和Spring、Spring Boot、Spring MVC、Spring Batch等框架更方便地集成。

随着前后端分离架构的流行，Java EE框架常位于后端，以REST风格的Web服务提供数据，而前端框架由Vue、React、Angular等框架实现。这时，后端开源框架主要由Spring Boot和MyBatis组成。后文将详述前后端分离架构。

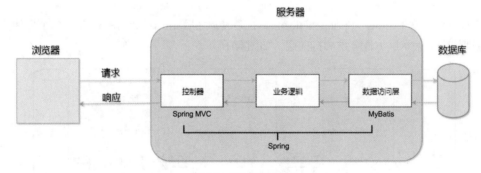

图 4-8　SSM 组合框架

2．Java Web核心组件和API

前文在介绍Java EE的时候概述了Servlet和JSP，这里对Java Web开发中的核心组件Servlet和JSP，以及典型的API JDBC做进一步介绍。

（1）Java Servlet。Java Servlet简称Servlet，即用Java编写的服务器端程序，是基于Java技术开发Web应用的核心组件。其主要功能是生成动态Web内容。在基于Java的服务器框架如Spring MVC中，它主要承担控制器的作用，对用户的请求根据情况调用其他组件进行处理。Servlet运行在Servlet容器中，用来扩展基于HTTP的Web服务器。Servlet容器负责处理客户请求。当客户端

< 134 >

发送请求到Web服务器时，Servlet容器获取请求，然后调用某个Servlet，并把Servlet的执行结果返回给客户端。因此，Servlet容器是Web服务器和Servlet进行交互必不可少的组件。Tomcat就是一个流行的Servlet容器。

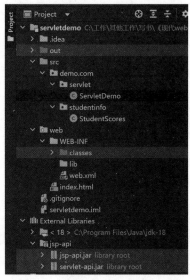

图4-9所示为Servlet的处理过程，采用了模块化和面向对象处理的方式，可以分为以下几个步骤。

① 客户端发起请求：客户端通过浏览器或其他HTTP客户端软件向服务器发起HTTP请求。

② 服务器接收请求：服务器接收HTTP请求，并将其发送到Servlet容器进行处理。

③ Servlet容器接收请求：Servlet容器接收HTTP请求，通过解析请求头和请求正文信息，从中提取出请求的URL、请求参数、HTTP方法等信息。

④ Servlet容器查找对应的Servlet：Servlet容器根据请求的URL信息，查找与之对应的Servlet。

⑤ Servlet容器创建请求和响应对象：Servlet容器创建HTTP请求和响应的对象实例，并将其传递给查到的Servlet。

⑥ Servlet处理请求：Servlet基于HTTP请求的信息进行处理，使用请求对象获取请求参数或头信息，或调用其他Java类、组件来处理请求。

⑦ Servlet生成响应：Servlet使用HTTP响应对象来生成响应，并且可以将生成的HTML、XML、JSON等内容写入响应输出流。

⑧ Servlet容器发送响应：Servlet容器将响应返回给客户端，并在响应头信息中包含一些附加信息，例如响应状态码等。

⑨ 客户端接收响应：客户端接收响应，并根据响应内容来渲染页面或执行其他动作。

下面以一个简单的根据学号查询考试成绩的示例来展示在IntelliJ IDEA中编写Servlet，并将之部署到Tomcat上运行的流程。需要如图4-10所示设置好整个项目的目录结构。另外，需要引入已经安装好的Tomecat目录下lib子目录中的两个包：jsp-api.jar和servlet-api.jar。

项目运行时，会在浏览器中显示图4-11所示查询页面。

图 4-10　简单 Servlet 项目的目录结构　　　图 4-11　简单 Servlet 项目的浏览器查询页面

< 135 >

对应的index.html文件中代码如下。

```
<!DOCTYPE html>
<html xmlns="http://www.w3.org/1999/html">
<head>
<!-- 设置HTML文档的字符编码为UTF-8，确保在渲染页面时可以正确显示中文字符-->
    <meta charset="utf-8">
    <title>Get your score here!</title>
</head>
<body>
输入你的学号查询本次考试的成绩: <br/><br/>
<!—以下创建一个表单，其中action属性指定表单数据提交到的服务器URL地址为/score,
method属性指定表单提交方式为GET-->
<form action="/score" method="get">
    <input type="text" name="id"><br/><br/>
    <input type="submit" value="提交">
</form>
</body>
</html>
```

当用户填写完自己的学号（比如"004"）并单击"提交"按钮时，表单数据将被提交到指定的URL地址上。而根据web.xml配置文件，这个URL的请求将由Servlet类demo.com.servlet. ServletDemo进行处理。以下是web.xml文件的内容，其中给出了相应标签的注释。

```
<?xml version="1.0" encoding="UTF-8"?>
<web-app xmlns="http://xmlns.jcp.org/xml/ns/javaee"
        xmlns:xsi="http://www.w3.org/2001/XMLSchema-instance"
        xsi:schemaLocation="http://xmlns.jcp.org/xml/ns/javaee http://
xmlns.jcp.org/xml/ns/javaee/web-app_4_0.xsd"
        version="4.0">
    <!-- 声明Servlet -->
    <servlet>
        <!--自定义Servlet别名 -->
        <servlet-name>score</servlet-name>
        <!—实现该Servlet的类的全名-->
        <servlet-class>demo.com.servlet.ServletDemo</servlet-class>
    </servlet>
     <!--给Servlet映射一个可供客户端访问的URL-->
    <servlet-mapping>
        <!--必须和以上标签中的<servlet-name>相同-->
        <servlet-name>score</servlet-name>
        <!-- Servlet的映射路径-->
        <url-pattern>/score</url-pattern>
    </servlet-mapping>
</web-app>
```

结合<servlet-mapping>和<servlet>中子元素的定义，Servlet引擎可以得出对URL的访问将由位于demo.com.servlet包下的ServletDemo类来处理。以下是ServletDemo类的代码。

```
package demo.com.servlet;
```

< 136 >

```
import demo.com.studentinfo.StudentScores;
import javax.servlet.http.HttpServlet;
import javax.servlet.http.HttpServletRequest;
import javax.servlet.http.HttpServletResponse;
import java.io.IOException;
import java.io.PrintWriter;

public class ServletDemo extends HttpServlet {
    protected void doGet(HttpServletRequest request, HttpServletResponse
response) throws IOException {
        String studentId = request.getParameter("id");
        StudentScores studentScores = new StudentScores();
        Integer score = studentScores.getScore(studentId);
        response.setContentType("text/html;charset=utf-8");
        PrintWriter out = response.getWriter();
        out.println("<title> Your score query result</title>");
        out.println("你好，学号为 " + studentId +"的同学，你本次考试的成绩是" + score);
    }
}
```

以上代码定义了一个名为ServletDemo的Java Servlet，继承自HttpServlet。其中重写了HttpServlet中的doGet()方法，当客户端发送GET请求时，服务器端将执行该方法。request.getParameter("id")使用HttpServletRequest对象的getParameter()方法，获取来自客户端的请求中名为"id"的参数的值。在这里，"id"参数的值是经过用户填写的表单并以GET方式提交到Servlet中的。

然后创建一个StudentScores对象，该对象用于保存学生成绩数据，模拟了数据库的作用。然后调用StudentScores类的getScore()方法查询指定学生的成绩。后文将给出StudentScores类的代码。

response.setContentType("text/html;charset=utf-8");在HttpServletResponse对象中设置响应头的内容类型和字符编码。这里指定文档内容的字符编码为UTF-8，确保当在浏览器端渲染文本内容时，可以正确地解析中文字符。

response.getWriter()获取输出流，向客户端输出内容。服务器端可以通过输出流向客户端发送响应信息，例如本次查询的成绩信息。

除开通过web.xml来配置URL到Servlet映射的信息，还可以采用标注的方式。标注是JDK 5引入的功能。只需要在类定义前面加上注释，同时导入相应的类，那么前面的web.xml就无须添加对Servlet和URL映射的说明，代码如下所示。

```
import javax.servlet.annotation.WebServlet;

@WebServlet(name = "test", urlPatterns = "/test")
public class ServletDemo extends HttpServlet {
    ...
}
```

Servlet的两种配置方法中，采用web.xml进行配置的优点在于便于集中管理和修改；缺点是XML代码量大且烦琐，可读性差。另外，如果手动配置文件，容易出错。采用标注的方式优点是代码少，配置简单；缺点是无法集中配置，不方便集中管理和修改。

以下是StudentScores类的代码，其中使用了Java自带的HashMap类来保存学号和成绩的键值对。其中，addScore()方法用于往HashMap中添加学生信息，而getScore()方法则用于根据学号获

< 137 >

取对应的学生成绩。

```java
package demo.com.studentinfo;

import java.util.HashMap;

public class StudentScores {
    private HashMap<String, Integer> scores;

    public StudentScores() {
        scores = new HashMap<>();
        addScore("001", 85);
        addScore("002", 88);
        addScore("003", 78);
        addScore("004", 95);
        addScore("005", 90);
    }

    /**
     * 添加学生成绩
     *
     * @param id    学号
     * @param score 学生成绩
     */
    public void addScore(String id, int score) {
        scores.put(id, score);
    }

    /**
     * 根据学号查询学生成绩
     *
     * @param id 学号
     * @return 学生成绩，如果不存在则返回Null
     */
    public Integer getScore(String id) {
        return scores.get(id);
    }
}
```

如果在index.html页面中输入一个学号（比如"004"），然后单击"提交"按钮，浏览器将返回服务器端Servlet写回客户端的成绩信息，如图4-12所示。

← → C ⌂ ⓘ localhost:8080/score?id=004

你好，学号为004的同学，你本次考试的成绩是95

图4-12 简单 Servlet 项目的运行结果

该示例展示了如何通过客户端的HTML页面将用户填写的表单数据传递到服务器端进行处理，以及通过web.xml或者标注的方式说明该URL请求应该由哪个Servlet来处理。最主要的是，展示了Servlet如何通过作为参数传给doGet()方法的代表请求信息的HttpServletRequest对象获得用户输入的参数、如何通过HttpServletResponse设置返回给客户端的页面信息，以及如何获得输出流写回该页面信息，同时展示了Servlet如何调用业务逻辑组件的功能。在该示例中，根据学号查询成绩的StudentScores类作为业务逻辑组件被Servlet所调用。显然，通过Servlet的输出流来逐句输出页面给客户端是不可取的。这就要使用到主要作为视图组件的JSP了。

（2）JSP。JSP是一种基于Java开发Web应用的服务器端脚本技术，用于动态生成Web页面。

< 138 >

它允许开发人员将Java代码嵌入HTML页面，并在服务器端解析和执行这些代码来生成动态内容。开发人员可以在JSP页面中使用标准的HTML、JavaScript、CSS以及JSP标签来实现页面的布局和样式。同时，可以使用JSP的内置对象和方法来访问数据库、处理表单、控制流程等。

JSP与Servlet密切相关，JSP本质上就是在Servlet中嵌入HTML、CSS和JavaScript等代码。JSP页面可以包含静态的HTML代码和动态生成的Java代码，当请求到达服务器端时，JSP容器会将JSP页面编译成Java Servlet，并在Servlet容器中执行Java代码以响应请求。

下面分别从JSP的标签、指令、内置对象等几个方面介绍JSP。

使用JSP标签可以在页面中插入Java代码和动态内容，从而实现页面的动态展示。以下是常用的JSP标签。

- 脚本标签<% code %>：用于包含Java代码的脚本片段，可以在其中执行Java语句。这部分的code会被插入相应JSP转化后的Servlet的__jspService()方法中。
- 表达式标签<%=expression%>：用于在页面中插入变量的值，例如<%= myVariable %>，将会输出myVariable变量的值。在转化的Servlet中以out.print(expression) 插入__jspService()方法。
- 声明标签 <%!code%>：可以声明变量和方法，这部分code会被插入JSP转化后的Servlet的类声明。
- <jsp:include> 标签：用于包含其他JSP页面或HTML文件。
- <jsp:forward> 标签：用于将请求转发到另一个页面或资源。
- <jsp:useBean> 标签：用于创建JavaBean实例并访问其属性或方法。
- <jsp:setProperty> 标签：用于设置JavaBean实例的属性值。
- <jsp:getProperty> 标签：用于访问JavaBean实例的属性值。

JSTL（JavaServer Pages Standard Tag Library，JSP标准标签库）是一组使用标签的JSP标准库，提供了可重用的、标准的标签和函数来访问和操作服务器端的数据和资源。它是JSP规范的一部分，由JCP定义和维护。开发人员可以直接在JSP中使用这些标签来进行基本输入输出、流程控制、循环、XML文件剖析、数据库查询及文字格式标准化的应用等。JSTL所提供的主要组件如下。

- 核心标签库：提供了JSP开发所需的大部分基本功能，例如变量赋值、循环、条件判断、URL跳转等。主要的标签包括<c:set>、<c:if>、<c:forEach>、<c:url>等。
- 格式标签库：提供了格式化日期、时间和数字的标签。主要的标签包括<fmt:formatDate>、<fmt:formatNumber>等。
- SQL 标签库：提供了在JSP页面中访问关系数据库的能力。主要的标签包括<sql:query>、<sql:update>、<sql:param>等。
- XML 标签库：提供了XML文档的解析和转换功能。主要的标签包括<x:parse>、<x:out>、<x:forEach>等。

JSTL提供了大量可用的标签和函数，主要是为了简化JSP页面的开发。它们提供了简洁、可读性高的代码。例如，使用<c:if>标签可以将一个整体的if语句变成一个更简洁的标签，如下所示。

```
<!-- 使用原生if语句 -->
<%
  if (score >= 90) {
    out.println("你这次考试拿了优秀！");
  } else {
    out.println("你这次考试没有拿到优秀！");
  }
```

< 139 >

```
%>

<!-- 使用<c:if>标签 -->
<c:if test="${score >= 90}">
  你这次考试拿了优秀!
</c:if>
<c:if test="${score < 90}">
  你这次考试没有拿到优秀!
</c:if>
```

除了标签库之外，JSTL还提供了许多函数库，可以提取、转换和处理数据。主要的函数库如下。

- fn：提供了各种字符串和逻辑函数，用于计算长度、替换、比较等。
- fmt：提供了各种日期、时间和数字格式化函数。
- sql：提供了各种SQL函数，用于字符串连接、数据查询等。

JSTL 中的函数库使JSP页面可实现更多的数据处理和输出操作。使用这些函数，可以更好地满足数据处理的需求。

和JSTL密切相关的一个JSP技术是EL（Expression Language，表达式语言）表达式。EL表达式是JSP 2.0中新增的一项功能，它提供了JSP页面中可以使用的表达式语言，用来对数据进行访问和操作。EL表达式使得JSP页面的开发更加灵活和简化，减少了在JSP页面中编写的Java代码量。

EL表达式的语法比较简单，通常使用${}变量的方式来表示。在${}内部可以使用各种运算符、函数、属性等，用来表示需要处理的表达式内容。例如，${student.firstName}表示获取一个名为student的JavaBean对象的firstName属性。

通过使用EL表达式，可以快速访问对象的属性值，在JSP页面中执行算术运算、关系运算、逻辑运算等。也可以通过已经存在的JavaBean对象，获取返回值或者调用JavaBean的方法。同时，还可以访问指定范围的变量，如pageScope、requestScope、sessionScope、applicationScope分别表示页面、请求、会话和应用范围。

下面我们介绍JSP指令。JSP指令和标签都是用于控制JSP页面行为和生成的元素的机制，不同之处在于它们的语法和在页面中的使用方式。指令是静态的且在页面编译期执行，而标签是动态的且在页面运行时执行。以下是一些常用的JSP指令。

- @page指令：JSP页面的一部分，它用于定义页面的属性和行为。
- @include：用于引入其他JSP页面或HTML页面，可以将包含多个JSP文件的页面拆分为单独的文件进行开发和维护。
- @taglib：用于导入标签库，定义标签库在JSP页面中的名字空间和前缀。
- @directive：用于指定不同的应用程序、编译器和容器环境的JSP配置和行为。
- @attribute：用于定义标签属性，并指定标签属性的名称、数据类型、描述和默认值。
- @pageContext：可以获取关于请求和响应的信息，比如服务器信息、Cookie、HTTP请求头、参数等，并且可以将变量存储在Servlet上下文中供其他页面使用。

常用的@page指令主要有以下几种属性。

- contentType：指定响应的MIME类型，例如text/html或application/xml等。
- import：定义要在页面上使用的Java类或包。
- language：指定JSP页面的脚本语言，例如Java或JavaScript。
- session：如果设置为true，则表示该页面将始终使用HTTP会话。默认为false。
- buffer：指定页面的响应缓存大小。可以设置为none、8KB、32KB或64KB，也可以自行

< 140 >

指定缓存大小。

- isErrorPage：如果设置为true，则表示该页面可以用于处理应用程序中发生的所有异常。
- autoFlush：指定缓冲区是否可以自动刷新，默认为true。

@taglib指令的作用是在使用前文所述的JSTL核心标签库时，在JSP中添加相应的Taglib指令。例如，如果想要使用JSTL的核心标签库，可以在JSP的顶部添加如下声明。

```
<%@taglib prefix="c" uri="http://java.sun.com/jsp/jstl/core" %>
```

在这个例子中，使用@taglib指令将JSTL的core库名字空间定义为“c”，并指定了用于访问该库的URI。这使得在该JSP页面的后续部分中可以使用JSTL core库的标签。

JSP的内置对象是指无须声明和创建即可使用的对象。因为JSP最终会被编译为Servlet，所以这些对象实际也对应Servlet中的内置对象。

- Request：对应Servlet的HttpServletRequest，表示当前请求的信息，包括参数、头信息等。
- Response：对应Servlet的HttpServletRepsonse，表示服务器响应客户端请求的信息，包括响应头等。
- Session：对应Servlet的HttpSession，表示当前用户的会话信息，用于在不同页面之间共享数据。
- Application：对应Servlet的ServletContext，表示当前Web应用程序的上下文信息，用于在整个应用程序范围内共享数据。
- Out：输出流，对应Servlet中的类型JspWriter，表示输出响应到客户端的流。
- Config：对应Servlet中的ServletConfig，表示 Servlet 的配置信息。当一个Servlet初始化时，容器把某些信息通过此对象传递给这个Servlet，这些信息包括 Servlet 初始化时所要用到的参数。另外，通过Config对象的方法getServletContext()可以返回ServletContext对象，从该对象中可以得到服务器的相关信息。
- exception：表示当前页面抛出的异常信息。
- page：表示当前页面的信息，包括名称、URL等。也代表JSP被转译后的Servlet，它可以调用Servlet类所定义的方法。
- pageContext()：能够存取其他隐含对象。表示页面上下文信息，包括所有内置对象等，能够存取这些隐含的内置对象。

在以上介绍中，涉及Web应用开发的一个重要概念，即变量的存取范围（Scope）。通常有4个范围，即页面（page）、请求（request）、会话（session）、应用（application），如图4-13所示。

- 页面范围：指的是变量仅在某个页面中有效，离开该页面后，变量被销毁从而无效。
- 请求范围：指的是变量仅在某个HTTP请求处理过程中有效，请求结束后就会被销毁。例如，在Java Web应用中，通过HttpServletRequest对象可以获取请求参数、请求头等信息，这些信息都只在当前请求过程中有效。在服务器端页面转发中，变量在相邻页面中有效。
- 会话范围：指的是变量在用户会话期间都有效，在用户关闭会话或会话超时后才会被销毁。例如，在Java Web应用中，可以使用HttpSession对象保存用户登录状态、购物车信息等数据，这些数据在用户会话期间有效。
- 应用范围：指的是变量在整个Web应用中都有效，在Web应用关闭或重启期间才会被销毁。例如，在Java Web应用中，可以使用ServletContext对象保存全局配置信息、数据库连接池等数据，这些数据在整个Web应用中都是有效的。又如，一个论坛应用采用某个变量代表了当前在线人数，这个变量将被该应用的所有用户所共享。

< 141 >

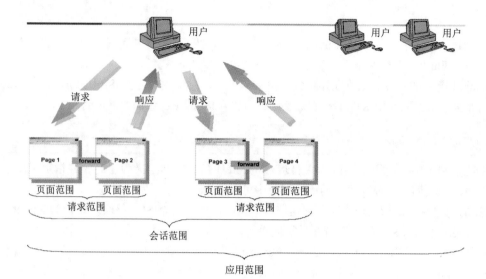

图 4-13　Web 应用开发中的 4 个范围

综上所述，这4个范围依次增大。

下面在用Servlet实现的成绩查询应用的基础上，给出JSP的应用示例。在之前Servlet项目的web子目录下添加getScore.jsp，其中代码如下。

```jsp
<%@page contentType="text/html;charset=UTF-8" language="java" %>
<%@page import="demo.com.studentinfo.StudentScores" %>

<html>
<head>
    <title>查询学生成绩</title>
</head>
<body>
<h7>查询学生成绩</h7>
<form method="post">
    <label for="studentID">学号: </label>
    <input type="text" name="studentID" id="studentID" required>
    <input type="submit" value="查询">
</form>

<%
    // 检查是否有POST请求
    if (request.getMethod().equals("POST")) {

        // 获取学号
        String studentID = request.getParameter("studentID");

        StudentScores studentScores = new StudentScores();
        Integer score = studentScores.getScore(studentID);

        // 显示学生成绩
        out.println("<p>学号 " + studentID + " 的成绩是: " + score + "</p>");
    }
%>
```

< 142 >

```
</body>
</html>
```

　　该JSP文件的代码中，首先采用@ page指令给出了页面的类型，使用了UTF-8以正确显示中文，文件中使用的是Java。第二条@ page指令导入了StudentScores类，该类模拟了学生成绩数据库的作用，前文已经给出过代码。之后在定义的form表单中以HTTP POST方法将用户输入的信息发给JSP页面处理。处理主体部分代码以<% code %>形式放置在了标签中，表示在服务器端需要编译执行的代码，执行该代码会生成动态HTML文件部分内容。其中直接使用request内置对象并调用该对象的方法getParameter()得到用户输入的参数。随后实例化一个StudentScores对象，并查询获得针对某个具体studentID的分数，接着使用out内置对象并调用该对象的方法println()将参数拼接成字符串输出到网页上。

　　在浏览器中访问localhost:8080/getScore.jsp，该示例的运行效果如图4-14所示。

图 4-14　JSP 示例应用的运行效果

　　（3）JDBC。数据库在Web应用中起着非常关键的作用，是Web应用的核心数据存储仓库，用于持久化存储用户信息、应用配置、内容、交易记录等各种数据。无论是社交媒体、电子商务平台、博客、新闻网站还是任何其他Web应用，都需要一个可靠的数据库来存储和管理数据。数据库提供了强大的查询和检索功能，允许Web应用从大量数据中快速获取特定信息。这使得数据可用于动态生成网页内容、搜索、报告和分析等用途。另外，数据库可以定期备份，从而有效防止数据丢失或损坏。在数据丢失或出现意外故障时，可以使用备份进行数据恢复。本部分介绍Java访问数据库基础的JDBC API，之后在介绍后端框架的时候会介绍如何使用Spring框架集成第三方库来实现数据访问，从而更加简便地在Web应用中进行数据库操作。

　　JDBC是Java程序访问数据库的标准。JDBC允许Java应用程序与各种关系数据库（包括MySQL、Oracle、SQL Server等）进行通信。不同的数据库有不同的对JDBC的实现，但是都遵循同样的数据库访问标准，这类似于针对不同的硬件有不同的驱动程序，又称为JDBC驱动程序，如图4-15所示。

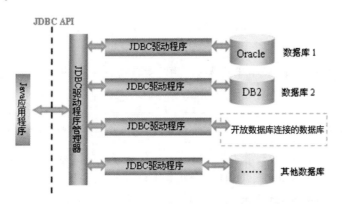

图 4-15　JDBC 驱动程序连接了调用接口和数据库

　　JDBC API是实现JDBC标准支持数据库操作的类和方法的集合，主要包括核心包java.sql，以及可选包javax.sql、javax.transaction.xa、javax.naming等。java.sql包作为JDBC API的核心包，包含与数据库连接、SQL语句执行、结果集处理等相关的类和接口，其中包括Connection、Statement、PreparedStatement、CallableStatement、ResultSet、DriverManager等类和接口。javax.sql则包含一些扩展的数据库访问类和接口，用于支持高级功能（如数据库连接池的管理），其中

< 143 >

包括DataSource、ConnectionPoolDataSource等。javax.naming包含与命名和目录服务，如与JNDI（Java Naming and Directory Interface，Java命名和目录接口）相关的类和接口。JNDI通常用于在应用程序中查找和管理数据源，以便从中获取数据库连接。javax.transaction.xa 包含与分布式事务处理相关的接口，支持在分布式系统中进行事务管理。

JDBC API的基本功能和对应的核心API包括如下。

- 建立与一个数据源的连接。这将使用到驱动程序管理相关接口，如Driver包含驱动程序信息，是驱动器类要实现的接口；DriverManager负责注册数据库驱动程序、建立数据库连接和协调数据库连接的获取和释放；Connection用于连接数据库、执行SQL语句，并获取结果。javax.sql.DataSource接口用于数据库连接池管理。连接池是一种有效管理和复用数据库连接的机制，可以提高应用程序的性能和资源利用率。

- 向数据源发送查询和更新语句。这将涉及执行SQL语句的相关接口。比如Statement执行SQL语句进行针对数据库的查询、更新、插入和删除操作，并返回结果；PreparedStatement执行预编译的SQL语句，适用于多次执行的语句以提高效率，还提供了参数化查询的支持以防范SQL注入攻击；CallableStatement用于调用存储过程或函数，支持执行数据库中已定义的存储过程，可传递参数，并获取存储过程的返回值。PreparedStatement和CallableStatement都是Statement的子接口。

- 处理得到的结果。相关接口主要包括ResultSet，表示数据库结果集的一个数据表，可以通过Statement执行SQL查询并获得ResultSet对象来访问查询结果。异常相关接口SQLException表示数据库访问异常，SQLWarning表示数据库访问警告。

JDBC最核心的功能是执行SQL语句从而操作数据库进行数据处理。SQL是一种用于管理关系数据库系统的标准化语言。SQL允许用户执行各种操作，包括数据检索、数据更新、数据定义和数据控制等。SQL主要可以分为以下几类。

- 数据定义语言（DDL）：用于定义数据库结构的语言，包括创建、修改和删除表、索引等。主要的DDL命令包括CREATE、ALTER和DROP。比如以下语句的作用是创建名为"employees"的表，定义了员工信息的结构，包括员工编号、名字和部门。

```
CREATE TABLE employees (employee_id INT PRIMARY KEY, first_name VARCHAR(50),
last_name VARCHAR(50), department VARCHAR(50));
```

- 数据查询语言（DQL）：用于从数据库中检索数据的语言。主要的DQL命令是SELECT。比如以下语句的作用是从名为"employees"的表中选择属于"Sales"部门的员工的名字。

```
SELECT first_name, last_name FROM employees WHERE department = 'Sales';
```

- 数据操纵语言（DML）：用于操作数据库中的数据，包括插入、更新和删除数据。主要的DML命令包括INSERT、UPDATE和DELETE。比如以下语句的作用是将员工John Doe的信息插入"employees"表，包括员工编号、名字和部门。

```
INSERT INTO employees (employee_id, first_name, last_name, department) VALUES
(1, 'John', 'Doe', 'HR');
```

- 数据控制语言（DCL）：用于控制数据库访问权限的语言，包括GRANT和REVOKE等。比如以下语句的作用是授权"user1"用户对"employees"表执行SELECT和INSERT操作的权限。

< 144 >

```
GRANT SELECT, INSERT ON employees TO user1;
```

- 事务控制语言（TCL）：用于管理数据库中的事务。事务是一系列数据库操作的逻辑单元，包括插入、更新、删除等操作。TCL允许用户明确定义事务的开始、提交和回滚等，以确保数据的一致性和完整性，包括COMMIT、ROLLBACK、SAVEPOINT、SET TRANSACTION等命令。比如COMMIT语句的作用是将当前事务中的所有更改永久保存到数据库中，并结束事务；ROLLBACK语句的作用是回滚当前事务中的所有更改，将数据库恢复到事务开始前的状态。以下语句的作用是在当前事务中创建一个保存点，以便稍后可以回滚到该保存点。

```
SAVEPOINT my_savepoint;
```

而以下语句的作用是回滚到名为"my_savepoint"的保存点，撤销该保存点之后的所有更改。

```
ROLLBACK TO my_savepoint;
```

下面以一个示例说明JDBC的使用方法，将之前在Servlet示例中采用HashMap模拟数据库的部分替换为采用MySQL数据库，并采用JDBC进行数据操作。

① 安装MySQL并建立数据库和表。

MySQL是一种开源的关系数据库管理系统（RDBMS），广泛用于存储和管理结构化数据。它支持多用户访问、数据存储、检索、更新和管理，广泛用于Web应用程序、企业级应用程序和各种其他应用中，是最受欢迎的开源数据库之一。前往MySQL官方网站下载相应版本，对于小型项目，MySQL Community Edition（社区版）已经够用。安装完成后，可以使用MySQL命令行客户端或其他MySQL管理工具（如Navicat for MySQL）来连接到数据库服务器。本示例采用命令行来进行操作。

在MySQL命令行下创建一个新的数据库。以下命令创建名为student_database的数据库，用于存储学生成绩信息。

```
CREATE DATABASE student_database;
```

选择要在其上执行操作的数据库。以下命令把当前的数据库上下文切换到student_database，以便后续的SQL操作在该数据库上执行。

```
USE student_database;
```

使用CREATE TABLE SQL命令来创建一个数据表，用于存储学生成绩信息。以下命令创建一个名为student_scores的数据表，包括student_id和score两列。student_id用作主键，以确保学号的唯一性。

```
CREATE TABLE student_scores (
    student_id VARCHAR(10) PRIMARY KEY,
    score INT
);
```

② 安装数据库连接软件并配置环境。

前往MySQL官方网站下载适用于对应MySQL版本的JDBC驱动程序，也称为Connector/J。

< 145 >

将MySQL JDBC驱动程序的JAR文件添加到项目的类路径中。或者在使用IDE如Eclipse、IntelliJ IDEA的情形下，右击项目，在弹出的快捷菜单中选择"Build Path"或"Add External JARs"，然后选择下载的MySQL JDBC驱动程序的JAR文件。也可以手动将JAR文件复制到项目的lib目录，然后在IDE中将lib目录添加到类路径中。

③ 编写Java代码以使用数据库。

以下代码的核心作用是将学生的学号和成绩插入MySQL数据库的表。通过使用预编译语句，可以提高安全性和性能，并防范SQL注入攻击。

```java
import java.sql.Connection;
import java.sql.DriverManager;
import java.sql.PreparedStatement;
import java.sql.ResultSet;
import java.sql.SQLException;

public class StudentScores {
    private static final String JDBC_URL = "jdbc:mysql://localhost:3306/student_
database";
    private static final String JDBC_USER = "your_username";
    private static final String JDBC_PASSWORD = "your_password";

    public StudentScores() {
        // 数据已经从HashMap移除
    }

    public void addScore(String id, int score) {
    //以下语句打开一个数据库连接，并确保在使用后自动关闭连接以释放资源
        try (Connection connection = DriverManager.getConnection(JDBC_URL,
JDBC_USER, JDBC_PASSWORD);
    //创建一个用于执行SQL语句的预编译语句
            PreparedStatement statement = connection.prepareStatement("INSERT
INTO student_scores (student_id, score) VALUES (?, ?)")) {
    //将学生的学号（id）和成绩（score）设置为SQL语句的参数，从而将学生的学号和成绩插入student_
id和score列
            statement.setString(1, id);
            statement.setInt(2, score);
    //执行SQL语句，将学生学号和成绩插入数据库中的student_scores表
            statement.executeUpdate();
        } catch (SQLException e) {
            e.printStackTrace();
        }
    }

    public Integer getScore(String id) {
        try (Connection connection = DriverManager.getConnection(JDBC_URL, JDBC_
USER, JDBC_PASSWORD);
            PreparedStatement statement = connection.prepareStatement("SELECT
score FROM student_scores WHERE student_id = ?")) {

            statement.setString(1, id);
            ResultSet resultSet = statement.executeQuery();

            if (resultSet.next()) {
                return resultSet.getInt("score");
            }
        } catch (SQLException e) {
```

< 146 >

```
        e.printStackTrace();
    }
    return null; // 学号不存在
    }
}
```

4.2.2　.NET

　　.NET是微软推出的一个免费、跨平台、开源的开发者平台，可以使用多种语言、编辑器、库来构建Web应用、移动应用、桌面应用等，具有跨语言、跨平台编程等特性。跨语言是指只要是面向.NET平台的编程语言（比如C#、Visual Basic、C++/CLI、F#等），其中一种语言编写的类型可以被另一种语言所调用，体现应用程序的互操作性。跨平台是希望一次编译，应用程序就可以运行在任意支持.NET框架（.NET Framework）的平台上。

　　图4-16所示为.NET Framework示意。从图中可以看出，.NET Framework开发平台包括CLR（Common Language Runtime，公共语言运行时）和BCL（Base Class Library，基础类库）。CLR负责管理代码的执行，包括资源管理、内存分配和垃圾收集等，可以认为CLR类似于Java虚拟机，是".NET虚拟机"。CLR的核心是CLI（Common Language Infrastructure，公共语言基础）。CLI提供了定义的规范接口与工具。代码被 .Net Framework编译器（即csc.exe）编译成EXE或者是DLL文件，EXE是可执行文件，而DLL是库文件。被编译后的EXE/DLL文件叫作IL（Intermediate Language，中间语言）文件，在.NET中称之为 Microsoft IL（MSIL）。CLR会通过JIT（Just In Time，即时）编译器对MSII进行第二次编译，将其编译成本地平台可以运行的原生代码。如果各个平台上有兼容的CLR，就可以实现跨平台运行。

　　而BCL提供了丰富的类库来构建应用程序。在面向.NET开发中，如果要编写跨语言组件，需要遵循CLS（Common Langrage Specification，共同语言规范），支持C#、VB、F#等语言。C#是2002年随着.NET 1.0推出的一门优秀的面向对象语言，是一门具有一定智能性的强类型语言，也加入了对函数式编程的支持，并且与.NET平台无缝集成，是.NET平台上最主要的开发语言。F#是一种微软开发的.NET平台上的函数式编程语言。

　　在这些.NET支持的语言之上是应用程序模型，主要包括ASP.NET、Windows Forms、WPF。ASP.NET是基于.NET平台、针对Web应用程序开发所推出的一种开发框架和工具，允许开发人员使用各种编程语言（如C#、VB.NET等）创建Web应用程序。Windows Forms和WPF是用来编写桌面应用的，属于开发同一类应用的技术。区别是，Windows Forms是对传统Windows界面元素的封装，采用每个控件都是一个窗口的设计，使用的也是传统Win32的 GDI+，用像素渲染；WPF封装了DirectX，用矢量方式渲染，采用UI描述语言XAML，只有一个窗口，所有控件都在这个窗口里的Visual Tree上，支持更丰富的UI外观和交互形式（如动画、视觉效果、三维图形等），还可以有效利用GPU。

　　从图4-16也可以看出，.NET Framework主要是针对Windows操作系统的。为了实现

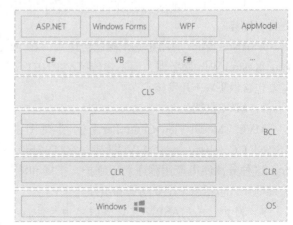

图 4-16　.NET Framework 示意

< 147 >

真正的跨平台，微软将 .NET Framework重写为跨操作系统的轻量级产品，并命名为.NET Core，可以运行在 Windows、macOS 和 Linux 上。其中包括名为 CoreCLR 的 CLR 跨平台实现和名为 CoreFX 的精简类库。.NET Core提供了更高的性能、更好的可扩展性和更好的跨平台支持，其中包括UWP和ASP.NET Core。UWP（Universal Windows Platform，Windows通用应用平台）是 .NET中的一个基于XAML的跨平台UI框架，可以在各种设备（包括计算机、手机、Xbox、巨屏触控Surface hub、VR头显HoloLens等Windows设备）上运行。

微软还于2016年收购了Xamarin，用于移动应用开发，可以开发适用于iOS、Android等平台的应用。Xamarin可以在OSX上运行，OS X是苹果公司为Mac系列产品开发的基于UNIX的操作系统。自此，.NET家族就具有了.NET Framewrok、.NET Core、Xamarin三大平台。

为了控制.NET Framework、.NET core、Xamarin等.NET平台的兼容性，微软制定了.NET标准（.NET Standard），这是一套所有.NET平台都可以实现的API规范。另外，.NET平台还包括Visual Studio、Visual Studio Code等集成开发环境。因此，可以认为，.NET平台包含标准和通用的编程模型，也包含针对Web、桌面、移动等各类应用的客户端和服务器端开发的平台服务以及开发工具。整个.NET平台的架构与组件如图4-17所示。

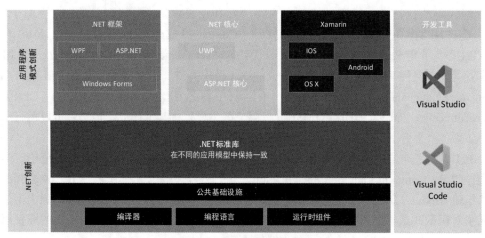

图 4-17　.NET 平台架构与组件

下面着重介绍和Web开发密切相关的ASP.NET Core。ASP.NET Core 是一个跨平台的高性能和可扩展的开源框架，可以用来构建针对 Windows、macOS、Linux 等平台的Web 应用程序和服务。相对于.NET Framework，在跨平台、面向微服务、使用Docker容器等场景下，ASP.NET Core 更具有优势。

ASP.NET Core 应用是一个控制台应用，在 Program.Main()方法中创建 Web 服务器，内部配置了 Kestrel Web 服务器，而不像传统ASP.NET仅能部署到微软开发的Web服务器IIS上运行。它主要包含以下Web开发技术。

1. MVC框架

MVC（Model-View-Controller，模型-视图-控制器）是一种设计模式，后文将详述。ASP.NET Core中包含一个MVC框架，它将Web应用程序划分为Model、View和Controller这3个部分，这种分离使得应用程序易于维护、扩展和测试。ASP.NET CoreMVC是构建Web应用的一个关键框架，包括以下主要功能和组件。

- 路由：采用ASP.NET Core的路由组件。ASP.NET Core路由组件可以将传入请求的 URL 映射到操作（即Action）上。路由操作既支持传统路由，也支持属性路由。其中传统路

< 148 >

由是具有描述性的路由，用于为浏览器处理HTML页面的控制器。而属性路由是指在控制器或操作上放置路由属性，用于处理Web API的控制器。

- 模型绑定：模型绑定将客户端请求数据（比如来自form表单的值、HTTP头等）转换到控制器可以处理的对象中。
- 模型验证：通过使用数据注释定义验证规则，可以实现在值发送到服务器端前在客户端上进行检查，以及在调用控制器或操作前在服务器端上进行检查。
- 依赖关系注入：ASP.NET Core 支持依赖关系注入的设计模式，采用其内置的服务容器IServiceProvider，可以实现在Startup.ConfigureServices()方法中注册服务。ASP.NET Core MVC框架可以在控制器上通过构造函数得到所需服务对象，还可以在视图文件上使用@inject 指令，通过依赖注入获取服务对象。
- 筛选器：帮助开发者封装横切关注点，例如授权管理等。筛选器允许Action运行自定义预处理和后处理逻辑，并且可以配置为在给定请求的执行管道内的特定点上运行。筛选器可以作为属性应用于控制器或Action，也可以全局运行。这个相当于起到AOP的作用，或者说Spring MVC中拦截器的作用。
- 区域：在大型Web开发的场景中进行功能分组。复杂的大型应用可以分为多个应用单元，每个单元都有自己的MVC结构，称为该大型应用中的一个区域。
- Web API：除了构建网站，还支持采用REST风格的Web API，后文将展开介绍。
- 可测试性：开发者可快速轻便地进行集成测试，相关工具和机制包括TestHost 和实体框架的 InMemory数据库提供程序。TestHost是.NET平台中两种主要测试框架（NUnit和XUnit）的共同特性。它提供了一个演示应用程序的环境，能够帮助开发人员在测试Web应用程序时模拟HTTP请求和响应。而InMemory数据库提供程序则是用于测试Entity Framework的一种内存数据库提供程序。
- Razor 视图引擎：使用Razor视图引擎呈现视图。Razor 是一种紧凑、富有表现力且流畅的模板标记语言，通过使用嵌入式 C# 代码定义视图，类似于Java EE中的JSP视图组件。
- 强类型视图：可以基于模型使得MVC中的Razor视图强类型化。控制器可以将强类型化的模型传递给视图，使视图具备类型检查和IntelliSense支持。
- 标记帮助程序：使用内置的LinkTagHelper标记帮助程序，可以使用 Razor 文件中的HTML 元素创建和呈现服务器端代码。
- 视图组件：通过视图组件可以包装呈现的逻辑，并在整个应用程序中重用，视图组件之间可以具有关联逻辑。

2．Razor

Razor是ASP.NET Core提供的一种视图引擎，支持创建动态的Web页面。Razor具有简单的语法和强大的验证功能，使得开发人员可以轻松创建美观且功能强大的Web页面。每个Razor页面都是两个相关文件。一个是 .cshtml视图文件，其中包含使用Razor语法的C＃代码的HTML标记，Razor标记以@符号开头，比如@page指令必须是该页面上的第一个Razor指令；另外一个是.cshtml.cs文件，其中包含处理页面事件的C#代码。

3．Entity Framework Core（EFCore）

Entity Framework Core是ASP.NET Core的一种ORM框架，允许开发人员使用C#或VB.NET编写代码来访问数据库，包括CRUD（创建、读取、更新、删除）操作和复杂查询。ORM支持通过数据库提供程序的插件库访问许多不同的数据库，比如SQL Server、MySQL、Oracle等。这些插件库可以通过NuGet包管理器得到。还可以使用 EF Core 基于数据库创建数据模型，从而实现针

< 149 >

对已有数据库进行逆向工程，构建数据访问的 ASP.NET Core MVC 应用程序。Entity Framework Core 使用LINQ（语言集成查询）来查询数据库中的数据，支持使用 C# 或其他 .NET 语言编写强类型查询。LINQ会传递给数据库提供程序，进而转换为特定的数据库查询语言，例如适用于关系数据库的 SQL。

4．Web API

ASP.NET Core还提供了一种构建轻量级、快速和易于使用的Web API的框架。Web API使得应用程序可以向外部网络或应用程序提供服务或数据，通常是采用HTTP操作语义对Web资源执行CRUD的REST化Web服务。在ASP.NET Core上提供Swashbuckle和NSwag .NET两个中间件作为Web API的辅助工具，这两个中间件都遵循Swagger规范。Swagger是一种与开发语言无关的规范，用于描述REST API，被捐赠给OpenAPI计划后又称为OpenAPI。Swagger为Web API生成提供了交互式文档、客户端SDK生成等功能。Swagger UI 提供了基于Web的界面，提供有关服务的信息。Swashbuckle和NSwag都包含Swagger UI的嵌入式版本，因此ASP.NET Core应用中可以使用中间件编程注册调用。

除开以上开发Web应用最核心的技术，ASP.NET Core还包含其他和Web开发相关的其他组件和框架。以下3个分别代表了包括WebSocket的实时Web开发、Web安全领域的认证和授权、微服务领域应用。

（1）SignalR：SignalR是ASP.NET Core的实时Web通信框架，它可让开发人员很容易地创建实时的Web应用程序。SignalR支持在服务器和客户端之间建立持久连接，并支持WebSocket和服务器发送的事件。

（2）IdentityServer4（IS4）：IdentityServer4 是适用于ASP.NET Core的一个认证和授权框架。它集成了OpenID Connect和OAuth 2.0。OpenID用于对用户的身份进行认证，判断其身份是否有效；OAuth用于授权用户访问哪些资源。授权要在认证之后进行，只有确定用户身份才能授权。OpenID Connect是"认证"和"授权"的结合，是对OAuth 2.0的扩展。

（3）Ocelot：Ocelot是一个适用于.NET Core的API网关，可以用于.NET的微服务架构。Ocelot网关负责当客户端访问Web API时，先经过Ocelot网关，进行路由、身份验证、服务发现、日志记录等。Ocelot官方建议将之和IS4一起使用，实现令牌轻松集成。Ocelot允许指定服务发现提供程序，如Consul或Eureka。Consul是用GO语言实现的开源框架，Eureka是使用Java实现的开源框架。

4.2.3　其他组合框架

除了以Java EE和.NET两大重要标准和平台构建的Web框架，还有许多流行的Web应用框架。本节做一些简要介绍。

1．LAMP/LNMP

LAMP是一种Web开发组合框架，其名称由Linux、Apache、MySQL和PHP的首字母组成。LNMP则是在LAMP基础上将Apache替换为Nginx，LNMP的组件为Linux、Nginx、MySQL和PHP。图4-18所示为LNMP框架示意。

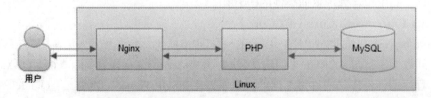

图4-18　LNMP框架示意

< 150 >

这两个组合框架的特点和优势如下。

（1）开源：LAMP/LNMP所有组件都是开源软件，可以免费使用和分发。这样可以大大降低开发成本。

（2）易于安装和配置：LAMP/LNMP组合框架的安装和配置比较简单，Linux、Nginx和MySQL都有非常详细的官方文档和社区支持，也提供了简便的集成安装组合框架的方式。

（3）高性能：Apache服务器是一款功能强大、稳定可靠、自由且可以跨平台使用的Web服务器软件，由Apache软件基金会开发，目前是互联网上使用最广泛的Web服务器软件之一。而Nginx是一个高性能的Web服务器，在处理静态资源方面比Apache快。MySQL和PHP也经过了多年的优化，已经成为业界公认的高性能Web组件。

2．MEAN

MEAN是一个采用JavaScript的全栈解决方案，它由4个主要的组件组成：数据库MongoDB、Web服务器框架Express、Web前端MVVM框架Angular，以及服务器平台Node.js。MEAN的名称由MongoDB、Express、Angular和Node.js的首字母组成。它的主要优势在于可以使用同一种语言JavaScript进行全栈开发，大幅降低了开发难度和学习成本。

JavaScript被开发出来的目的是作为浏览器执行客户端逻辑的编程语言。2008年，Google发布了Chrome浏览器，带来了强大的开源JavaScript即时编译器V8引擎。V8会在执行JavaScript代码之前将其编译成本地代码，因此具有很好的性能。由于V8引擎是开源的，开发人员得以利用它在浏览器之外的场景中运行JavaScript。

瑞安·达尔（Ryan Dahl）将V8引擎用C代码封装起来，创建了Node.js的第一个版本。Node.js是支持在服务器端运行JavaScript的平台，利用JavaScript的事件驱动特性来支持平台中的非阻塞操作，从而具有优秀的性能。Node.js还具有广泛使用的模块系统，使得开发人员能够通过利用第三方模块自由地扩展平台。NPM（Node Package Manager，Node包管理器）是一个广泛使用的JavaScript包管理器，它集中注册了公开的模块，用于第三方模块的查阅、下载和安装。NPM有本地和全局两种安装模式。如果只对某个应用提供第三方支持，那么可以采用本地模式将之安装在应用目录下的node_modules文件夹中。全局模式安装的模块可以用于本系统中所有Node.js应用，通常这些包都是一些命令行工具，从而可以全局使用这些命令。NPM的本地安装命令如下所示，其中最后的参数为包的唯一名称。

```
$ npm install <Package Unique Name>
```

比如，想要在本地安装Express，则在应用所在目录下执行如下命令。

```
$ npm install express
```

如果要采用全局安装模式，则只需要加一个-g参数，命令如下。

```
$ npm install -g <Package Unique Name>
```

NPM支持通过配置文件来管理一个应用中所需要的依赖包，该配置文件通常为保存在应用根目录下的package.json。它是一个JSON文件，其中以键值对的方式保存了应用的属性。比如，一个使用了最新版本的Express和Grunt的MEAN应用的package.json可能包含如下内容。

```
{
  "name" : "MEAN",
```

< 151 >

```
  "version" : "0.0.1",
  "dependencies" : {
    "express" : "latest",
    "grunt" : "latest"
  }
}
```

可以使用npm init命令并通过引导设置一些选项来自动生成package.json文件，之后进一步根据需要修改该文件并添加一些相关的依赖属性。创建完package.json文件后，就可以用该文件中的配置项来安装应用的依赖了。可以在应用的根目录下通过在命令行中执行npm install命令来完成安装，如下所示。

```
$ npm install
```

NPM会自动检测到应用根目录中的package.json文件，并根据该文件中的配置项将应用的依赖安装到本地的node_modules文件夹中。

2009年，基于V8的开源文档型数据库MongoDB被开发出来，它是一个使用类JSON动态模式数据模型的可扩展NoSQL（Not Only SQL）数据库。NoSQL数据库采用非关系的数据结构，通常是键值对、文档型、图形数据库等，不使用SQL作为查询语言，而是提供了自己的一套API来操作数据，具有高可扩展性、高性能、易于存储半结构化和非结构化数据等特点。MongoDB存储类型为BSON，该类型是JSON的一种扩展格式，含义为Binary JSON，即二进制JSON，具有更好的性能。BSON能用来表示简单数据结构和关联数组，MongoDB中称为"文档"。同时，BSON也可作为远程访问时传输的数据格式。可以使用JavaScript语言对MongoDB数据库进行操作。

同在2009年，基于JavaScript的前端框架AngularJS问世，后被 Google 收购进一步开发和维护。它比之前流行的Javascript前端框架jQuery等更加结构化，且功能完备，具有MVVM、模块化、自动化双向数据绑定、语义化标签、依赖注入等功能和特性。但最初的AngularJS在性能、易用性、移动端支持方面还存在很多不足，以及需要符合最新的Web标准（比如Web Components标准）等。为了解决以上问题，AngularJS 1.X被彻底重写为Angular 2.0。Angular 2.0之后的版本都统称为Angular。本书后文将对Angular做较为详细的阐述。

Express是一个运行在Node.js环境中的Web框架，可以快速构建Web网站和 Web API。Express提供了一个简单的、灵活的路由系统，可以帮用户处理HTTP请求和响应。同时，它还提供了身份验证、日志记录和错误处理等中间件。Express有一个功能强大的插件系统，可以方便地集成其他功能，例如数据库连接和认证等。它也支持多种模板引擎（例如Handlebars和EJS），可以快速构建专业的Web页面。

4.3 Web开发框架模式

Web 框架模式
的演进

本节主要以采用Java平台技术进行Web开发为例进行介绍，但是开发框架模式在各种语言中都适用，一些框架模式还是在非Java语言的Web开发中诞生的。

< 152 >

4.3.1　以页面为中心

在Web应用还不是非常复杂的早期，主要是客户端浏览器访问服务器端的PHP、ASP和JSP等服务器端脚本页面。服务器端脚本页面负责接收和处理客户端请求，并生成动态的HTML响应。客户端只是简单地向服务器请求页面，然后接收和渲染响应，而不参与页面生成功能的执行。这种开发模式的好处是可以在服务器端方便地创建和维护业务逻辑和数据访问逻辑，同时生成的响应适应不同的客户端设备和浏览器。但是，这种模式也存在一些缺点，例如带给服务器的压力较大、对网络带宽的要求较高、应用程序的扩展性差等。

在Java开发路线中，这种以页面为中心的架构又称为JSP Model 1，如图4-19所示。

JavaBean是一种可重用、可序列化的、具有属性和行为的Java类。JavaBean通常用于封装数据，并暴露其属性和方法，以供其他程序调用。和Java EE推出的EJB相比较，JavaBean就是普通的Java类，不过一般需要满足以下要求。

（1）类必须是公共的，并且有一个无参数的公共构造函数。

（2）所有属性都必须是私有的，并通过公共的getter和setter方法提供其他程序访问。

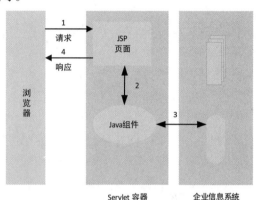

图 4-19　以页面为中心的架构

（3）属性名称一般使用驼峰式命名法，并且getter和setter方法的名称遵循特定的命名规范。

（4）类一般实现Serializable接口，从而方便序列化。

驼峰式命名法（Camel Case）是一种编程语言的标识符命名规范，其基本规则是首单词的首字母小写，后续单词的首字母大写，如firstName、lastName、studentScore等。getter和setter方法的命名规范也需要遵循驼峰式命名法，方法名由get或set加上相应的属性名组成。getter方法名以get开头，后接属性的驼峰式名，形如getPropertyName，如getName、getId、getStudentScore等；setter方法名以set开头，后接属性的驼峰式名，形如setPropertyName，如setName、setId、setStudentScore等。方法名中的属性名称必须和JavaBean类中的属性名称一致，并且遵循驼峰式命名法。对于Boolean类型的属性，getter方法名可以is或get开头，如isMale、isGraduated、getIsGraduated等，但是setter方法名仍然只能以set开头，如setGraduated等。遵循这样的命名规范，JavaBean类在使用时更加直观、方便，也可以提高代码的可读性和可维护性。

并不要求每个JavaBean都要能序列化，但如果需要将JavaBean通过网络传输或者保存到磁盘等操作，就需要序列化。序列化可方便处理一个数据流中的对象。可以认为Java的对象序列化是将一个可以序列化的对象转换成一组字节，从而在Web不同层之间传输对象或者将对象存储到外部介质上。需要的时候能从这些字节数据恢复出来，并据此重新构建之前的对象。Java中实现序列化需要实现Serializable接口。该接口是一个标识接口，即其中并不包含任何方法实现，只是实现该标识接口，让JVM自动实现Java对象的序列化和反序列化，避免了手动编写序列化和反序列化代码的麻烦。

下面是一个JavaBean的示例，Student类用来表示学生信息。

```
public class Student implements Serializable {
    private String name;
```

< 153 >

```
    private String id;
    private String gender;
    private double score;
    private String major;

    public Student() {}

    public String getName() {
        return name;
    }

    public void setName(String name) {
        this.name = name;
    }

    public String getId() {
        return id;
    }

    public void setId(String id) {
        this.id = id;
    }

    public String getGender() {
        return gender;
    }

    public void setGender(String gender) {
        this.gender = gender;
    }

    public double getScore() {
        return score;
    }

    public void setScore(double score) {
        this.score = score;
    }

    public String getMajor() {
        return major;
    }

    public void setMajor(String major) {
        this.major = major;
    }
}
```

该Student类具有学生的姓名、学号、性别、成绩和专业5个私有属性，对应的getter和setter方法也已经实现，同时实现了Serializable接口，可以被序列化。因此可以在JSP页面中使用该类的实例，并通过EL表达式来获取其属性值，如通过${ student.name }获取学生的姓名。

以下是一个简单的示例，展示如何在JSP中使用 Student 类实现学生信息管理。创建一个JSP文件，例如studentInfo.jsp，并确保其在Web应用程序的适当目录（通常是WEB-INF下的jsp目录）

< 154 >

中。该JSP文件代码如下所示。

```jsp
    <%@ page language="java" contentType="text/html; charset=UTF-8"
pageEncoding="UTF-8" %>
    <%@ page import="java.util.List" %>
    <%@ page import="your.package.Student" %> <!-- 替换为实际的包名 -->

<!DOCTYPE html>
<html>
<head>
    <meta charset="UTF-8">
    <title>学生信息管理</title>
</head>
<body>
    <h1>学生信息管理</h1>

    <form action="StudentServlet" method="post"> <!-- 替换为适当的Servlet URL -->
        <label for="id">学号:</label>
        <input type="text" id="id" name="id"><br><br>

        <label for="name">姓名:</label>
        <input type="text" id="name" name="name"><br><br>

        <label for="gender">性别:</label>
        <input type="text" id="gender" name="gender"><br><br>

        <label for="score">分数:</label>
        <input type="text" id="score" name="score"><br><br>

        <label for="major">专业:</label>
        <input type="text" id="major" name="major"><br><br>

        <input type="submit" value="添加学生">
    </form>

    <%-- 在这里展示学生列表，可以从后台传递到页面的List<Student>中获取 --%>
    <h2>学生列表: </h2>
    <table border="1">
        <tr>
            <th>学号</th>
            <th>姓名</th>
            <th>性别</th>
            <th>分数</th>
            <th>专业</th>
        </tr>
        <c:forEach var="student" items="${studentList}"> <!-- studentList
是从后台传递到页面的学生列表 -->
            <tr>
                <td>${student.id}</td>
                <td>${student.name}</td>
                <td>${student.gender}</td>
                <td>${student.score}</td>
```

< 155 >

```
                <td>${student.major}</td>
            </tr>
        </c:forEach>
    </table>
</body>
</html>
```

在该JSP文件中，首先导入了Student类（记得确保替换为实际的包名）。然后创建了一个表单，用于添加学生信息，包括学号、姓名、性别、分数和专业。使用JSTL的<c:forEach>标签遍历从后台传递到页面的学生列表，并在表格中显示学生信息。另外需要说明的是，代码中<form>标签中的action属性需要替换为适当的Servlet URL，以便在提交表单时能够处理学生信息。此外，需要在后台编写一个Servlet来处理这些请求，并将学生信息添加到学生列表中。

这种模式最大的优势是简单，缺点是常会导致在JSP页面中嵌入大量的Java代码，当需要处理的业务逻辑非常复杂时，大量的Java代码将使JSP页面变得非常臃肿，界面和逻辑分离不清晰。前端的页面设计人员在修改页面设计时很有可能会破坏关系到业务逻辑的代码，造成代码开发和维护的困难，从而导致项目管理的困难。因此这种模式只适用于中小规模的Web应用。

4.3.2 MVC

MVC框架模式由特吕格弗·里恩斯考（Trygve Reenskaug）在1978年提出，是为编程语言Smalltalk发明的一种软件架构，目前已经被广泛应用于Web开发中。MVC是由Model（模型）、View（视图）、Controller（控制器）的首字母组成的。

- 模型：应用程序的主体部分，负责业务逻辑和数据存储，提供接口供控制器访问或者操作。一个模型能为多个视图提供数据。
- 视图：用户看到并与之交互的界面。视图还能接收模型发出的数据更新事件，并将模型中的数据以合适的形式展示给用户。
- 控制器：负责应用程序的流程控制，接收和处理用户的请求，调用模型和视图，处理业务逻辑后返回结果。

图4-20所示为MVC中的组件关系。MVC框架模式在模型层、视图层和控制层之间划分责任，可以让Web应用程序的开发人员更好地组织和管理代码，提高程序的可维护性、可扩展性和可移植性，也提高了组件的可复用性。

通常在Web应用中，用户单击Web页面中提供的按钮来发送HTML表单时，控制器接收请求并调用相应的模型组件去处理请求，然后调用相应的视图来显示模型返回的数据。在

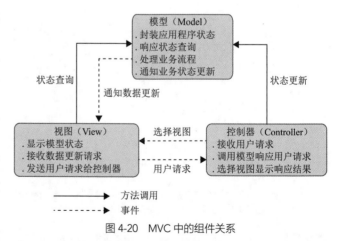

图 4-20　MVC 中的组件关系

Java Web的MVC模式中，通常Servlet负责响应客户对业务逻辑的请求，并根据用户的请求行为决定将哪个JSP页面发送给客户，充当了Controller的角色。JSP页面处于表现层，也就是视图的角

< 156 >

色。JavaBean则负责数据的处理，也就是模型的角色，如图4-21所示。

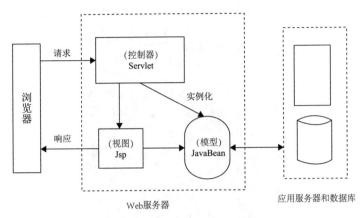

图 4-21　Java Web 的 MVC 模式

下面以一个学生成绩查询系统作为示例来介绍Java Web下遵循MVC模式的开发。整个应用的运行流程和逻辑如图4-22所示。从查询界面接收用户输入的StudentID后，根据学生的成绩情况返回不同的JSP页面。

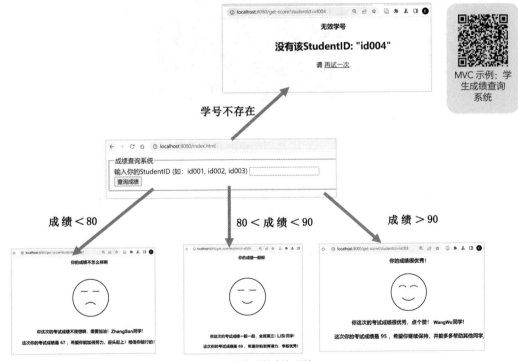

图 4-22　学生成绩查询系统

在IntelliJ IDEA中创建相应项目，构建的项目目录以及代码文件等放置的位置如图4-23所示。

< 157 >

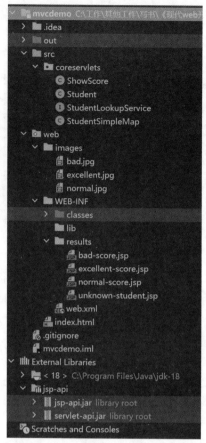

图 4-23　学生成绩查询系统项目结构

其中Student.java为一个封装了学生信息的JavaBean，代码如下所示。

```java
package coreservlets;

public class Student {
private String id;
private String firstName;
private String lastName;
private int score;
public Student() {
    this.id = "unknown";
    this.firstName = "unknown";
    this.lastName = "unknown";
    this.score = 0;
}
public Student(String id, String firstName, String lastName, int score) {
    this.id = id;
    this.firstName = firstName;
    this.lastName = lastName;
    this.score = score;
}
public String getId() {
    return id;
```

< 158 >

```
   }
   public String getFirstName() {
      return (firstName);
   }
   public String getLastName() {
      return (lastName);
   }
   public int getScore() {
      return (score);
   }
   public void setId(String id) {
      this.id = id;
   }
   public void setFirstName(String firstName) {
      this.firstName = firstName;
   }
   public void setLastName(String lastName) {
      this.lastName = lastName;
   }
   public void setScore(double balance) {
      this.score = score;
   }
}
```

通过StudentLookupService定义一个接口，其中包含一个方法findStudent()，用于根据id获取学生信息。代码如下所示。

```
package coreservlets;

public interface StudentLookupService {
   public Student findStudent(String id);
}
```

其实现类StudentSimpleMap利用哈希表存储预先设定好的3个测试学生信息，分别对应3种成绩情况：差、中等和优秀。代码如下所示。

```
package coreservlets;

import java.util.*;

public class StudentSimpleMap
        implements StudentLookupService {
   private Map<String, Student> students;

   public StudentSimpleMap() {
      students = new HashMap<String, Student>();
      addStudent(new Student("id001", "San", "Zhang", 67));
      addStudent(new Student("id002", "Si", "Li", 88));
      addStudent(new Student("id003", "Wu", "Wang", 95));
   }

   public Student findStudent(String id) {
```

< 159 >

```
        if (id != null) {
            return (students.get(id.toLowerCase()));
        } else {
            return (null);
        }
    }

    private void addStudent(Student student) {
        students.put(student.getId(), student);
    }
}
```

ShowScore是一个Servlet，负责调用业务逻辑，生成Bean，并将其转发给合适的JSP。ShowScore读取用户从表单中输入的StudentID，调用StudentLookupService中的findStudent(String id)方法获取Student对象，根据该学生的成绩返回不同的JSP页面。代码如下。

```
package coreservlets;

import java.io.*;
import javax.servlet.*;
import javax.servlet.annotation.*;
import javax.servlet.http.*;

@WebServlet("/get-score")
public class ShowScore extends HttpServlet {
  @Override
  public void doGet(HttpServletRequest request,
                    HttpServletResponse response)
      throws ServletException, IOException {
    String studentId = request.getParameter("studentId");
    StudentLookupService service = new StudentSimpleMap();
    Student student = service.findStudent(studentId);
    request.setAttribute("student", student);
    String address;
    if (student == null) {
      request.setAttribute("badId", studentId);
      address = "/WEB-INF/results/unknown-student.jsp";
    } else if (student.getScore() < 80) {
      address = "/WEB-INF/results/bad-score.jsp";
    } else if (student.getScore() < 90) {
      address = "/WEB-INF/results/normal-score.jsp";
    } else {
      address = "/WEB-INF/results/excellent-score.jsp";
    }
    RequestDispatcher dispatcher =
      request.getRequestDispatcher(address);
    dispatcher.forward(request, response);
  }
}
```

该Servlet采用加标注@WebServlet("/get-score")的方式声明，并在标注中说明针对/get-score这一URL进行响应。类中的方法doGet()将响应来自浏览器的GET请求。该方法参数中自动注入

< 160 >

了代表请求的类HttpServletRequest的对象request，以及代表请求的类HttpServletResponse的对象response。在doGet()方法中，从请求中获取StudentID，然后调用业务逻辑 StudentLookupService 获得学生信息Bean，并调用request对象上的setAttribute()方法将Bean存入请求范围中。如前文所述，请求Request中存储的数据对Servlet和Servlet转发的目标页面可见。之后根据学生的情况将请求转发到不同的JSP页面，如果StudentID不存在，则把id放在请求范围的badId中。

登录的初始页面index.html的代码如下所示。

```
<!--index.html-->
<!DOCTYPE HTML>
<html>
<head><title>MVC Example</title>
    <meta charset="utf-8">
</head>
<body>
<fieldset>
    <legend>成绩查询系统</legend>
    <form action="get-score">
        输入你的StudentID (如id001、id002、id003)
        <input type="text" name="studentId"/><br/>
        <input type="submit" value="查询成绩"/>
    </form>
</fieldset>
<br/>
</body>
</html>
```

最后针对不同成绩返回的JSP页面分别如下面的bad-score.jsp、normal-score.jsp以及excellent-score.jsp所示。无效学号返回的JSP页面如unknown-student.jsp所示。

```
<%--bad-score.jsp--%>
<%@ page contentType="text/html;charset=UTF-8" language="java" %>
<html>
<head>
    <title>需要努力!</title>
</head>
<body>
<div align="center">
    <table>
        <tr>
            <th>你的成绩不怎么样啊</th>
        </tr>
    </table>
    <p/>
    <img src="./images/bad.jpg"/><br/>
    <h4>你这次的考试成绩不理想啊，需要加油!
        ${student.lastName}${student.firstName}同学!
    </h4>
    <h4>
        这次你的考试成绩是
        ${student.score} ，希望你能加倍努力，迎头赶上! 相信你能行的!
```

< 161 >

```
        </h4>
    </div>
    </body>
    </html>


<%--normal-score.jsp--%>
<%@ page contentType="text/html;charset=UTF-8" language="java" %>
<html>
<head><title>你的成绩</title>
</head>
<body>
<div align="center">
    <table>
        <tr>
            <th>你的成绩一般般</th>
        </tr>
    </table>
    <p/>
    <img src="./images/normal.jpg"/><br/>
    <h4>你这次的考试成绩一般一般，全班第三!
        ${student.lastName}${student.firstName}同学!
    </h4>
    <h4>
        这次你的考试成绩是
        ${student.score} ，希望你能发挥潜力，争取优秀!
    </h4>
</div>
</body>
</html>


<%--excellent-score.jsp--%>
<%@ page contentType="text/html;charset=UTF-8" language="java" %>
<html>
<head><title>优秀! </title>
    <head>
<body>
<div align="center">
    <table>
        <tr>
            <th>你的成绩很优秀! </th>
        </tr>
    </table>
    <p/>
    <img src="./images/excellent.jpg"/><br/>
    <h4>你这次的考试成绩很优秀，点个赞!
        ${student.lastName}${student.firstName}同学!
    </h4>
    <h4>
        这次你的考试成绩是
        ${student.score} ，希望你继续保持，并能多多帮助其他同学。
    </h4>
</div>
</body>
```

< 162 >

```
</html>


<%--unknown-student.jsp--%>
<%@ page contentType="text/html;charset=UTF-8" language="java" %>
<html>
<head><title>无效学号</title>
</head>
<body>
<div align="center">
    <table>
        <tr>
            <th>无效学号</th>
        </tr>
    </table>
    <p/>
    <h2>没有该StudentID: "${badId}"</h2>
    <p>请 <a href="index.html">再试一次</a>.</p>
</div>
</body>
</html>
```

以上JSP都通过EL表达式获得了之前Servlet通过request.setAttribute()保存到request范围内的模型的值，并用来在页面相应位置生成动态的HTML。这也体现了视图角色拿到模型数据的方法。图4-24总结了该MVC应用运行的流程。

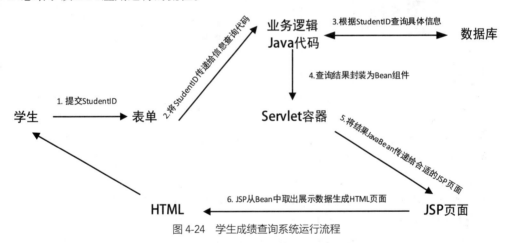

图 4-24　学生成绩查询系统运行流程

4.3.3 MVP和MVVM

Web 模式的
演进

MVC是一个应用广泛而成熟的框架模式。MVC架构模式提供了一种分离应用程序模型、视图和控制器的方式，使得应用程序更容易维护、测试和修改。以前面的Java Web应用为例总结通常MVC的流程：来自视图HTML或者JSP文件的用户请求，将根据请求URL对应到的控制器程序处理的配置交由相应控制器Servlet处理，Servlet根据配置确定实例化和调用哪个业务逻辑或者JavaBean组件进行计算，计算过程中将更新数据，并将数据保存在诸如request、session等范围内；然后控制器Servlet根据计算结果和配置确定返回哪个JSP视图文件，根据JPS文件中的EL表达式或者<jsp:useBean>、<jsp:getProperty>等获得在某个范围内的业

< 163 >

务对象或组件JavaBean及其属性的标签，视图JSP文件得到最新的模型数据并在视图中反映出来；最后将视图返回给客户端。

在这个过程中，模型、视图、控制器这3个角色的关系如图4-25所示。视图通过观察者模式检测到模型的变化，刷新界面显示。随着Web应用程序的复杂性不断增加，MVC模式的一些缺点也逐渐显现出来。MVC的主要业务逻辑都在控制器中，随着应用的复杂，控制器的负担会变得很重。MVC主要重在后端，前端浏览器中的视图基本就是一个由服务器端脚本如JSP产生的动态HTML页面，功能简单。而随着用户交互日益复杂和对应用体验性要求的提高，前端界面日益复杂，并且希望是SPA（Single Page Application，单页面应用）。这时，对视图的设计要求越来越高。而在MVC中，视图依赖于模型的部分数据，难以组件化。另外，视图和控制器紧耦合，如果脱离控制器，视图难以独立应用。

图4-26所示为SPA应用示意。这时，Web前端如同C/S桌面应用客户端，具有自己的MVC框架，通过Ajax从后端获得数据。而后端不用控制页面逻辑等，主要以服务的方式提供数据给Ajax调用。这样，逐步开始了前后端分离的应用架构。

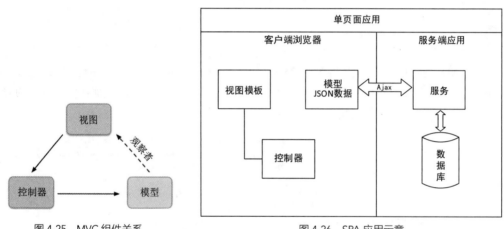

图 4-25　MVC 组件关系　　　　　　　　　图 4-26　SPA 应用示意

为了克服MVC的上述缺点，产生了MVP（Model-View-Presenter，模型-视图-表示器）模式。MVP是MVC的变体，通过在视图和模型之间引入表示器来处理视图的逻辑，并为视图提供数据，如图4-27所示。

这样，视图和模型之间的耦合减少，所有对视图的操作都通过表示器进行中转，视图就不需要监听具体模型的变化了，只需要提供接口给表示器调用就可以了。这样，视图可以组件化，不需要了解业务逻辑，只需提供接口给表示器。MVP也有助于提高应用程序的可测试性和可维护性，只需要给Presenter mock一个视图，实现视图的接口即可。此外，MVP模式的一个缺点是增加了代码的复杂性，特别是在处理多个表示器时。

MVVM是一种基于MVP模式改进的架构，它通过在视图和模型之间引入视图模型来进一步改善MVP。它在表示器中调用视图的接口，从而将同步数据变化的重复工作抽象出来，做成一个binder模块。开发者只需要指明绑定关系，binder模块会自动完成数据同步，这就是所谓的"双向数据绑定"。视图模型是一个介于视图和模型之间的层，它通过数据绑定将视图和模型联系起来，不管哪一端的数据发生变化，都会立即同步到另一端。这使MVVM模式在处理大量数据时更加高效，可提供良好的用户体验。Vue.js、Angular这些流行的前端框架都使用了双向数据绑定的设计。下一章将对Angular做详述，其中就会介绍数据绑定的方式。MVVM组件关系如图4-28所示。

< 164 >

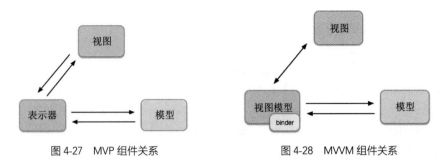

图 4-27　MVP 组件关系　　　　　　　　　　图 4-28　MVVM 组件关系

双向数据绑定简化了开发者的工作，但是也体现了MVVM模式的缺点。如果使用大量的数据绑定，可能导致代码变得复杂，难以理解。某个视图对模型进行的修改有可能会对其他的视图造成影响，产生连锁反应。再加上各种异步回调，给代码调试造成了很大的困难。为了解决MVVM"双向数据绑定"的问题，Facebook提出Flux框架，采用"单向数据绑定"的模式。

4.3.4　Flux和Redux

Flux是一种前端应用程序架构，用于构建可扩展、易于维护的SPA，重点在于数据与UI的单向流动。Flux架构包含4个主要部分：视图（View）、操作（Action）、派发器（Dispatcher）和数据存储（Store）。

在Flux中，视图层只能通过将操作发送给派发器来触发数据更改。派发器接收操作，将其分派到注册的数据存储中，并更新状态。数据存储再将更改后的状态发送给视图层进行渲染。这种单向数据流的模式使得应用程序的数据流程变得简单而可控，有效地解耦了UI和数据层，如图4-29所示。

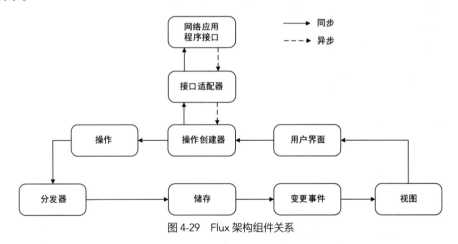

图 4-29　Flux 架构组件关系

在MVC和MVVM架构中，模型、视图和控制器/视图模型之间是相互连接的。因此在开发过程中随着开发规模的逐渐扩大，这样的紧耦合就不利于实现可扩展性。而Flux中，所有的数据更改都通过派发器来管理，使得代码的开发、调试和扩展更加容易。总结来说，Flux架构相对于MVC和MVVM架构的优势如下。

- 单向数据流：改善了传统架构中不易管理的双向数据流。
- 减少了中间层：Flux中没有控制器或视图模型层，因此更易于理解和可控。
- 明确的数据流向：Flux使得开发人员可以更好地掌控整个应用程序的数据流向。

< 165 >

- 扩展性好：Flux的架构是可扩展的，从而更有利于支持面向大型应用程序的开发。

Redux是基于Flux思想的一个更加轻量级的状态管理库，它专注于应用程序状态的管理，可以在多种前端框架如React、Angular、Vue.js中使用。

Redux主要包含3个核心概念：store、action和reducer。

- store：将action和reducer结合起来的对象，它维护着整个应用程序的状态树，并提供了几个API供外部访问和修改状态树。可以通过store.getState()方法来获取当前状态。store.dispatch()方法用于发送action到reducer，同时更新状态。store.subscribe()方法用于注册回调函数，监听状态变化。
- action：action是一个包含type属性和其他自定义属性的JavaScript对象。它描述了应用程序中发生的事件。当用户与应用程序进行交互时，可以使用action来描述用户的操作。例如，动作可以是一个加法操作的对象，如{type: 'ADD', data: 5}。
- reducer：reducer是一个纯函数，根据当前状态和接收到的action来计算出新的状态并返回。reducer的作用是根据当前动作来更新状态。reducer不应该直接修改原始状态，而是创建一个新的状态对象。例如，以下reducer()函数可以处理其中的ADD操作。

```
function reducer(state = 0, action) {
  switch(action.type) {
    case 'ADD':
      return state + action.data;
    default:
      return state;
  }
}
```

在这个例子中，reducer返回一个新状态（state + action.data）来更新之前的状态。

下面是使用Redux创建一个计数器应用程序的示例流程，通过一些关键代码片段给出各个核心组件的功能演示。

（1）创建一个初始状态为0的store。

```
import { createStore } from 'redux';
const store = createStore(reducer);
```

（2）编写一个加法操作的action。

```
const addCount = (number) => ({
        type: 'ADD',
        data: number
      });
```

（3）注册一个回调函数监听状态变化。

```
store.subscribe(() => {
  console.log(store.getState());
});
```

（4）发送加法操作的action到reducer更新状态。

```
store.dispatch(addCount(10));
```

< 166 >

（5）此时在控制台上输出的状态值应该是10。

总的来说，Redux的设计思想旨在提供一个更加简单和可预测的状态管理方案，适用于大多数应用场景。和Flux的一个很大不同是，Redux只有一个统一集中的store，可以方便地在不同的组件之间共享状态。Flux有多个store，管理也更加复杂。另外，Redux的更新逻辑不在store中，而是在reducer中。Flux的运转核心是派发器，更改 store 中的数据一定是通过 dispatch 发送一个 action 来实现的。而Redux使用reducer来进行事件的处理并更改store，采用了函数式编程的范式。在Redux应用中，可能有多个reducer，每个reducer负责维护应用整体state树中的一部分，多个reducer通过combineReducers()方法合成一个根reducer来维护整个state。

4.4 前后端分离

随着从MVC到MVP，再到MVVM、Flux等架构模式，越来越重视前端开发。如前所述，这是因为随着业务的复杂和技术的发展，以及对用户体验的重视，前端功能越来越复杂，出现的技术也越来越丰富。前端也像后端一样需要实现系统化、模块化的开发模式。前端使用的技术栈和后端可以是不同的，前端一般通过REST化的Web服务调用方式从后端获得数据，从而实现前端和后端的松耦合，可以并行开发。从软件开发流程和管理的角度来说，也会专门成立前端开发部门。这样就产生了前后端分离的系统构建风格，如图4-30所示。

在前后端分离的开发方式中，前端主要负责客户端的展示和用户交互逻辑，后端主要提供数据接口，而前端通过Ajax发起REST化的Web服务调用得到数据，并在视图中展示，这时获得的数据也主要是为视图服务的，所以是视图模型。前后端开发者需要做的是约定好服务调用接口文档，包括URL、操作类别、参数、数据类型等，如后文所述的Swagger文档。在开发过程中，前端还可以通过Mock模拟获得数据从而不依赖后端

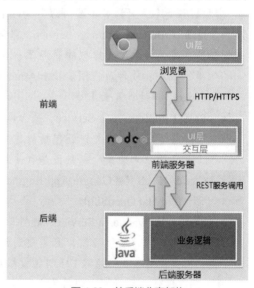

图 4-30　前后端分离架构

进行测试，最后进行前后端集成就可以了。比如在Angular等前端框架中提供的In-Memory Web API，可以拦截前端通过HttpClient发起的GET、POST、PUT、DELETE等操作，并返回模拟的数据响应来模拟后端提供的Web服务。

通常在企业级Web应用开发中，前端服务器通常是Node服务器，因为如前文所述，Node服务器支持JavaScript代码在服务器端运行，这和在浏览器中原生支持JavaScript代码的运行统一，方便构建页面展示和交互逻辑。前端又可以分为UI层和交互层，前者主要负责页面展示，后者负责和后端服务器进行交互获得数据。流行的前端框架包括Vue、Angular、React等MVVM框架。后端服务器通常由Java Spring Boot构建，可以很方便地构建REST化服务提供数据。当然前后端的开发框架也可以采用很多其他语言和框架，这里仅列出最常用的。

综上所述，前端主要专注于页面逻辑，包括展示页面以及路由等，同时可以和后端交互获得

< 167 >

数据支持页面展示。而后端专注于业务逻辑的开发，并提供服务接口供前端调用，从而提供数据。前后端交互过程中数据通常是JSON和XML类型的。这些前后端框架都将在后文详细介绍。

4.5 Web与云计算

4.5.1 云计算概述

云计算是一种分布式计算方式，以服务的形式为用户提供存储、计算、网络、软件等资源，并能够根据需求进行动态伸缩。其核心思想是将计算资源像水和电一样通过网络进行分配、使用和管理。云计算采用面向服务的架构（SOA），通过松散耦合的架构风格提供服务。用户可以可通过网络在多种设备间无缝访问云计算提供的服务，根据需求自主获取和管理资源，而且只需为实际使用的资源和服务付费。云计算通过虚拟化技术，资源能够根据需求自动伸缩，而且支持多个用户共享相同的物理硬件资源，但彼此间数据互不干扰。

按照服务类型，云计算主要可以分为以下几类。

- IaaS（Infrastructure as a Service，基础设施即服务）。IaaS提供了基础的计算资源服务，这主要包括物理或虚拟的服务器、存储和网络。客户可以在这些基础设施上部署自己的操作系统、软件及应用。比如Amazon提供的虚拟服务器实例服务EC2（Elastic Compute Cloud，弹性计算云）。

- PaaS（Platform as a Service，平台即服务）。PaaS提供了一个完整的开发和部署应用的平台。除了基础设施外，还包括操作系统、开发环境、数据库以及相关开发、测试和部署工具。用户无须关心基础设施和平台的维护，更适用于开发者和开发团队。比如Google Cloud的PaaS服务Google App Engine（GAE），支持多种开发语言。又如开源的容器应用平台Red Hat OpenShift。

- SaaS（Software as a Service，软件即服务）。SaaS提供了通过网络使用应用的服务，用户不需要在本地安装应用，只需要通过浏览器或专用的客户端访问即可。管理、升级和维护由提供商负责，通常基于订阅模型收费。比如在线的CRM软件Salesforce、Office 365等。

基于部署模式，云计算主要分为以下几类。

- 公共云。公共云指由第三方提供商通过互联网向广大用户提供云服务。公共云采用多租户模型，即一个公共云可以为多个客户（或称为"租户"）提供服务。用户可以根据需要轻松调整资源。通常按实际使用付费。典型的公共云有Amazon Web Services（AWS）、Microsoft Azure等。

- 私有云。私有云是为单个组织构建的云环境，可以位于组织的内部数据中心或由第三方托管。可以根据单个组织的情况，提供组织内部更高的定制性，并提供更高的数据安全和隐私保护。但可能需要组织自己维护和管理。OpenStack是开源的云计算平台，常用于构建私有云。

- 混合云。混合云结合了公共云和私有云的特征，使组织可以将其数据和应用程序分布在不同的环境中，以满足特定业务需求。混合云提供更高的灵活性和部署选项，允许数据和应用程序在私有云和公共云之间流动，结合了公共云的灵活性和私有云的安全性，可以满足组织的特定需求。典型的产品和平台有AWS Outposts等。

< 168 >

4.5.2 亚马逊云平台上的Web部署

本节使用亚马逊云平台提供的服务器来部署一个简易的SSM程序，并配置Node.js环境，包括创建带有公有子网和私有子网的VPC，并使用虚拟容器Docker进行部署。

亚马逊的云服务器（Elastic Compute Service，ECS）是一种简单高效、安全可靠、处理能力可弹性伸缩的计算服务。其管理方式比物理服务器更简单高效。用户无须提前购买硬件，即可迅速创建或释放任意多台云服务器。本次实践采用AWS Educate，访问AWS Educate网址，并按照页面提示进行注册申请，从而开始下面的实践。

1. 创建带有公网和私有子网的VPC

VPC（Virtual Private Cloud，虚拟私有云）是存在于共享或公用云中的私有云，亦即一种网络云。借助VPC，可以在AWS云中预置一个逻辑隔离的部分，从而在自己定义的虚拟网络中启动AWS资源。你可以完全掌控这个虚拟联网环境，包括选择自己的IP地址范围、创建子网以及配置路由表和网络网关。

在官方文档中有推荐的VPC配置，这里摘录重要的两段如下。

这个场景的配置包括一个有公有子网和私有子网的Virtual Private Cloud（VPC）。如果您希望运行面向公众的Web应用程序，并同时保留不可公开访问的后端服务器，我们建议您使用此场景。常用例子是一个多层网站，其Web服务器位于公有子网之内，数据库服务器则位于私有子网之内。您可以设置安全性和路由，以使Web服务器能够与数据库服务器建立通信。

公有子网中的实例可直接将出站流量发往Internet，而私有子网中的实例不能这样做。但是，私有子网中的实例可使用位于公有子网中的网络地址转换（NAT）网关访问Internet。数据库服务器可以使用NAT网关连接到Internet进行软件更新，但Internet不能建立到数据库服务器的连接。

可以按照4-31所示进行配置。

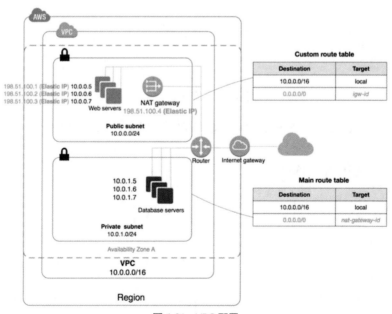

图 4-31　VPC 配置

以下给出关键步骤的说明。

（1）创建VPC，如图4-32所示。

< 169 >

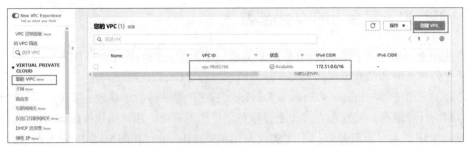

图 4-32　创建 VPC

设置其名称和可取的IP址范围，如图4-33所示。

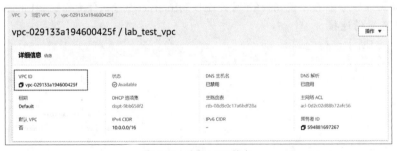

图 4-33　设置 VPC 名称和可取的 IP 地址范围

可以从图4-34看到创建的VPC的信息，比如其"VPC ID"。

图 4-34　查看 VPC 信息

按照图4-35所示创建互联网网关，将网关和VPC进行关联，可以使得创建的VPC具备访问外部互联网资源的能力。

将网关与VPC关联，如图4-36所示。

图 4-35　创建互联网网关

图 4-36　将网关与 VPC 关联

< 170 >

（2）创建公有子网。

按照图4-37所示在VPC中创建子网。

按照图4-38所示进行子网的设置。

图 4-37　在 VPC 中创建子网

图 4-38　在 VPC 中设置子网

按照图4-39所示新建公有子网路由表。

图 4-39　新建公有子网路由表

将公有子网与路由表关联，如图4-40所示，并设置路由，如图4-41所示。

图 4-40　将公有子网与路由表关联

< 171 >

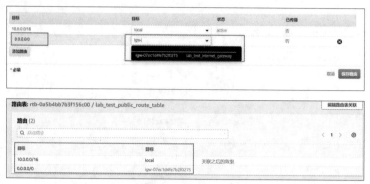

图 4-41 设置路由

经过设置后，此公有子网下的EC2经过附加公网IP地址都可以访问互联网或从互联网访问。

（3）创建私有子网。

在私有子网中，外部不能访问EC2，但是EC2可以访问互联网。首先，我们创建并设置私有子网的基本信息，如图4-42所示。

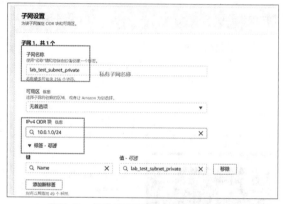

图 4-42 创建并设置私有子网的基本信息

由于私有子网需要通过NAT网关访问外部互联网，所以我们需要创建一个NAT网关。注意，NAT网关必须附加在上面创建的公有子网中，如图4-43所示。

图 4-43 创建 NAT 网关

可以看到NAT网关的信息，比如"NAT网关ID"，如图4-44所示。

< 172 >

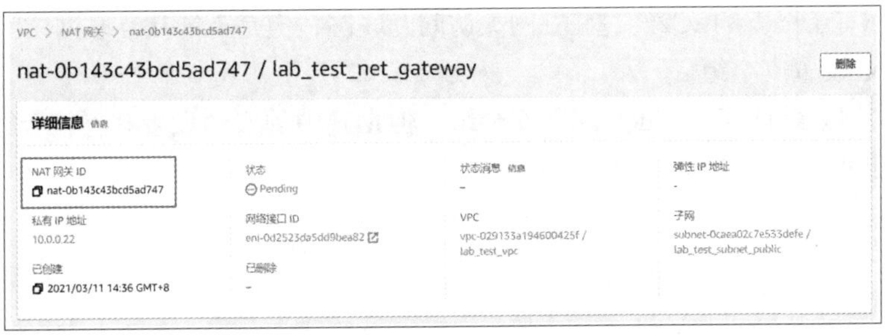

图 4-44　查看 NAT 网关的信息

按照图4-45所示新建私有子网路由表。

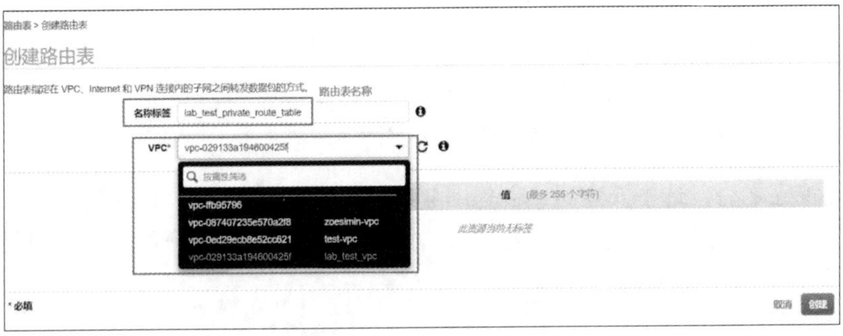

图 4-45　创建私有子网路由表

将私有子网与路由表关联，如图4-46所示，并设置路由，如图4-47所示。

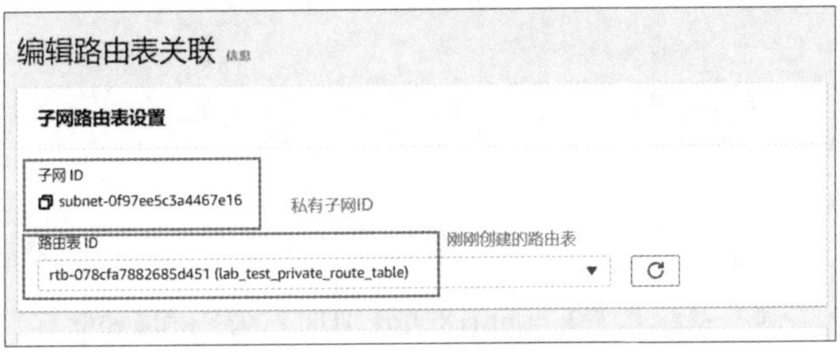

图 4-46　将私有子网与路由表关联

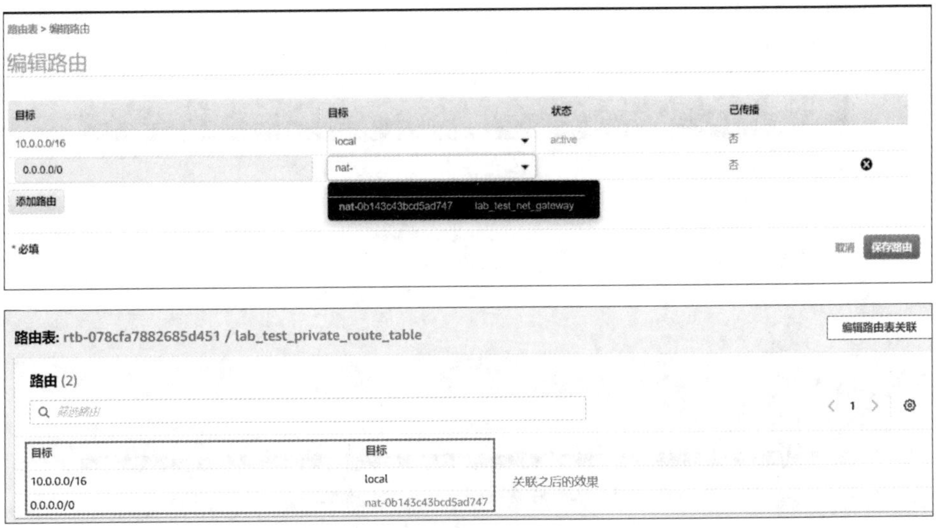

图 4-47　设置路由

< 173 >

至此，此私有子网下的EC2经过NAT网关访问互联网，但是不能从互联网访问。

（4）为 VPC 设置安全组。

一般EC2实例会默认使用"default"安全组，但是其中的安全设置并不符合我们的要求，我们需要自己创建并配置安全组，如图4-48所示。

图 4-48　创建并配置安全组

创建并配置完之后，选中安全组，创建图4-49所示规则。安全组可以控制流量出入，此处为了方便日后开发，统一采用粗粒度的设置方式，如果想要细粒度的管理，请自行配置。

图 4-49　创建安全组规则

（5）基于自定义VPC创建EC2实例。

分别再启动两个实例，系统选择Ubuntu18，分别加入公网和私网，公网中的实例要勾选自动分配IP地址，如果在这里漏掉，可以在创建完实例之后为其分配弹性IP地址。以公网的配置为例，如图4-50和图4-51所示。

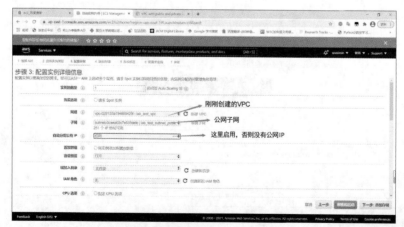

图 4-50　启动实例并加入公网或私网

< 174 >

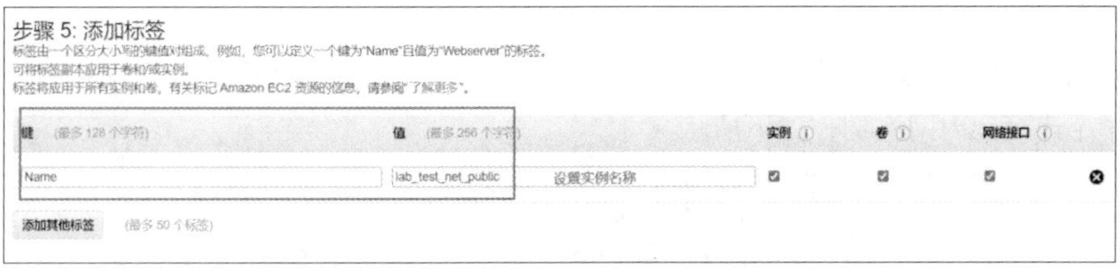

图 4-51　设置实例相关信息

需要创建新的安全组并设置规则，如图4-52所示。

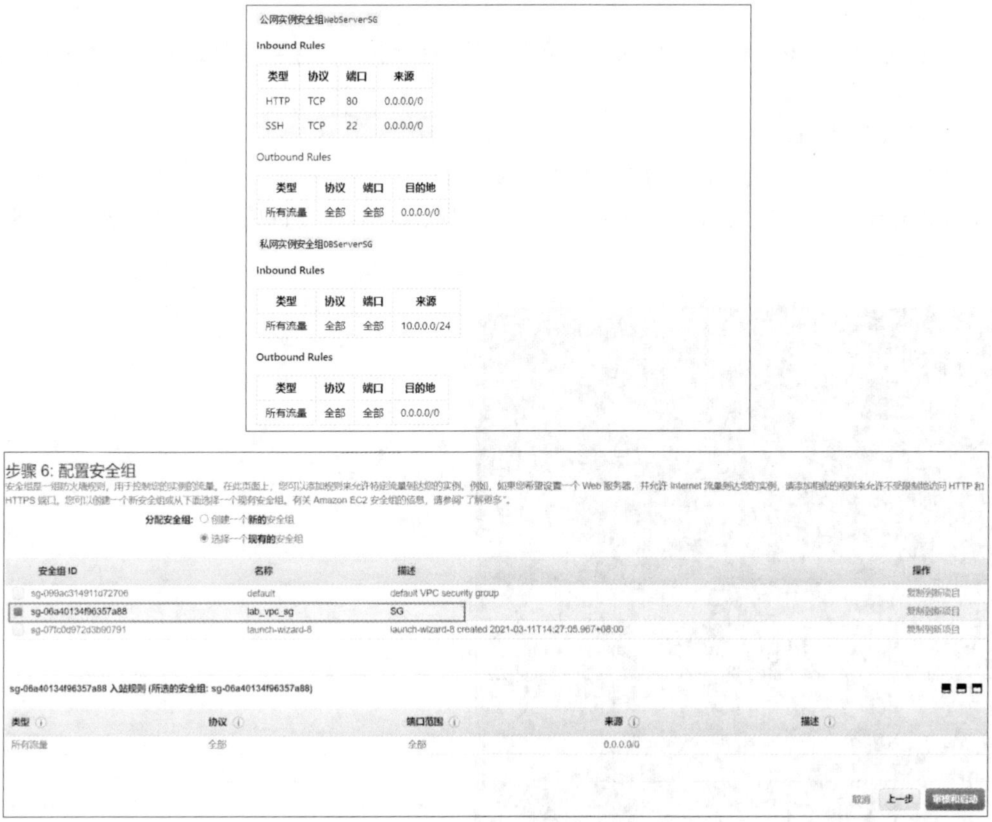

图 4-52　创建新的安全组并设置规则

创建密钥对并保存（之后采用PuTTY等SSH工具进行远程连接需要），如图4-53所示。

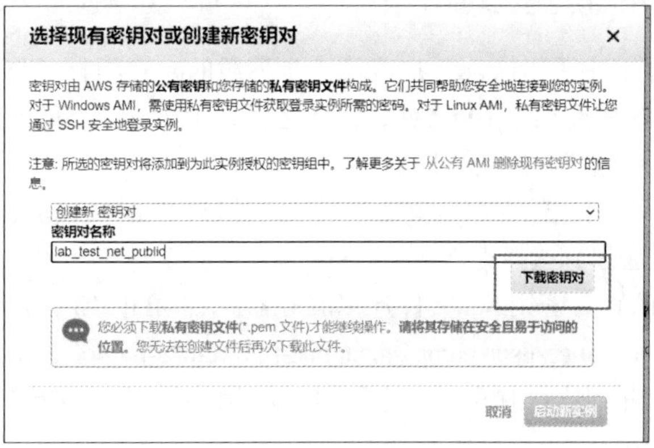

图 4-53　创建密钥对并保存

< 175 >

（6）与内网实例连接。

现在通过公网实例连接到内网实例。把密钥文件传输到公网实例中，先设置密钥权限，然后通过ssh命令连接到内网实例，如下所示。

```
chmod 400 lab_test_net_private.pem
ssh ubuntu@10.0.1.129 -i ./ lab_test_net_private.pem
```

假设其中10.0.1.129是内网实例的私有IP地址。

此时内网实例应该能与互联网连通，但是无法被外网访问到，只能通过VPC公有网段内的实例访问，如图4-54所示。

我们也可以采用PuTTY，在Windows操作系统中采用GUI连接远程服务器，可参考官方教程。这里给出简要步骤。

① 下载并安装PuTTY软件。

② 将上一步下载的pem文件转换为PuTTY支持的私有密钥格式。启动PuTTYgen，在"Type of key to generate"下选择"RSA"。如果下载的PuTTYgen不包含此选项，则选择"SSH-2 RSA"，如图4-55所示。

图 4-54　通过 VPC 公有网段内的实例访问内网　　　　图 4-55　通过 PuTTYgen 转换私有密钥格式

③ 在图4-55所示界面中单击Load，加载第①步下载的pem文件。默认情况下，PuTTYgen仅显示扩展名为.ppk的文件。要加载pem文件，需要选择显示所有类型的文件的选项。在可能弹出的一些提示信息对话框中选择肯定选项即可。

④ 选择Save private key，保存为.ppk文件。在此过程中PuTTYgen会显示一条关于在没有密码的情况下保存密钥的警告，选择肯定选项即可。

⑤ 使用刚才生成的私有密钥.ppk文件连接服务器。启动PuTTY，在Hostname中指定连接的用户和地址，格式为"instance-user-name@instance-public-dns-name"，即实例的用户名和实例的公有DNS名称（或者IP地址），中间以@符号隔开。例如，ubuntu@ec2-52-40-139-10.us-west-2.compute.amazonaws.com。

< 176 >

⑥ 加载密钥。在图4-56所示界面左侧选择Connection→SSH→Auth，单击Browse加载.ppk文件。

⑦ 单击Open即可连接。

⑧ 如图4-57所示，可以在左侧的Session列表中保存本次的配置，以免每次连接都要重新设置。在"Saved Sessions"下输入希望保存的配置名称，通过Load、Save、Delete等按钮可以装载、保存、删除在左侧列表中选择的配置。

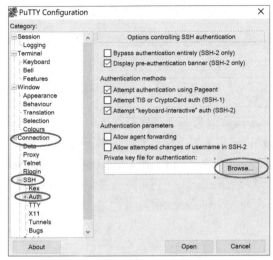

图 4-56　加载 ppk 文件

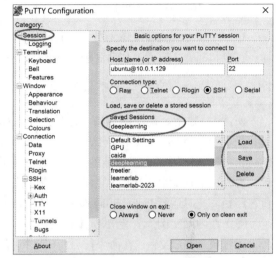

图 4-57　在 PuTTY 中保存设置

至此，我们完成了包含了公有和私有子网的VPC的配置。

2．使用虚拟容器Docker

下面配置Docker并部署简单Java Web项目。Docker 是一个开源的应用容器引擎，让开发者可以打包应用以及依赖包到一个可移植的镜像中，然后发布到Linux或Windows计算机上，也可以实现虚拟化。

（1）准备Docker环境。

在Ubuntu 18.04 下安装Docker，可以参考Docker官方文档的步骤来安装Docker。

使用命令docker run hello-world查看Docker是否安装成功。若出现权限问题，尝试使用命令sudo docker run hello-world来解决。

（2）编写Dockerfile。

在操作系统命令行界面执行以下命令，进入Vim环境编辑Dockerfile文件。

```
mkdir maven_tomcat
cd maven_tomcat
vim Dockerfile
```

以下为Dockerfile文件的内容。

```
FROM maven:3.6.3_jdk_8
ENV CATALINA_HOME /usr/local/tomcat
ENV  PATH  $CATALINA_HOME/bin:$PATH
RUN mkdir -p "$CATALINA_HOME"
WORKDIR $CATALINA_HOME
ENV TOMCAT_VERSION 8.5.64
```

< 177 >

```
ENV TOMCAT_TGZ_URL https://downloads.apache.org/tomcat/tomcat_
8/v$TOMCAT_VERSION/bin/apache-tomcat-$TOMCAT_VERSION.tar.gz
RUN set-x \
&& curl-fSL "$TOMCAT_TGZ_URL" -o tomcat.tar.gz \
&& tar -xvf tomcat.tar.gz --strip-components=1 \
&& rm bin/*.bat \
&& rm tomcat.tar.gz*
EXPOSE 8080
CMD [ "catalina.sh", " run" ]
```

在一个Maven基础镜像上叠加Tomcat，最终运行Java项目时只需要这一个镜像即可完成编译、打包和部署。执行下列命令创建此基础镜像。

```
sudo docker build -t maven_tomcat .
```

使用-t参数指定镜像的标签。标签用于给Docker镜像分配一个名称和可选的版本号，使其更容易识别和管理。标签的语法格式为"name:tag"，即名字加上标签号。如果不指定标签号，Docker会默认使用latest作为标签号。上述命令构建一个名为maven_tomcat、标签号为latest的镜像。另外，上述命令末尾的"."表示使用当前目录下的Dockerfile，还可以通过-f指定 Dockerfile 所在路径。此时运行docker images应该可以看到一个叫maven_tomcat的镜像。

（3）在内网实例上安装MySQL。

远程登录到EC2后，在命令行界面依次执行以下命令进行相关安装。

- 安装mysql–server。

```
sudo apt-get install mysql-server
```

- 安装mysql–client。

```
sudo apt-get install mysql-client
```

- 安装mysql -依赖。

```
sudo apt-get install libmysqlclient dev
```

可以执行以下命令查看安装好后自动生成的配置文件。

```
sudo cat /etc/mysql/debian.cf
```

结果如图4-58所示。

图4-58 查看安装好 MySQL 后自动生成的配置文件

< 178 >

"user=debian-sys-maint"即为自动配置的默认用户,"password=ol9uVJAxu9L1AzOa"即为自动配置的密码。

执行以下命令,以默认配置登录MySQL,这里的用户名以配置文件为准。

```
mysql -u debian-sys-maint -p
```

提示输入密码,这里要输入的密码以配置文件为准。也可以更改密码,下面的示例将密码改为了yourpassword,可以设置成其他的。

```
use mysql;
update mysql.user set authentication_string=password('yourpassword') where
user='root' and Host ='localhost';
update user set plugin="mysql_native_password";
flush privileges;
quit;
```

● 重启MySQL,命令如下。

```
sudo service mysql restart
mysql -u root -p
```

● 进行网络设置。执行以下命令,采用Vi编辑器编辑网络配置文件。

```
sudo vi /etc/mysql/mysql.conf.d/mysqld.cnf

# bind-address = 127.0.0.1表示默认只监听本机的连接,这里需要改成如下
bind-address = 0.0.0.0
```

保存文件后重启服务,命令如下。

```
sudo systemctl restart mysql
```

● 修改密码安全级别配置。修改validate_password_policy参数值如下。

```
set global validate_password_policy=0;
set global validate_password_length=1;
```

● 创建远程访问用户。执行以下命令,其中,password和sammy可以自定义。

```
CREATE USER 'sammy'@'%' IDENTIFIED BY 'password';
```

通过以下命令进行授权,以便授予所有访问权限。

```
GRANT ALL PRIVILEGES ON *.* TO 'sammy'@'%' WITH GRANT OPTION;
```

● 远程访问MySQL。执行以下命令远程访问mysql。其中,h后面的IP地址、u后面的root及p后面的密码,均可以换为之前自定义的。

```
mysql -h192.168.1.11 -uroot -p123456
```

至此,我们在EC2上安装了MySQL。接下来,可以通过Docker构建应用镜像,并将之部署在云上运行Web应用。

< 179 >

（4）构建应用镜像。

基于此镜像，将Java应用通过Maven编译打包到tomcat webapps目录，生成最终镜像。此时有两件事要做，一是在私网实例中建数据库ssm_demo并执行目录中的SQL语句建表；二是在/src/main/resources/resource/jdbc.properties文件中修改host、用户名和密码等。

（5）运行容器。

修改好配置文件后，在lab1_Code目录下执行以下命令。

```
docker build -t docker_demo .
```

然后执行以下命令，从而基于镜像运行容器。

```
# 创建并启动一个名为demo的Docker容器，主机的8001端口映射Docker容器的8080端口
sudo docker run -idt --name demo -p 8001:8080 docker_demo
# 模拟HTTP请求，测试浏览器是否能正常访问
curl localhost:8001
```

（6）设置安全组。

如果使用AWS服务器，默认的安全组规则会拦截服务器的入站流量。为了能够正常访问，我们需要放开对8001端口的限制，如图4-59所示。

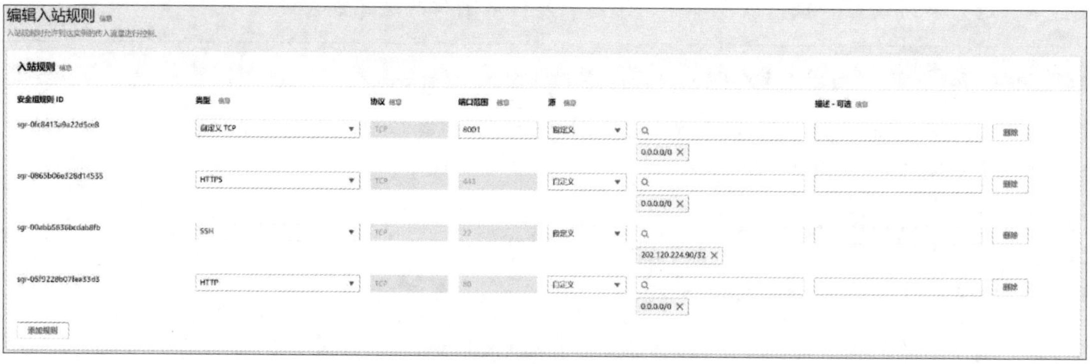

图 4-59　设置安全组

- 进入AWS控制面板，单击左边的“安全组”，选择相应的EC2实例后，单击“编辑入站规则”。
- 在弹出的界面中增加入站规则：HTTP或HTTPS可以允许从外部访问服务器，保留默认端口80和443；添加自定义TCP端口8001，设置允许来源为“任意位置”。

如果一切顺利，此时就可以通过用户名（admin）、密码（admin）登录服务器，应用“公网IP地址:8001”通过浏览器来访问Web应用了。

以下给出采用Node.js + MySQL将在本地构建的Web应用快速部署到云计算平台上的方法。

- 执行以下命令安装Node.js。

```
curl -sL https://deb.nodesource.com/setup_8.x |sudo -E bash -sudo apt-get
install -y nodejs
```

- 执行以下命令安装MySQL。

```
sudo apt-getinstall mysql-server
```

将本地工程上传到服务器。这里我们可以先把工程放在GitHub上，然后在AWS中将之克隆下来（替换xxx和your-workspace为实际的路径）。

```
git clone git: //github.com/xxx/xxx.git
cd your-workspace
```

- 建立数据库和数据表（替换以下命令中的<your-database-name>和<your-sql-file>为实际的数据库名和.sql文件名）。

```
mysql -u root -p #执行后会提示输入密码
create database <your-database-name>; use <your-database-name>;
source <your-sql-file>.sql;
```

- 安装依赖库。

```
npm install
```

- 启动服务器。

```
npm start
```

至此，Node.js的Web环境搭建完成，云服务可以正常使用了！

思考与练习

1．Angular、Vue等MVVM中，展示组件的HTML文件往往采用什么设计模式？

2．简述N层架构的发展历程，描述哪些层相继独立出来，以及N层结构的含义和优点。

3．在Java、Python、JavaScript等语言环境下，有些什么Web应用框架？对其框架特点进行简述。

4．在一个典型的大型Web应用运行过程中，可以进行哪些部分的优化？主要的耗时一般来自哪些环节？

5．说明Java EE的含义，以及Java EE应用通常如何分层、各层是如何协同完成Web应用的功能的。

6．说明Java EE的核心组件、服务以及API的概念和功能。

7．传统应用是如何对应迁移到云计算应用的，云计算的哪些部分对应用提供了N层架构对应的组件和功能？

8．无服务器计算（Serverless）的含义是什么，它和云计算的关系是如何的？

9．阐述云计算的优势和本质，以及云计算将给当前计算机软件领域（尤其是Web应用的开发和运维）带来哪些方面的重大改变？

10．举例说明IaaS、PaaS、SaaS的区别和具体应用，并通过搜索文献了解其目前主要竞争的热点领域以及在进行哪些方面的研发。

11．通过搜索文献了解我国目前的云计算发展状况如何？云计算对于计算机其他前沿领域的作用如何？基于云计算的重要性，针对我国发展云计算的意义、方向和重点谈谈你的想法。

12．（设计与实践）选择一个公有云平台完成注册，探索该云平台提供的服务（建议多个），可以是Web相关的（比如容器云、REST API等），也可以是诸如物联网、机器学习、VR、数据分析（如MapReduce）等。

< 181 >

第5章 Web前端框架

学习目标

- 能运用前端UI框架比如Bootstrap、Angular Material进行页面设计和实现。
- 能运用jQuery等前端工具库框架进行Ajax调用、页面动画制作等。
- 能说明MVVM的组件在前后端分离架构的位置和作用。
- 能总结目前流行的3个前端框架Vue、Angular、React的联系和区别。
- 能阐述Angular的核心组件的含义，说明它们是如何协同完成MVVM模式的前端功能的。
- 能总结Angular中使用到的软件工程方面的设计方法，比如依赖注入等。
- 能运用Angular进行具有较完整功能的Web前端应用的开发。
- 能总结移动Web开发的3种模式，并解释其区别。
- 能采用Ionic进行较为简单的移动Web应用的开发。
- 能开发较为简单的微信小程序。

5.1 Web前端框架概述

Web前端技术和框架在现代Web开发中扮演着至关重要的角色，它们负责创建并呈现用户在浏览器中看到的网页内容。随着Web应用程序变得越来越复杂和更具有交互性，尤其是前后端分离架构的流行，前端技术也在不断演进和发展。

在早期较为简单的Web应用中，前端页面主要是由HTML定义文档的结构和内容；CSS用于样式化HTML元素，包括布局、颜色、字体、大小等，它允许开发人员创建美观的、响应式的UI。响应式设计是一种技术和方法，使网站能够适应不同屏幕尺寸和设备，提供一致的用户体验。比如在计算机和智能手机中，同一个网站的展示能自动适应屏幕并具有一致性的操作体验。而JavaScript是一种脚本语言，负责添加交互性和动态性到Web页面。它可以处理用户输入、与服务器通信、操作DOM等。

随着前端对界面美观和用户体验的要求越来越高，出现了一些CSS预处理器和工具。比如Sass和SCSS是CSS的扩展，提供了变量、嵌套、混合等功能，以帮助开发人员更有效地编写CSS。Less也是一种CSS预处理器，用于简化CSS开发。而PostCSS是一个强大的CSS处理工具，它可以自动化处理、优化和转换CSS代码，支持插件系统。

随着前端的创建越来越复杂，要求工程化处理，一些自动化工具和构建工具也得到广泛应用。比如，Webpack是一个用于打包和构建JavaScript应用程序的工具，它可以处理模块化、代码分割、热模块替换等任务。Grunt和Gulp是任务自动化工具，用于执行各种前端任务，如文件压缩、图片优化、代码检查等。Babel是一个JavaScript编译器，用于将新的JavaScript代码转换成可在旧浏览器上运行的代码。

还有一些框架和前端密切相关，但是不属于纯粹的前端工具库和框架。比如曾经很流行的库DWR和GWT开发框架等。这里做简要介绍。

DWR 是一种用于实现Ajax通信的Java库，允许前端JavaScript代码与服务器端的Java代码进行直接交互。DWR使开发者能够轻松地从前端通过JavaScript调用后端Java方法，而无须手动编写Ajax请求。虽然它与前端开发有关，但它更侧重于后端与前端之间的通信，而不是实现UI组件或DOM操作等前端任务的简化。

GWT是由Google开发的开源框架，用于构建现代的Web应用程序。它使用Java作为主要编程语言，允许开发者编写Java代码，然后将其编译为高性能的JavaScript代码。这意味着开发者可以使用Java的强大功能来开发Web应用程序，而无须手动编写JavaScript代码。GWT提供了一组工具和库，用于处理DOM操作、事件处理、UI组件等前端任务，以及用于实现客户端和服务器端通信的机制。它的目标是提供可维护、高性能的Web应用程序开发体验。不同于jQuery等前端JavaScript库的是，GWT旨在提供一种全面的开发框架，而jQuery旨在简化特定的前端开发任务。

图 5-1　流行的 Web 前端框架

本章将专注于Web前端框架。随着Web前端功能越来越强大，一些封装了HTML、CSS和JavaScript的框架开始出现，如图5-1所示，从而方便开发人员采用更高层的组件式开发，并遵循一些框架模式（如MVVM）。这里简要介绍一些流行的Web前端框架。

我们将目前流行的Web前端框架根据功能和用途分为UI框架、工具库框架、移动应用开发框架和MVVM框架几类来分别介绍。一些框架的功能是交叉的，比如一些MVVM框架也支持移动开发和UI（如Vue.js既是一个MVVM框架，同时提供了一些UI组件，使其可以用作UI框架），而一些工具类框架也涉及UI。

5.1.1　前端UI框架

Web 前端 UI
框架综述

UI框架主要关注UI的设计和构建，用于构建和美化UI，为此提供了一套丰富的UI组件和样式，以便快速创建现代、美观的UI。通常会提供按钮、表格、表单、导航、模态框等现成的UI组件供开发人员使用，而不用从底层编写CSS或JavaScript代码。

流行的UI框架包括Bootstrap、Materialize CSS、Semantic UI、Foundation等。Bootstrap是一个流行的开源前端框架，用于构建响应式、现代化和移动友好的Web应用程序和网站。Materialize

< 183 >

CSS是基于Google Material Design的CSS框架，提供了现代、美观的UI组件和交互元素，适用于创建符合Material Design规范的界面。Semantic UI是一个语义化的CSS框架，它强调语义化的HTML和直观的类名，提供了一套现代化的样式和组件，可以帮助开发者快速构建漂亮的页面。Foundation是一个响应式前端框架，提供了网格系统、UI组件、模块化的样式和响应式工具，适用于快速开发移动友好的网站和应用。还有一些UI框架和特定的前端MVVM框架结合比较紧密，比如和Angular框架结合比较密切的UI组件库有Angular Material和NG-ZORRO等，和Vue框架结合比较密切的有Element UI等。

下面以典型的UI框架Bootstrap和Google Material Design为例对前端UI框架做介绍。

1．Bootstrap

Bootstrap由Twitter（现更名为X）开发，现在由社区维护，是前端开发的重要工具之一。Bootstrap的特点和优势如下。

（1）响应式设计：Bootstrap的一个主要特点是其内置的响应式设计支持。无论在桌面还是移动设备上，Bootstrap都能自动适应不同的屏幕尺寸，提供一致的用户体验。Bootstrap的网格系统允许开发人员创建响应式的布局，将页面分成12列，以便在不同屏幕大小下进行灵活的布局。

（2）移动优先：Bootstrap采用了移动优先的设计理念，这意味着它首先考虑和优化移动设备的体验，然后逐渐适应更大的屏幕。这对于现代移动设备非常重要。

（3）丰富的组件库：Bootstrap提供了大量的可重用组件，包括按钮、表单、导航栏、模态框、轮播、卡片等。通过这些组件可以快速构建各种界面元素，减少样式和布局的开发时间。

（4）支持定制：虽然Bootstrap提供了默认样式和主题，但它也允许开发人员通过自定义样式来满足项目的需求。可以通过Sass或Less等预处理器来定制Bootstrap的外观。

另外，Bootstrap的API设计简单，容易上手，具有很好的跨浏览器兼容性；Bootstrap可以与各种JavaScript库和框架（如React、Angular、Vue.js）集成，以增强其功能；Bootstrap拥有庞大的开发社区，有许多第三方主题和插件可以扩展Bootstrap的样式和功能，以满足特定项目的需求。

下面以创建一个简单的响应式导航栏为例来介绍如何使用Bootstrap。Bootstrap提供了易于使用的导航栏组件，可以轻松地在网站中创建具有响应式设计的导航栏，代码如下所示。

```html
<!DOCTYPE html>
<html lang="en">
<head>
    <meta charset="UTF-8">
    <meta name="viewport" content="width=device-width, initial-    scale=1.0">
    <title>Bootstrap 导航栏示例</title>
    <!-- 引入 Bootstrap 样式表 -->
    <link rel="stylesheet" href="https://cdn.jsdelivr.net/npm/bootstrap@5.3.0/
dist/css/bootstrap.min.css">
</head>
<body>

<!-- 导航栏开始 -->
<nav class="navbar navbar-expand-lg navbar-light bg-light">
    <div class="container">
        <!-- 网站标识 -->
        <a class="navbar-brand" href="#">My Website</a>
```

< 184 >

```
            <!-- 切换按钮（用于移动设备）-->
            <button class="navbar-toggler" type="button" data-bs-toggle="collapse"
data-bs-target="#navbarNav" aria-controls="navbarNav" aria-expanded="false"
aria-label="Toggle navigation">
                <span class="navbar-toggler-icon"></span>
            </button>


            <!-- 导航菜单 -->
            <div class="collapse navbar-collapse" id="navbarNav">
                <ul class="navbar-nav ml-auto">
                    <li class="nav-item">
                        <a class="nav-link" href="#">首页</a>
                    </li>
                    <li class="nav-item">
                        <a class="nav-link" href="#">关于我们</a>
                    </li>
                    <li class="nav-item">
                        <a class="nav-link" href="#">服务</a>
                    </li>
                    <li class="nav-item">
                        <a class="nav-link" href="#">联系我们</a>
                    </li>
                </ul>
            </div>
        </div>
    </nav>
    <!-- 导航栏结束 -->

    <!-- 引入 Bootstrap JavaScript -->
    <script src="https://cdn.jsdelivr.net/npm/bootstrap@5.3.0/dist/js/bootstrap.
bundle.min.js"></script>
    </body>
    </html>
```

在该示例中，我们使用Bootstrap创建了一个导航栏，其中的关键功能和相应代码解释如下。

（1）使用navbar和相关类来定义导航栏的基本样式和外观。Bootstrap提供了一系列导航栏相关的CSS类，如navbar、navbar-light、bg-light等，用于定义导航栏的基本样式和背景颜色。

（2）添加了导航栏的标识（Brand）。Bootstrap使用navbar-brand类来创建网站的标识或品牌名称。这个类将标识居中对齐并应用合适的样式。

（3）使用切换按钮来处理小屏幕设备上的折叠菜单。Bootstrap使用navbar-toggler类来创建切换按钮，用于在小屏幕上展开或折叠导航菜单。data-bs-toggle和data-bs-target属性用于指定切换目标，通常是导航菜单的id。

（4）创建导航菜单。Bootstrap的导航菜单可以使用navbar-nav和nav-item类来创建，nav-link类用于定义菜单项的样式。这些类确保了菜单在不同屏幕尺寸下的正确显示。Bootstrap通过CSS和JavaScript代码来实现响应式设计。在小屏幕上，导航菜单将被折叠并由切换按钮控制。使用navbar-expand-lg类来定义在大屏幕上扩展导航栏。

（5）利用Bootstrap的网格系统和样式类来布局和样式化导航栏。Bootstrap的容器和网格系统（如container、container-fluid以及row和col类）用于正确地包装和布局导航栏元素。

（6）Bootstrap的JavaScript组件（如bootstrap.bundle.min.js）用于处理导航栏的交互功能，如

< 185 >

展开或折叠导航菜单。这些组件通过在页面底部引入Bootstrap的JavaScript文件来启用。

保存以上代码为bootstrapdemo.html文件，并部署到Web服务器上，通过浏览器访问会显示图5-2所示页面。

单击浏览器右上角的"更多"按钮，单击"更多工具"，然后单击"开发者工具"，在开发者工具页面单击左上角的"Toggle device toolbar"，则可以将浏览器模式切换到手机模式。这时我们可以看到页面相应展现为适配手机屏幕的样式，如图5-3所示。

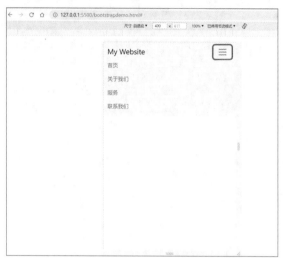

图 5-2　浏览器中展示的简单 Bootstrap 示例　　　　图 5-3　采用手机模式展示的简单 Bootstrap 示例

从这个简单的示例可以看出，Bootstrap通过为导航栏提供一系列样式类、组件和交互功能，使得创建响应式、现代化的导航栏变得非常简单。开发人员只需按照Bootstrap的约定来组织HTML代码和应用相应的样式类，即可轻松实现导航栏的各种功能和样式，而无须自行编写大量的CSS和JavaScript代码。这可大大提高前端开发的效率和一致性。

2．Google Material Design

Google Material Design是一套由Google提出的设计规范，用于创建现代、清晰、直观和一致的UI。这个规范旨在提供一种通用的设计语言，可以用于各种平台和设备，包括移动应用、桌面应用和嵌入式系统等。该设计规范的要点如下。

- 材料（Material）。材料是这个设计规范的核心概念。材料是基本的、实体的物质，拥有深度、阴影和可见性。元素和组件由材料制成的，材料遵循一些物理规则，可实现阴影和交互等效果，使UI看起来更真实。
- 响应式设计（Responsive Design）。该设计规范鼓励创建适应不同屏幕尺寸和方向的应用程序，以提供一致的用户体验。
- 组件（Components）。该设计规范提供了一系列常见的UI组件，如按钮、卡片、对话框、工具栏等，以及它们的设计和交互指南。
- 布局（Layout）。布局是设计界面的重要部分，该设计规范提供了网格系统和响应式设计的指南，以确保应用程序在不同设备和屏幕尺寸上都能够良好地工作。
- 自然的动作（Natural Motion）。该设计规范鼓励使用自然的动作和反馈，使UI更加生动。这包括触摸反馈、滚动效果、拖放等。
- 无障碍（Accessibility）支持。该设计规范关注无障碍问题，确保组件在残障用户使用时具有良好的可访问性。这使得应用程序能给大多数用户带来较好的使用体验。

< 186 >

该设计规范还定义了深度和阴影（Elevation and Shadows）、动画和转场（Motion and Transitions）、排版（Typography）、图标（Icons）、颜色（Colors）等一系列的设计原则、工具和资源等，可帮助设计师和开发人员将之应用到他们的应用程序中，以提供出色的用户体验。

符合Google Material Design规范的经典UI框架有许多，比如基于React的UI框架Material-UI、Angular框架的官方UI实现Angular Material、基于Vue.js的UI框架Vuetify等，由阿里巴巴开发的UI框架Ant Design则支持React、Vue和Angular。下面以Angular Material为例做介绍。

Angular Material是一个由Angular团队开发和维护的UI框架，它提供了一套符合Google Material Design规范的UI组件，可以与Angular框架无缝集成。

从图5-4中可以看到该UI框架已经提供了丰富的UI组件，包括按钮、卡片、检查框、对话框、分割器、可展开面板等。这些组件可以帮助开发者快速构建各种类型的UI。

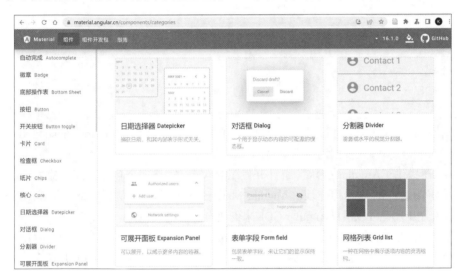

Material Design 设计规范与 Angular Material

图 5-4　Angular Material 官网上的各种组件

下面给出一个简单示例，介绍Angular Material中按钮、卡片和输入框组件的使用。

首先，确保已经安装了Angular CLI，关于Angular CLI和Angular组件、模板文件的具体介绍见5.2节。使用Angular CLI创建一个新的Angular项目，然后使用Angular CLI的Schematics命令安装Angular Material和相关依赖。在安装过程中，可以选择是否包含预定义的主题和样式。命令如下。

```
ng new angular-material-demo
cd angular-material-demo
ng add @angular/material
```

下面添加和使用按钮、卡片及输入框组件，将相关代码添加到src/app/app.component.html文件中。

首先添加一个按钮。以下代码创建一个带有"单击我"文本的凸起按钮，并使用主题颜色（蓝色）。

```
<button mat-raised-button color="primary">单击我</button>
```

接下来添加一个卡片组件。创建一个简单的卡片，包括标题、内容和两个操作按钮。

< 187 >

```
<mat-card>
  <mat-card-header>
    <mat-card-title>
      示例卡片
    </mat-card-title>
  </mat-card-header>
  <mat-card-content>
    这是一个Angular Material示例卡片。
  </mat-card-content>
  <mat-card-actions>
    <button mat-button>操作1</button>
    <button mat-button>操作2</button>
  </mat-card-actions>
</mat-card>
```

最后添加一个输入框组件。以下代码创建一个带有占位符的输入框。

```
<mat-form-field>
  <input matInput placeholder="输入框示例">
</mat-form-field>
```

在命令行界面执行ng serve命令，以运行应用程序，打开浏览器并访问 http://localhost:4200，会显示一个包含按钮、卡片和输入框的简单示例页面。

Angular Material还提供了Angular CDK（组件开发工具包），它是一个独立的库，提供了一些用于构建高度可定制组件的基础构建块。Angular Material的组件库实际上就是基于Angular CDK构建的，这意味着开发者可以借助Angular CDK来创建自己的定制组件。

以下示例将介绍如何使用Angular CDK的其中一项功能——拖放（Drag and Drop）。假设开发一个任务管理应用程序，希望允许用户通过拖放方式重新排列任务列表，可以使用Angular CDK的拖放功能来实现这一目标，步骤如下。

（1）使用Angular CLI创建一个新的Angular项目。

```
ng new task-manager
```

（2）安装Angular CDK。

```
npm install @angular/cdk
```

（3）在任务列表组件中，导入DragDropModule。

```
import { DragDropModule } from '@angular/cdk/drag-drop';
```

然后，在@NgModule装饰器的imports数组中引入DragDropModule。

```
@NgModule({
  declarations: [TaskListComponent],
  imports: [
    // ...
    DragDropModule,
  ],
})
```

< 188 >

（4）在任务列表模板中，使用cdkDrag指令将元素标记为可拖放。

```
<ul>
  <li *ngFor="let task of tasks" cdkDrag>{{ task }}</li>
</ul>
```

（5）在组件类中为拖放操作添加事件处理程序，以处理拖动开始、拖动结束等事件。

```
import { CdkDragDrop, moveItemInArray } from '@angular/cdk/drag-drop';

// ...

onTaskDrag(event: CdkDragDrop<string[]>): void {
  moveItemInArray(this.tasks, event.previousIndex, event.currentIndex);
}
```

（6）在模板中使用(cdkDragStarted)和(cdkDragEnded)事件来调用这些事件处理程序。

```
<ul>
  <li *ngFor="let task of tasks" cdkDrag (cdkDragStarted)="onTaskDragStar
ted()" (cdkDragEnded)="onTaskDragEnded()">
    {{ task }}
  </li>
</ul>
```

使用Angular CDK能够轻松地实现复杂的交互功能，而无须从头开始编写大量的自定义代码。Angular CDK还提供了许多其他功能，包括无障碍支持、虚拟滚动、弹出式窗口等，可以用来改进和扩展应用程序。

Angular Material还通过Schematics（原理图）为开发者提供了一套强大的命令行工具，用于生成和修改Angular组件、模块、服务等。这使得集成Angular Material变得非常容易，开发者可以使用命令行轻松创建和定制Material组件。

假设开发一个Angular应用程序，希望在其中使用Angular Material来创建一个任务管理器，包括任务列表、添加任务对话框等功能，步骤如下。

（1）使用Angular CLI命令创建一个新的Angular项目。

```
ng new task-manager
```

（2）使用Angular CLI的Schematics命令来安装Angular Material和相关依赖。

```
ng add @angular/material
```

Schematics将自动执行以下操作。

- 安装Angular Material和Angular CDK。
- 配置Angular Material主题。
- 导入和设置Material模块。

（3）使用Schematics命令生成一个任务列表组件，其中包括一个基本的任务列表。

```
ng generate @angular/material:table task-list
```

< 189 >

这将生成一个名为task-list的组件，并在其中包含一个Material表格（table）组件，该组件具有排序和分页功能。使用Schematics命令生成的任务列表组件是一个基本的模板，可以在其基础上进行自定义修改。例如，可以添加任务删除功能、修改表格样式等。

（4）使用Schematics命令生成一个任务添加对话框组件。

```
ng generate @angular/material:dialog task-dialog
```

这将生成一个名为task-dialog的组件，并在其中包含一个Material对话框（dialog）组件，用于输入新任务。

同样可以在生成的任务添加对话框组件上进行自定义修改，以满足特定需求。比如可以添加表单验证、自定义输入字段等。

Angular Material还内置了一些常用的动画效果，包括过渡和触摸反馈等。这些动画可以自动应用于组件，提高UI的交互性。在Angular Material中，动画效果是通过Angular的BrowserAnimationsModule模块来控制的。基于之前建立的任务管理应用程序，在任务添加和删除时使用动画效果来提高用户体验，可在项目的src/app/app.module.ts文件中添加以下代码导入并配置BrowserAnimationsModule。

```
import { BrowserAnimationsModule } from '@angular/platform-browser/animations';

@NgModule({
  imports: [
    // ...
    BrowserAnimationsModule,
  ],
  // ...
})
```

使用Angular CLI的Schematics命令生成一个任务列表组件，该命令和前文的有所不同，如下所示。

```
ng generate component task-list
```

然后在该组件中使用动画效果。在任务列表组件的模板中，可以使用Angular Material提供的动画效果指令来为任务的添加和删除操作添加动画效果。比如，可以在任务列表中的每个任务元素上使用[@fadeInOut]动画效果指令。

```
<ul>
  <li *ngFor="let task of tasks" [@fadeInOut]>{{ task }}</li>
</ul>
```

在任务列表组件的样式文件（例如task-list.component.css）中定义@fadeInOut动画效果。

```
@keyframes fadeIn {
  from {
    opacity: 0;
  }
  to {
    opacity: 1;
```

< 190 >

```
  }
}

@keyframes fadeOut {
  from {
    opacity: 1;
  }
  to {
    opacity: 0;
  }
}

li {
  animation: 0.5s ease-out 0s both;
}

[@fadeInOut] {
  animation-name: fadeInOut;
}
```

下面使用动画效果。在任务列表组件的 TypeScript 文件中，可以根据添加和删除任务的操作，以编程方式启用和禁用动画效果，如下所示。

```
// 在添加任务时启用动画
addTask(task: string): void {
  this.tasks.push(task);
  this.enableAnimation = true; // 启用动画
}

// 在删除任务时禁用动画
deleteTask(index: number): void {
  this.tasks.splice(index, 1);
  this.enableAnimation = false; // 禁用动画
}
```

　　Angular Material允许开发者方便地自定义应用程序的主题，包括颜色、字体、阴影等。通过自定义主题，开发者可以创建与品牌或项目需求相符的主题。Angular Material还支持动态主题切换，这意味着可以在应用程序运行时更改主题，比如可以实现日间模式和夜间模式的切换等。

　　Web前端界面的制作是构建Web应用程序的一个大话题，对用户的使用体验非常关键。本节简要给出了使用Web前端UI框架构建Web前端界面的介绍。具体各个组件的使用、Web页面的美工设计等内容还需要读者自主学习，并在具体项目中灵活应用。

5.1.2　前端工具库框架

　　工具库是一类提供辅助功能的框架和库，它们可以用于各种前端开发任务，如DOM操作、动画、Ajax请求、数据处理等。主要用于在原生JavaScript代码之上提供更方便的开发工具。常用的前端工具库框架有jQuery、Dojo Toolkit、Prototype、MooTools等。jQuery是一个流行的、快速而简洁的JavaScript库，旨在简化前端Web开发，提供了丰富的功能和跨浏览器的API，使

< 191 >

得JavaScript编程更加容易和高效。Dojo Toolkit是一个多功能的JavaScript框架，它提供了一组模块和工具，用于构建丰富的Web应用程序，包括DOM操作、Ajax请求、模块加载和UI组件等功能。Prototype是一个JavaScript框架，它扩展了JavaScript的原型对象，提供了一些实用的功能，如类继承、Ajax请求和DOM操作。MooTools是一个面向对象的JavaScript框架，它扩展了JavaScript的核心功能，并提供了一组实用的工具和类，用于处理DOM操作、动画效果和事件等。

下面以典型的工具库jQuery为例对这类前端框架做介绍。它简化了DOM操作和跨浏览器兼容性问题的处理。尽管现代Web开发中已经有了其他框架和库，但jQuery仍然在许多项目中广泛使用，尤其是在需要快速原型设计或处理跨浏览器兼容性时。jQuery的特点和优势主要有以下一些方面。

jQuery

- 简化DOM操作：jQuery简化了对DOM的操作，通过简单的选择器和方法，可以轻松实现元素的查找、修改、删除等操作。jQuery使用CSS选择器语法来选择页面上的元素，例如通过$("p")选择所有\<p\>元素。还支持更高级的选择器，如$(".class")、$("#id")等。jQuery提供了一系列方法来操作DOM，包括添加、删除、修改元素，以及获取和设置属性、内容等。
- 事件处理：jQuery提供了强大的事件处理功能，允许开发人员附加事件处理程序、处理事件冒泡、阻止事件默认行为等。jQuery通过on()、off()、click()等方法，可以轻松地附加和处理事件。
- 动画和效果：jQuery支持动画效果和过渡效果，可以轻松地创建页面动态效果，如淡入淡出、滑动、渐变等。jQuery提供了animate()、fadeIn()、fadeOut()等方法来创建各种动画和过渡效果。
- Ajax支持：jQuery提供了简单而强大的Ajax方法，用于处理异步请求和与服务器进行数据交换，无须手动编写大量的XMLHttpRequest代码。$.Ajax()和$.get()、$.post()等方法用于处理异步请求和服务器通信。
- 链式操作：jQuery支持链式操作，允许多个方法调用连接在一起，提高了代码的可读性。例如 $("p").addClass("highlight").fadeOut();。
- 插件系统：jQuery具有庞大的插件生态系统，允许开发人员扩展和定制库的功能，以满足不同项目的需求。

另外，jQuery拥有详细的文档和大量的教程、示例和社区支持，使得学习和使用库变得更加容易。这里先介绍如何使用jQuery来进行Ajax调用。以下是一些jQuery对Ajax提供支持的核心方法数的简介。

- $.Ajax()是jQuery的核心Ajax方法，它接收一个包含各种选项的JavaScript对象，用于配置和执行Ajax请求。选项包括url、type、data、dataType、success、error等，分别用于指定请求的URL、HTTP方法、数据、数据类型以及成功和失败时的回调函数。
- $.get()用于执行HTTP GET请求。它接收一个URL、可选的数据、成功回调函数和期望的数据类型。这是一个简化的方法，适用于获取数据而不需要特定的配置。
- $.post()用于执行HTTP POST请求，与$.get()类似，但用于向服务器提交数据。它接收一个URL、可选的数据、成功回调函数和期望的数据类型。
- $.getJSON()用于获取JSON数据。它接收一个URL、可选的数据以及成功回调函数。它自动将响应解析为JSON对象，并传递给成功回调函数。

还有$.AjaxSetup()用于全局设置Ajax请求的默认选项；$.AjaxPrefilter()用于定义全局的预过

< 192 >

滤器，可以在发送请求之前对请求选项进行修改；$.AjaxTransport()用于自定义传输方式。

下面编写一个简单的Ajax示例。以查询参数zipcode:'97201'调用服务器端REST服务/api/getWeather，并用返回的文本替换页面元素#weather-temp的内容，HTML代码如下。

```html
<!DOCTYPE html>
<html>
<head>
    <title>Weather App</title>
    <script src="https://code.jquery.com/jquery-3.6.0.min.js"></script>
</head>
<body>
    <h1>Weather Information</h1>
    <p>Temperature: <span id="weather-temp">Loading...</span></p>

    <script>
        $(document).ready(function() {
            // 发起Ajax请求
            $.Ajax({
                url: '/api/getWeather', // 服务器端REST服务的URL
                type: 'GET',
                data: { zipcode: '97201' }, // 查询参数
                success: function(response) {
                    // 成功时替换#weather-temp元素的内容
                    $('#weather-temp').html(response);
                },
                error: function(xhr, status, error) {
                    // 处理错误情况
                    console.error('Ajax request failed: ' + status + ', ' + error);
                    $('#weather-temp').html('Failed to fetch weather data.');
                }
            });
        });
    </script>
</body>
</html>
```

该段代码首先引入了jQuery库，并在页面加载后，使用$.Ajax()方法发起一个GET请求，指定目标URL为api/getWeather，并传递了查询参数zipcode:'97201'。当请求成功时，success回调函数将返回的文本设置为#weather-temp元素的内容；如果请求失败，error回调函数将在控制台输出错误信息，并将#weather-temp元素的内容设置为错误信息。

该示例假设服务器端已经编写了相应的代码并部署运行，需要将示例中的URL、查询参数和错误处理逻辑替换为实际情况，以便与服务器端的REST服务进行通信并显示相应的数据。

以下是另外一个简单的示例，演示了如何综合使用jQuery来制作动画和创建Ajax请求。HTML部分的代码如下，将其保存为jquerydemo.html。

```html
<!DOCTYPE html>
<html>
<head>
    <title>jQuery 示例</title>
    <!-- 引入jQuery库 -->
```

< 193 >

```
        <script src="https://code.jquery.com/jquery-3.6.0.min.js"></script>
        <style>
            #content {
                width: 300px;
                padding: 20px;
                background-color: #f0f0f0;
                border: 1px solid #ccc;
                display: none;
            }
        </style>
    </head>
    <body>
        <h1>jQuery 示例 - 动画和Ajax</h1>
        <button id="show-content-button">显示内容</button>
        <div id="content"></div>

        <script src="jquery_example.js"></script>
    </body>
</html>
```

该HTML页面首先引入了jQuery库和一些简单的CSS样式。页面上有一个按钮和一个隐藏的内容区域。JavaScript部分的代码（也就是jquery_example.js的代码）如下。

```
// 使用jQuery来处理按钮单击事件
$(document).ready(function () {
    $('#show-content-button').click(function () {
        // 使用jQuery的动画效果来显示内容
        $('#content').slideDown(1000, function () {
            // 在动画完成后，进行Ajax请求
            $.Ajax({
                url: 'https://jsonplaceholder.typicode.com/posts/1',
                method: 'GET',
                success: function (data) {
                    // 使用jQuery来更新内容
                    $('#content').html('文章标题: ' + data.title + '<br>内容: '
+ data.body);
                },
                error: function () {
                    alert('无法加载文章。');
                }
            });
        });
    });
});
```

部署并访问jquerydemo.html页面，单击"显示内容"按钮后，将采用动画展开的效果来显示远程调用Web API得到的文章数据，并显示在相应的页面位置，如图5-5所示。

该JavaScript代码使用jQuery的.click()方法来注册按钮的单击事件处理程序，并使用jQuery的.slideDown()动

图 5-5　远程调用 Web API 得到的文章数据

< 194 >

画效果来显示内容区域，以更具吸引力地呈现。在动画完成后，使用jQuery的$.Ajax()方法发起一个Ajax请求，获取来自一个提供示例API网址的文章数据。如果请求成功，使用jQuery来更新内容区域，显示文章标题和内容；如果请求失败，则弹出一个警告框。

这个示例结合了动画效果和Ajax请求，使用简单的代码实现了更富交互性的用户体验，动画效果使内容的显示更流畅。Ajax请求使得从远程服务器加载数据成为可能。此外，使用jQuery来处理DOM操作和事件处理，代码更加清晰易读。

5.1.3　前端移动应用开发框架和工具

移动应用通常可以通过3种不同的实现方式来开发和部署，分别是 Native App（原生应用）、Web App（Web应用）和 Hybrid App（混合应用）。

Native App（原生应用）是专门为特定移动平台（如iOS、Android）开发的应用程序，使用平台特定的编程语言和开发工具（比如iOS通常采用ObjectC或者Swift，Android通常采用Java或者Kotlin）。这些应用程序通常能够充分利用设备的硬件和操作系统功能，提供最佳性能和用户体验。原生应用需要单独为每个目标平台编写代码，具有很好的性能和访问原生功能的能力，但是编写的程序不具有跨平台性。

Web App（Web应用）是通过使用Web技术（如HTML、CSS、JavaScript）构建的应用程序，可以通过浏览器访问，而无须下载或安装。这些应用程序跨多个平台通用，并且可以通过URL访问，因此不需要特定的应用商店或安装流程。由于运行在浏览器中，Web应用通常无法获得与原生应用相同的性能和访问设备功能的能力。

Hybrid App（混合应用）结合了原生应用和Web应用的特点。它们使用Web技术构建UI，但运行在原生应用的封装中，可以访问设备功能。混合应用通常使用框架（如Cordova、PhoneGap、Ionic）将Web应用包装成原生应用，通过插件提供对设备API的访问。这种方法旨在实现跨平台开发，同时允许开发者使用熟悉的Web技术，并获得一定程度的原生性能和设备功能访问能力。

混合应用又有两种不同的实现方式：以Web技术为主的混合框架和以原生技术为主的混合框架，如图5-6所示。以Web技术为主的混合框架中，UI和控制逻辑主要使用Web技术（如HTML、CSS、JavaScript）构建。整个应用程序的外观类似于Web应用，而核心逻辑通常由JavaScript驱动。平台原生SDK提供内置的WebView组件用于加载和显示Web内容，相应组件通常为原生应用的一部分。Ionic就是一个以Web技术为主的混合框架。它使用Angular或React来构建UI，并将其封装在原生应用的WebView中。

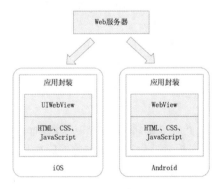

（a）以 Web 技术为主的混合框架

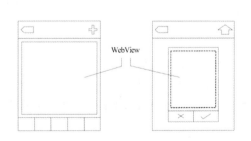

（b）以原生技术为主的混合框架

图 5-6　混合框架

< 195 >

以原生技术为主的混合框架中，原生技术（如Java、Swift、Objective-C）主要用于实现应用的控制逻辑和整体框架，而UI通常是嵌入在WebView中的。整个应用程序的框架和核心逻辑由原生技术构建，WebView用于显示Web内容和UI。

流行的移动应用开发框架通常属于以Web技术为主的混合框架，因为它们更注重Web技术的使用，同时提供了跨平台的能力。例如，以原生技术为主的混合框架中，使用特定的技术如React Native或Flutter，这些技术允许开发者使用JavaScript（React Native）或Dart（Flutter）等Web技术或者特定语言编写应用，但最终应用是直接编译成某个移动平台上的原生代码执行的。

流行的一些专门用于移动应用开发的框架包括Ionic、Cordova、React Native、Xamarin、Flutter等。Ionic是一个使用Web技术（如HTML、CSS、JavaScript）构建跨平台移动应用的框架，通常与Angular或React结合使用。它提供了一套现成的UI组件和工具，以构建原生外观的应用。Cordova（PhoneGap的开源版本）是一个以原生技术为主的混合框架的示例。Cordova使用HTML、CSS和JavaScript构建UI，但其核心框架和逻辑是使用原生技术构建的，原生部分负责应用的整体结构和访问设备功能。React Native由Facebook开发，使用React和JavaScript构建原生移动应用。它允许开发者使用React的组件模型和语法，以及JavaScript来构建具有原生性能的应用。Xamarin是由微软开发的框架，它允许使用C#和.NET构建原生移动应用。Xamarin提供了一套跨平台的工具，可用于开发iOS、Android和macOS应用。Flutter是由Google开发的开源移动应用框架，使用Dart编程语言（或者说，Flutter并不是采用Web编程语言来开发的混合式移动框架）。它通过自定义的UI组件库（又称为Widgets）来构建跨平台的原生移动应用程序。Flutter提供了高性能、漂亮的UI和丰富的开发工具，可以轻松构建复杂、高性能的跨平台原生移动应用。Cordova是一个相对较早的混合移动应用框架，在一段时间内比较流行。然而，随着时间的推移，React Native、Flutter和其他新的框架也崭露头角，取得了广泛的认可和使用。

下面基于Ionic和微信小程序开发，对采用Web技术的移动应用的开发做简要介绍。

1．Ionic

Ionic是一个流行的移动Web应用程序开发框架，它提供了一组工具和组件，用于创建高性能、跨平台的移动应用程序。支持开发者使用Web技术（如HTML、CSS、JavaScript）构建代码，然后将其部署到多个平台，包括iOS、Android、Web、桌面和PWA（渐进式Web应用程序）等。Ionic提供了一套美观的UI组件库，包括按钮、卡片、表单、导航栏、标签页等，这些组件符合现代移动应用的设计规范。Ionic可以使用Angular、React或Vue等现代前端框架，尤其支持和Angular的集成，并提供了自动化构建工具，使得开发、测试和部署流程更加顺畅。

移动 Web

下面以创建一个简单的待办事项列表应用程序为示例，展示Ionic的UI组件和跨平台能力。

（1）安装Ionic。

确保已经安装了Node.js和npm。然后，使用以下命令全局安装Ionic CLI。

```
npm install -g @ionic/cli
```

（2）创建Ionic应用程序。

使用Ionic CLI创建一个新的Ionic应用程序。使用以下命令创建一个名为"todo-app"的Ionic应用程序，使用Angular作为前端框架，并选择"blank"模板。然后进入新创建的应用程序目录。

```
ionic start todo-app blank --type=angular
cd todo-app
```

< 196 >

（3）创建待办事项页面。

使用Ionic CLI生成一个新的页面，用于显示待办事项列表。使用以下命令创建一个名为"todo-list"的页面。

```
ionic generate page todo-list
```

（4）编辑待办事项列表页面。

在 src/app/todo-list/todo-list.page.html文件中添加以下代码，该简单的Ionic页面用于显示待办事项列表。

```
<ion-header>
  <ion-toolbar>
    <ion-title>
      待办事项列表
    </ion-title>
  </ion-toolbar>
</ion-header>

<ion-content>
  <ion-list>
    <ion-item *ngFor="let task of tasks">
      {{ task }}
    </ion-item>
  </ion-list>
</ion-content>
```

（5）在组件中定义任务列表数据。

在src/app/todo-list/todo-list.page.ts文件中定义待办事项列表数据，代码如下。

```
import { Component } from '@angular/core';

@Component({
  selector: 'app-todo-list',
  templateUrl: './todo-list.page.html',
  styleUrls: ['./todo-list.page.scss'],
})
export class TodoListPage {
  tasks: string[] = ['任务1', '任务2', '任务3'];
}
```

（6）运行应用程序。

采用以下Ionic CLI命令在浏览器中运行Ionic应用程序，应该可以从浏览器中看到待办事项列表。

```
ionic serve
```

（7）部署到移动设备。

可以使用Ionic CLI提供的命令将应用程序部署到移动设备。如对于Android设备，可以使用以下命令。

```
ionic cordova run android
```

< 197 >

对于iOS设备，可以使用以下命令。

```
ionic cordova run ios
```

要在移动设备上部署和运行，需要确保已经设置了相应的开发环境和设备。比如对于Android设备，需要安装Android开发环境，包括Android Studio、Java Development Kit（JDK）、Android SDK等。另外，还需要配置Android模拟器或连接一台Android设备到计算机上。如果采用模拟器，需要在Android Studio中创建一个模拟器虚拟设备并启动。如果采用真机，连接Android设备时需要启用开发者选项并启用USB调试模式。

2．微信小程序开发

随着移动设备上社交网络应用微信的流行，微信小程序的开发也成为移动应用开发的主流。微信小程序是一种轻量级的应用程序，可以在微信平台上运行，而无须用户下载和安装。微信小程序提供了一种快速开发和传播应用的方式，适用于各种场景（包括社交、购物、娱乐等）。微信小程序的开发一般有以下步骤。

（1）开发工具和准备工作。

首先需要在微信公众平台的开发者中心下载并安装微信开发者工具，该工具可用于创建、编辑、调试和上传小程序。还需要拥有一个微信公众平台账户，以便创建和管理小程序。如果没有账户，可以在公众平台上注册一个。

（2）创建小程序项目。

可以在微信开发者工具中单击"项目"按钮，然后选择"新建项目"。在项目设置中，填写小程序的名称、AppID（需要在微信公众平台上注册）、项目目录等信息。项目模板可以选择默认模板或自定义模板。

（3）开发小程序页面。

小程序页面使用类似HTML和CSS的WXML和WXSS进行构建。可以使用JavaScript来处理页面的逻辑和数据交互，并调用微信提供的API来实现各种功能。

（4）页面结构和组件。

微信小程序的页面通常由多个组件组成，例如按钮、文本框、列表、导航栏等。开发人员可以使用微信提供的组件库，也可以自定义组件。页面之间可以通过路由进行导航。

（5）数据请求和交互。

小程序可以通过HTTP请求与后端服务器通信，获取数据或与外部API进行交互。小程序提供了内置的事件处理和数据绑定机制，使页面能够响应用户的操作。

（6）调试和预览。

使用微信开发者工具，可以在模拟器中进行小程序的调试和预览。该工具提供了实时代码预览、调试工具、性能分析等功能。

（7）上线发布。

当小程序开发完成后，可以在微信开发者工具中提交小程序代码，并在微信公众号平台上进行审核。审核通过后，小程序将上线发布，供用户在微信中使用。

以下是一个简单的微信小程序开发示例，展示了页面结构、主要页面和组件的编写、路由、数据请求和交互等。这个示例是一个简单的天气查询应用，用户可以输入城市名称，然后获取相应城市的实时天气信息。

（1）页面结构。在小程序中，页面结构通常由pages目录下的多个页面组成。该示例中将创建两个页面：index和weather。页面结构示例如下。

< 198 >

```
- pages
  - index
    - index.js
    - index.json
    - index.wxml
    - index.wxss
  - weather
    - weather.js
    - weather.json
    - weather.wxml
    - weather.wxss
```

（2）主要页面和组件的编写。index页面用于输入城市名称，其中index.wxml包含一个输入框和一个查询按钮，代码如下。

```
<!-- index.wxml -->
<view class="container">
  <input bindinput="handleInput" placeholder="请输入城市名称" />
  <button bindtap="navigateToWeather">查询</button>
</view>
```

index.js处理用户输入，并跳转到weather页面。代码如下。

```
// index.js
Page({
  data: {
    cityName: '',
  },
  handleInput(e) {
    this.setData({
      cityName: e.detail.value,
    });
  },
  navigateToWeather() {
    wx.navigateTo({
      url: '/pages/weather/weather?cityName=' + this.data.cityName,
    });
  },
});
```

代码中使用wx.navigateTo()方法来跳转到weather页面，并将城市名称作为参数传递，体现了简单的导航和路由功能的实现。

weather 页面用于显示城市的实时天气信息。其中weather.wxml显示天气信息，代码如下。

```
<!-- weather.wxml -->
<view class="container">
  <view class="city-name">{{ cityName }}</view>
  <view class="weather-info">{{ weatherInfo }}</view>
</view>
```

以上页面文件代码中，<view>是小程序的基本组件，用于包裹文本和元素。class属性用于

< 199 >

指定应用于<view>元素的样式类。该示例中，class="container"、class="city-name"和class="weather-info"分别应用了weather.wxss文件中定义的样式规则。{{ cityName }}和{{ weatherInfo }}是小程序的数据绑定语法，用于将数据显示在页面上。这些数据在weather.js中定义并在onLoad()函数中设置。下文将给出weather.js的代码并做简要解释。

（3）样式。可以使用.wxss（微信样式表）文件来为页面和组件添加样式。.wxss文件通常放在与页面和组件对应的目录下，并与相应的.wxml文件具有相同的文件名。以下对于weather页面，创建一个weather.wxss文件，该文件位于pages/weather/目录下，代码如下。

```
/* pages/weather/weather.wxss */

/* 页面整体样式 */
.container {
  background-color: #f5f5f5;
  padding: 20px;
}

/* 城市名称样式 */
.city-name {
  font-size: 24px;
  font-weight: bold;
  margin-bottom: 10px;
}

/* 天气信息样式 */
.weather-info {
  font-size: 18px;
  color: #333;
}
```

以上代码中，.container类定义了页面整体的样式，包括背景颜色和内边距。.city-name类定义了城市名称的样式，包括文字大小、文字粗细和底部边距。.weather-info类定义了天气信息的样式，包括文字大小和颜色。这些样式规则将应用于weather页面的对应元素，以控制它们的外观和布局。

（4）数据请求和交互。weather.js通过数据请求获取天气信息，代码如下。

```
// weather.js
Page({
  data: {
    cityName: '', // 城市名称
    weatherInfo: '', // 天气信息
  },
  onLoad(options) {
    const cityName = options.cityName;
    this.setData({
      cityName,
    });
    this.getWeather(cityName);
  },
  getWeather(cityName) {
```

< 200 >

```
      // 替换为实际的天气API的URL
      const apiUrl = 'https://api.weatherapi.com/v1/current.json?key=YOUR_API_
KEY&q=${cityName}&aqi=no';

      wx.request({
        url: apiUrl,
        method: 'GET',
        success: (res) => {
          if (res.statusCode === 200) {
            const weatherData = res.data;

            // 解析天气信息
            const temperature = weatherData.current.temp_c;
            const condition = weatherData.current.condition.text;

            // 更新data中的weatherInfo
            this.setData({
              weatherInfo: '${condition} ${temperature}° C',
            });
          } else {
            console.error('请求天气信息失败');
          }
        },
        fail: (error) => {
          console.error('请求天气信息失败', error);
        },
      });
    },
  });
```

在weather.js中，使用wx.request()方法来向天气API发起HTTP请求，获取实时天气信息。请求成功后，更新data中的weatherInfo，然后在weather.wxml中渲染天气信息。这个示例中使用的API和数据是示例数据，在getWeather()函数中需要将apiUrl替换为实际天气API的URL。确保使用应用中所选择的天气数据提供商，并将YOUR_API_KEY替换为实际API密钥。此外，为了保护API密钥和确保数据安全，通常应将API请求放在服务器端，而不是直接在小程序中进行。

在成功收到API响应后，该程序解析返回的JSON数据，提取温度等天气状况信息，并将其更新到data中的weatherInfo。在请求失败时，则记录错误信息。

5.1.4　前端MVVM框架

前端的日益复杂，使得一些JavaScript框架出现，用于构建Web应用程序和SPA，比如之前比较流行的Backbone就是一个轻量级的JavaScript框架。它提供了一些基本的结构，如模型、视图、集合和路由，以帮助开发者组织和管理前端代码。Backbone没有明确定义的视图模型层，它更强调模型和视图之间的关系。

而目前最为流行的就是MVVM框架了，主要用于构建SPA和处理复杂的应用程序状态和交互逻辑，是前后端分离架构的Web应用中应用最广泛的前端框架类型。它旨在通过分离应用程序的数据和UI来提高应用程序的可维护性和可测试性。视图模型充当了视图和模型之间的中介，处理数据的逻辑和状态管理。典型的MVVM框架包括 Vue、Angular、React，以及Ember，

< 201 >

Knockout等。目前最流行的三大MVVM框架是Vue、React和Angular。虽然React更倾向于使用虚拟DOM，但也可以与状态管理库结合使用以实现MVVM模式。这里主要对Vue和React做简要介绍，5.2节将对Angular做较为详细的介绍。

1．Vue

Vue.js，通常简称为Vue，是一款流行的前端JavaScript框架，用于构建交互性强、响应式的UI。Vue由尤雨溪开发和维护，于2014年首次发布。Vue与Google开发的Angular和FaceBook开发的React并称为三大前端框架，并且Vue因语法简单和易用性强更胜一筹，从而使用Vue的开发人员比例更大。Vue的核心特点如下。

- 响应式数据绑定：Vue的核心特点之一是数据驱动，它通过双向数据绑定机制实现了视图和数据之间的同步。当数据发生变化时，视图会自动更新，而不需要手动操作DOM。
- 组件化开发：Vue采用组件化开发的思想，允许开发者将UI划分为多个独立、可复用的组件。这使得代码的维护和重用更加容易，同时提高了开发效率。Vue组件具有生命周期钩子，允许开发者在不同阶段插入自定义逻辑，例如created、mounted、updated等。
- 虚拟DOM：Vue使用虚拟DOM来优化页面更新性能。它会在内存中维护一棵虚拟DOM树，通过比较虚拟DOM和实际DOM的差异来最小化DOM操作，从而提高页面渲染效率。

Vue框架由以下核心组成部分构成。

- 核心库（Vue.js）：包括Vue的核心功能，例如数据绑定、虚拟DOM、指令等。除开前文介绍过的数据绑定和虚拟DOM，Vue还提供了一组内置的指令，例如v-if、v-for、v-bind等，用于在模板中添加特定行为。这些指令使得模板更具交互性和动态性。
- Vue Router：用于实现单页应用的路由管理。
- Vuex：用于管理全局状态。Vuex的状态管理模式有助于处理复杂的应用程序状态。
- 相关开发构建工具：Vue CLI是官方的命令行工具，用于快速搭建Vue项目。Vue Devtools是一个浏览器扩展工具，用于调试Vue应用程序。

下面给出一个简单的Vue示例，依然是一个任务管理应用，支持用户添加、删除和标记任务的完成状态。页面index.html代码如下。

```
<!DOCTYPE html>
<html lang="en">
<head>
    <meta charset="UTF-8">
    <title>Vue Task Manager</title>
</head>
<body>
    <div id="app">
        <h1>任务列表</h1>
        <task-list :tasks="tasks"></task-list>
        <task-input @add="addTask"></task-input>
    </div>

    <script src="https://cdn.jsdelivr.net/npm/vue@2.6.14/dist/vue.js"></script>
    <script src="app.js"></script>
</body>
</html>
```

以上HTML代码中，<div id="app">标签中的id="app"是Vue应用的挂载点。Vue会将其挂载

< 202 >

到此处，使Vue能够管理和控制页面中的内容。<task-list:tasks="tasks"></task-list>和<task-input @add="addTask"></task-input>是自定义的Vue组件，在App.js中给出了组件的定义。这体现了Vue的组件化开发特性。task-list 组件用于显示任务列表，而task-input组件用于添加新任务。tasks="tasks"和@add="addTask"分别进行了属性绑定和事件绑定。tasks通过属性绑定将任务数据传递给task-list组件，@add通过事件绑定监听task-input组件的添加任务事件。

index.html中使用到的app.js代码如下。

```
Vue.component('task-list', {
    props: ['tasks'],
    template: '
      <ul>
        <li v-for="(task, index) in tasks" :key="index">
          <input type="checkbox" v-model="task.completed"> {{ task.text }}
          <button @click="removeTask(index)">删除</button>
        </li>
      </ul>
    ',
    methods: {
      removeTask(index) {
        this.$emit('remove', index);
      }
    }
});

Vue.component('task-input', {
    data() {
      return {
        newTask: ''
      };
    },
    template: '
      <div>
        <input type="text" v-model="newTask" @keyup.enter="addTask">
        <button @click="addTask">添加任务</button>
      </div>
    ',
    methods: {
      addTask() {
        if (this.newTask.trim() === '') return;
        this.$emit('add', this.newTask);
        this.newTask = '';
      }
    }
});

new Vue({
    el: '#app',
    data: {
      tasks: [
        { text: '学习Vue', completed: false },
        { text: '编写示例', completed: true },
```

< 203 >

```
        { text: '构建应用', completed: false }
      ]
    },
    methods: {
      addTask(newTask) {
        this.tasks.push({ text: newTask, completed: false });
      },
      removeTask(index) {
        this.tasks.splice(index, 1);
      }
    }
  });
```

在app.js中，Vue.component()方法用于定义和注册全局的Vue组件，这里注册了task-list和task-input两个组件。通过组件式开发，支持开发人员将UI拆分为可复用的组件。该组件中的template字段定义了组件的模板，其中使用了Vue的指令，如v-for、v-model、@click和@keyup.

enter。Vue的指令系统支持在模板中添加特定行为和逻辑。组件中的props字段定义了组件的属性，这使得父组件可以向子组件传递数据。在这里，task-list组件接收了一个tasks属性，组件中的methods字段定义了组件的方法。这里的方法被用于处理任务的添加和删除，并通过$emit触发自定义事件，以便父组件能够监听和响应这些事件。

图 5-7　采用 Vue 的简单示例运行页面

将index.html和app.js部署在Web服务器上，并使用浏览器访问的页面如图5-7所示。

图5-7演示了添加一个新任务。通过在输入框中输入"学习HTML5"，并单击"添加任务"按钮，可以看到，新任务被添加到了任务列表中。

2．React

React是由Facebook开发的JavaScript库，用于构建UI。它强调组件化开发和虚拟DOM，使得构建大规模应用程序变得更容易。

虚拟DOM（Virtual DOM）是React框架的一个关键概念，它用于提高Web应用程序的性能和响应性。虚拟DOM是一种在内存中维护的虚拟表示，用于表示实际DOM的轻量化副本。在Web开发中，频繁地更新实际DOM树（Document Object Model）可能会导致性能问题。每次数据变化时，直接操作实际DOM可能引发大量的重排（Reflow）和重绘（Repaint），这是很耗费计算资源的操作。为了解决这个问题，React引入了虚拟DOM。当数据发生变化时，React不会立即更新实际DOM。相反，它会在内存中构建一个虚拟DOM树，该树是JavaScript对象的轻量级表示。然后，React使用一种叫作差异计算（Diffing）的算法来比较新旧虚拟DOM树之间的差别，以确定哪些部分需要更新。这个算法非常高效，因为它只更新必要的部分，而不是整个DOM树。另外，React通常将多个DOM更新操作批量执行，而不是每次数据变化都立即更新，这可以进一步提高性能。React一旦确定了需要更新的部分，就会将相应变化应用于实际DOM。这个过程称为"调和"（Reconciliation）。通过将DOM操作最小化并进行批处理，React能够有效地管理界面的更新，从而提供更好的用户体验。

JSX是React中用于构建虚拟DOM的一种语法扩展，JSX代表JavaScript XML。它是一种由React引入的语法扩展，允许开发者在JavaScript代码中嵌入XML或类似HTML的标记，用于描述

< 204 >

UI的结构。JSX在React中的重要作用之一是用于创建虚拟DOM树的结构。开发者可以使用JSX来定义组件的结构，然后React会将这些JSX元素转换为虚拟DOM节点。通过将HTML标记嵌入JavaScript代码，React能够实现数据驱动的UI构建，从而实现快速和高效的界面更新。虽然浏览器无法直接理解JSX，但React提供了工具来将JSX转换为普通的JavaScript代码。通常，开发者使用构建工具（如Babel）来进行这种转换。

下面给出一个JSX的完整代码示例并简要解释。

```
// 导入React库
import React from 'react';

// 创建一个React组件
class MyComponent extends React.Component {
  render() {
    // 使用JSX定义组件的结构
    return (
      <div>
        <h1>Hello, JSX Example!</h1>
        <p>This is a simple JSX example.</p>
      </div>
    );
  }
}

// 渲染组件到DOM
const element = <MyComponent />;
ReactDOM.render(element, document.getElementById('root'));
```

该示例演示了如何使用JSX创建一个React组件，并将其渲染到页面中。语句import React from 'react';导入了React库，它是用于构建React组件的核心库。

class MyComponent extends React.Component定义了一个React组件。通过继承React.Component类，开发者可以自定义React组件。

rnder()方法是React组件中的一个特殊方法，它必须存在。render()方法返回一个JSX元素，描述组件应该如何渲染到实际DOM。在render()方法中使用了JSX来定义组件的结构，在这个示例中创建了一个包含标题和段落的<div>元素。

最后，该示例创建了一个React元素element，它是自定义组件MyComponent的实例。代码中使用ReactDOM.render()方法将该元素渲染到页面的根元素（通常是<div id="root"></div>）中。

React可以与不同的状态管理库和其他工具结合使用，以实现类似MVVM的架构。可以将一些与React结合密切的库和框架与React结合使用，以提供更多功能，如状态管理、路由导航、UI组件等。

在状态管理方面可以使用Redux。Redux是一个流行的状态管理库，和React高度集成。使用它可以有效地管理应用的状态，并将状态与React组件连接起来，以便在应用中共享数据和状态更新。Redux的原理在4.3.4小节中做过简要介绍。其核心思想是单一数据源，或者称为单一状态树，通过action和reducer来管理状态，以及使用dispatch()来触发状态变化。这使得状态管理变得可预测、易于测试和容易理解。Mobx是另一个状态管理库，它提供了一种更简单的方式来管理应用状态。将它与React结合使用，可以使组件更容易响应状态的变化。

路由和导航方面可以使用React Router。React Router是一个用于处理应用程序导航和路由的

< 205 >

库。它允许你在React应用中创建多个视图，并根据URL的变化切换视图。

UI组件方面，常用的有Material-UI和Ant Design等UI框架或组件库。Material-UI是一个实现了Google Material Design规范的React组件库。它提供了一套现成的Material Design风格的UI组件，可用于创建专业的UI。Ant Design是另一个流行的React UI组件库，它提供了一套丰富的组件，包括表单、表格、导航、模态框等，适用于构建现代化的企业级应用。

5.2 Angular框架

MVVM_
Angular 综述

5.2.1　Angular框架概述

Angular是由Google公司推出的一款跨平台、支持全终端的MVVM框架，用于构建高效、复杂的单页面应用。Angular提供了对前端所需要的各种功能的支持，减少了对外部库的依赖，仅使用框架便能完成前端部分的搭建。因此可以说，相比于另外两大框架React和Vue，Angular是一个比较完善的前端框架。

Angular主要分为8个核心组成部分：Component（组件）、Module（模块）、Template（模板）、Metadata（元数据）、Data Binding（数据绑定）、Directive（指令）、Service（服务）和Dependency Injection（依赖注入），如图5-8所示。

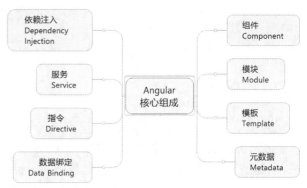

图 5-8　Angular 核心组成

1. 组件

组件是Angular应用最核心的概念和基本构建单元。可以把组件理解为带有业务逻辑和数据，以及视图模板的可视化单元。一个组件包含3个部分，分别由3个文件表示，通常这3个文件放在代表该组件的同一个文件夹下面。

Angular 中的
一些关键元素

- 带有@Component()装饰器的JavaScript/TypeScript类，用于处理业务逻辑和为视图模板提供数据。
- HTML模板，用于提供组件的结构。
- 样式文件（CSS、SCSS等），用于提供组件的外观。

每个组件可以定义自己的输入、输出属性，这些属性成为组件对外的接口，负责与上下游的组件进行交互。每个Angular应用至少有一个根组件。

2. 模块

Angular应用是模块化的，其模块系统又称为NgModule。Angular模块是一个带有@NgModule装饰器的类，它接收一个用来描述本模块属性的元数据对象。每个Angular应用至少需要一个根模块，通常命名为AppModule。

模块封装为了完成某一部分功能所构建的组件、服务、指令和管道等。一个模块也是一个作用域的管理者，模块可以决定哪些组件、服务等只在模块作用域内部使用，而哪些可以暴露给其

< 206 >

他模块。以下是一个模块的简单示例。

```
import { NgModule } from '@angular/core';
import { BrowserModule } from '@angular/platform-browser';
import { FormsModule } from '@angular/forms';
import { AppComponent } from './app.component';
import { SomeDirective } from './some.directive';
import { SomeService } from './some.service';

@NgModule({
  declarations: [
    AppComponent,
    SomeDirective
  ],
  imports: [
    BrowserModule,
    FormsModule
  ],
  providers: [
    SomeService
  ],
  bootstrap: [AppComponent]
})
export class AppModule { }
```

在这个模块定义中，@NgModule装饰器包含多个元数据属性用于配置模块。其中，declarations属性指定该模块中自定义的组件、指令和管道的列表。在这个示例中，AppComponent和SomeDirective是自定义的组件和指令。imports属性指定该模块依赖的其他模块，如BrowserModule和FormsModule。providers属性指定该模块提供的服务，如SomeService。bootstrap属性指定该模块启动时要加载的组件，这里指定了AppComponent。

3．模板

组件视图是由组件自带的模板定义的，通过使用模板来定义组件的视图，告诉Angular如何渲染组件。Angular模板的默认语言就是HTML，通过简单而功能强大的模板语法可以快速构建组件的视图。

4．元数据

Angular中的元数据是用于描述类或属性的JavaScript对象。元数据对象可以用来配置和控制Angular应用程序的特定行为，如组件装饰器中的指定元素选择器、指定路由路径等。通常采用装饰器的方式来给被修饰的类附加元数据。以下是一个Angular组件装饰器中的元数据示例。

```
import { Component } from '@angular/core';
@Component({
  selector: 'app-demo',
  templateUrl: './demo.component.html',
  styleUrls: ['./demo.component.css']
})
export class DemoComponent {
  // Component implementation
}
```

在这个组件定义中，@Component装饰器中的元数据对象里的selector属性指定组件的选择

< 207 >

器，templateUrl属性指定组件的模板文件路径，styleUrls属性指定组件的样式文件路径。

5．数据绑定

数据绑定为Angular应用提供了一种简单而一致的方法来显示数据以及进行数据交互。数据绑定给模板和组件中的类提供了数据交互的方式，通过往模板HTML中添加绑定标记，告诉Angular如何把二者联系起来。

在Angular中，数据绑定分为属性绑定、事件绑定和双向绑定3种类型。属性绑定提供数据从JavaScript/TypeScript文件向HTML文件流动的通道，用于数据的展示。事件绑定提供数据从HTML文件向JavaScript/TypeScript文件流动的通道，用于事件捕获后的处理。双向绑定则提供了双向流通的通道，实现了HTML文件和JavaScript/TypeScript文件中数据间的双向同步。使用Angular中的NgModel指令可以更便捷地进行双向绑定。

6．指令

渲染时Angular会根据指令对DOM进行修改。指令可以分为属性指令和结构指令。属性指令以元素的属性形式来使用，而结构指令用来改变DOM树的结构。比如下例中，*ngFor告诉Angular为列表中的每个项生成一个\<li\>标签，*ngIf表示只有在选择的项存在时才会包含相应组件。

```
<li *ngFor = "let site of sites"></li>
<site-detail *ngIf = "selectedSite"></site-detail>
```

7．服务

Angular中的服务是用来管理应用程序所需的共享数据和逻辑的单例对象，它可以帮助应用程序从组件和指令中分离业务逻辑，以实现更好的可维护性和可扩展性。服务可以被注入组件、指令和其他服务，以便在应用程序中共享数据和业务逻辑。一旦服务被注入，Angular就会创建一个服务单例对象，并在整个应用程序中共享该实例。服务的创建和管理由Angular的依赖注入系统负责。

服务的设计体现了关注点分离原则。通过将应用程序逻辑封装在服务中，可以使组件和指令更专注于管控组件的视图和屏幕交互，从而使得应用程序更易于维护和重构。

8．依赖注入

在Angular中，依赖注入是一种通过将服务注入组件以解耦代码和实现更好的可测试性及可维护性的方法。依赖注入是指将某个对象的依赖项传递给该对象的方法，而不是在该对象内部实例化它所依赖的对象。这提高了代码的可复用性，因为它让我们可以轻松地更改依赖项的实现而不需要修改消费者代码。

以下是一个示例。

```
import { Component, Injectable } from '@angular/core';

@Injectable()
class DataService {
  getData() {
    return ['Angular', 'React', 'Vue'];
  }
}

@Component({
```

< 208 >

```
  selector: 'app-root',
  template: '
    <ul>
      <li *ngFor="let item of items">{{item}}</li>
    </ul>
  '
})
class AppComponent {
  items: string[];

  constructor(private dataService: DataService) {
    this.items = dataService.getData();
  }
}
```

这个示例定义了一个名为DataService的服务，其职责是提供项目列表数据。在AppComponent组件中，通过将DataService对象注入构造函数实现依赖注入，并获取数据。通过这种方式，可以实现将数据逻辑封装在DataService服务中，从而使消费者代码更简洁和易于维护。

5.2.2　使用Angular框架的综合示例

本小节将以一个简单的学生管理系统为例来介绍使用Angular框架的前端开发。主要是模拟Angular官方的"英雄"示例，给出逐步完善一个前端系统的具体步骤，每个完善的步骤分别使用了Angular框架中的某个重要组成部分。

1. 安装Angular与创建项目

本步骤主要介绍如何进行项目环境的安装，尤其是安装和使用Angular脚手架工具Angular CLI进行项目创建，以及配置项目结构和主要文件。

首先从Node.js官网下载最新的长期支持（LTS）版本，这里我们在Windows操作系统下安装。安装好后可以在Windows的命令提示符窗口下采用以下命令查看Node.js版本以检查是否安装好。

```
node -v
```

同理，通过以下命令检查是否安装好了NPM。

```
npm -v
```

NPM是Node.js的包管理器，也是安装使用Angular所必需的。一般NPM随着Node.js的安装就自动安装好了。接下来使用npm命令安装Angular CLI。该脚手架工具并不是必须安装的，但是通过该工具可以很方便地创建项目和其中的组件，许多前端框架也具有这样的脚手架工具。可以使用如下命令进行安装。

```
npm install -g @angular/cli
```

其中-g参数表示全局安装，这样任何Angular项目都可以使用该脚手架工具。另外，如果希望使用国内的镜像库安装从而加快下载速度，可以通过以下命令修改为采用cnmp命令使用国内淘宝的npm镜像库进行安装。cnpm一般只用于模块安装，在进行项目创建与卸载等操作时仍使用

< 209 >

npm。

```
npm install -g cnpm --registry=https://registry.npm.taobao.org
cnpm install -g @angular/cli
```

安装好Angular CLI后，就可以使用该工具来进行项目的创建了。首先进入要创建项目的父目录（假设为angular），然后用ng new命令创建项目以及该应用的骨架代码。

```
cd angular
ng new hello-world
```

ng new命令会提示回答一些创建项目中的选择问题，比如是否要加上路由功能、使用的界面UI的样式表类型等，暂时可以都选择默认值。Angular CLI会安装必要的Angular NPM包及其他依赖。同理，如果依赖安装太慢，可以采用以下方法替代以上ng new demo命令：先使用--skip-install参数跳过安装依赖，之后进入项目目录，使用cnpm安装依赖模块。

```
ng new hello-world--skip-install
cd hello-world
cnpm install
```

Angular包含一个用于开发测试的服务器，以便在本地构建应用和启动该服务器用于开发和测试。安装好后，就可以进入项目目录（这里是hello-world），然后使用以下命令来启动服务器，其中--open参数会自动打开浏览器并通过本地网址和默认的4200端口号（http://localhost:4200/）访问该应用。

```
ng serve --open
```

浏览器展示的项目默认页面如图5-9所示。

图5-9　浏览器展示的项目默认页面

ng serve命令还会监听文件变化，并在程序员修改这些代码文件时重新构建此应用。

创建项目和骨架代码后，会在项目目录hello-world下创建各种子目录，node_modules子目录

< 210 >

存放依赖模块文件npm包；e2e子目录下是端对端测试文件；而src目录下就是代码文件，也是之后基于骨架代码要进一步完善编码的地方，主要包含存放核心代码文件的应用子目录app，包含静态资源比如图片等的assets子目录，以及相关环境配置文件的envisonments子目录等。在项目根目录下还有package.json文件给出项目的依赖包信息等。

在安装了开源IDE工具VS Code的前提下，可以在资源管理器的项目目录hello-world下通过命令行工具cmd或者powershell输入code.，从而在VS Code中打开该Angular项目来观察项目下的文件；或者直接启动VS Code，然后从"File"菜单中选择"Open Folder"打开hello-world项目文件夹。之后可使用VS Code来编写代码。VS Code是微软开发的一个轻量级的开源免费跨平台IDE软件，可用于编辑JavaScript、TypeScript、Java和Python等多种编程语言的代码，支持智能化代码补全、代码高亮、重构、调试等，同时也有许多社区开发的插件可安装，扩展了更多功能，例如Git 版本控制、代码片段、自定义主题等。

图5-10所示为在VS Code中打开项目的界面。左侧是项目目录和文件树，右侧展示了其中index.html的文件内容。index.html也是访问该应用的默认打开页面。现在我们主要关注代码文件目录src下面的app子目录，它是我们进一步编写代码的主要工作目录。该目录下面生成了app-routing.module.ts、app.component.css、app.component.html、app.component.spec.ts、app.component.ts、app.module.ts等文件。这些代码文件是应用的根模块和根组件，非常关键，下面介绍各个文件。

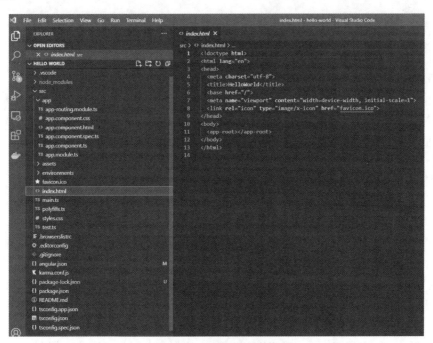

图 5-10　Angular 项目结构

app.component.html、app.component.css以及app.component.ts共同定义了该应用的根组件。根组件是 Angular 应用程序中的顶层组件。3个文件的作用分别如下。

- app.component.html：该文件定义了应用程序的根组件的模板HTML。
- app.component.css：该文件定义了应用程序的根组件所使用的CSS样式。
- app.component.ts：该文件是应用程序的根组件的TypeScript代码。

另外，Angular项目至少需要创建一个根模块来启动Angular应用程序，并负责管理其他组

< 211 >

件、服务及其他依赖项。而app.module.ts文件定义了应用程序的根模块。

app-routing.module.ts是Angular的路由模块，提供了应用程序的导航功能和页面的跳转路由规则。前文简介了路由的概念，后文会以实际应用开发为例详述路由模块的使用。

app.component.spec.ts是单元测试文件，用于对根组件进行测试。目前我们没有使用该测试文件。

下面介绍根模块和根组件文件的核心代码。index.html文件的代码中，在页面的<body>标签下面有以下非HTML的自定义标签。

```
<app-root></app-root>
```

实际上这就是index.html页面上使用的一个根组件。那么该标签的作用是什么，又是如何起作用的呢？需要通过app.component.ts文件的代码来理解，如下所示。

```
import { Component } from '@angular/core';

@Component({
  selector: 'app-root',
  templateUrl: './app.component.html',
  styleUrls: ['./app.component.css']
})
export class AppComponent {
  title = 'hello-world';
}
```

代码的主体部分@Component({})使用Component装饰器定义了该组件的元数据，指定了该组件的模板和样式文件。selector定义了组件的选择器，通常是一个独特的标识符，指定组件将用哪个HTML标记呈现，该示例中是app-root。templateUrl定义了组件的HTML模板的URL，该示例中是./app.component.html，表示当前目录下的app.component.html文件。styleUrls定义了该组件CSS样式的URL，该示例中是./app.component.css，表示当前目录下的app.component.css文件。需要指出的是，在这里给出的CSS样式定义，只对该组件中的HTML模板文件有效。

最开始的import{ Component } from '@angular/core';表示从Angular的核心库中导入Component装饰器，以便后面可以使用该装饰器定义元数据。

export class AppComponent {}定义了AppComponent类。这是Angular应用程序的根组件，导出该组件，以便在其他文件（例如app.module.ts根模块文件）中使用该组件。

title = 'hello-world';定义了一个公共属性title，赋值为字符串'hello-world'。这个属性可在组件的HTML模板文件app.component.html里使用，比如{{ title }} app is running!语句中。这里，{{ title }}将被'hello-world'字符串所替代显示在页面上，这就是数据绑定的一个实例。如果在app.component.ts文件代码中修改了title的值，比如改为title = 'demo'，那么angular会自动重新编译并且刷新页面中的值。

综上所述，index.html文件中的<app-root></app-root>标签采用app.component.html文件作为HTML模板、app.component.css作为样式在该标签位置处呈现了根组件。

再来看根模块文件app.module.ts的代码，如下所示。

```
import { NgModule } from '@angular/core';
import { BrowserModule } from '@angular/platform-browser';
```

< 212 >

```
import { AppRoutingModule } from './app-routing.module';
import { AppComponent } from './app.component';

@NgModule({
  declarations: [
    AppComponent
  ],
  imports: [
    BrowserModule,
    AppRoutingModule
  ],
  providers: [],
  bootstrap: [AppComponent]
})
export class AppModule { }
```

如同根组件定义中import语句的作用，前4条import语句分别导入各装饰器、模块和组件的定义。

- import { NgModule } from '@angular/core';：从Angular的核心库中导入NgModule装饰器。
- import { BrowserModule } from '@angular/platform-browser';：从Angular的平台库中导入BrowserModule模块，该模块支持运行在浏览器上的Angular应用程序。
- import { AppRoutingModule } from './app-routing.module';：从app-routing.module.ts文件中导入AppRoutingModule路由模块，提供应用程序的导航功能和页面的跳转路由规则。
- import { AppComponent } from './app.component';：从app.component.ts文件中导入AppComponent组件，作为Angular应用程序的根组件。

该文件的主体部分@NgModule({})使用NgModule装饰器定义模块的元数据，如下所示。

- declarations数组定义了该模块会使用到的组件、指令、管道等，该示例中是根组件AppComponent。
- imports数组定义了该模块所需的带有导出功能的模块类，即这些模块通过在其定义中使用export关键字导出了其中的一些组件、指令或服务，相当于给这些组件、指令或服务设置了公共的访问权限。在我们需要使用这些组件、指令或服务时，可以将这些模块添加到我们现有的模块中，并使用import关键字来导入这些组件、指令或服务。该示例中是BrowserModule和AppRoutingModule。
- providers数组定义该模块所需或使用的服务提供商。提供商指的是所需的依赖或要注入组件中的服务，例如HTTP、Router和自定义服务等。在Angular中，依赖注入是实现组件和服务松耦合的一种方式。我们可以使用providers数组来告诉Angular这些服务从何处加载，或者在模块级别提供自定义服务。在该示例中我们没有使用其他服务，所以为空数组。
- bootstrap数组指定了该模块的根组件，该示例中是AppComponent。
- export class AppModule { }：定义了AppModule类，导出该类，以便它可在其他文件中使用。比如在main.ts文件中启动该应用。AppModule类是该Angular应用程序的根模块，它导入和声明了应用程序的各种组件和服务，并告诉Angular如何启动应用程序。

Angular应用的启动运行流程涉及启动入口main.ts文件，在终端中使用命令行工具ng serve启动Angular应用程序时，会自动加载main.ts文件，并在浏览器中启动应用程序。因此，main.ts文

< 213 >

件是Angular应用程序中第一个被加载和运行的文件，它告知Angular如何启动应用程序，主要具备以下几个作用。

- 导入AppModule根模块，作为该Angular应用程序的根模块。
- 导入运行环境所需的一些配置信息，如启用生产模式，用于区分不同的运行环境等。
- 使用platformBrowserDynamic()函数编译AppModule模块，并启动Angular应用程序。

main.ts文件的代码如下。

```
import { enableProdMode } from '@angular/core';
import { platformBrowserDynamic } from '@angular/platform-browser-dynamic';
import { AppModule } from './app/app.module';
import { environment } from './environments/environment';

if (environment.production) {
enableProdMode();
}

platformBrowserDynamic().bootstrapModule(AppModule)
.catch(err => console.error(err));
```

首先，前面的几个import语句依然是导入所需模块和函数等，如下所示。

- import { enableProdMode } from '@angular/core';：从Angular核心库中导入enableProdMode()函数，用于启用Angular的生产模式。
- import { platformBrowserDynamic } from '@angular/platform-browser-dynamic';：从Angular平台库中导入platformBrowserDynamic()函数，用于编译Angular应用程序并启动应用程序。
- import { AppModule } from './app/app.module';：从app.module.ts文件中导入AppModule模块类，作为该Angular应用程序的根模块。
- import { environment } from './environments/environment';：从环境配置文件中导入环境常量。由于Angular应用程序通常有不同的配置环境，如开发环境、测试环境和生产环境等，因此需要用环境常量来区分不同的环境。

if(environment.production) { enableProdMode(); }语句的含义是，如果运行在生产环境中，则调用enableProdMode()函数以启用 Angular 生产模式。生产模式会关闭一些开发中用到的特性，以获得更快的执行速度。

platformBrowserDynamic().bootstrapModule(AppModule).catch(err => console.error(err));语句的作用是，使用platformBrowserDynamic()函数编译AppModule模块，并启动Angular应用程序。如果编译或启动期间出现错误，则捕获异常并在控制台上显示错误信息。

2．模板语法、指令等

下面基于前文生成的项目，介绍学生管理系统的开发。此处关注模板语法、指令、数据单向绑定、事件绑定。

首先修改网页模板，使之提示"学生管理系统"。可以清除app.component.html中的所有内容并在其中编写如下语句。

```
<h1>{{ title }}</h1>
```

双花括号加上一个变量是一种插值表达式，表示将title变量的值插入该位置。修改app.component.ts文件中title的赋值如下。

< 214 >

```
title = '学生管理系统';
```

保存后，Angular会自动编译并且在网页上显示h1标题体例的"学生管理系统"。

在app.component.html编写以下语句。

```
<p bind-innerHTML="welcome"></p>
```

表示段落标签<p>中的内容为welcome变量的值，这是另外一种进行数据绑定并在页面中显示的方法。需要在app.component.ts文件的AppComponent类中给出welcome变量的定义并赋值如下。

```
welcome = '欢迎来到学生管理系统';
```

保存后，页面上将增加一个段落显示"欢迎来到学生管理系统"内容。

这就是简单的数据单向绑定的示例。下面给出更加复杂的数据类型（比如数组）的绑定示例。在app.component.ts文件的AppComponent类中定义students数组并赋值如下。

```
students = [
    "张伟", "李伟", "王伟"
  ]
```

在app.component.html中采用Angular指令编写以下代码。

```
<ul>
  <li *ngFor="let student of students">{{student}}</li>
</ul>
```

以上代码综合使用了Angular指令和插值表达式实现的数据绑定。*ngFor是一个Angular常用的指令，用于在模板（视图）中生成重复的HTML元素。它的作用是遍历指定的数据集合，为每个元素生成相应的HTML元素。具体来说，上述代码片段使用*ngFor指令来遍历一个名为students的数组的所有元素，并将它们显示为带项目标记的有序列表。其中，每个元素都用{{student}}插值表达式显示该元素的值。

Angular中的指令采用带星号的语法标记，通常在HTML元素上使用，如该示例中的*ngFor。let student of students是一个表达式，将students数组中的每个元素赋值给student变量。其中let用于声明局部变量，并将其绑定到数据集合中正在迭代的当前元素；of关键字用于在student和students之间分隔迭代器部分和集合部分。{{student}}是一个插值绑定表达式，它用于将组件的属性、方法或变量的值绑定到HTML元素中，以实现页面与组件之间的数据双向绑定。

此时保存修改，Angular将自动重新编译并在浏览器中显示结果，如图5-11所示。

下面我们添加单击以上列表中学生的姓名后的事件处理函数，从而实现事件绑定。这里我们实现单击后姓名呈现红色的功能。

首先修改app.component.html中列表的代码，增加事件处理，如下所示。

图 5-11　示例运行结果

< 215 >

```
<ul>
  <li *ngFor="let student of students"
  on-click="selectStudent(student)"
  [class.selected]="student === selectedStudent"
  >{{student}}</li>
</ul>
```

on-click="selectStudent(student)"是一个DOM事件绑定器，它会注册一个名叫click的事件句柄函数selectStudent(student)，用于处理当用户单击某个元素时的事件。相应地，在app.component.ts文件的AppComponent类中增加属性selectedStudent和处理函数selectStudent()的定义如下，其中selectedStudent表示用户所选择的学生。

```
selectedStudent: string | undefined;

selectStudent(student: string) {
  this.selectedStudent = student;
}
```

在Angular中，|是TypeScript中的联合类型操作符，此处用于分隔定义一个变量可以接收的多种类型的值。undefined是TypeScript中的一种特殊值，表示该变量的值为未定义或空值。因此，selectedStudent: string | undefined;定义了一个联合类型的属性变量selectedStudent，它可以接收两种类型的值：字符串类型和undefined类型。这意味着该属性既可以存储字符串类型的数据，也可以存储为undefined，因此它可以用来表示是否选择了某个元素的状态。如果该属性的值为字符串类型，则表示当前选中的元素的值，否则就表示没有选中任何元素。

[class.selected]="student === selectedStudent"是属性绑定的一种方式，用于动态设置HTML元素的class属性。当元素的class属性与该元素所表示的学生对象中的selectedStudent属性相同时，该元素会被设置为选中状态显示。

对应地，需要修改app.component.css文件中的内容如下。

```
.selected{
  color:red;
}
```

本步骤完成后，app.component.html的完整内容如下。

```
 <h1>{{ title }}</h1>
<p bind-innerHTML="welcome"></p>

<ul>
  <li *ngFor="let student of students"
  on-click="selectStudent(student)"
  [class.selected]="student === selectedStudent"
  >{{student}}</li>
</ul>
```

app.component.ts文件的完整内容如下。

```
import { Component } from '@angular/core';
```

< 216 >

```
@Component({
  selector: 'app-root',
  templateUrl: './app.component.html',
  styleUrls: ['./app.component.css']
})
export class AppComponent {
  title = '学生管理系统';
  welcome = '欢迎来到学生管理系统';

  selectedStudent: string | undefined;

  students = [
    "张伟", "李伟", "王伟"
  ]

  selectStudent(student: string) {
    this.selectedStudent = student;
  }
}
```

其效果是，用户单击某位学生姓名时，该姓名将显示为红色。

3．组件、主从组件、数据双向绑定

首先建立Student类来封装学生信息。在项目目录下打开命令提示符窗口使用以下Angular CLI命令创建一个学生类。

```
ng generate class student
```

此时src的app目录下会出现一个student.ts文件，在里面添加3个属性表示学生的学号、姓名和绩点，代码如下。

```
export class Student {
    id: number | undefined;
    name : string | undefined;
    gpa : number | undefined;
}
```

可以将学生相关信息的展示也封装在单独的学生组件中。需要在项目目录下打开命令提示符窗口使用以下Angular CLI命令创建一个学生组件。

```
ng generate component students
```

也可以简写为如下命令。

```
ng g c students
```

执行命令后，会在项目下面生成子目录students，其中包含students.component.css、students.component.html、students.component.ts、students.component.spec.ts等文件。该命令还会自动在根模块文件采用装饰器@NgModule声明的元数据信息的declarations中注册，此时，该数组包含两个组件，如以下代码片段所示。

< 217 >

```
@NgModule({
  declarations: [
    AppComponent,
    StudentsComponent,
  ],
...
})
```

下面对原来的一些项目文件进行重构。

首先，把app.component.ts文件定义的AppComponent中关于学生的信息都移到students.component.ts中，并且采用之前定义的Student类来以面向对象的风格描述学生信息。这样比较符合面向对象的封装性和单一职责原则等。重构后的students.component.ts文件如下所示。

```
import { Component, OnInit } from '@angular/core';
import { Student } from '../student';

@Component({
  selector: 'app-students',
  templateUrl: './students.component.html',
  styleUrls: ['./students.component.css']
})
export class StudentsComponent implements OnInit {

  constructor() { }

  ngOnInit() {
  }

  selectedStudent?: Student;

  students : Student[]= [
    {id:1, name: "张伟",gpa:3.7},
    {id:2, name: "李伟",gpa:3.4},
    {id:3, name: "王伟",gpa:4.7},
  ]

  selectStudent(student: Student) {
    this.selectedStudent = student;
  }
}
```

精简后的app.component.ts文件代码如下所示。

```
import { Component } from '@angular/core';

@Component({
  selector: 'app-root',
  templateUrl: './app.component.html',
  styleUrls: ['./app.component.css']
})
export class AppComponent {
```

< 218 >

```
    title = '学生管理系统';
    welcome = '欢迎来到学生管理系统';
}
```

根据students.component.ts文件中声明的元数据信息selector: 'app-students'，可以采用标签<app-students >来引用学生组件，从而将app.component.html的文件内容重构为如下所示。

```
<h1>{{ title }}</h1>
<p bind-innerHTML="welcome"></p>

<app-students></app-students>
```

将关于学生的显示信息也放入学生组件的模板students.component.html中，内容如下。

```
<ul>
    <li *ngFor="let student of students" on-click="selectStudent(student)"
        [class.selected]="student ===selectedStudent">{{student.name}}
</li>
</ul>
```

另外，需要将app.component.css中定义的样式代码移到students.component.css中，否则重构的学生组件的内容中不会有其父组件也就是根组件app.component.css中定义的样式信息。可以看出，父组件和子组件的样式表定义是相互独立的，子组件的样式不会继承父组件中定义的样式。

至此添加了学生组件，并对之前的根组件相关文件进行了重构。现在添加功能，希望从学生列表中选择了某个学生后，可以在网页的下部显示该学生的详细信息。

为此，还是采用Angular CLI命令创建一个新的组件student-detail。

```
ng g c student-detail
```

和之前创建学生组件一样，会产生相应的子目录和4个文件。在student-detail.component.html中输入以下代码。

```
<div *ngIf="student">
    <h2>详细信息</h2>
    <p>学号：{{student.id}}</p>
    <p>姓名：<input [(ngModel)]="student.name"></p>
    <p>绩点：<input [(ngModel)]="student.gpa" type="number" max="4.0" min="1.0"
step="0.1"></p>
</div>
```

以上代码采用*ngIf指令判断，如果存在student对象，则显示该<div>片段，如果不存在则不显示。<input [(ngModel)]="student.name">是一种数据双向绑定的方法，将输入框中的数据和对象的属性进行了双向绑定，若其中一方被修改会相应修改另一方的值。为了能使用双向绑定的指令，需要在根模块文件app.module.ts中加入以下import语句导入FormsModule模块。

```
import { FormsModule } from '@angular/forms';
```

同时，在该文件@NgModule描述的元数据中的imports数组中，添加该FormsModule模块，添加后的代码片段如下所示。

< 219 >

```
imports: [
  BrowserModule,
  FormsModule
],
```

接下来，在student-detail.component.ts文件中定义的StudentDetailComponent类中，添加一个Student类型的属性。

```
@Input() student?:Student;
```

为了可以引用Student类型和@Input()装饰器，在该文件中还要添加import语句导入相应的类文件。

```
import { Student } from '../student';
import { Component, OnInit, Input} from '@angular/core';
```

@Input()装饰器用于将属性标记为组件输入属性，从而允许组件的父组件将数据传递给该组件，从而实现组件通信。

接下来，为了在学生组件视图下面显示某个学生的详细信息，在students.component.html文件的最后添加以下代码。

```
<app-student-detail [student]="selectedStudent"></app-student-detail>
```

该组件显示某位学生的信息，依赖于在student父组件的视图中所选择的学生，将之作为输入传递给子组件student-detail，子组件的视图中会显示该学生的详细信息。

保存所有修改，运行该应用显示的页面如图5-12所示。当用户从列表中选择某个学生的时候，下面会显示该学生的学号、姓名和绩点等详细信息。另外，因为姓名和绩点采用了[(ngModel)]指令进行双向绑定，所以在下面的输入框中修改姓名信息也会实时修改上方列表中显示的相应姓名。因为对输入框和对象的属性进行了双向绑定，所以改变输入框中的数据会改变对象的属性值。而对象的属性值又和列表中的元素进行了单向绑定，所以对象属性值的修改会反映为列表中名字的改变。

图 5-12　示例运行页面

4．服务、依赖注入

上一步骤进行了重构，建立了一些组件负责各类数据的保存和展示。我们可以看到，每个组件都由用于视图展示的文件.html和.css，以及保存数据和提供数据绑定和事件处理逻辑的TypeScript文件组成。TypeScript文件应该只负责针对视图的数据服务，而其他针对服务器的数据请求和持久化等功能应该由单独的服务来实现。本步骤继续重构，将一些功能放到和组件相关的服务中。

首先，通过以下Angular CLI命令构建一个学生服务。

```
ng g s student
```

< 220 >

这个命令会在app子目录下创建student.service.ts文件，其骨架如下。

```
import { Injectable } from '@angular/core';
  @Injectable({
      providedIn: 'root'
  })
  export class StudentService {
      constructor() { }
  }
}
```

以上代码使用@Injectable装饰器来表示该类可以被注入其他组件或服务，从而实现共享数据和逻辑。其中的providedIn: 'root'表示该服务是根级别的，这意味着它只会被创建一次，并可以被应用到全局使用。另外，我们将关于学生数据的全局信息和获取学生信息等功能都放到student.service.ts中，之后供学生组件调用。完整的student.service.ts代码如下所示。

```
import { Injectable } from '@angular/core';
import { Student } from './student';

const students: Student[] = [
  {id:1, name: "张伟",gpa:3.7},
  {id:2, name: "李伟",gpa:3.4},
  {id:3, name: "王伟",gpa:4.7},

];

@Injectable({
  providedIn: 'root'
})
export class StudentService {

  constructor() { }

  getStudents(): Student[] {
    return students;
  }
}
```

这里暂时将所有的学生信息都采用数组形式保存在本地文件中，getStudents()同步返回该数组中的学生信息。实际项目中，这些信息应该是保存在服务器端的数据库，这些信息应该是采用REST化的服务通过HTTP从服务器返回，是一个异步操作。所以，目前是定义好了接口，并采用本地数据实现模拟。

接下来重构学生组件。首先在student.components.ts文件中通过以下语句导入StudentService服务。

```
import { StudentService } from '../student.service';
```

然后在类的构造函数中，通过给出私有的服务实例作为参数，将studentService属性赋值为之前定义的全局唯一的学生服务，从而将StudentService注入该组件。

< 221 >

```
constructor(private studentService:StudentService) { }
```

由于注入了StudentService服务，该学生组件便可以调用StudentService中的功能了，其中获取学生信息的getStudents()函数调用StudentService服务中的相应功能即可。完整的student.components.ts文件代码如下所示。

```
import { Component, OnInit } from '@angular/core';
import { Student } from '../student';
import { StudentService } from '../student.service';
@Component({
  selector: 'app-students',
  templateUrl: './students.component.html',
  styleUrls: ['./students.component.css']
})
export class StudentsComponent implements OnInit {

  constructor(private studentService:StudentService) { }

  ngOnInit() {
    this.getStudents();
  }

  selectedStudent?: Student;
  students?: Student[];

  selectStudent(student: Student) {
    this.selectedStudent = student;
  }

  getStudents() : void{
    this.students = this.studentService.getStudents();
  }
}
```

5. 异步调用与Observale、RxJS

上一步骤中，studentService服务中的getStudents()函数可以同步返回学生的数据，而实际应用中一般是通过HttpClient对象从远程返回服务器端提供的数据。在等待从远程服务器返回数据的过程中，客户端不能被阻塞在该函数处等待而不能执行其他功能，因此该过程必须是一个异步调用的过程。可以通过回调函数、Promise对象以及采用RxJS返回一个Observale对象等方式来实现异步调用。之前介绍Ajax时，我们介绍了回调函数和Promise对象的做法，这里简要介绍使用功能更加强大的RxJS来实现Angular中服务的异步调用。Angular中的HttpClient访问服务器后会返回一个Observale对象。

回调函数是JavaScript中处理异步调用最基本的方法。当异步操作完成时，回调函数将被调用。通过向回调函数中传递从服务器端获取的数据，使客户端可以在执行服务器请求的异步调用完成后处理数据。Promise是一种更高级的异步调用处理方式，它可以捕获异步调用的状态，例如成功或失败。可以通过then()来处理异步操作完成后的结果，还可以通过catch()来处理异步操作出现的错误。

< 222 >

　　RxJS是响应式编程（Reactive Programming）的JavaScript语言实现。响应式编程是一种不同于面向过程和面向对象的编程范式，它是一种面向数据流的编程，采用基于可观测数据流的异步调用处理方式（即将异步调用看作值的异步序列），通过使用操作符处理和转换异步序列，然后订阅结果。具体而言，在RxJS中可以使用Observable代表异步数据流，利用操作符来处理相应数据流，然后使用subscribe()方法来订阅结果。

　　Observable是可以被订阅的数据流，可以传递多个值，也可以传递错误或者完成信号。在这个异步数据流中，数据是推送到订阅者中，而不是订阅者主动去拉取数据。这种模型使得异步操作更容易处理，尤其是在面对事件、用户交互和异步请求等场景。下面给出一个使用RxJS处理异步数据流的示例。

```javascript
// 引入RxJS
const { Observable } = require('rxjs');
//如果在浏览器中运行，使用以下语法
//import { Observable } from 'rxjs';

// 创建一个Observable
const observable$ = new Observable((observer) => {
  // 模拟一个异步操作
  setTimeout(() => {
    observer.next(1); // 发送第一个值
    observer.next(2); // 发送第二个值
    observer.next(3); // 发送第三个值
    observer.complete(); // 发送完成信号
  }, 1000);
});

// 订阅Observable
observable$.subscribe(
  (value) => {
    console.log(value); // 输出每一个处理的值
  },
  (error) => {
    console.log(error); // 处理异常
  },
  () => {
    console.log('complete'); // 数据流处理完成
  }
);
```

　　这个示例首先创建了一个Observable模拟一个异步操作，然后通过subscribe()方法订阅了这个Observable。当Observable发出数据时，程序通过subscribe()方法绑定了3个回调函数，分别处理数据流中的值、异常信息和完成信号。当Observable发出完成信号后，subscribe()方法会结束当前的订阅操作。

　　该示例可以在Node.js环境中运行。如前文所述安装Node.js环境并配置好NPM，创建一个新的文件夹作为工作目录，在该文件夹下打开命令提示符窗口执行以下命令，初始化一个新的Node.js项目。

```
npm init
```

< 223 >

该命令会引导用户输入一些项目信息，大部分选择默认值即可。注意包名应避免采用后面的rxjs模块名，否则程序运行会因为重名而报错。

执行以下命令，安装RxJS库。

```
npm install rxjs
```

接下来在项目中创建一个.js文件，例如index.js，内容为上述示例的代码。最后在终端中切换到该项目的根目录，并执行以下命令运行代码。

```
node index.js
```

此时应该可以在终端中看到如下输出。

```
1
2
3
complete
```

因为浏览器和Node.js使用的是不同的模块系统（在浏览器中，通常使用ES6的import/export模块语法；而在Node.js中，则使用CommonJS规范的require/module.exports语法），所以如果是在浏览器环境中运行，则要根据代码中注释部分提示的不同方法导入RxJS库。

下面采用RxJS来改进学生服务和学生组件。首先，在student.services.ts文件中采用以下语句从rxjs模块中导入Observable对象和of函数。

```
import { Observable , of } from 'rxjs';
```

将之前的getStudents()函数修改为如下所示。

```
getStudents(): Observable<Student[]> {
    return of(students);
  }
```

该函数使用RxJS中的of()函数来将students数组转换为一个Observable对象。of()函数可以将同步值转换为Observable对象，并在Observable对象被订阅时立即发出该值。它通常用于简单的数据集合（例如数组）的转换，以便之后将其用作Observable流的输入。

当Observable被订阅时，会触发事件，并将数据模型传递给订阅者。因此通过订阅getStudents()函数返回的Observable，可以异步地获取名为students的数组。这正是我们要在学生组件中实现的功能。将students.component.ts中的getStudents()函数实现修改为如下所示。

```
getStudents() : void{
    this.studentService.getStudents().subscribe(students => this.students = students);
  }
```

该函数调用了studentService的getStudents()函数以获取一个返回Observable<Student[]>类型的学生数据流，并通过subscribe()方法订阅了该学生数据流。其中回调函数students => this.students = students表示在获取到学生信息的数据后将这些数据存储到该组件数组类型的students属性中。因为studentService服务从服务器获取数据是异步的，所以学生组件students.component需要订阅studentService服务的getStudents()函数返回的Observable对象以观察到数据的获取。

< 224 >

下面继续添加一个组件，用于记录用户操作的日志。用如下Angular CLI指令生成log组件的骨架文件。

```
ng generate component log
```

然后在app.component.html文件最后添加以下代码显示log组件。

```
<app-log></app-log>
```

但是目前只是显示默认组件的显示信息，需创建一个日志服务来生成日志信息，命令如下。

```
ng generate service log
```

在骨架文件log.service.ts中添加代码，完整的代码如下所示。

```
import { Injectable } from '@angular/core';

@Injectable({
  providedIn: 'root'
})
export class LogService {
  messages:string[] = [];

 add(message:string) {
  this.messages.push(message);
  }

  clear (){
    this.messages = [];
  }
}
```

该log服务程序主要维护log信息，包括用于添加日志消息的add(message:string)函数，以及清空日志消息的clear()函数。

接下来将log服务对象注入学生服务student.service.ts，从而使得学生服务可以调用log服务中的数据和功能。这样就实现了在服务中注入另外一个服务。和之前将学生服务注入学生组件一样，依然通过在构造方法中添加private参数的方法实现注入。代码片段如下。

```
constructor(private logService:LogService) { }
```

有了注入的logService对象，便可以在学生服务获取学生信息的getStudents()执行中，将该操作记录到logService对象维护的log信息中。代码如下所示。

```
getStudents(): Observable<Student[]> {
    this.logService.add("StudentService: fetched students.");
    return of(students);
  }
```

下面编写代码以使log组件中显示log服务维护的信息。在log.component.ts文件中的构造方法中，加入logService对象作为参数，代码如下。

< 225 >

```
constructor(public logService:LogService) { }
```

这里我们将参数定义为public而不是之前的private，是因为logService中的数据将被绑定到模板中进行显示。而基于可访问性修饰符的含义，模板只能绑定公共属性。

最后将log.component.html中的默认内容替换为以下代码。

```
<div *ngIf="logService.messages.length">
    <h2>日志</h2>
    <button class="clear" (click)="logService.clear()">清空</button>
    <div *ngFor="let message of logService.messages" >{{message}}</div>
</div>
```

以上代码使用*ngIf指令，在logService维护的日志信息不为空的情况下显示日志信息。页面上有一个显示为"清空"的按钮，单击该按钮将调用logService的clear()函数清空日志信息。通过*ngFor遍历并显示logService中维护的各条日志信息。

保存并通过ng serve –open命令运行后，自动打开的页面如图5-13所示。

在学生组件StudentsComponent的初始化钩子函数中调用了getStudents()函数，如以下代码所示。

图 5-13　示例运行页面

```
ngOnInit() {
    this.getStudents();
  }
```

而如前所述，学生组件的getStudents()函数订阅了学生服务studentService的getStudents()函数返回的Observable对象，因此其中的this.logService.add("StudentService: fetched students.");语句将被执行，从而logService中的消息数组中会添加一条日志消息。而模板文件log.component.html通过{{message}}实现了对日志消息的数据绑定，从而页面会在相应位置更新显示日志信息。

另外，还需更新students.component.css中的代码，从而更好地实现学生列表的显示，具体代码如下所示。

```
.selected {
 color: royalblue;
}

.student-item {
    background-color: burlywood;
    cursor: pointer;
    font-size: 20px;
    width: 20em;
    margin: 2px;
}

.student-item:hover {
    background-color: wheat;
}
```

< 226 >

```
ul {
    list-style: none;
}
```

6. 模块、路由模块与提取路由参数

本步骤进一步完善应用的功能，添加更多的页面逻辑，以重点介绍Angular的一些核心概念。此处的重点是模块，尤其是路由模块。

首先为应用增加一个导航栏，并且根据用户在导航栏中的选择实现单页面的局部刷新。这就需要采用Angular中的路由模块功能。添加模块的Angular CLI命令如下。

```
ng generate module app-routing --flat --moudule=app
```

上述命令中--flat参数表示在根目录中而不是在单独的文件夹中生成模块文件。如果没有--flat参数，则会在新的文件夹中创建模块，该文件夹将与模块同名。例如，如果没有--flat参数，则该命令将生成一个名为app-routing的文件夹，其中包含app-routing.module.ts文件。使用--flat参数，则将生成一个名为app-routing.module.ts的文件，并将其放置在当前工作目录中。这对于安排项目结构和组织代码很有用。

--module=app参数表示将新生成的模块注册到指定的Angular模块中。具体来说，此命令会在app.module.ts文件中向@NgModule装饰器中的imports数组添加对新生成模块的引用，从而使其可以在该应用程序中使用（当然也可以手动添加）。app.module.ts是Angular应用的主模块，可以将所有需要在应用程序中使用的模块引用添加到它的imports数组中。可以看到，NgModule装饰器中的imports数组中多出了对AppRoutingModule模块的引用。

使用以上命令在应用的根目录中生成路由模块文件app-routing.module.ts的骨架后，在其中添加如下代码生成较为完整的路由文件。

```
import { NgModule } from '@angular/core';
import { Router, RouterModule, Routes } from '@angular/router';
import { StudentsComponent } from './students/students.component';

const routes: Routes = [
{path: 'students', component: StudentsComponent},
];

@NgModule({

imports: [
RouterModule.forRoot(routes)
],
exports: [RouterModule]
})
export class AppRoutingModule { }
```

该路由模块通过定义routes数组来配置应用程序的路由映射。每个路由映射都是一个JavaScript对象，其中包括一个path属性和一个component属性。path属性定义URL路径，component属性定义该路径下要加载的组件。比如相对路径/students将加载StudentsComponent组件。

在@NgModule装饰器中，使用RouterModule提供的forRoot()方法来为应用程序生成一个带有路由功能的特殊模块，即路由模块。同时将routes数组传递给forRoot()方法，并使用exports属

< 227 >

性导出RouterModule模块，以使其他模块也能够使用路由功能。从export class AppRoutingModule {}可知，该路由模块的名称为AppRoutingModule，这也是从根模块的imports 数组中引用的名称。

　　该文件通过定义应用程序的路由映射实现在应用程序中进行路由导航。当URL发生变化时，Angular路由器会根据路由配置中的映射信息来加载并显示相应的组件。那么在哪里显示组件呢？是在所谓的路由出口处，通过<router-outer>标签来表示，其实质是一个指令，由模块RouterModule导出。将根组件模板文件app.component.html中原来的替换为如下路由出口，就可以将路由映射指向的组件在这里显示。

```
<router-outlet></router-outlet>
```

　　之所以可以在这里使用模块RouterModule中定义的<router-outlet>，是因为在根模块的imports数组中对路由模块AppRoutingModule进行了引用，而路由模块AppRoutingModule中通过语句exports: [RouterModule]导出了RouterModule，从而所有模块中的组件都可以使用RouterModule模块中导出的符号，比如<router-outlet>。

　　到这一步，通过在浏览器中输入localhost:4200/students就可以显示和之前一样的效果，但还不能体现路由模块的优势。接下来添加新的导航链接，在此之前我们再生成一个索引组件，命令如下。

```
ng g c index
```

　　保留其用于显示组件的模板文件，先实现导航和路由映射。修改app-routing.module.ts中的路由映射如下所示。

```
const routes: Routes = [
    {path: 'students', component: StudentsComponent},
    {path: 'index', component: IndexComponent},
    {path: '', redirectTo: 'index', pathMatch:'full'},
];
```

　　这样，相对路径/index将加载IndexComponent到路由出口<router-outlet>处。同时以上数组的最后一条映射给出了默认路由，表示当路径是空字符串''时，自动重定向到'index'路径。也就是当用户访问应用程序的根路径时，自动重定向到'/index'路径从而显示index组件。这样，用户输入应用程序的网址或单击应用程序中的主页按钮，都会导航到'index'组件。pathMatch给出了路由匹配策略，这里采用的是'full'，它表示只有当路径完全匹配空字符串''时，才进行重定向操作。如果没有pathMatch:'full'，则路由器会在有任何子路径时都进行重定向，这可能会导致意外重定向的情况出现。

　　在根组件的模板文件app.component.html中添加导航链接，完整的文件内容如下所示。

```
<h1>{{ title }}</h1>
<p bind-innerHTML="welcome"></p>

<nav>
   <a routerLink = "/index"> 主页</a>|
   <a routerLink = "/students"> 所有学生 </a>
</nav>
```

< 228 >

```
<router-outlet></router-outlet>

<app-log></app-log>
```

　　导航链接是一个<nav>元素，包含两个链接<a>元素。这些链接使用routerLink指令来实现Angular路由导航功能，而不是常规的href属性。routerLink指令使用的是相对路径，而不是绝对路径。比如使用routerLink="/students"来指定要导航到的目标路径，也就是指向学生列表组件。这样，当用户单击这个链接时，Angular路由器会自动选择'students'组件并加载它。

　　至此，当访问根目录或者单击"主页"超链接的时候，将显示图5-14（a）所示页面；单击"所有学生"超链接时，将显示图5-14（b）所示页面。

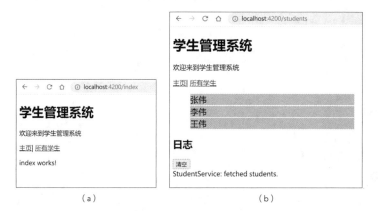

图 5-14　路由模块功能示例

　　接下来实现具有显示学生名单卡片功能的index组件，并且采用样式表进行一定的美化。首先修改模板文件index.component.html如下所示。

```
<h2>优秀学生</h2>
<div class="grid grid-pad">
  <a *ngFor="let student of students" class="col-1-4" routerLink="/
detail/{{student.id}}">
    <div class="module student">
      <h3>{{student.name}}</h3>
    </div>
  </a>
</div>
```

　　其中*ngFor指令的使用和学生组件模板文件中的一样，同时引用了index组件的样式文件index.component.css中定义的样式类显示学生卡片，并且将每个卡片通过routerLink="/detail/{{student.id}}"链接到相应学生的详细信息URL。后续会通过修改路由模块文件，使得URL能定位到学生详细信息组件。index.component.css样式文件的完整代码如下所示。

```
[class*='col-'] {
    float: left;
    padding-right: 20px;
    padding-bottom: 20px;
}
[class*='col-']:last-of-type {
```

< 229 >

```css
    padding-right: 0;
}
a {
    text-decoration: none;
}
*, *:after, *:before {
    -webkit-box-sizing: border-box;
    -moz-box-sizing: border-box;
    box-sizing: border-box;
}
h3 {
    text-align: center; margin-bottom: 0;
}
h4 {
    position: relative;
}
.grid {
    margin: 0;
}
.col-1-4 {
    width: 25%;
}
.module {
    padding: 20px;
    text-align: center;
    color: #eee;
    max-height: 120px;
    min-width: 120px;
    background-color: #607d8b;
    border-radius: 2px;
}
.module:hover {
    background-color: #eee;
    cursor: pointer;
    color: #607d8b;
}
.grid-pad {
    padding: 10px 0;
}
.grid-pad > [class*='col-']:last-of-type {
    padding-right: 20px;
}
@media (max-width: 600px) {
    .module {
        font-size: 10px;
        max-height: 75px; }
}
@media (max-width: 1024px) {
    .grid {
        margin: 0;
    }
    .module {
        min-width: 60px;
    }
}
```

< 230 >

模板文件index.component.html还对index.component.ts文件维护的students数组进行了数据绑定。index.component.ts的完整代码如下所示。

```
import { Component, OnInit } from '@angular/core';
import { Student } from '../student';
import { StudentService } from '../student.service';

@Component({
  selector: 'app-index',
  templateUrl: './index.component.html',
  styleUrls: ['./index.component.css']
})
export class IndexComponent implements OnInit {
  students: Student[] = [];

  constructor(private studentService: StudentService) { }

  ngOnInit() {
    this.getStudents();
  }

  getStudents(): void {
    this.studentService.getStudents()
    .subscribe(students => this.students = students.sort((a, b) => b.gpa - a.gpa).
slice(0, 4))
  }
}
```

index.component.ts通过构造函数中的private参数注入了StudentService的实例studentService，从而可以调用其获取学生数据信息的功能。Index组件自身的getStudents()函数依然是采用前文详述的RxJS响应式编程，通过订阅StudentService服务同名函数getStudents()返回的Observable对象来获取学生数据到students数组中，并且在生命周期函数ngOnInit()中调用getStudents()函数，从而使得index组件初始化时即为students数组赋值，进而通过和模板文件index.component.html中的页面元素进行数据绑定渲染模板文件。

这里index.component.ts中的getStudents()函数中的回调函数students => this.students = students.sort((a, b) => b.gpa - a.gpa).slice(0, 4)首先将students数组的元素按照绩点从大到小排列，然后使用数组的slice()方法取出前4个学生，最后将这4个学生的数据存储在this.students中，也就是页面上只显示绩点排名前4的学生信息。

为了显示效果，在student.service.ts维护的学生信息数组中添加几位学生，并且在页面中提示为"优秀学生"。此时应用的运行效果如图5-15所示。

进一步，若希望在单击学生列表中的某位学生的姓名时，不是在列表下面显示该生的详细信息，而是在学生列表的位置显示，那么需要做如下修改。从students.component.html中删除<app-student-detail>

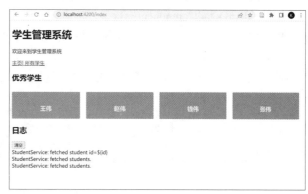

图 5-15   示例运行效果

< 231 >

</app-student-detail>，在路由模块中添加一条参数化路由，具体如下。

```
{path: 'detail/:id', component: StudentDetailComponent}
```

在这个参数化路由中定义了一个名为detail的路由，路径为/detail/:id。其中，冒号表示该路由可以接收一个参数，这里参数的名字是id。当用户单击具体学生的信息时，可以通过该路由展示相应学生的详细信息。在这个路由中，component属性指定了该路由展示时所使用的组件是StudentDetailComponent，也就是说，访问该路由时，路由器会将URL中的id参数值传递给StudentDetailComponent组件，以便于组件获取学生的id并展示对应的学生详情。

接着修改students.component.html和index.component.html中的链接方式为路由链接。用户都是通过在这两个模板展示的学生列表或者卡片集合中选择某个学生来展示相应学生详细信息的。

修改后的students.component.html文件的完整代码如下所示。

```html
<ul>
    <li class="student-item" *ngFor="let student of students"
    on-click="selectStudent(student)"
     [class.selected]="student === selectedStudent">
        <a routerLink="/detail/{{student.id}}">
            <span class="badge">{{student.id}}</span>
            {{student.name}}
        </a>
    </li>
</ul>
```

修改后的index.component.html文件的完整代码如下所示。

```html
<h2>优秀学生</h2>
<div class="grid grid-pad">
  <a *ngFor="let student of students" class="col-1-4" routerLink="/detail/
{{student.id}}">
    <div class="module student">
      <h3>{{student.name}}</h3>
    </div>
  </a>
</div>
```

这样，将之前通过传递用户所选择的学生实例到子组件StudentDetailComponent中，并在下方展示StudentDetailComponent模板文件的方式，转变为通过选择的学生对象的id属性构建URL，并根据前文介绍过的参数化路由映射，在路由出口处展示StudentDetailComponent组件的方式。

接下来，StudentDetailComponent组件需要能从创建本组件的路由中获取学生对象的id属性，并根据该id值从服务器获取相应学生信息进行展示。student-detail.component.ts的完整代码如下。

```typescript
import { Component, OnInit, Input} from '@angular/core';
import { ActivatedRoute } from '@angular/router';
import { Location } from '@angular/common';
import { Student } from '../student';
import { StudentService } from '../student.service';

@Component({
```

< 232 >

```
    selector: 'app-student-detail',
    templateUrl: './student-detail.component.html',
    styleUrls: ['./student-detail.component.css']
})
export class StudentDetailComponent implements OnInit {

    student?:Student;

    constructor(
        private route: ActivatedRoute,
        private studentService: StudentService,
        private location: Location
    ) { }

    ngOnInit() {
        this.getStudent();
    }

    getStudent():void{
        const id =Number(this.route.snapshot.paramMap.get('id'));
        this.studentService.getStudent(id).subscribe(student =>this.student = student);
    }

    goBack():void{
        this.location.back();
    }

}
```

下面解释和路由以及导航相关的核心代码。首先通过import语句导入ActivatedRoute类用于获取路由参数，以及导入Location类用于导航。通过构造方法注入ActivatedRoute、StudentService和Location的实例。在组件初始化时会自动调用的ngOnInit()方法中调用了getStudent()方法，该方法用于获取当前路由所表示的学生数据。getStudent()方法从当前路由中获取id参数，并将该参数转换为Number类型，然后使用studentService服务的getStudent()方法来获取具体的学生数据，并将其赋值给当前组件的student属性。goBack()方法调用了location类的back()方法来实现返回上一页的功能，和浏览器的回退按钮作用一样，但是可以使用我们在页面中创建的按钮来实现该功能。

下面这行代码较为复杂。

```
const id =Number(this.route.snapshot.paramMap.get('id'));
```

其中，this.route是ActivatedRoute的一个实例，包含路由的相关信息，例如路由参数、路由查询参数等。该实例的snapshot属性表示在这个组件的构造函数被调用时，当前路由的快照（即URL的静态信息）。paramMap属性是一个属性映射表，用于获取当前路由的参数，其返回值是一个Observable对象。get('id')从参数映射表中获取名为id的参数值，它得到的是一个字符串，即当前学生的id。Number()是JavaScript的内置函数，用于将包含数字的字符串转换成Number类型。

以上student-detail.component.ts中getStudent()函数调用了studentService中的getStudent()函数，下面我们在studentService中来添加该函数。具体代码片段如下。

```
getStudent(id:number): Observable<Student| undefined> {
```

< 233 >

```
    this.logService.add('StudentService: fetched student id=${id}');
    return of(students.find(student => student.id ===id));
  }
```

该函数返回一个Observable对象，用于获取指定id的学生信息。this.logService.add()函数将'fetched student id=$(id)'信息添加到日志中。return语句中使用了of()函数，将值包装成一个Observable对象，用于返回查询的结果。这里返回的是数组中第一个满足条件student.id === id的元素，即符合查询条件的学生对象。如果查询不到则返回undefined。在使用该服务的组件中，可以通过订阅该方法返回的Observable对象来获取学生信息。

现在从"主页"和"所有学生"导航到的学生集合并单击某个学生，都可以显示该学生的详细信息。如果想回到原来的学生集合界面，则需要添加一个按钮实现回退功能。在student-detail.component.html模板文件的最下面添加一行语句如下。

```
<button (click)="goBack()">回退</button>
```

这会创建一个"回退"按钮，单击该按钮可以起到和单击浏览器回退按钮一样的作用，即回到上个页面。这是通过调用goBack()中Location实例的back()函数实现的。

7．通过HttpClient获取服务器端数据

前后端分离的关键是前端可以通过HTTP发起对服务器端服务的调用，并且返回数据。前文获取数据都是通过本地数组进行模拟的，而在实际项目中，Angular是通过HttpClient来实现通过HTTP进行服务调用的。本步骤就来实现这一功能。

为了使得全局可以使用HttpClient功能，在根模块app.module.ts中通过如下import语句导入HttpClientModule，并将该模块加入imports数组。

```
import { HttpClientModule } from '@angular/common/http';
```

下面重构student.service.ts文件，因为主要通过该文件实现远程数据获取。该文件的完整代码如下所示。

```
import { Injectable } from '@angular/core';
import { HttpClient, HttpHeaders } from '@angular/common/http';
import { catchError, map, tap } from 'rxjs/operators';
import { Student } from './student';
import { Observable, of } from 'rxjs';
import { LogService } from './log.service';
import { error } from 'console';

@Injectable({
  providedIn: 'root'
})
export class StudentService {

  private studentsUrl = 'http://localhost:8880/students';

  constructor(
    private logService: LogService,
    private http: HttpClient) { }
```

< 234 >

```
private log(message: string) {
  this.logService.add('StudentService: ${message}');
}

getStudents(): Observable<Student[]> {
  this.logService.add('StudentService: fetched students.');
  return this.http.get<Student[]>(this.studentsUrl).pipe(
    tap(_ => this.log('fetched students')),
    catchError(this.handleError<Student[]>('getStudents', []))
  );

}

private handleError<T>(operation = 'operation', result?: T) {
  return (error: any): Observable<T> => {

    console.error(error);
    this.log('${operation} failed: ${error.message}');

    return of(result as T);
  }
}

getStudent(id: number): Observable<Student | undefined> {
  const url = '${this.studentsUrl}/${id}';

  return this.http.get<Student>(url).pipe(
    tap(_ => this.log('fetched student id = ${id}')),
    catchError(this.handleError<Student>('getStudent id=${id}'))
  );
}
}
```

首先导入HttpClient、HttpHeaders，并在构造方法中将HttpClient对象注入。在服务的构造函数中还依赖注入了LogService，用于记录日志。

该文件的核心代码是通过HttpClient执行HTTP GET请求来获取学生列表和单个学生的请求，并使用RxJS操作符进行错误处理和日志记录。主要方法是getStudents()和getStudent()。这两个方法都返回Observable对象，其中封装了从服务器获取的Student对象数组或单个Student对象。

在getStudents()方法中，使用this.http.get来获取包含学生数组信息的Observable对象，其中<Student[]>将this.http.get返回的无类型JSON数据转换为数组模板类型。this.studentsUrl是RESTful API的端点，在这里设置为http://localhost:8880/students，是一个本地启动的Web服务，后文会介绍如何通过后端框架Spring Boot开发这个后端的REST化服务。现在我们只需知道，该服务可以处理来自客户端的各种HTTP操作。比如，如果客户端向该URL发起HTTP GET请求，则会返回一个包含所有学生的Student对象数组。

.pipe()函数可以将操作符链接到Observable对象。该示例中使用.pipe()函数，在HTTP GET请求返回的Observable对象中添加了一系列操作，这些操作可以将Observable对象转换为不同的形式。其中tap()函数将"fetched students"的消息添加到日志。tap操作符用于记录日志或执行类似于console.log()的其他任务，而不会对值进行更改。tap操作符允许在Observable流中插入副作用操作，如日志记录，而不会修改流中的数据或其传播行为。这使得tap成为理想的调试工具，并

< 235 >

可用于执行不会影响流本质功能的操作。管道操作符tap需要一个参数，但是该参数在这个方法中没有用。为了消除潜在的语法错误，使用一个占位符来占据参数位置，这里使用的是"_"。这仅是为了让TypeScript编译器通过而不影响代码的执行。

如果函数仅执行针对参数的操作产生新的数据，而不会改变输入的参数，那么这其实是一种纯函数的做法，是函数式编程的典型特征。总之，通过.pipe()函数和一系列操作符，可以扩展Observable对象，为其添加各种功能，以便更好地处理异步数据流。如使用RxJS中包含的catchError()操作符，捕获可能出现的错误并返回一个空的Student数组。catchError、tap等操作符均通过以下语句导入了。

```
import { catchError, map, tap } from 'rxjs/operators';
```

在与getStudents类似的getStudent()方法中，接收一个数字id作为参数，以便从服务器获取与该id相应的学生信息。该方法类似于getStudents()方法，但在HTTP GET请求中包含一个参数，即学生的id。

handleError()是一个私有函数，用于处理在HTTP调用期间可能发生的错误。该函数采用泛型类型参数T，它可以是任何类型，表示函数的返回值类型，并且还有两个可选参数：operation和result。

handleError()函数返回一个具有单个参数的函数，该参数是一个表示错误的对象，并返回一个Observable对象。函数主要执行以下几个操作。

（1）在控制台上记录错误信息。

```
console.error(error);
```

（2）在日志中记录错误消息，包括错误操作和错误消息。

```
this.log('${operation} failed: ${error.message}');
```

（3）使用of()返回一个Observable对象，该Observable对象表示传递给函数的结果，该结果为T类型。如果传递了result参数，则此Observable对象将返回result；否则，将返回null。

```
return of(result as T);
```

综上所述，handleError()函数的作用是在请求期间出现错误时执行错误处理。由于该服务返回一个可观察对象，因此最后的立即执行方法会接收并捕获错误。如果请求失败，这个函数将发回一个包含result参数（如果提供的话）或默认空值的Observable对象。采用RxJs的错误处理方法，可使应用程序的错误处理更加简单和可预测。

使用ng serve –open命令运行该Angular应用，和上一步骤一样，单击"主页"超链接可以显示排名前4位的优秀学生，单击"所有学生"超链接可以显示所有学生的列表。在以上学生集合中单击任何一位学生，可以显示该生的详细信息。但是和之前的步骤不一样的是，这些信息都是通过HttpClient从后端服务中远程获取的，前后端之间是通过传输JSON形式的数据进行通信的，实现了前后端分离。

下面在前端实现了HTTP GET方法的基础上，进一步实现其他HTTP方法。首先用HTTP PUT方法实现对服务器端学生数据的更新。在显示学生详细信息的界面上添加一个"保存"按钮，用于根据用户输入更新学生数据。为此，在student-detail.component.html文件的最后添加以下语句

< 236 >

来创建一个按钮。

```
<button (click)="save()">保存</button>
```

单击该按钮将执行save()函数，需要在student-detail.component.ts中添加该函数，用于保存学生数据。代码如下所示。

```
save():void{
    this.studentService.updateStudent(this.student)
    .subscribe(()=>this.goBack());
}
```

save()函数内部调用StudentService中定义的updateStudent()函数，该函数接收一个类型为Student的参数，表示要更新的学生数据。.subscribe(()=>this.goBack())表示在updateStudent()方法得到执行结果，即当学生数据更新成功后，执行回调函数this.goBack()。subscribe()方法用于订阅updateStudent()函数的结果，当结果为OK时执行回调函数。

综上所述，save()函数调用StudentService中的updateStudent()方法以更新指定学生数据，并在更新成功后通过调用goBack()回到之前的页面。

下面在StudentService中添加updateStudent()方法，代码如下。

```
updateStudent(student:Student): Observable<any> {
    const url = '${this.studentsUrl}/${student.id}';

    return this.http.put(url, student, httpOptions).pipe(
      tap(_ => this.log('updated student id = ${student.id}')),
      catchError(this.handleError<any>('updateStudent'))
    );
}
```

语句const url = '${this.studentsUrl}/${student.id}'; 定义了要更新的学生数据的URL，其中this.studentsUrl是学生数据的服务器路径，而student.id是要更新的学生的唯一标识符。

this.http.put(url, student, httpOptions)使用HttpClient对象进行PUT请求，url参数指定了要请求的服务器URL；student参数为要更新的学生数据；httpOptions为HTTP请求配置，指定了请求类型和数据格式，这里为JSON数据。在StudentService服务类外面添加常量定义如下。

和前文所述一样，.pipe()用于将操作进行管道化，使用两个操作符tap和catchError对数据流进行处理。tap(_ => this.log('updated student id = ${student.id}'))用于在日志服务中记录更新操作以及更新成功的学生数据的id。catchError(this.handleError<any>('updateStudent'))和前文介绍的一样，用于处理请求过程中发生错误的情况。

```
const httpOptions = {
  headers: new HttpHeaders({ 'Content-Type' : 'application/json'})
}
```

在实现了HTTP PUT方法进行学生信息的修改后，继续实现HTTP POST方法来添加学生信息。整个流程和之前修改学生信息的类似。首先在学生组件的模板文件students.component.html中'<h2>学生列表</h2>'后面添加如下HTML代码，从而在页面上创建添加学生信息的输入框和"添加学生"按钮，单击后会调用add()函数。

< 237 >

```
<div>
    <label>学生姓名
        <input #studentName/>
    </label>
    <label>学生绩点
        <input #studentGPA type="number" max="4.0" min="1.0" step="0.1"/>
    </label>
    <button (click)="add(studentName.value, +studentGPA.value); studentName.
value=''">
        添加学生
    </button>
</div>
```

接下来在students.component.ts中实现add()函数，该函数的代码如下所示。

```
add(name:string, gpa: number): void{
    name = name.trim();
    if (!name) {return;}
    this.studentService.addStudent({ name, gpa } as Student)
        .subscribe(student => {
            this.students?.push(student);
        });
}
```

该函数和之前实现的save()函数类似，只是传递学生信息的时候并没有给出id，服务器端会自动创建这个添加学生的id。这里调用了studentService的addStudent()函数，并在调用成功后，将新加的学生信息添加到本组件维护的学生数组中。在student.service.ts中添加addStudent()函数，代码如下。

```
addStudent(student:Student): Observable<Student> {
    return this.http.post<Student>(this.studentsUrl, student, httpOptions) .pipe(
        tap((student:Student) => this.log('added student id = ${student.id}')),
        catchError(this.handleError<Student>('addStudent'))
    ) ;
}
```

其中的代码和前文updateStudent()函数的类似，只是调用了this.http的post()方法，而不是put()方法。这些HTTP请求被服务器端获取后，服务器端会调用相应的方法进行处理。在添加了以上两个功能（即添加学生和修改学生）后，看一下运行效果。

可以在学生列表中添加学生，如图5-16（a）所示。添加一名叫作陈伟的学生，并设置该生的绩点为4.10。单击"所有学生"，可以看到该生已经被添加到学生列表中，如图5-16（b）所示。单击"主页"，可以看到该生位列排名前4的优秀学生之中，如图5-16（c）所示。

接着我们来更新学生信息。在图5-17（a）所示学生列表中单击"陈伟"，进入显示该生详细信息的页面。将其绩点修改为4.95，姓名修改为"陈伟生"，并单击保存，则可以看到姓名改变了，单击该生显示的绩点也改为了4.95。单击"主页"，可以看到该生位列第一，如图5-17（b）所示。

< 238 >

（a）　　　　　　　　　　（b）

（c）

图 5-16　示例运行效果 1

（a）　　　　　　　　　　（b）

图 5-17　示例运行效果 2

　　至此，我们在前端采用Angular实现了针对学生管理系统中学生信息的查看、修改和添加。删除学生信息的功能实现与此类似，读者可自主动手进行代码编写和调试，加强对这部分知识的理解和提高实际编程能力。

思考与练习

1. 基于本章示例，如果要实现删除某位同学的信息，那么需要在哪些文件中修改或添加代

< 239 >

码？编写代码实现该功能。

2．基于本章示例添加一个搜索学生信息的功能，用户在输入框中输入学生姓名进行搜索，可以搜索到学生信息。需要在哪些文件中修改或添加代码？编写代码实现该功能。可以参考Angular官网的示例，以及本书提供的视频教程。

3．为了在没有服务器端的情况下能独立运行和调试前端Angular项目，Angular提供了在内存中构建的模拟数据库和对应的API即angular-in-memory-web-api。查找相关资料自主学习，并使用该功能来模拟服务器端数据库，实现本章的学生管理系统。

4．就前端框架React和Vue（或者其他你认为重要和感兴趣的前端框架，如Ember.js等）进行自主学习和实践，提交实践报告和代码。实践结果应突出各个框架最重要的特征。

< 240 >

第6章　Web后端框架

Web后端框架

学习目标

- 能列出Spring框架包含的各个组成部分以及分别对应的功能。
- 能解释Spring的两个核心概念（IOC和AOP）的含义，并能运用其进行相应功能的编程开发。
- 能阐述Spring MVC的处理流程和组成部分，并能解释其中使用的设计模式。
- 能阐述Spring Boot的特点，能辨析其和Spring MVC的联系和区别。
- 能运用Spring Boot进行RESTful Web服务的开发。
- 能阐述MyBatis所处Java EE分层的具体层次，说明其核心接口以及使用的设计模式。
- 能运用Spring MVC（Spring Boot）+ MyBatis开发一定规模的后端应用。

6.1 Spring

Spring框架是一个开源的Java应用程序框架，它提供了一系列的API和工具，用于快速构建企业级应用程序。Spring由罗德·约翰逊（Rod Johnson）于2002年撰写的畅销书*Expert One-on-One J2EE Design and Development*中提出，他针对早期的J2EE（Java EE平台）中以EJB为核心的开发方式使用复

Web 后端框架概述

Spring 概述

杂、代码臃肿、侵入性代码、开发周期长、移植难度大等种种弊端，倡导轻量级开发，并给出了最初的Spring框架代码作为书中的附件。经过多年的发展，Spring框架已成为Java企业级开发领域中最流行的框架之一，被广泛应用在Web后端开发、移动开发、云计算等领域。

Spring框架由多个模块组成，如图6-1所示，大致可以分为如下几个层次。

（1）核心容器：提供核心的依赖注入和控制反转功能，包括Bean、Core、Context和Expression等模块。

- Bean模块：实现了Bean的工厂模式BeanFactory，以及其他支持Bean的基础Bean处理功能。Bean是Spring中非常重要的概念，为JEE中的组件，是最基本的代码组织单位。其形式是就是普通Java类，即POJO（Plain Old Java Object，普通的Java对象）。

- Core模块：提供了核心工具类，作为Spring框架的基础设施，包括消息、资源和事件等功能。
- Context模块：提供了ApplicationContext等接口，用于处理应用程序的运行时环境。
- Expression模块：提供了表达式语言Spring Expression Language（SpEL），用于在Bean定义和AOP方面进行表达式计算。

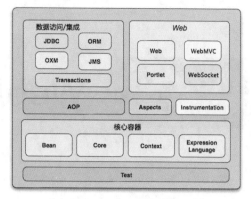

图 6-1　Spring 框架的模块

（2）数据访问/集成：主要用于提供与数据访问/集成相关的一些功能模块，包括JDBC、ORM、OXM等模块。

- JDBC模块：对Java JDBC接口再次封装，提供了JdbcTemplate等用于进行JDBC操作的类和方法。
- ORM模块：提供了对多种ORM框架如Hibernate和MyBatis的支持。ORM代表对象关系映射，即通过面向对象的编程方式来实现数据库的关系操作。
- OXM模块：OXM（Object XML Mapping，对象-XML映射）旨在提供对象和XML之间的映射，是一种把Java对象和XML文档相互转换的方式。
- Transaction模块：提供了对于声明式和程序式事务管理的支持。

（3）Web：主要用于提供Web应用开发相关的功能模块，包括Web、WebMVC和WebSocket等模块。

- Web模块：提供了面向Servlet应用的Web核心功能，包括multipart文件上传等。
- WebMVC模块：提供了基于MVC模式实现的Web框架，包括DispatcherServlet和控制器等。
- WebSocket模块：提供了支持WebSocket的功能，用于实现双向通信。
- Web Portlet：提供对Web Portlet的支持。

（4）AOP：主要用于提供AOP功能模块，包括AOP和Aspects等模块。

- AOP模块：提供了对面向方面编程的支持。
- Aspects模块：提供与AspectJ集成的功能。AspectJ是一种从语法层面上支持面向方面编程的框架。

（5）工具：包括Instrumentation、JMX、Test等模块。

- Instrument模块：提供了在运行时动态修改类或者增强类的能力。
- JMX模块：提供了JMX技术的集成，用于对Java应用程序进行管理和监控。
- Test模块：提供了测试Spring应用程序的功能，支持JUnit或TestNG等框架。

Spring框架最核心的两个概念和技术是IoC和AOP。下面分别对这两个技术做一些介绍。

6.1.1　IoC

IoC

Spring所使用的IoC（控制反转）技术是指将对象的创建等生命周期管理，以及维护对象之间关系等功能委托给Spring框架来完成。"控制反转"一词中的"控制"主要是指对对象的生命周期和对象间的关系的控制。主要目的是实现软件模块的松耦合（Loose Coupling）和可重用性（Reusability）。其核心思想是不用自己来控制这些对象相关事务，

< 242 >

而是将之交给容器。在面向对象编程中，对象之间会存在依赖，系统受到对象之间紧密耦合的限制。通常，我们需要将被调用的类和对象先编写好，使用不同的调用方法去实例化和调用对象中的方法，从而实现应用程序的功能。

　　容器提供了一个新的视角，由容器来管理对象的实例化以及对象之间的依赖关系。控制反转让我们将创建对象的控制权交给了容器，这样就解除了对象之间的耦合关系，使得程序模块化和可扩展性更好。依赖注入是实现控制反转的一种具体方式，通常可以认为两个词的基本含义相同，许多场合下可以互用。依赖注入是通过构造函数参数、属性、方法参数等方式来传递依赖项，从而解决对象之间的紧耦合问题。依赖项通常是一个接口类型，而该依赖是由容器控制创建和配置的。"注入"是指将一个对象依赖的实例注入该对象。我们经常说控制反转或依赖注入符合"好莱坞原则"——"Don't call me,I'll call you"，就是指把控制权交给框架或者容器。应用程序代码不再自行实例化对象，而是由容器来获得对象注入应用程序代码，并负责装配依赖项。

　　其实现的具体机制是，首先，采用面向接口编程，让被调用对象的方法来实现统一接口，从而实现即使调用不同的对象方法也不用改变调用方的调用方式。这样可以实现通用编程，方便实现动态替换不同的依赖对象，也就支持实现动态依赖关系的注入。然后，采用工厂模式来构建对象，并且分解依赖，按照需要自动"注入"相关对象。一般通过XML配置文件和注释来明确依赖关系和决定注入方式。

　　下面通过一个简单的示例进行讲解。该示例模拟一个音乐会，其中有多位演奏家演奏不同的乐器。最原始的做法是实现钢琴家类PianistOld、小提琴家类ViolinistOld，代码如下。

```
public class PianistOld {
    void playPiano() {
        claim();
        System.out.println("I will play the piano!");
    }
    void claim() {
        System.out.print("I am a member of the concert! ");
    };
}

public class ViolinistOld {
    void playViolin() {
        claim();
        System.out.println("I will play the violin!");
    }
    void claim() {
        System.out.print("I am a member of the concert! ");
    };
}
```

然后构建一个音乐演奏会的主类来实例化两类分别演奏钢琴和小提琴的演奏家，代码如下所示。

```
public class OldConcert {
    public static void main(String[] args) {
        ViolinistOld violinist = new ViolinistOld();
        violinist.playViolin();
```

< 243 >

```
            PianistOld pianist = new PianistOld();
            pianist.playPiano();
        }
    }
```

　　显然，由于调用接口不一样，所以无法利用多态实现通用编程。比如当演奏家多了的时候，也无法将各种演奏家的实例放到一个集合中通过循环调用其中成员的统一方法来实现演奏，只能一个个调用演奏家实例上不同的方法。

　　所以第一步是利用面向对象的多态性，定义统一的接口来实现通用编程。首先定义抽象类Performer，其中包含抽象方法play()，作为具体实现类的方法的统一接口。具体的演奏家（比如钢琴家类Pianist、小提琴家类Violinist）都继承自抽象类Performer，并通过重写实现各自的paly()方法。代码如下所示。

```
abstract class Performer
{
    void claim(){
        System.out.print("I am a member of the concert! ");
    }
    abstract void play();
};

class Pianist extends Performer {
    void play() {
        claim();
        System.out.println("I will play the piano!");
    }
}

public class Violinist extends Performer
{
    void play(){
        claim();
        System.out.println("I will play violin!");
    }
};
```

　　若要举办一场演奏会，需要编写一个主类，并由该类实例化这些演奏家并使之一起演奏。代码如下所示。

```
public class OldConcert {
    public static void main(String[] args) {
        Performer performer1 = new Pianist();
        performer1.play();
        Performer performer2 = new Violinist();
        performer2.play();
    }
}
```

　　或者将这些演奏家放到一个数组列表ArrayList中，从而统一调用接口实现通用编程，因为已经实现了统一接口，代码如下所示。（如果每类演奏家有自己演奏的方法，这样主类只能编写不

< 244 >

同调用代码去调用不同演奏家类中的方法，这样无法实现通用编程。）

```
import java.util.ArrayList;
import java.util.Arrays;

public class OldConcert {
    public static void main(String[] args) {
        ArrayList<Performer> team = new ArrayList<Performer>(Arrays.asList
(new Performer[]{new Pianist(),new Violinist()}));
        for (Performer i: team)
        {
            i.play();
        }
    }
}
```

运行结果如下所示。

```
I am a member of the concert! I will play the piano!
I am a member of the concert! I will play violin!
```

由主类来实例化演奏家对象，并将之组装成一场演奏会的问题是，如果演奏会需要新添加一名演奏家，比如鼓手，那么首先要实现一个鼓手类Drummer，然后修改音乐会的主类代码，将其添加进来才行。实现一个鼓手类Drummer，在主类中实例化一个鼓手并将其添加到乐团中组成新的演奏团队team的代码如下所示。

```
public class Drummer extends Performer
{
    void play(){
        claim();
        System.out.println("I will beat a drum!");
    }
};

import java.util.ArrayList;
import java.util.Arrays;

public class OldConcert {
    public static void main(String[] args) {
        ArrayList<Performer> team = new ArrayList<Performer>(Arrays.asList
(new Performer[]{new Pianist(),new Violinist(), new}));
        for (Performer i: team)
        {
            i.play();
        }
    }
}
```

修改后的代码运行结果如下所示，可以看到，鼓手加入乐团参加了演奏会。

```
I am a member of the concert! I will play the piano!
```

< 245 >

```
I am a member of the concert! I will play violin!
I am a member of the concert! I will beat a drum!
```

能否不修改主类，从而实现新的演奏家加入乐团能在主类运行结果中体现出来呢？可以通过将新加类的信息放到外部文本文件中，而主类通过读取该文件，并且利用Java的反射机制将读入的文本作为类名来实例化具体的对象实现。之后要加入新的演奏家或者删除、修改其中的演奏家，只需要在该文本文件中添加相应字符串信息。新的主类的实现代码如下所示。

```java
import java.io.BufferedReader;
import java.io.FileNotFoundException;
import java.io.FileReader;
import java.io.IOException;
import java.util.ArrayList;

public class concert
{
    public static void main(String[] args){

        ArrayList<Performer> team = createTeam();
        for (Performer i: team)
        {
            i.play();
        }
    }

    static ArrayList<Performer> createTeam(){
        BufferedReader br = null;
        try {
            br = new BufferedReader(new FileReader("performers.txt"));
        } catch (FileNotFoundException e1) {
            // TODO Auto-generated catch block
            e1.printStackTrace();
        }
        ArrayList<Performer> team = new ArrayList<Performer>();
        String line = null;
        try {
            while ((line = br.readLine()) != null) {
                team.add((Performer)Class.forName(line).newInstance());
            }
        } catch (InstantiationException | IllegalAccessException |
ClassNotFoundException | IOException e) {
            e.printStackTrace();
        }
        try {
            br.close();
        } catch (IOException e) {
            e.printStackTrace();
        }
        return team;
    }
};
```

< 246 >

performers.txt是和主类字节码文件位于同一目录下的文本文件，假设其中的文本如下所示。

```
Pianist
Violinist
Drummer
```

那么该程序运行的结果如下所示。

```
I am a member of the concert! I will play the piano!
I am a member of the concert! I will play violin!
I am a member of the concert! I will beat a drum!
```

新的主类程序通过读取文本文件performers.txt，并将读取的每行文本通过反射机制实例化为具体的演奏家对象，从而组成乐团进行演奏。之后如果乐团成员要修改，或者添加新的乐团成员，只需要编写该乐团成员的实现类，并且将其名称作为新的一行加入performers.txt即可。这个performers.txt是一个非常简单的配置文件的示例，而读取该配置文件并且实例化的代码可以类比为一个容器的角色。通过配置文件和设置专门管理对象和对象关系的容器，将应用程序变化的内容从主类代码中隔离出来，体现了面向对象的隔离关注点原则。当然，实际的对象以及对象之间的关系要复杂许多，所以一般采用表达能力更强的XML文件或者代码标注来实现。

在Spring中，通常采用3种方式实现注入依赖：构造器注入、setter方法注入和字段注入。3种注入方式的介绍和特点如下。

1．构造器注入

构造器注入是通过类的构造函数（构造器）来注入依赖的方式。可以在类的构造函数中声明依赖，并通过构造函数的参数来传递依赖。其主要优势在于，一旦对象创建，它的依赖关系就不可变，这有助于创建不可变的对象。Spring官方通常推荐使用构造器注入，因为它提供了更强的依赖注入控制，能够在对象创建时确保所有依赖都被满足。

注入依赖和
Bean

2．setter方法注入

setter方法注入是通过类的setter方法来注入依赖的方式。可以在类中定义setter方法，然后通过这些方法来设置依赖。setter方法注入提供了更大的灵活性，因为可以选择性地设置依赖，并在运行时更改依赖。然而，setter方法注入可能会导致依赖不可用的情况出现，如果某些依赖没有被设置，可能会导致空指针异常等问题出现。

3．字段注入

字段注入是通过直接注入依赖到类的字段（通常是私有字段）来实现的。可以使用@Autowired或@Resource注解来标记字段，告诉Spring注入相应的依赖。字段注入通常被认为是一种简洁和便捷的方式，但一些开发者认为它会导致代码的不可测试性，因为依赖是直接注入字段的，而不是通过构造函数或setter方法注入的。

前面我们介绍Angular的时候已经大体介绍并使用了采用构造方法的依赖注入，下面采用setter方法注入的方式来介绍Spring的依赖注入。首先采用经典的XML配置方式来实现Spring IoC的简单示例，演示如何实现学生对象和学校对象之间的关联，以及获取学生对象。学校类School和学生类Student的代码如下所示。

```
public class School {
    private String name;
```

< 247 >

```
    public School(String name) {
        this.name = name;
    }

    public String getName() {
        return name;
    }
}

public class Student {
    private String name;
    private int age;
    private School school;

    public Student(String name, int age) {
        this.name = name;
        this.age = age;
    }

    public void setSchool(School school) {
        this.school = school;
    }

    public void study() {
        System.out.println(name + " is studying in " + school.getName() + "!");
    }
}
```

两个类/对象的属性，以及依赖关系由XML文件给出配置，配置文件applicationContext.xml内容如下所示。

```xml
<?xml version="1.0" encoding="UTF-8"?>
<!DOCTYPE beans PUBLIC "-//SPRING//DTD BEAN//EN"
    "http://www.springframework.org/dtd/spring-beans.dtd">

<beans>
    <bean id="school" class="School">
        <constructor-arg value="FD University"/>
    </bean>
    <bean id="student" class="Student">
        <constructor-arg value="Zhangsan"/>
        <constructor-arg value="18"/>
        <property name="school" ref="school"/>
    </bean>
</beans>
```

XML配置文件中的元素主要是用来定义Bean，以及Bean的属性和构造函数参数。它们通过相互关联和依赖来实现IoC的管理和调用。通常，XML配置文件的框架如下所示。

```xml
<?xml version="1.0" encoding="UTF-8"?>
<!DOCTYPE beans PUBLIC "-//SPRING//DTD BEAN//EN"
```

< 248 >

```
"http://www.springframework.org/dtd/spring-beans.dtd">
<beans>
<bean id="..." class="...">
    <constructor-arg value="…"/>
...
</bean>
<bean id="..." class="...">
    <property name="…" ref="…"/>
...
</bean>
...
</beans>
```

第一行给出了XML的编码格式等信息，然后通过DTD给出了有效配置文档需要符合的规则。配置文件主体内容中的主要标签和元素的含义如下。

- <beans>：Spring配置文件的根元素，意味着所有的配置都需要在<beans>标签内进行。
- <bean>：用来定义一个Bean，它通常包括Bean的id、Bean的类型以及Bean的属性等。id是Bean的唯一标识符，用于在容器中查找和获取该Bean；class属性指定了该Bean的类型，当容器启动时，它会创建并初始化该Bean。
- <constructor-arg>：用来指定构造函数的参数的值。在上述配置文件中，School和Student两个类的实例都是通过构造方法来实例化的，通过<constructor-arg>标签，可以为构造函数指定具体的参数值。
- <property>：用于指定Bean的属性的值。<property>标签中包含两个属性name和ref。name指定了属性的名称；ref指定了属性依赖的Bean的id，容器会自动注入对应的Bean的值。在上述配置文件中，Student类包含一个School类型的属性，通过<property>标签指定该属性的值为id为school的Bean，即ref="school"。

主类SpringIOCExample.java读取配置文件获取其中的JavaBean，并调用其上的方法。代码如下所示。

```
import org.springframework.context.ApplicationContext;
import org.springframework.context.support.FileSystemXmlApplicationContext;

public class SpringIOCExample {
    public static void main(String[] args) {
        //初始化Spring容器
        ApplicationContext context = new FileSystemXmlApplicationContext(
            "applicationContext.xml");

        //从容器中获取学生对象
        Student student = (Student) context.getBean("student");

        //调用学生对象的study()方法
        student.study();
    }
}
```

在主类中首先导入了ApplicationContext、FileSystemXmlApplicationContext等接口。Spring框架采用XML配置文件的方式实现IoC时，主要涉及以下几个接口和类。

< 249 >

- BeanFactory。Spring中IoC容器的顶级接口。BeanFactory提供了IoC容器最基本的功能，即类的装载、实例化、属性注入、Bean之间的依赖关系维护以及Bean的生命周期管理等。
- ApplicationContext。ApplicationContext接口是BeanFactory接口的扩展，它除了包含BeanFactory的所有功能外，还提供了其他的一些服务，例如事件机制、资源访问、Bean自动装配、AOP等。ApplicationContext通过BeanFactory加载Bean定义文件并将Bean的实例化和管理交由Spring容器统一进行。
- WebApplicationContext。WebApplicationContext是ApplicationContext的子接口，它是专门针对Web应用程序而设计的。WebApplicationContext可以让Spring容器在web.xml文件中配置并使用，并且支持作用域的定义，如request、session、global session、application等。
- XmlWebApplicationContext。XmlWebApplicationContext是WebApplicationContext的实现类之一，它的配置是通过XML文件的方式实现的，并支持访问Web应用程序的ServletContext，可以用来加载WEB-INF目录下的配置文件。
- FileSystemXmlApplicationContext。FileSystemXmlApplicationContext是ApplicationContext接口的另一种实现，它通过指定文件系统中的XML配置文件的方式来构造容器，可以用于非Web应用程序的配置。

　　BeanFactory和ApplicationContext都可以用来管理Bean，它们之间最大的区别就在于对于非单例的Bean的管理。在Spring中，Bean是在应用程序中使用的、可重用的组件，通常使用ApplicationContext来创建和管理Bean。具体应用场景下，又会使用XmlWebApplicationContext、FileSystemXmlApplicationContext等子类实现来创建和管理Web应用程序、文件系统中的Bean。比如上例中，采用了FileSystemXmlApplicationContext来创建和管理非Web应用场景下文件系统中的Bean。

　　运行Spring IoC的环境只需要包含Spring的核心.jar包。可以根据应用程序功能的需求，手动将以下基本的.jar包放置在Java编译运行的classpath下。

- spring-core.jar：Spring框架的核心库，包含IoC容器的基本功能。
- spring-beans.jar：包含Spring Bean的支持，它是IoC容器的基础。
- spring-expression.jar：如果使用了Spring的表达式语言（SpEL），则需要包含这个库。
- spring-context.jar：包含应用程序上下文的支持，它是Spring IoC容器的实现。
- commons-logging.jar：这是Spring使用的通用日志库。也可以选择使用其他日志库，但Spring通常使用该库。

　　这些模块的依赖关系如图6-2所示，它们共同构成了Spring的核心部分。

　　与手动添加依赖模块的.jar包到项目的类路径下面相比，更好的做法是使用构建工具（如Maven、Gradle等）来管理Spring和其他依赖项，这样可以自动处理依赖关系，并确保项目具有所需的.jar包。如果使用Maven，可以在pom.xml文件中添加以下依赖来引入Spring的spring-context模块，它包含spring-core、spring-beans、spring-aop、spring-expression等模块。所以在构建IoC和AOP应用的时候，都只需要包含spring-context模块。

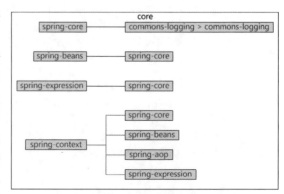

图 6-2　Spring 核心部分的模块以及依赖关系

< 250 >

```
<dependencies>
    <dependency>
        <groupId>org.springframework</groupId>
        <artifactId>spring-context</artifactId>
        <version>6.0.11</version> <!-- 使用最新版本 -->
    </dependency>
    <!-- 添加其他Spring模块的依赖，例如spring-context等 -->
</dependencies>
```

还可以根据具体项目需求添加其他Spring模块的依赖，比如spring-context、spring-beans、spring-aop等。具体在配置文件pom.xml中如何写<dependency>中的内容才能添加相应的依赖，可以打开mvnrepository网站，在搜索框中搜索相应的依赖名称，根据结果页面中相应的依赖版本提供给各种配置工具的写法来书写。还可以在页面中下载相应的.jar包。搜索Spring Context依赖的结果页面如图6-3所示。

图 6-3　通过 mvnrepository 网站获得依赖的写法

在诸如VS Code这样的IDE中按照上述方法添加了Spring的核心包后就可以编译运行了，结果如下。

```
Zhangsan is studying in FD University!
```

通常Spring IoC容器的配置信息会存储在XML文件或Java注解中，需要创建一个配置文件告诉Spring如何管理Bean。前面已经看到，如果使用XML配置，可以创建一个名为applicationContext.xml的文件来给出配置信息。如果要使用Spring的注解实现相同的IoC功能，则需要创建一个带有@Configuration注解的Java类。常用的Spring注解的含义和作用如下。

（1）@Component：@Component是一个泛型注解，用于将一个Java类标记为Spring的组件，表示这个类是一个受Spring容器管理的Bean，可以通过Spring的组件扫描机制自动检测和注册到容器中。通常用于标记普通的Java类，以便Spring容器能够自动管理它们。

（2）@Autowired：@Autowired 用于自动装配Spring Bean之间的依赖关系。它告诉Spring容器自动在容器中查找匹配类型的Bean，并将其注入目标Bean。通常与构造函数、setter方法、字段注入等结合使用，以注入其他Bean。

< 251 >

（3）@Value：@Value用于注入配置属性值到Spring Bean。可以使用它来注入外部属性文件、环境变量或直接的常量值。通常与字段、setter方法等结合使用，以注入特定的属性值。

（4）@Configuration：@Configuration通常标注在一个Java类前面，告诉Spring容器所标注的类包含Spring Bean配置信息，相当于一个独立的配置文件。通常与@Bean注解结合使用，用于声明Bean的创建和初始化方法。

（5）@Bean：@Bean用于在@Configuration类中声明Spring Bean。它告诉Spring容器该方法返回一个Bean实例，Spring将负责管理该Bean的生命周期。通常在@Configuration类中创建方法，并使用@Bean注解返回Bean的实例。

下面还是以学生和学校关联的例子来介绍Spring如何使用注解来实现IoC。首先确保项目类路径中已经包含Spring IoC所需要的库，或者在诸如Maven的pom.xml中配置了需要的依赖库，以便使用注解功能。通常和之前的示例一样包含spring-context模块即可。前文所构建的School类和Student类可以不做更改，也无须创建applicationContext.xml配置文件。这里采用纯Java类来进行配置，也就是需要创建一个配置类，用于启用注解扫描和配置Spring容器，代码如下所示。

```java
package com.example;

import org.springframework.context.annotation.Bean;
import org.springframework.context.annotation.ComponentScan;
import org.springframework.context.annotation.Configuration;

@Configuration
@ComponentScan(basePackages = "com.example") // 指定要扫描的包路径
public class AppConfig {
    @Bean
    public School school() {
        return new School("FD University");
    }

    @Bean
    public Student student() {
        Student student = new Student("Zhangsan", 18);
        student.setSchool(school()); // 注入学校对象
        return student;
    }
}
```

在上述配置类中，使用@Configuration注解来指示它是Spring的配置类，并使用@ComponentScan注解来启用组件扫描。确保将basePackages属性设置为包含School和Student类的包路径。同时，该示例使用@Bean注解来定义school()和student()方法，它们分别创建了学校和学生对象。使用这种方式，可以完全摆脱XML配置文件，依赖于纯Java配置来定义和组装Spring Bean。

最后，在主类运行入口中，创建一个AnnotationConfigApplicationContext并传递AppConfig.class作为配置类。然后，使用getBean()方法获取Student对象，并调用该对象上的方法。代码如下所示。

```java
package com.example;
import org.springframework.context.annotation.AnnotationConfigApplicationContext;
```

< 252 >

```
public class Main {
    public static void main(String[] args) {
        // 初始化Spring容器
        AnnotationConfigApplicationContext context = new AnnotationConfigAp
plicationContext(AppConfig.class);
        // 获取Student对象
        Student student = context.getBean(Student.class);
        //调用学生对象的study()方法
        student.study();
        // 关闭Spring容器
        context.close();
    }
}
```

通过上述注解的方式，可以实现与之前XML配置相同的IoC功能，但更现代、更便捷。运行结果也如前面的例子一样。

6.1.2　AOP

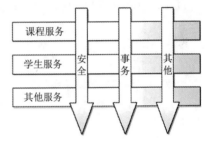

AOP

Spring AOP是Spring框架的另外一个核心模块，它提供了一种以更模块化和清晰的方式处理横切关注点（Cross-cutting concern）的方法。横切关注点是指跨越多个模块的关注点，又称为交叉关注点（Cross-cutting Concerns），通常包括日志记录、事务管理、性能监控、安全性等与核心业务逻辑不直接相关的功能，如图6-4所示。Spring AOP的主要优势在于能够将横切关注点与核心业务逻辑分离开来，提高代码的可维护性和可重用性。它还允许开发者更容易地集中管理和配置横切关注点，而不必将它们分散到应用程序的各个部分。

图 6-4　方面的概念示意

Spring AOP中的重要概念介绍如下。

1．方面（Aspect）

方面是解决跨越多个模块的交叉关注点问题的模块。所谓交叉关注点问题大多数是一些系统级的或者核心业务外围的问题，比如安全、事务管理、日志、异常处理等。方面是一个包含通知和切点的模块化单元。其中通知定义了横切关注点的具体行为，例如在方法执行前或方法执行后执行的代码。切点定义了在何处应用通知，通常是一组方法。方面可以包含多个通知和切点，它们共同描述了横切关注点的行为和应用范围。

2．通知（Advice）

通知是方面的一部分，它定义了在何时和何处执行横切关注点的代码。Spring AOP支持以下几种通知类型。

- 前置通知（Before Advice）：在目标方法执行前执行。
- 后置通知（After Advice）：在目标方法执行后执行，不考虑方法的返回值或异常。
- 返回通知（After Returning Advice）：在目标方法成功执行并返回结果后执行。
- 异常通知（After Throwing Advice）：在目标方法抛出异常后执行。
- 环绕通知（Around Advice）：在目标方法前后执行，可以控制目标方法的执行过程。

3．切点（Pointcut）

切点定义了通知应该在何处执行。它是一个表达式，指定了匹配的方法或类。Spring AOP支

< 253 >

持多种切点表达式语言，例如AspectJ切点表达式语言。

4．连接点（Join Point）

连接点是在应用程序执行过程中，切点匹配的特定点。它可以是方法执行的某个时间点，如方法调用、方法执行、异常抛出等。

5．引入（Introduction）

引入允许向现有的类添加新方法和属性。在Spring AOP中，引入通常用于实现接口并在运行时将新方法和属性引入目标对象。

6．织入（Weaving）

织入是将方面与应用程序的目标对象连接起来的过程。它可以在编译时、类加载时或运行时发生。通常分为运行时织入和编译器织入。前者通常采用代理的方式来实现，是大多数AOP采取的方式。后者使用专门的编译器来编译基于语言的扩展，典型的如AspectJ。Spring AOP采用运行时织入，这意味着方面与目标对象的连接是在应用程序运行时完成的。

下面给出体现Spring AOP的简单示例，以教师监督学生学习为场景：当学生使用WeChat聊天或者玩游戏的时候，教师会发现并给出警告。其中设计了Teacher类表示教师，Student类表示学生。Student类的方法有学习（study()）、使用WeChat聊天（weChat()）和玩游戏（playGame()）等，在调用方法weChat()和playGame()时会被教师发觉（拦截）而给出警告。

首先，创建教师类（Teacher）和学生类（Student），代码如下所示。

```java
//教师类
package com.example;

public class Teacher {
    public void giveWarning() {
        System.out.println("Teacher: You should be studying!");
    }
}

//学生类
package com.example;

public class Student {
    public void study() {
        System.out.println("Student: I'm studying diligently.");
    }

    public void weChat() {
        System.out.println("Student: Using WeChat for a while.");
    }

    public void playGame() {
        System.out.println("Student: Playing games during the break.");
    }
}
```

接下来，创建一个方面类（MonitoringAspect）来实现AOP，代码如下所示。

```java
package com.example;

import org.aspectj.lang.annotation.Aspect;
```

< 254 >

```java
import org.aspectj.lang.annotation.Before;
import org.springframework.beans.factory.annotation.Autowired;
import org.springframework.stereotype.Component;

@Aspect
@Component
public class MonitoringAspect {

    @Before("execution(* Student.weChat()) || execution(* Student.playGame())")
    public void monitorStudentActivity() {
        System.out.println("Teacher is watching...");
        teacher.giveWarning();
    }

    @Autowired
    private Teacher teacher;
}
```

在上述方面类中，使用@Aspect和@Before注解定义了一个切点，该切点匹配学生使用WeChat聊天和玩游戏的方法。在切点匹配的情况下，monitorStudentActivity()方法会被执行，向学生发出警告。

在src/main/resources目录下创建一个Spring配置文件，例如applicationContext.xml，并声明Teacher、Student和MonitoringAspect的Bean。该文件内容如下所示。

```xml
<?xml version="1.0" encoding="UTF-8"?>
<beans xmlns="http://www.springframework.org/schema/beans"
       xmlns:xsi="http://www.w3.org/2001/XMLSchema-instance"
       xmlns:context="http://www.springframework.org/schema/context"
       xmlns:aop="http://www.springframework.org/schema/aop"
       xsi:schemaLocation="http://www.springframework.org/schema/beans
           http://www.springframework.org/schema/beans/spring-beans.xsd
           http://www.springframework.org/schema/context
           http://www.springframework.org/schema/context/spring-context.xsd
           http://www.springframework.org/schema/aop
           http://www.springframework.org/schema/aop/spring-aop.xsd">

    <!-- 启用自动扫描，指定扫描的基包 -->
    <context:component-scan base-package="com.example" />

    <!-- 启用AOP支持 -->
    <aop:aspectj-autoproxy />

    <!-- 声明教师类 -->
    <bean id="teacher" class="com.example.Teacher" />

    <!-- 声明学生类 -->
    <bean id="student" class="com.example.Student" />

    <!-- 声明方面类 -->
    <bean id="monitoringAspect" class="com.example.MonitoringAspect" />
</beans>
```

该配置文件除开声明了主要的Bean组件外，还配置了<context:component-scan>以指定要扫描

< 255 >

的基包，配置了<aop:aspectj-autoproxy>以启用AOP支持。这允许Spring自动识别和注册在指定包中找到的组件（例如Teacher、Student和MonitoringAspect），并启用AOP方面功能。

最后，创建一个用于启动Spring应用程序的Main.java类，如下所示。

```
Package com.example;

import org.springframework.context.ApplicationContext;
import org.springframework.context.support.ClassPathXmlApplicationContext;
import com.example.Student;

public class Main {
    public static void main(String[] args) {
        ApplicationContext context = new ClassPathXmlApplicationContext("
applicationContext.xml");
        Student student = (Student) context.getBean("student");
        student.weChat(); // 调用学生的方法
        student.playGame();
    }
}
```

由于使用了org.aspectj包，在maven的配置文件pom.xml中需要添加相应的依赖。完整的pom.xml内容如下所示。

```
<?xml version="1.0" encoding="UTF-8"?>
<project xmlns="http://maven.apache.org/POM/4.0.0"
        xmlns:xsi="http://www.w3.org/2001/XMLSchema-instance"
        xsi:schemaLocation="http://maven.apache.org/POM/4.0.0 http://
maven.apache.org/xsd/maven-4.0.0.xsd">
    <modelVersion>4.0.0</modelVersion>
    <groupId>org.example</groupId>
    <artifactId>SpringAOP-maven</artifactId>
    <version>1.0-SNAPSHOT</version>

    <properties>
        <maven.compiler.source>8</maven.compiler.source>
        <maven.compiler.target>8</maven.compiler.target>
    </properties>
    <dependencies>
        <dependency>
            <groupId>org.springframework</groupId>
            <artifactId>spring-context</artifactId>
            <version>6.0.11</version> <!-- 使用最新版本 -->
        </dependency>
        <dependency>
            <groupId>org.aspectj</groupId>
            <artifactId>aspectjweaver</artifactId>
            <version>1.9.7</version>
        </dependency>
        <!-- 添加其他Spring模块的依赖，例如spring-context等 -->
    </dependencies>
</project>
```

< 256 >

在IntelliJ IDEA中，该项目各个类和配置文件放置的位置如图6-5所示。

运行示例，可以看到学生使用WeChat聊天和玩游戏时，方面会触发教师发出警告。输出如下所示。

```
Teacher is watching...
Teacher: You should be studying!
Student: Using WeChat for a while.
Teacher is watching...
Teacher: You should be studying!
Student: Playing games during the break.
```

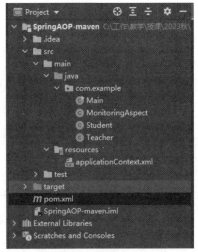

图 6-5　示例项目的结构

6.2　Spring MVC

Spring MVC是基于Spring的一个框架，是Spring用于Web开发的一个模块。它基于前文介绍过的MVC设计模式，采用松散耦合和可插拔的组件结构，是一个优秀的Web框架。前文还介绍了Spring借助于注解来管理Bean组件，Spring MVC通过一套符合MVC设计理念的注解，让POJO成为企业级Web应用开发的组件，而无须实现任何接口。几个常用于Web各个层次（如持久层、服务层、控制器层）的注解的简要介绍如下。

（1）@Controller：@Controller用于标记控制器层的Spring Bean以处理Web请求。它告诉Spring容器该类是一个控制器，用于处理HTTP请求和响应。

（2）@Service：@Service用于标记服务层的Spring Bean。它告诉Spring容器该类包含业务逻辑，并且可以通过Spring的组件扫描自动检测和注册。

（3）@Repository：@Repository通常用于标记数据访问层的类，用于标记持久层的Spring Bean。它告诉Spring容器该类负责数据库访问，同时它还能够转化底层的数据访问异常为Spring的数据访问异常。

前面介绍过的@Autowired或者@Resource等注解也可以用于Spring MVC应用开发，还有其他诸如@RequestMapping等注解将在具体示例中简要介绍。

图6-6所示为Spring MVC的架构。

Spring MVC中有一个作为前端控制器（同时是中央调度器）的框架内部Servlet，即DispacherServlet。中央调度器DispacherServlet的作用相当于门面模式，需要在项目的web.xml中进行配置。DispacherServlet将请求转发给相应的Controller进行处理。DispacherServlet将创建MVC容器对象，并将容器对象放到ServletContext中。同时，读取Spring MVC的.xml配置文件，配置文件中给出了扫描的包的范围。根据扫描的包创建Controller对象，将之放入前面创建的MVC容器对象中，并根据Controller类的@RequestMapping注解将用户的请求分派给URL所对应的类的方法。该方法被执行将返回一个ModelAndView对象，并传给视图（比如JSP文件）。最后将视图作为结果返回给客户端。

下面以在IntelliJ IDEA中构建一个基于Spring MVC的小型项目为例，介绍Spring MVC项目的

< 257 >

构建和其中关键组件的编写。该应用实现根据学生学号查询选修课程。

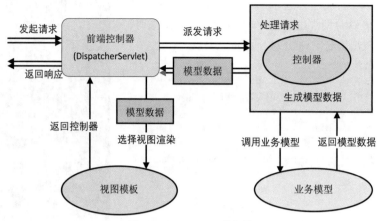

图 6-6　Spring MVC 的架构

在IntelliJ IDEA中创建一个项目，可以选择"Create New Project"（创建新项目）或者单击"File"（文件）菜单，选择"New"（新建）→"Project"（项目）。在左侧面板选择"Spring Initializr"。在右侧面板中选择适合的项目SDK和项目类型。确保勾选了"Spring Web"，用于创建基于Spring MVC的项目。在下一个页面，指定项目的名称和位置。这样，IntelliJ IDEA将创建一个基于Spring MVC的项目，并自动生成一些初始配置和依赖。

接下来在项目中根据Web应用的不同层创建不同的包，之后在其中创建相应的组件。比如在com.example.controller中放置控制器组件、在com.example.service中放置服务组件、在com.example.model中放置业务模型组件等。

在项目的src/main/resources目录下创建一个新的文件夹，例如config，用于存放配置文件。在该文件夹中创建一个名为dispatcher-servlet.xml的文件，用于配置Spring MVC的DispatcherServlet。这个配置文件用于启用Spring MVC并指定要扫描的控制器的包。该文件的内容如下所示。

```
<beans xmlns="http://www.springframework.org/schema/beans"
       xmlns:context="http://www.springframework.org/schema/context"
       xmlns:mvc="http://www.springframework.org/schema/mvc"
       xsi:schemaLocation="
       http://www.springframework.org/schema/beans
       http://www.springframework.org/schema/beans/spring-beans.xsd
       http://www.springframework.org/schema/context
       http://www.springframework.org/schema/context/spring-context.xsd
       http://www.springframework.org/schema/mvc
       http://www.springframework.org/schema/mvc/spring-mvc.xsd"
       xmlns:xsi="http://www.w3.org/2001/XMLSchema-instance">

    <context:component-scan base-package="com.example.controller" />
    <mvc:annotation-driven />
</beans>
```

<mvc:annotation-driven />用于启动Spring MVC。在config文件夹中创建一个名为applicationContext.xml的文件，用于配置Spring的应用上下文。这个配置文件用于指定要扫描的整个项目的包，内容如下所示。

< 258 >

```
<beans xmlns="http://www.springframework.org/schema/beans"
       xmlns:context="http://www.springframework.org/schema/context"
       xsi:schemaLocation="
          http://www.springframework.org/schema/beans
          http://www.springframework.org/schema/beans/spring-beans.xsd
          http://www.springframework.org/schema/context
          http://www.springframework.org/schema/context/spring-context.xsd"
       xmlns:xsi="http://www.w3.org/2001/XMLSchema-instance">

    <context:component-scan base-package="com.example" />
</beans>
```

接下来编写控制器的代码。在之前创建的com.example.controller包下面创建如下控制器文件。

```java
package com.example.controller;

import org.springframework.stereotype.Controller;
import org.springframework.web.bind.annotation.RequestMapping;
import org.springframework.web.bind.annotation.RequestMethod;
import org.springframework.web.bind.annotation.RequestParam;
import org.springframework.web.servlet.ModelAndView;

@Controller
public class StudentController {

    @RequestMapping(value = "/student", method = RequestMethod.GET)
    public ModelAndView getStudent(@RequestParam("studentId") String
studentId) {
        // 在这里编写处理逻辑，根据学生学号查询选修的课程

        // 假设已经查询到了学生选修的课程
        String studentName = "John Doe";
        String[] courses = {"Mathematics", "Physics", "English"};

        ModelAndView modelAndView = new ModelAndView();
        modelAndView.addObject("studentName", studentName);
        modelAndView.addObject("courses", courses);
        modelAndView.setViewName("student");

        return modelAndView;
    }
}
```

上述代码中，StudentController类是一个基于注解的控制器，使用@Controller注解进行标记。它包含一个getStudent()方法，通过@RequestMapping注解说明其用于处理/student的GET请求。该方法通过@RequestParam注解获取studentId参数，并在方法内编写查询逻辑来获取学生选修的课程。假设已经查询到学生选修课程（这部分功能读者可以根据数据库构建情况自行完成），则创建一个ModelAndView对象，将学生姓名和选修课程作为数据对象添加到ModelAndView中，并设置视图名称为student。最后，将ModelAndView对象返回。

下面创建视图相关文件。在Spring MVC项目中，通常会将静态资源文件（如HTML文件、

< 259 >

CSS文件、JavaScript文件等）放置在src/main/resources/static目录下。在该目录下创建一个新的文件夹，例如html，用于存放HTML页面文件。在其中创建一个名为student.html的文件，用于显示学生选修课程的页面。以下是一个简单的示例代码。

```
<!DOCTYPE html>
<html>
<head>
    <title>Student Courses</title>
</head>
<body>
    <h1>Student Information</h1>
    <p>Student Name: ${studentName}</p>
    <p>Courses:</p>
    <ul>
        <#list courses as course>
            <li>${course}</li>
        </#list>
    </ul>
</body>
</html>
```

该HTML页面中使用了一些FreeMarker模板引擎的模板语法。Spring MVC默认集成了FreeMarker，可以直接使用（也可以使用其他模板引擎，如Thymeleaf、JSP等）。

FreeMarker是一种跨平台的模板引擎，允许开发人员将数据模型与模板文件结合使用，以生成动态文本输出。这对于生成HTML网页、XML等各种文本格式的内容非常有用，广泛用于生成动态Web页面。FreeMarker使用一种模板语言，该语言支持嵌入数据和控制结构（例如条件语句和循环），并根据模板和数据生成输出。模板语言是基于指令和表达式的，从而可以轻松地操作数据模型并定义输出的结构。FreeMarker还支持创建自定义指令和函数，以扩展模板语言的功能。这使得开发人员可以根据特定的需求添加自定义逻辑和功能。FreeMarker具有高性能、高安全性等特点，比如提供了防止模板注入等安全问题的功能。下面仅简单举例说明FreeMarker对嵌入数据和数据结构以及自定义指令和函数的支持。

FreeMarker使用${}语法将数据嵌入模板。例如，如果有一个数据模型中的变量user.name，可以在模板中这样使用它。

```
<p>Name: ${user.name}</p>
```

这将在生成的输出中替换${user.name}为用户的姓名。

FreeMarker使用控制结构的例子如下所示，即使用<#if>...</#if>来创建条件语句，根据用户的年龄显示不同的消息。

```
<#if user.age < 18>
    <p>You are under 18 years old.</p>
<#else>
    <p>You are 18 or older.</p>
</#if>
```

FreeMarker使用<#list>...</#list>来创建循环结构。比如，下面的代码遍历用户列表并显示每个用户的信息。

< 260 >

```
<ul>
    <#list users as user>
        <li>${user.name}, Age: ${user.age}</li>
    </#list>
</ul>
```

FreeMarker还支持开发人员自定义函数和指令来扩展FreeMarker的功能。下例将创建一个自定义函数来格式化日期，其中需要使用Java实现formatDate()函数以执行所需的日期格式化操作。

```
<p>Formatted Date: ${formatDate(user.birthDate)}</p>
```

在以上Spring MVC的示例视图文件中，${studentName}和${courses}是从StudentController中传递过来的数据，${studentName}显示学生姓名；${courses}使用<#list>标签遍历课程列表，并将每个课程显示为一个列表项。

接下来创建一个配置类WebMvcConfig，其中使用@Configuration注解标记该类为配置类，用于配置Spring视图解析器。和之前讨论过的Spring IoC和Spring AOP一样，Spring MVC中既可以采用XML文件也可以采用注解类来进行配置。这里采用纯Java注解类的方式。代码如下所示。

```
package com.example.config;

import org.springframework.context.annotation.Bean;
import org.springframework.context.annotation.ComponentScan;
import org.springframework.context.annotation.Configuration;
import org.springframework.web.servlet.ViewResolver;
import org.springframework.web.servlet.config.annotation.EnableWebMvc;
import org.springframework.web.servlet.config.annotation.WebMvcConfigurer;
import org.springframework.web.servlet.view.InternalResourceViewResolver;


@Configuration
@EnableWebMvc
@ComponentScan(basePackages = "com.example.controller")
public class WebMvcConfig implements WebMvcConfigurer {

    @Bean
    public ViewResolver viewResolver() {
        InternalResourceViewResolver viewResolver = new InternalResource
ViewResolver();
        viewResolver.setPrefix("/html/");
        viewResolver.setSuffix(".html");
        return viewResolver;
    }
}
```

上述代码中，@EnableWebMvc注解启用了Spring MVC的相关功能，@ComponentScan注解指定了要扫描的控制器的包。在该类中，定义了一个名为viewResolver的Bean，使用InternalResourceViewResolver()作为视图解析器，将HTML视图文件放在/html/目录下，并将其扩展名设置为.html（即配置好了视图解析器和视图文件）。

也可以采用XML配置的方式，在dispatcher-servlet.xml中添加和使用<bean>元素定义名为"viewResolver"的视图解析器，并设置前缀和后缀来解析视图。该Bean元素的代码如下所示。

< 261 >

```
    <!-- Define the view resolver -->
        <bean id="viewResolver" class="org.springframework.web.servlet.view.
InternalResourceViewResolver">
            <property name="prefix" value="/html/"/>
            <property name="suffix" value=".html"/>
        </bean>
```

接下来需要创建另一个Java配置类来起到web.xml的作用，用于启动和配置Spring MVC。代码如下所示。

```
    package com.example.config;

    import org.springframework.web.servlet.support.AbstractAnnotationConfigDis
patcherServletInitializer;

    public class WebAppInitializer extends AbstractAnnotationConfigDispatcherS
ervletInitializer {

        @Override
        protected Class<?>[] getRootConfigClasses() {
            return new Class[]{};
        }

        @Override
        protected Class<?>[] getServletConfigClasses() {
            return new Class[]{WebMvcConfig.class};
        }

        @Override
        protected String[] getServletMappings() {
            return new String[]{"/"};
        }
    }
```

在上述代码中，创建了一个名为WebAppInitializer的类，并继承自AbstractAnnotationConfig DispatcherServletInitializer。在该类中重写了3个方法getRootConfigClasses()返回根配置类（这里不需要配置，返回一个空数组即可）；getServletConfigClasses()返回WebMvcConfig类，用于指定Spring MVC的配置类；getServletMappings()返回URL映射，这里使用根路径"/"。

该Spring MVC主要采用了Java配置类的方式。如果采用XML配置的方式，web.xml示例文件的代码如下。

```
    <?xml version="1.0" encoding="UTF-8"?>
    <web-app xmlns="http://xmlns.jcp.org/xml/ns/javaee"
             xmlns:xsi="http://www.w3.org/2001/XMLSchema-instance"
             xsi:schemaLocation="http://xmlns.jcp.org/xml/ns/javaee http://
xmlns.jcp.org/xml/ns/javaee/web-app_4_0.xsd"
             version="4.0">

        <!-- Define the DispatcherServlet -->
        <servlet>
```

< 262 >

```
        <servlet-name>dispatcherServlet</servlet-name>
        <servlet-class>org.springframework.web.servlet.DispatcherServlet
</servlet-class>
        <init-param>
            <param-name>contextConfigLocation</param-name>
            <param-value>classpath:applicationContext-mvc.xml</param-value>
        </init-param>
        <load-on-startup>1</load-on-startup>
    </servlet>

    <!-- Map the DispatcherServlet to handle all requests -->
    <servlet-mapping>
        <servlet-name>dispatcherServlet</servlet-name>
        <url-pattern>/</url-pattern>
    </servlet-mapping>

</web-app>
```

在该web.xml文件中，<servlet>元素用于配置Servlet，这里用于配置Spring MVC的DispatcherServlet。<servlet-name>指定Servlet的名称，这个名称在其他配置中需要引用。<servlet-class>指定Servlet类的完整类名，即要处理请求的Servlet，这里就是DispatcherServlet类的完整类名。<servlet-mapping>元素用于将Servlet映射到URL模式，这里是将DispatcherServlet映射到根路径（"/"）。<init-param>元素支持为Servlet提供初始化参数，这里配置了Spring MVC配置文件的位置，即位于类路径中的applicationContext-mvc.xml。<load-on-startup>定义Servlet的加载顺序，值为1表示在Web应用程序启动时加载。

该web.xml文件仅作为采用XML配置的一个示例。我们在本例中还是采用Java配置类的方式来进行配置。目前为止配置了视图解析器，并可以返回正确的视图文件了。在StudentController中使用ModelAndView对象设置的视图名称将会与InternalResourceViewResolver配置的前缀和后缀组合，形成最终的视图文件路径。这两个配置文件可以放置在一个名为config或configuration的包中。可以按照以下结构组织包和文件。

```
src/main/java
└── com
    └── example
        ├── config
        │   ├── WebAppInitializer.java
        │   └── WebMvcConfig.java
        ├── controller
        │   └── StudentController.java
        ├── service
        │   └── ...
        ├── model
        │   └── ...
        └── ...
```

下面创建一个表单，用于输入学生学号并提交搜索请求。表单文件代码如下所示。

```
<!DOCTYPE html>
<html>
```

< 263 >

```
<head>
    <title>Search Student</title>
</head>
<body>
    <h1>Search Student</h1>
    <form action="/student" method="GET">
        <label for="studentId">Student ID:</label>
        <input type="text" id="studentId" name="studentId" required>
        <button type="submit">Search</button>
    </form>
</body>
</html>
```

表单的action属性指定了请求的目标URL（/student），方法使用GET。在表单中，使用
<input>元素获取学生学号，并通过<button>元素提交搜索请求。提交的请求在服务器端将
被StudentController控制器类中的getStudent()方法处理。如前文所述，StudentController类通
过@controller说明了其为控制器处理类，getStudent()方法通过@RequestMapping(value = "/
student",method = RequestMethod.GET)说明了该方法用于处理针对访问相对URL地址为"/
student"、访问方法为GET的HTTP请求。

将search.html文件放置在src/main/resources/static/html目录下。此外，也可以将search.html文
件放置在src/main/resources/templates目录下，如果使用了模板引擎（如FreeMarker、Thymeleaf
等），则可以直接在控制器中返回视图名称（如search），模板引擎会自动解析对应的HTML模板
文件。

创建Student.java实体类，用于表示学生信息，代码框架如下，其中的一些标准函数读者可以
自行补全。

```
package com.example.model;

public class Student {
    private String studentId;
    private String studentName;
    // 其他属性和方法

    // 构造函数、getter和setter方法
}
```

在StudentController.java中完善根据学生学号查询选修课程的业务逻辑。

```
package com.example.controller;

import com.example.model.Student;
import org.springframework.stereotype.Controller;
import org.springframework.web.bind.annotation.RequestMapping;
import org.springframework.web.bind.annotation.RequestMethod;
import org.springframework.web.bind.annotation.RequestParam;
import org.springframework.web.servlet.ModelAndView;

@Controller
public class StudentController {
```

< 264 >

```
        @RequestMapping(value = "/student", method = RequestMethod.GET)
        public ModelAndView getStudent(@RequestParam("studentId") String
studentId) {
                // 在这里编写处理逻辑，根据学生学号查询选修的课程
                // 假设已经查询到了学生选修的课程
                String studentName = "John Doe";
                String[] courses = {"Mathematics", "Physics", "English"};

                // 创建Student对象，传递学生信息
                Student student = new Student();
                student.setStudentId(studentId);
                student.setStudentName(studentName);
                // 设置其他属性

                ModelAndView modelAndView = new ModelAndView();
                modelAndView.addObject("student", student);
                modelAndView.addObject("courses", courses);
                modelAndView.setViewName("student"); // 设置返回的视图名称

                return modelAndView;
        }
}
```

上述代码创建了一个Student对象，并设置学生的学号和姓名。还可以根据实际需求，在Student类中添加其他属性和方法。getStudent()方法返回一个ModelAndView对象。ModelAndView是一种既包含模型数据信息又包含视图信息的类，它允许将模型数据与视图的逻辑名称一起返回给Spring MVC框架。可以将模型数据放入Model部分，通过addObject方法，SpringMVC会把ModelAndView中的模型数据放入request域对象，通过setViewName()方法指定要渲染的视图的名称。通常，控制器方法将返回一个ModelAndView实例，Spring MVC将根据视图名称查找视图并渲染它。

上面Spring MVC的示例中使用addObject()方法将学生对象和选修课程列表作为数据对象添加到ModelAndView中。最后，通过setViewName()方法设置返回的视图名称为"student"，这将对应于视图解析器配置中的视图文件路径。student.html文件如前所述已经给出了。ModelAndView的作用类似于我们在前端部分中学习到的MVVM框架中的ModelView，即封装了视图以及用于视图展示的数据，从而在FreeMarker这样的视图模板中可以调用模型数据，这体现了MVC框架设计模式的特点。

除开ModelAndView，Spring MVC还提供了其他几种途径输出模型数据。

可以在控制器方法的参数中声明一个Map或Model对象。Spring MVC会自动将模型数据添加到该对象中，然后传递给视图。使用Map或Model参数是一种方便的方式来向模型添加数据，而无须显式创建 ModelAndView。Spring MVC在内部使用了一个名为org.springframework.ui.Model的接口存储模型数据，也可以org.springframework.ui.ModelMap、java.uti.Map存放模型信息。采用Map或Model对象的代码示例如下。

```
@Controller
public class StudentController {

    @RequestMapping(value = "/student", method = RequestMethod.GET)
```

< 265 >

```
        public String getStudent(@RequestParam("studentId") String studentId,
Map<String, Object> model) {

            // 省略创建Student对象和courses的代码

            // 将数据添加到模型中
            model.put("student", student);
            model.put("courses", courses);

            return "student"; // 返回视图名称
        }
    }
```

还可以采用@SessionAttributes注解标注控制器方法的方式来保存模型数据。@SessionAttributes用于将模型数据保留在会话中，以便在多个请求之间共享。这对于在多个请求之间保持数据的一致性非常有用，例如，在多个步骤的表单提交中：

```
    @Controller
    @SessionAttributes({"student", "courses"})
    public class StudentController {

        @RequestMapping(value = "/student", method = RequestMethod.GET)
        public String getStudent(@RequestParam("studentId") String studentId,
Model model) {
            // 省略创建Student对象和courses的代码

            // 将数据添加到模型中，这些数据将存储在会话中
            model.addAttribute("student", student);
            model.addAttribute("courses", courses);

            return "student"; // 返回视图名称
        }
    }
```

采用@SessionAttributes标注时，除了可以通过属性名指定需要放到会话中的属性外，还可以通过模型属性的对象类型指定哪些模型属性需要放到会话中，或者组合使用。比如@SessionAttributes(types=Student.class)会将模型中所有类型为Student.class的属性添加到会话中；@SessionAttributes(value={ "user1"，"user2" }, types={Student.class})将 "user1" 和 "user2" 两个属性，以及所有类型为Student.class的属性添加到会话中。

还可以采用@ModelAttribute标注的途径。当使用@ModelAttribute标注一个方法或方法参数时，它表示以下几个含义和用途。

● 数据预处理：@ModelAttribute支持在请求处理方法执行之前预处理数据。可以使用@ModelAttribute标注的方法来初始化模型数据，以便在控制器方法中使用。

● 模型数据的注入：如果将@ModelAttribute标注在方法的返回类型上，表示该方法返回的数据将被添加到模型中，并可以在请求处理方法中访问。

● 表单数据绑定：@ModelAttribute还用于绑定请求参数到控制器方法的参数。如果将@ModelAttribute标注在方法参数上，Spring MVC会尝试将请求中的数据绑定到该参数上，以便在方法中使用这些数据。

< 266 >

```
@Controller
public class StudentController {

    @ModelAttribute("courses")
    public String[] populateCourses() {
        // 在这里编写逻辑，返回课程列表
        return new String[]{"Mathematics", "Physics", "English"};
    }

    @RequestMapping(value = "/student", method = RequestMethod.GET)
    public String getStudent(@RequestParam("studentId") String studentId,
Model model) {
        // 省略创建Student对象的代码

        // 将数据添加到模型中
        model.addAttribute("student", student);

        return "student"; // 返回视图名称
    }
}
```

至此已经完成了该示例的主要代码，包括控制器方法如何确定返回的视图、视图解析器的配置等。读者可以根据需要进行适当的调整和扩展。这里主要是展示整个Spring MVC项目的核心组件以及运行流程。

最后对该Spring MVC应用进行部署并运行。如果使用Maven构建工具，通过命令提示符窗口或IDE执行以下命令来构建项目。

```
mvn clean install
```

这将下载所需的依赖项，编译代码，并将构建的输出放置在target目录下。构建成功后，部署项目到一个Web容器（如Tomcat）中。可以将构建生成的.war包部署到Web容器中，或者使用IDE中提供的内置容器来运行项目。如果使用的是Tomcat，将生成的.war包复制到Tomcat的webapps目录下，并启动Tomcat服务器。如果使用的是IntelliJ IDEA，可以直接运行项目，IDEA会自动启动内置的Tomcat服务器并部署项目。一旦项目成功部署并启动，可以在浏览器中访问以下URL以测试应用程序。

```
http://localhost:8080/search.html
```

这将打开搜索页面，可以在输入框中输入学生学号并提交搜索请求，然后返回student.html页面以展示搜索结果。读者可以在此例上拓展增加数据库查询代码，从而更贴近实际应用。这里，我们主要展示采用Spring来实现MVC的主要特点和构建应用程序，并在具体示例构建的过程中介绍和总结了一些关键内容，但是若想了解更多的细节，读者需要自主查阅相关资料。

6.3　Spring Boot

6.3.1　Spring Boot简介

Spring Boot是一种基于经典的Spring框架，用于简化和加速Spring应用程序的开发。在前后

< 267 >

端分离架构的后端开发中，以及基于微服务的较为复杂的软件系统的开发中，Spring Boot的应用都非常广泛。Spring Boot仍然使用Spring的核心功能，如依赖注入、AOP、事务管理等。它并不是用来替代Spring的，而是提供了一种更简单、快速启动Spring应用程序的方式。从前文对Spring和Spring MVC的介绍来看，Spring框架是一个非常优秀、功能强大的Java框架，但是配置过于繁杂。Spring Boot通过自动配置机制为Spring提供默认的配置，从而解决了这个问题。这意味着可以使用Spring Boot创建完整的Spring应用程序，而无须编写大量的配置代码。当然，如果需要仍然可以进行自定义配置。它遵循"约定优于配置"的理念，以及通过自动配置来实现简化开发，减少样板代码。

另外，Spring Boot通常与Spring MVC一起使用，它可以简化Spring MVC的配置，从而更轻松地创建RESTful API和Web应用程序。Spring Boot自动配置了Spring MVC，包括视图解析器、消息转换器、异常处理等，从而可以立即开始编写控制器并处理HTTP请求。

总结而言，Spring Boot的特点和优势有以下几点。

- 自动配置：Spring Boot的核心特点是自动配置。通过自动配置机制，根据项目的依赖和类路径上的库，自动配置各种Spring功能。这意味着无须手动配置许多常见的Spring组件，开发者可以更专注于业务功能的实现。以自动配置为基础，Spring Boot可以整合大量的第三方框架和技术。比如，在支持MVC框架方面，它提供了整合Spring MVC、Spring WebFlux的自动配置。在支持持久层方面，它提供了整合Spring Data和JPA，以及Hibernate和MyBatis的自动配置；在支持面向消息中间件方面，它提供了整合ActiveMQ、RabbitMQ和Kafka的自动配置；在安全机制方面，它提供了整合Spring Security和OAuth 2的自动配置。

- 快速启动：Spring Boot提供了一种快速启动Spring应用程序的方式。开发人员可以使用内嵌的Web服务器（如Tomcat、Jetty等）以独立的方式运行Spring Boot应用程序，而无须配置外部容器。

- 起步依赖：Spring Boot通过起步依赖支持项目的依赖管理。起步依赖（Starter）其实就是一种特殊的Maven或者Gradle依赖，把常用库聚合在一起，组成几个为特定功能定制的依赖。比如，如果是个Web应用程序，就可以在项目中加入Web起步依赖。与之类似，如果应用程序要用到JPA持久化，那么可以加入JPA起步依赖。如果需要安全功能，那就加入Security起步依赖。这样开发人员不再需要考虑支持某种功能要用什么库了，引入相关起步依赖就行。

- 约定优于配置：Spring Boot遵循"约定优于配置"的理念，针对应用开发的许多场景提供了各种Starter，开发者只要将该Starter添加到项目的类加载路径中，即可完成相应第三方框架的整合。

- 微服务支持：Spring Boot适用于构建微服务架构，它可以轻松集成与Spring Cloud等微服务相关的组件，如服务发现、配置管理、负载均衡等。

- 提供产品级监控功能：Spring Boot提供了许多用于监控和管理应用程序的工具，如健康检查、度量指标、远程配置等，以帮助构建生产就绪的应用程序。比如，Spring Boot Actuator就是Spring Boot框架的一个子项目，提供了用于监视和管理应用程序的丰富功能集。它能在运行时获取关于应用程序运行状况的详细信息，包括健康状态、指标、环境属性、应用程序配置等。比如，Actuator收集和公开有关应用程序性能和运行情况的指标数据。这些指标包括内存使用、线程情况、请求计数等。Spring Boot Actuator还提供了一个远程Shell，允许通过远程命令行与应用程序进行交互，这样就可以在生产环境中

< 268 >

进行远程监控和管理。通过Spring Boot Actuator，可以方便地诊断问题、监视性能、管理配置，以及实时了解应用程序的状态。Actuator的端点可以通过HTTP访问，也可以通过JMX来访问，以适应不同的管理需求。

另外，Spring Boot庞大的开发社区和生态系统提供了大量的文档、教程和第三方库，使开发更加容易。可以简单地认为，Spring Boot是提供了自动配置和起步依赖等支持更方便地进行Web等应用功能开发的Spring框架。

下面通过一个简单的Spring Boot示例来介绍其开发和关键组件代码的编写。首先在VS Code中配置Spring Boot的开发环境并创建项目。在VS Code中下载安装插件Java Extension Pack和Spring Boot Extension Pack，从而构建Spring Boot项目所需的开发和测试环境。

然后在资源管理器中创建一个文件夹用于存放Spring Boot项目。在VS Code中通过选择"View"（查看）菜单下的"Command Palette"（命令面板）子菜单项，或者通过Ctrl + Shift +P组合键打开命令面板，选择"Spring Initializr:Create a Maven Project"。接下来创建项目选项，可以根据本来已经安装的一些软件的版本等情况进行选择。比如本示例项目进行了如下选择。

- 选择Spring Boot版本：3.1.1。
- 选择语言：Java。
- 设置组id：com.example。
- 设置项目名：demo。
- 选择打包类型：jar。
- 选择JDK版本：11。
- 选择项目依赖：Spring Boot DevTools，Lombok, Spring Web。
- 选择项目保存目录：之前创建的目录。

这样，一个demo项目的骨架就创建完成了。也可以使用Spring Initializer来快速生成项目骨架。确保选择Thymeleaf作为模板引擎。

Spring Initializer是一个官方提供的Web工具，用于快速生成和初始化Spring Boot项目的骨架。它支持通过简单的表单界面来定制项目的基本配置，包括项目的名称、依赖、版本等。也可以很方便地通过Spring Initializer选择并添加各种依赖，如数据库连接、模板引擎、安全性、Web支持等。这些依赖会自动添加到项目的配置文件中。Spring Initializer生成的项目骨架包含标准的项目结构，包括Maven或Gradle的构建文件、应用程序入口类、配置文件等，简化了项目的构建和打包。一旦完成项目的配置，Spring Initializer会生成一个可下载的项目压缩文件或提供一个Git仓库链接，可以方便地将项目导入你的开发工具开始开发。

在前面生成的项目骨架中先创建一些包。在src→main→java→com.example.demo目录下创建一个文件夹model，在其中存放模型文件；另外创建一个文件夹controller，在其中放置控制器文件。

首先在model包中创建一个Course类表示课程信息，代码如下。

```
package com.example.demo.model;

public class Course {
    private String name;
    private String description;

    // 构造函数以及getter和setter方法省略
}
```

< 269 >

接下来需要添加一个Controller类用于处理客户端的HTTP请求。控制器Controller类的写法和前文介绍的Spring MVC中的一样，Spring Boot主要作用是为整合第三方框架和技术提供自动配置，并没有改变这些功能组件的编写要求。在controller包中创建一个CourseController.java文件，代码如下所示。

```java
package com.example.demo.controller;

import com.example.demo.model.Course;
import org.springframework.stereotype.Controller;
import org.springframework.ui.Model;
import org.springframework.web.bind.annotation.GetMapping;

import java.util.ArrayList;
import java.util.List;

@Controller
public class CourseController {

    @GetMapping("/courses")
    public String listCourses(Model model) {
        List<Course> courses = new ArrayList<>();
        courses.add(new Course("Java基础", "学习Java编程基础"));
        courses.add(new Course("Spring Boot入门", "学习使用Spring Boot开发
Web应用"));
        courses.add(new Course("数据库设计", "学习数据库设计和SQL查询"));
        model.addAttribute("courses", courses);
        return "course-list";
    }
}
```

接下来创建Thymeleaf视图页面。Thymeleaf是Spring Boot的默认模板引擎，它支持将数据从Java控制器传递到HTML模板，并将这些数据动态呈现到页面上。它还支持条件渲染、迭代、循环等常见的模板控制结构，支持根据需要动态生成HTML内容。与前文介绍的FreeMarker模板相比，Thymeleaf模板的语法更接近于标准的HTML，这使得前端开发人员可以更容易地理解和修改模板。Thymeleaf同样支持强大的表达式语言，可以轻松处理模板中的变量和逻辑。另外，Thymeleaf提供了丰富的标准和第三方扩展库，具有很好的可扩展性。而FreeMarker的优势是比Thymeleaf更快，因为它在渲染时不需要解析HTML文件。另外，FreeMarker鼓励将模板中的逻辑和视图分开，因此对于希望保持更严格的MVC分层结构的项目可能更合适。FreeMarker也更具有灵活性，允许开发人员更灵活地定义模板。

一般来说，在Spring Boot项目中希望使用默认的配置，那么Thymeleaf是一个很好的选择。它适用于大多数简单到中等复杂度的Web应用程序。如果更关注性能，或者需要更多的灵活性来定制模板引擎的行为，或者希望将逻辑和视图严格分离，那么FreeMarker可能更适合。

下面创建一个名为course-list.html的Thymeleaf视图页面，放置在src/main/resources/templates目录下。

```html
<!DOCTYPE html>
<html lang="en" xmlns:th="http://www.thymeleaf.org">
<head>
```

< 270 >

```
    <meta charset="UTF-8">
    <title>课程列表</title>
</head>
<body>
    <h1>课程列表</h1>
    <table>
        <tr>
            <th>课程名称</th>
            <th>课程描述</th>
        </tr>
        <tr th:each="course : ${courses}">
            <td th:text="${course.name}"></td>
            <td th:text="${course.description}"></td>
        </tr>
    </table>
</body>
</html>
```

在该模板文件中，th:each属性用于迭代集合中的元素，并在每次迭代中生成重复的HTML内容。在示例中，th:each="course : ${courses}" 表示遍历名为courses的集合，并为每个课程生成一行HTML代码。

${}是Thymeleaf的表达式语法，用于从数据模型中获取变量的值。在示例中，${course.name}和${course.description}分别用于获取课程对象的名称和描述属性。

th:text属性用于将表达式的结果设置为HTML元素的文本内容。在示例中，th:text="${course.name}" 和 th:text="${course.description}"分别将课程的名称和描述设置为相应表格单元格的文本内容。

另外，Thymeleaf中常用的属性还有th:if属性，用于添加条件逻辑。比如可以使用该属性根据表达式的结果来决定是否渲染或隐藏HTML元素；th:href用于指定链接的URL，可以与th:if结合使用以根据条件创建不同的链接。th:src用于指定图像的来源URL，类似于th:href，可以根据条件设置不同的图像来源。

接下来编写Spring Boot的启动文件DemoApplication.java，代码如下所示。

```
package com.example.demo;

import org.springframework.boot.SpringApplication;
import org.springframework.boot.autoconfigure.SpringBootApplication;

@SpringBootApplication
public class DemoApplication {
    public static void main(String[] args) {
        SpringApplication.run(DemoApplication.class, args);
    }
}
```

其中，以下语句导入Spring Boot的启动类。

```
import org.springframework.boot.SpringApplication;
```

以下语句导入Spring Boot应用程序的自动配置注解。

< 271 >

```
import org.springframework.boot.autoconfigure.SpringBootApplication;
```

@SpringBootApplication注解表示这个类是一个Spring Boot应用程序的启动类。该注解是一个组合注解，包含@Configuration、@EnableAutoConfiguration和@ComponentScan等多个注解的功能。其中@Configuration将该类注解为Java配置类，@EnableAutoConfiguration注解表示启用自动配置，@ComponentScan指定默认扫描哪些包以及其子包下面的Bean。

以下语句是Spring Boot应用程序的核心语句。

```
SpringApplication.run(DemoApplication.class, args);
```

该语句使用了SpringApplication类的静态run()方法，以DemoApplication类本身作为启动类的参数来启动Spring Boot应用程序。args是一个字符串数组，包含Spring Boot应用程序启动时的命令行参数。这些参数可以通过在命令行输入java -jar xxx.jar arg1 arg2...的方式传递给应用程序，在应用程序启动后可以通过SpringApplication类的静态getCommandLineProperties()方法获取。

最后，SpringApplication.run()方法会返回一个ApplicationContext对象。ApplicationContext是Spring框架中的核心接口，是Spring Bean的容器，负责管理和组织Bean的生命周期和作用域。Spring Boot的自动配置也是在ApplicationContext中进行的。可以通过ApplicationContext对象访问应用程序中所有的Bean，包括自动配置的Bean和通过自定义配置类注入的Bean。通过ApplicationContext，还可以操作Spring Boot应用程序的环境、配置和运行状态等信息。

application.properties文件是一个重要的配置文件。它用于配置应用程序的各种属性，如应用程序的端口、数据库连接、日志等级等。Spring Boot中的自动配置机制会读取application.properties文件中的键值对，并将其作为默认值来自动配置应用程序。也可以通过在该文件中设置特定的属性值来自定义应用程序的配置。例如，在本示例中，我们将Web应用的端口改为8888，可以添加如下代码到application.properties文件中。

```
server.port = 8888
```

现在我们可以运行该Spring Boot应用了。右击DemoApplication.java文件并在弹出的快捷菜单中选择"Run Java"命令，即可运行服务器程序。通过浏览器访问http://localhost:8888/courses即可查看课程列表页面。

可以看出，本Spring Boot项目中的各个关键组件的编写方法基本和使用Spring MVC框架的一样。但是项目的配置和启动大大简化了，而这些简化就是Spring Boot所带来的。

6.3.2 提供REST化服务

在前后端分离架构中，Spring Boot作为后端框架，主要是提供RESTful的响应，一般返回JSON或者XML数据给前端的MVVM框架等，所以无须像Spring MVC一样生成视图响应。

在前文Spring Boot示例的基础上，可以修改Controller类，使其不返回一个视图，而是返回数据给客户端，这样就可以提供REST化服务了。下面实现一个简单的提供REST化服务的Controller类，代码如下。

```
package com.example.demo.controller;
```

< 272 >

```
import org.springframework.web.bind.annotation.GetMapping;
import org.springframework.web.bind.annotation.RequestParam;
import org.springframework.web.bind.annotation.RestController;

@RestController
public class HelloController {

    @GetMapping("/hello")
    public String hello(@RequestParam(value = "name", defaultValue =
"World") String name) {
        return String.format("Hello, %s!", name);
    }
}
```

这是一个非常简单的示例Controller。它使用@RestController
注解将类标记为RESTful服务的控制器。@GetMapping注解将
"/hello" 路径映射到hello()方法中。@RequestParam注解处理
HTTP请求参数，并为 "name" 参数指定默认值 "World"。该
方法返回一个字符串，其中包含一个问候语和使用传递的名称
的字符串插值。

至此，项目结构和其中的主要文件如图6-7所示。

这是一个简单的REST化服务提供程序。可以打开浏览器
并输入http://localhost:8888/hello访问，页面上会显示 "Hello,
World!"；而如果以http://localhost:8888/hello?name=kaiyu作为
网址访问，页面上会显示 "Hello, kaiyu!"。至此，我们采用VS
Code开发出了一个简单的REST化服务提供程序。

下面扩充该程序，实现为5.2.2小节学生管理系统的Angular
前端HTTP访问提供学生信息的REST化服务。

首先，将该项目重命名为simplerestdemo以示和之前demo
的区别。该REST化服务要返回学生信息，为此我们在项目下
面构建一个response包，并在其中创建一个代表学生信息的Student类。

图6-7 项目结构和其中的主要文件

```
package com.example.demo.response;

public class Student {
    private final int id;
    private final String name;
    private double gpa;

    public Student(int id, String name, double gpa) {
        this.id = id;
        this.name = name;
        this.gpa = gpa;
    }

    public long getId() {
        return id;
    }
```

< 273 >

```
    public String getName() {
        return name;
    }

    public double getGpa(){
        return gpa;
    }

    public void setGpa(double gpa){
        this.gpa = gpa;
        return;
    }
}
```

以上Student类封装了学生的id、name和gpa等信息。接下来将之前的HelloController重命名为StudentController，完整的代码如下所示。

```
package com.example.simplerestdemo.controller;

import org.springframework.web.bind.annotation.RestController;
import com.example.simplerestdemo.response.Student;
import java.util.ArrayList;
import java.util.Arrays;
import java.util.HashMap;
import java.util.List;
import java.util.Map;
import java.util.Set;
import org.springframework.web.bind.annotation.CrossOrigin;
import org.springframework.web.bind.annotation.PathVariable;
import org.springframework.web.bind.annotation.RequestBody;
import org.springframework.web.bind.annotation.RequestMapping;
import org.springframework.web.bind.annotation.RequestMethod;
import org.springframework.web.bind.annotation.ResponseBody;

@RestController
public class StudentController {
    Map<Integer, Student> studentMap = new HashMap<Integer, Student>() {
        {
            put(1, new Student(1, "张伟", 3.7));
            put(2, new Student(2, "李伟", 3.4));
            put(3, new Student(3, "王伟", 4.7));
            put(4, new Student(4, "赵伟", 4.5));
            put(5, new Student(5, "钱伟", 4.0));
        }
    };

    @CrossOrigin(origins = "*")
    @RequestMapping("/students")
    public @ResponseBody Student[] getStudents() {
        List list = new ArrayList(studentMap.values());
        int size = list.size();
```

< 274 >

```
        Student[] studentArray = (Student[]) list.toArray(new Student[size]);
        return studentArray;
    }


    @CrossOrigin(origins = "*")
    @RequestMapping("/students/{id}")
    public @ResponseBody Student getStudent(@PathVariable("id") Integer id) {
        return studentMap.get(id);
    }
}
```

注解@RestController表示这个类是一个RESTful的控制器，用于处理来自客户端的HTTP请求并返回结果。Map<Integer, Student>采用Java中的Map数据结构，将学生对象以其唯一标识符id为键进行存储。这里我们暂时依然在服务器端采用硬编码在程序中的数据结构来存储学生信息，实际项目中应该是保存在后端数据库中。

@CrossOrigin(origins = "*")注解允许跨域请求，即客户端可以从不同于服务器的域名发送请求。其中"*"表示对于任何域名都允许跨域请求，如果给出具体URL模式，则只针对这些URL模式的域名才允许跨域访问。

@RequestMapping("/students")注解定义了被请求的URL路径，即当客户端针对该URL发送请求时，将会访问getStudent()方法，并返回所有学生的数组。而@RequestMapping("/students/{id}")注解则表示当客户端针对具有id变量的URL发起请求的时候，将会访问getStudent(Integer id)方法，并返回具有给定id的学生对象。@PathVariable("id")注解表示，URL中的id将作为方法的入参，从而得到URL中动态变量的值。public @ResponseBody注解表示响应将直接写入HTTP响应正文，而不是返回一个视图。在这个例子中，响应将是一个Java对象，它将被自动转换为JSON格式。

为了和5.2.2小节中构建的前端发起的HTTP请求端口一致，在application.properties文件中，通过server.port=8880将监听端口修改为8880。依然是右击启动文件implerestdemoApplication.java，并在弹出的快捷菜单中选择"Run Java"命令，即可运行该Spring Boot应用，启动了一个在8880端口监听的REST化服务。

可以在浏览器中访问http://localhost:8880/students来对该REST化服务进行测试。可以看到页面中显示了从服务器端获取的包含5个学生信息的数组。在Chrome浏览器中按F12键或者从菜单中选择"开发者工具"，也可以在"网络"选项卡中观察到服务器响应的数据，和页面中显示的数据一致，如图6-8所示。

图 6-8　通过浏览器访问 REST 化服务获得所有学生数据的效果

< 275 >

在浏览器中访问http://localhost:8880/students/3可以获取id为3的学生数据，如图6-9所示。

图 6-9　通过浏览器访问 REST 化服务获得某位学生数据的效果

下面实现针对前端发起的HTTP PUT的服务器端处理功能，代码片段如下所示。

```
@CrossOrigin(origins = "*")
@RequestMapping(value = "/students/{id}", method = RequestMethod.PUT)
public void putStudent(@PathVariable("id") Integer id, @RequestBody
Student student) {
    studentMap.put(id, student);
    return;
}
```

大部分代码和之前处理HTTP GET请求的代码类似，这里仅介绍不同之处。使用
@RequestMapping注解设置请求的URI和HTTP方法，这里method = RequestMethod.PUT表示接收
PUT请求，URI为"/students/{id}"，其中{id}是占位符，表示待更新的学号。使用@RequestBody
注解获取请求正文中的JSON数据，并自动转换为Student类型的实体对象student。studentMap.
put(id, student);将获取到的学生信息保存到Map中，使用id作为键。

同理，下面的代码处理前端发起的HTTP POST请求。

```
@CrossOrigin(origins = "*")
@RequestMapping(value = "/students", method = RequestMethod.POST)
public void postStudent(@RequestBody Student student) {
    Set<Integer> set = studentMap.keySet();
    Object[] obj = set.toArray();
    Arrays.sort(obj);
    Integer newId = Integer.parseInt(obj[obj.length - 1].toString()) + 1;
    Student newStudent = new Student(newId, student.getName(),
student.getGpa());
    studentMap.put(newId, newStudent);
    return;
}
```

这里主要是要新增一个学生数据，而id由服务器端自动生成并且要和其他学生的id不同。
Set<Integer> set = studentMap.keySet();语句获取保存学生信息的Map对象的keySet，即所有的学生
id集合；Object[] obj = set.toArray();语句将学生id集合转化为数组类型的对象；Arrays.sort(obj);对
学生id数组进行升序排序；Integer newId = Integer.parseInt(obj[obj.length - 1].toString()) + 1;语句获
取当前已有学生信息中的最大id值，加1后作为新学生的id，这样就获取了一个自动增加并且具
有独特键值的id；然后基于请求中的JSON数据，使用新的id创建一个新的学生信息；最后将新的

< 276 >

学生信息以新的id为键保存到Map中。

　　将以上代码和5.2.2小节中实现的前端代码配合，就可以实现较为完善的、前后端分离架构的查找、修改和添加数据功能了。读者可自行尝试编程完成删除这一功能的后端实现。

6.4　数据访问与持久层框架

6.4.1　Spring Data

　　Spring Data是一个由Spring社区维护的项目，它旨在提供各种数据访问技术的简化和集成，包括关系数据库（如JPA、JDBC、JdbcTemplate）、NoSQL数据库（如MongoDB、Redis），以及其他数据存储系统。Spring Data提供了一个通用的、统一的数据访问编程模型，使开发者可以使用相似的API来处理不同类型的数据存储系统。Spring Data项目包括多个模块，每个模块专注于不同类型的数据存储技术。Spring Data模块提供了自动化的数据访问功能，包括自动生成SQL查询、自动生成存储库接口等，减少了手动编写代码的需要。Spring Data允许开发者通过方法命名约定定义查询方法，这些方法会自动映射到底层数据存储系统的查询操作。Spring Data项目与Spring框架紧密集成，可以与Spring的依赖注入、事务管理等特性无缝集成。

　　如下为一些常见的Spring Data模块。

- Spring Data JPA：用于关系数据库的数据访问，基于JPA。
- Spring Data MongoDB：用于NoSQL数据库MongoDB的数据访问。
- Spring Data Redis：用于Redis的数据访问和操作。
- Spring Data Elasticsearch：用于Elasticsearch的数据访问和搜索。
- Spring Data Solr：用于Apache Solr的数据访问。

　　本章节首先介绍封装了JDBC的JdbcTemplate，然后介绍另外两个常见的模块Spring Data JPA和Spring Data JDBC。这部分内容主要专注关系数据库的访问。

1. JdbcTemplate

　　前文简单介绍了Java访问关系数据库的标准JDBC，并给出了示例。JDBC是Java标准库的一部分。而JdbcTemplate是Spring框架对JDBC的封装，它简化了JDBC的使用，提供了一种更方便、更安全的方式来处理数据库操作。相对于JDBC，它主要在以下方面有所简化。

- 资源管理：JdbcTemplate可处理连接的获取和释放，以及异常情况下的资源回收，无须手动编写这些代码。
- 异常处理：它将JDBC的异常封装为Spring的DataAccessException，使异常处理更容易。
- SQL参数化：JdbcTemplate支持SQL参数化，可防范SQL注入攻击，使代码更安全。
- 结果集映射：它可以将查询结果映射到Java对象，简化了数据提取和转换的过程。
- 批处理操作：支持批处理操作，可以一次性执行多个SQL语句，提高了性能。

　　下面是一个使用JdbcTemplate的简单示例，用于演示如何执行查询并将结果映射到Java对象中。示例使用Spring Boot来配置JdbcTemplate。

　　首先创建一个Spring Boot项目，添加依赖，确保spring-boot-starter-data-jpa（或spring-boot-starter-data-jdbc）和数据库驱动程序依赖已正确配置在项目中。

< 277 >

创建一个Spring配置类JdbcTemplateConfig，配置JdbcTemplate Bean，代码如下。

```
import org.springframework.beans.factory.annotation.Autowired;
import org.springframework.context.annotation.Bean;
import org.springframework.context.annotation.Configuration;
import org.springframework.jdbc.core.JdbcTemplate;
import javax.sql.DataSource;

@Configuration
public class JdbcTemplateConfig {

    @Autowired
    private DataSource dataSource;

    @Bean
    public JdbcTemplate jdbcTemplate() {
        return new JdbcTemplate(dataSource);
    }
}
```

在JdbcTemplateConfig类中，首先注入了DataSource对象，它是Spring Boot自动配置的数据源。数据源即数据库连接池，它管理着与数据库的连接，这里假设已经在Spring Boot项目的配置文件（如application.properties）中配置了与MySQL数据库的连接信息。然后使用注入的DataSource对象创建了一个JdbcTemplate对象，JdbcTemplate是Spring提供的用于执行JDBC操作的工具类。这个实例将会使用配置好的数据源来获取数据库连接。

接下来创建一个实体类，用于映射数据库表的行数据，代码如下。

```
public class Employee {
    private Long id;
    private String name;
    private String department;

    // 省略构造函数和getter/setter方法
}
```

创建一个服务类EmployeeService，使用JdbcTemplate执行查询操作，并将结果映射到实体类中，代码如下。

```
import org.springframework.beans.factory.annotation.Autowired;
import org.springframework.jdbc.core.JdbcTemplate;
import org.springframework.stereotype.Service;
import java.util.List;

@Service
public class EmployeeService {

    @Autowired
    private JdbcTemplate jdbcTemplate;

    public List<Employee> getAllEmployees() {
```

< 278 >

```
        String sql = "SELECT * FROM employee";
        return jdbcTemplate.query(sql, (rs, rowNum) -> {
            Employee employee = new Employee();
            employee.setId(rs.getLong("id"));
            employee.setName(rs.getString("name"));
            employee.setDepartment(rs.getString("department"));
            return employee;
        });
    }
}
```

在EmployeeService类中，使用JdbcTemplate来执行SQL查询。首先定义了一个SQL查询字符串，用于从名为employee的表中检索所有员工的数据。使用jdbcTemplate.query()方法执行查询，该方法接收两个参数：SQL查询字符串和一个RowMapper对象。RowMapper对象用于将查询结果的每一行映射到Employee对象中，这里使用Lambda表达式来定义RowMapper。query()方法执行查询后，将查询结果映射为Employee对象的列表，并返回该列表。

下一步创建一个控制器类EmployeeController，使用EmployeeService来获取员工数据，并将其返回给前端，代码如下。

```
import org.springframework.beans.factory.annotation.Autowired;
import org.springframework.web.bind.annotation.GetMapping;
import org.springframework.web.bind.annotation.RestController;
import java.util.List;

@RestController
public class EmployeeController {

    @Autowired
    private EmployeeService employeeService;

    @GetMapping("/employees")
    public List<Employee> getAllEmployees() {
        return employeeService.getAllEmployees();
    }
}
```

最后启动Spring Boot应用程序，并访问/employees端点，可以从数据库中获取员工数据并返回。

这个示例演示了如何使用JdbcTemplate来执行SQL查询并将结果映射到Java对象中，同时利用Spring Boot来配置和管理应用程序。整个过程中，JdbcTemplate负责获取数据库连接、执行查询操作、处理结果集，并确保在使用完连接后将其释放，这些细节都被封装在JdbcTemplate内部。开发者只需要定义SQL查询和结果映射逻辑，大大简化了数据访问层的代码。

2．Spring Data JPA

Spring Data JPA是Spring Data项目的一部分，提供了一种简化的方式来访问和操作关系数据库，特别是针对使用JPA的数据访问。JPA是Java EE规范的一部分，它定义了一种标准的方式来进行ORM，通过面向对象编程实现对关系数据库的操作。Spring Data JPA简化了JPA的使用，提供了更高级别的抽象，减少了样板代码。它使用注解和命名约定来定义实体类和数据库表之间的映射。Spring Data JPA天然集成了Spring框架，因此可以与Spring的事务管理、AOP、依赖注入等

< 279 >

特性无缝集成。简单来说，Spring Data JPA实际上是一种对JPA的封装和简化，它提供了更便捷的方式来配置和使用JPA。Spring Data JPA的底层实现仍然依赖于JPA提供者，通常是Hibernate。

　　以下是使用Spring Data JPA的一个简单示例，用于演示如何定义实体类、存储库接口，并执行基本的CRUD操作。示例使用Spring Boot来配置Spring Data JPA。

　　首先依然是创建一个Spring Boot项目，并添加依赖。确保spring-boot-starter-data-jpa和选择的数据库驱动程序依赖已正确配置在项目中。

　　创建一个实体类Employee表示数据库表的映射，该类中使用JPA注解进行标记。这个实体类将映射到MySQL数据库中的employee表。@Entity注解表示这是一个JPA实体，@Table注解用于指定表名，代码如下。

```
import javax.persistence.*;

@Entity
@Table(name = "employee")
public class Employee {

    @Id
    @GeneratedValue(strategy = GenerationType.IDENTITY)
    private Long id;

    private String name;
    private String department;

    // 省略构造函数和getter/setter方法
}
```

　　创建一个存储库接口EmployeeRepository，继承自JpaRepository，并自定义查询方法。JpaRepository是Spring Data JPA提供的接口，它提供了一组内置的数据库操作方法，包括CRUD操作。这里，JpaRepository<Employee, Long>指定了实体类型和主键类型，还定义了一个自定义的查询方法findByDepartment(String department)，它会自动根据方法名生成查询语句，根据department字段进行查询，代码如下。

```
import org.springframework.data.jpa.repository.JpaRepository;
import java.util.List;

public interface EmployeeRepository extends JpaRepository<Employee, Long> {

    List<Employee> findByDepartment(String department);
}
```

　　配置数据源和JPA相关的属性。在application.properties中添加数据库连接信息，这些配置项告诉Spring Data JPA如何连接到MySQL数据库，代码如下。

```
spring.datasource.url=jdbc:mysql://localhost:3306/your_database
spring.datasource.username=your_username
spring.datasource.password=your_password
spring.datasource.driver-class-name=com.mysql.cj.jdbc.Driver
```

< 280 >

```
spring.jpa.hibernate.ddl-auto=update
spring.jpa.show-sql=true
```

创建一个服务类EmployeeService，使用EmployeeRepository来执行数据库操作，其中注入了EmployeeRepository并使用它来执行数据库操作。例如，使用employeeRepository.findAll()来获取所有员工的列表，使用employeeRepository.save(employee)来保存新的员工信息，使用employeeRepository.deleteById(id)来删除员工信息。Spring Data JPA将这些方法映射到具体的数据库操作，无须手动编写SQL代码，代码如下。

```java
import org.springframework.beans.factory.annotation.Autowired;
import org.springframework.stereotype.Service;
import java.util.List;

@Service
public class EmployeeService {

    @Autowired
    private EmployeeRepository employeeRepository;

    public List<Employee> getAllEmployees() {
        return employeeRepository.findAll();
    }

    public List<Employee> getEmployeesByDepartment(String department) {
        return employeeRepository.findByDepartment(department);
    }

    public Employee saveEmployee(Employee employee) {
        return employeeRepository.save(employee);
    }

    public void deleteEmployee(Long id) {
        employeeRepository.deleteById(id);
    }
}
```

创建一个控制器类EmployeeController，使用EmployeeService来处理HTTP请求，并返回数据，代码如下。

```java
import org.springframework.beans.factory.annotation.Autowired;
import org.springframework.web.bind.annotation.*;
import java.util.List;

@RestController
@RequestMapping("/employees")
public class EmployeeController {

    @Autowired
    private EmployeeService employeeService;

    @GetMapping("/")
```

< 281 >

```
    public List<Employee> getAllEmployees() {
        return employeeService.getAllEmployees();
    }

    @GetMapping("/department/{department}")
    public List<Employee> getEmployeesByDepartment(@PathVariable String
department) {
        return employeeService.getEmployeesByDepartment(department);
    }

    @PostMapping("/")
    public Employee addEmployee(@RequestBody Employee employee) {
        return employeeService.saveEmployee(employee);
    }

    @DeleteMapping("/{id}")
    public void deleteEmployee(@PathVariable Long id) {
        employeeService.deleteEmployee(id);
    }
}
```

启动Spring Boot应用程序后，便可以使用HTTP请求来访问相关端点了，如下所示。

- 获取所有员工：GET请求http://localhost:8080/employees/。
- 根据部门获取员工：GET请求http://localhost:8080/employees/department/HR。
- 添加员工：POST请求http://localhost:8080/employees/。
- 删除员工：DELETE请求http://localhost:8080/employees/1。

Spring Data JPA通过配置数据源、定义实体类、创建存储库接口以及使用JPA注解，使与MySQL数据库的连接和操作变得非常简单。它封装了数据库访问的底层细节，开发者只需关注业务逻辑和存储库接口的定义。

3．Spring Data JDBC

Spring Data JDBC是Spring Data项目的一部分，它提供了一种轻量级的、基于关系数据库的数据访问方式。与Spring Data JPA不同，Spring Data JDBC不需要ORM支持，它更侧重于使用简单的Java对象与数据库表之间直接映射，同时提供了灵活的查询和数据操作功能。

以下是使用Spring Data JDBC的一个简单示例，用于演示如何定义实体类、存储库接口，并执行基本的CRUD操作。示例同样使用Spring Boot来配置Spring Data JDBC。

首先依然是创建一个Spring Boot项目，并添加依赖。确保spring-boot-starter-data-jdbc和选择的数据库驱动程序依赖已正确配置在项目中。

创建一个实体类表示数据库表的映射。这里使用Spring Data JDBC的注解来标记实体类，@Table注解用于指定实体类与数据库表的映射关系。在这里，它告诉Spring Data JDBC将Employee类映射到名为"employee"的表中，代码如下。

```
import org.springframework.data.annotation.Id;
import org.springframework.data.relational.core.mapping.Table;

@Table("employee")
public class Employee {
```

< 282 >

```
    @Id
    private Long id;
    private String name;
    private String department;

    // 省略构造函数和getter/setter方法
}
```

创建一个存储库接口EmployeeRepository，继承自CrudRepository，并自定义查询方法。CrudRepository是Spring Data JDBC提供的接口，这个接口提供了基本的CRUD操作。CrudRepository<Employee, Long>指定了实体类型（Employee）和主键类型（Long）。其中还自定义了查询方法findByDepartment(String department)，该方法的名称按照Spring Data JDBC的命名约定，会自动映射为SQL查询，这里是根据department字段查询员工，代码如下。

```
import org.springframework.data.repository.CrudRepository;
import java.util.List;

public interface EmployeeRepository extends CrudRepository<Employee, Long> {

    List<Employee> findByDepartment(String department);

}
```

和之前的示例一样配置数据源和Spring Data JDBC相关的属性。在application.properties中添加数据库连接信息，代码如下。

```
spring.datasource.url=jdbc:mysql://localhost:3306/your_database
spring.datasource.username=your_username
spring.datasource.password=your_password
spring.datasource.driver-class-name=com.mysql.cj.jdbc.Driver
```

创建一个服务类EmployeeService，在其中注入EmployeeRepository，并使用它来执行数据库操作（和Spring Data JPA的示例类似），代码如下。

```
import org.springframework.beans.factory.annotation.Autowired;
import org.springframework.stereotype.Service;
import java.util.List;

@Service
public class EmployeeService {

    @Autowired
    private EmployeeRepository employeeRepository;

    public List<Employee> getAllEmployees() {
        return (List<Employee>) employeeRepository.findAll();
    }

    public List<Employee> getEmployeesByDepartment(String department) {
        return employeeRepository.findByDepartment(department);
    }
```

< 283 >

```
        public Employee saveEmployee(Employee employee) {
            return employeeRepository.save(employee);
        }

        public void deleteEmployee(Long id) {
            employeeRepository.deleteById(id);
        }
    }
```

创建一个控制器类EmployeeController，使用EmployeeService来处理HTTP请求，并返回数据。该类的代码和前面使用Spring Data JPA示例的一样，就不重复给出了。

这个示例演示了如何使用Spring Data JDBC来简化关系数据库的访问。与Spring Data JPA不同，Spring Data JDBC不需要复杂的ORM配置，直接映射Java对象到数据库表，同时提供了灵活的查询和数据操作功能。配置和使用方式与Spring Data JPA类似，但不需要ORM的中间层。

6.4.2 MyBatis

ORM框架是一种软件工具或框架，用于在关系数据库和应用程序中的对象模型之间建立映射关系。它的目标是简化数据库操作，允许开发人员使用面向对象的编程语言（如Java、Python等）来处理数据库数据。ORM框架的优势如下。

- 避免编写SQL语句：ORM框架允许开发人员使用面向对象的语法来进行数据库操作，而不需要编写原生SQL语句。这可降低错误风险。
- 提高开发效率：ORM框架自动处理与数据库相关的底层细节，如数据库连接管理、SQL生成和结果集映射，从而减少开发时间和工作量。
- 跨数据库兼容性：ORM框架通常抽象了不同数据库系统之间的差异，使应用程序更容易在不同数据库之间切换，而无须大规模修改代码。
- 面向对象编程的优势：开发人员可以在应用程序中使用面向对象的编程模型，这更符合现代软件开发的理念，并可提高代码的可维护性和可扩展性。
- 自动化数据验证和关联管理：ORM框架通常提供数据验证和关联管理功能，使开发人员更容易处理数据完整性和关系。
- 支持数据传输对象映射：在前后端分离架构下，ORM通常涉及大量的数据传输，ORM框架可以帮助将前端请求和响应中的数据映射到后端数据库实体对象，及其反向操作。
- 支持数据缓存：ORM框架通常支持数据缓存，这在前后端分离架构中尤为重要，因为它可以降低对数据库的请求频率，提高性能。

除开以上Spring框架本身包含的数据访问和集成模块，还有其他流行的ORM框架可以和Spring很好的集成。本节简要介绍流行的ORM框架MyBatis。Spring Boot + MyBatis是非常流行的后端组合框架。

MyBatis源自iBatis，是一个流行的Java持久性框架，用于将数据库操作与Java应用程序的对象模型进行映射。和其他ORM框架相比，其典型的特点如下。

- 简单性和灵活性。MyBatis的配置和使用相对简单。它不需要大量的XML配置，开发人员可以使用SQL语句来执行数据库操作，这使得代码更加灵活。
- 原生SQL支持。MyBatis允许开发人员编写原生SQL查询，这意味着可以更好地优化和控制数据库查询。与其他ORM框架（比如Hibernate）不同，MyBatis并不强制要求将所有

< 284 >

查询都映射为对象。

- 自动映射。MyBatis支持自动将查询结果映射为Java对象，可以通过配置文件或注解来指定映射规则。
- 动态SQL。MyBatis提供了强大的动态SQL功能，允许在运行时构建SQL查询。这使得处理复杂的查询条件更加容易。
- 可插拔的架构。MyBatis的插件机制允许自定义或扩展其行为，以适应特定需求。这使得可以根据项目要求扩展MyBatis的功能。
- 缓存支持。MyBatis支持一级缓存（本地缓存）和二级缓存（全局缓存），可显著提高查询性能。

综上所述，MyBatis的核心理念是保持SQL的控制权，并提供足够的灵活性，以适应不同的数据库操作需求。这种特性使得它成为许多Java开发人员首选的持久性框架之一。通过配置简单的映射规则和使用原生SQL，开发人员可以更好地控制和优化数据库操作。其核心组件如图6-10所示。

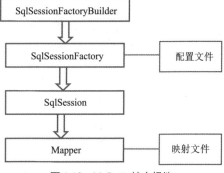

图 6-10　MyBatis 核心组件

对MyBatis核心组件的简述如下。

- SqlSessionFactoryBuilder。SqlSessionFactoryBuilder主要用于构建SqlSessionFactory的实例。它通过读取MyBatis的配置文件（如mybatis-config.xml）来构建SqlSessionFactory。
- SqlSessionFactory。SqlSessionFactory是MyBatis的关键接口。它负责创建SqlSession实例，SqlSession用于执行SQL操作。SqlSessionFactory通常作为一个单例被使用，在应用的生命周期内一直存在，提供与数据库会话相关的所有配置信息。
- SqlSession。SqlSession代表和数据库的交互会话，提供执行SQL语句、获取映射器（Mapper）和管理事务等功能。通常情况下，每个请求或事务都应该有一个对应的SqlSession实例。
- Mapper。Mapper接口是定义数据库操作的核心接口，支持将接口方法直接映射到数据库的SQL语句。通过Mapper接口，开发者可以以面向对象的方式操作数据库，无须编写具体的SQL语句。开发人员可以创建Mapper接口，并在映射文件中将SQL语句与接口方法关联起来。MyBatis会自动生成Mapper接口的实现类。
- 配置文件。MyBatis的配置文件包含数据源、映射器、数据库连接池等信息的配置，还包含SQL语句的映射规则和缓存配置。
- 映射文件。映射文件用于定义SQL语句与Java对象之间的映射规则，包含SQL查询、结果集的映射、参数映射等信息。

下面是一个简单的Spring Boot+MyBatis示例，用于演示MyBatis的核心操作（包括表的级联关系和动态SQL的支持），并且演示Spring Boot如何整合MyBatis。这个示例用于学生管理场景，展示如何根据学生id等信息查询其所选课程等。假设已经创建了两个表：学生表（students）和课程表（courses）。学生和课程之间是多对多的关系。

（1）确保数据库服务器已经安装并且相应的数据库表已创建，比如安装MySQL数据库并建立相应的数据库和表，前文已经给出过示例。数据库表设计如下。

学生表（students）：学生id（student_id，主键），学生姓名（student_name）。

课程表（courses）：课程id（course_id，主键），课程名称（course_name）。

< 285 >

学生课程关联表（student_courses）：学生id（student_id，外键关联学生表），课程id（course_id，外键关联课程表）。

（2）正确设置依赖项，包括MyBatis和数据库驱动程序。

首先使用Spring Initializer或IDE（如IntelliJ IDEA）创建一个新的Spring Boot项目。然后打开项目的pom.xml文件，确保添加了MyBatis和数据库驱动的依赖项，代码如下。

```xml
<dependencies>
    <!-- Spring Boot Starter Web 依赖，用于构建Web应用 -->
    <dependency>
        <groupId>org.springframework.boot</groupId>
        <artifactId>spring-boot-starter-web</artifactId>
    </dependency>

    <!-- MyBatis Starter 依赖，用于集成MyBatis -->
    <dependency>
        <groupId>org.mybatis.spring.boot</groupId>
        <artifactId>mybatis-spring-boot-starter</artifactId>
        <version>2.2.0</version> <!-- 根据需求选择版本 -->
    </dependency>

    <!-- 数据库驱动依赖，以MySQL为例 -->
    <dependency>
        <groupId>mysql</groupId>
        <artifactId>mysql-connector-java</artifactId>
        <version>8.0.26</version> <!-- 根据需求选择版本 -->
    </dependency>

    <!-- 其他依赖，如Spring Boot Starter Test等 -->
</dependencies>
```

然后在src/main/resources/application.properties配置文件中，根据项目具体的数据库配置需求添加以下内容。

```
spring.datasource.url=jdbc:mysql://localhost:3306/mydatabase
spring.datasource.username=your_username
spring.datasource.password=your_password
spring.datasource.driver-class-name=com.mysql.cj.jdbc.Driver
```

替换jdbc:mysql://localhost:3306/mydatabase、your_username和your_password 为实际项目的数据库连接信息。

（3）MyBatis配置。

MyBatis的配置主要涉及数据库连接、映射文件、类型处理器、缓存、插件等方面。MyBatis的配置文件一般约定俗成被命名为mybatis-config.xml。也可以根据自己的项目需要选择不同的名称，但要在后续的配置中正确引用。MyBatis配置文件内容示例如下。

```xml
<?xml version="1.0" encoding="UTF-8" ?>
<!DOCTYPE configuration PUBLIC "-//mybatis.org//DTD Config 3.0//EN"
"http://mybatis.org/dtd/mybatis-3-config.dtd">
<configuration>
    <!-- 数据库环境配置 -->
```

< 286 >

```
        <environments default="development">
            <environment id="development">
                <transactionManager type="JDBC"/>
                <dataSource type="POOLED">
                    <!-- 数据库连接信息 -->
                    <property name="driver" value="com.mysql.jdbc.Driver"/>
                    <property name="url" value="jdbc:mysql://localhost:3306/
mydatabase"/>
                    <property name="username" value="your_username"/>
                    <property name="password" value="your_password"/>
                </dataSource>
            </environment>
        </environments>

        <!-- 映射文件配置 -->
        <mappers>
            <mapper resource="com/example/mapper/StudentMapper.xml"/>
            <mapper resource="com/example/mapper/CourseMapper.xml"/>
            <!-- 如果使用Java注解方式，可以添加mapper class的全限定名 -->
            <!-- <mapper class="com.example.mapper.AnotherMapper"/> -->
        </mappers>

        <!-- 类型别名配置 -->
        <typeAliases>
            <!-- 指定Java类型与数据库类型的映射 -->
            <typeAlias alias="Student" type="com.example.model.Student"/>
            <typeAlias alias="Course" type="com.example.model.Course"/>
        </typeAliases>

        <!-- 日志配置 -->
        <settings>
            <setting name="logImpl" value="STDOUT_LOGGING"/> <!-- 控制MyBatis
的日志输出方式 -->
        </settings>

        <!-- 缓存配置 -->
        <cache/>

        <!-- 插件配置 -->
        <plugins>
            <!-- 添加自定义插件，用于自定义MyBatis的行为 -->
            <!-- <plugin interceptor="com.example.plugins.MyPlugin"/> -->
        </plugins>
    </configuration>
```

上述配置文件包含以下关键部分。

- 数据源配置：在<dataSource>元素中配置数据库连接信息，包括驱动程序、数据库 URL、用户名和密码等。
- 映射文件配置：在<mappers>元素中指定MyBatis映射文件的位置，可以使用<resource> 元素指定XML文件的路径，也可以使用<mapper>元素指定Mapper接口的全限定名。
- 类型别名配置：使用<typeAliases>元素配置Java类型与数据库类型之间的映射，这使得 在映射文件中可以使用简短的别名来引用Java类型。
- 日志配置：使用<settings>元素配置MyBatis的日志输出方式，如STDOUT_LOGGING表 示将日志输出到控制台。

< 287 >

- 缓存配置：<cache>元素用于配置二级缓存，此示例中未进行详细配置。
- 插件配置：使用<plugins>元素可以添加自定义插件，以扩展或修改MyBatis的行为。

如果使用Spring框架，可以在Spring配置文件（如applicationContext.xml）中指定配置文件的位置。在下面的示例中，mybatis-config.xml 配置文件位于类路径根目录下。

```
<bean id="sqlSessionFactory" class="org.mybatis.spring.SqlSessionFactoryBean">
    <property name="configLocation" value="classpath:mybatis-config.xml"/>
    <!-- 其他配置 -->
</bean>
```

如果使用Maven作为项目构建工具，通常将mybatis-config.xml放置在src/main/resources目录下，这是Maven默认的资源文件夹。这样，Maven会自动将配置文件复制到类路径下，可以直接使用"classpath:mybatis-config.xml"来引用它。

无论采用哪种方式，正确放置配置文件以便MyBatis找到并加载该配置文件，就可以正确初始化 SqlSessionFactory。

（4）创建MyBatis映射文件配置和模型类。

首先，配置MyBatis映射文件（包括studentMapper.xml和courseMapper.xml）来定义SQL语句和映射关系。studentMapper.xml文件内容如下所示。

```
<?xml version="1.0" encoding="UTF-8"?>
<!DOCTYPE mapper PUBLIC "-//mybatis.org//DTD Mapper 3.0//EN" "http://
mybatis.org/dtd/mybatis-3-mapper.dtd">

<mapper namespace="com.example.mapper.StudentMapper">
    <resultMap id="studentResultMap" type="com.example.model.Student">
        <id property="id" column="student_id"/>
        <result property="name" column="student_name"/>
        <!-- 其他属性 -->
    </resultMap>

    <select id="getStudentById" resultMap="studentResultMap">
        SELECT student_id, student_name
        FROM students
        WHERE student_id = #{id}
    </select>

<select id="getStudentWithCourses" resultMap="studentResultMap">
    SELECT s.student_id, s.student_name,
           c.course_id, c.course_name
    FROM students s
    LEFT JOIN student_courses sc ON s.student_id = sc.student_id
    LEFT JOIN courses c ON sc.course_id = c.course_id
    WHERE s.student_id = #{id}
</select>

<select id="getStudentsByCondition" resultMap="studentResultMap">
    SELECT student_id, student_name
    FROM students
    <where>
        <choose>
            <when test="name != null">
                AND student_name = #{name}
```

< 288 >

```
                </when>
                <when test="courseId != null">
                    AND student_id IN (
                        SELECT student_id FROM student_courses WHERE course_id
= #{courseId}
                    )
                </when>
            </choose>
        </where>
    </select>

    <!-- 其他SQL语句和映射 -->
</mapper>
```

上面的配置文件中，<select id="getStudentWithCourses" resultMap="studentResultMap">给出了名为getStudentWithCourses的方法，对应的SQL查询将返回学生信息以及与其关联的所有课程信息，体现了MyBatis对表格级联的支持。

<select id="getStudentsByCondition" resultMap="studentResultMap">实现了一个查询学生信息的方法，允许根据不同的条件来过滤学生列表，体现了MyBatis对动态SQL的支持。动态SQL通常用于根据不同的条件生成不同的SQL查询语句。在MyBatis中，可以使用<if>、<choose>、<when>、<otherwise>等标签来构建动态SQL。在这个示例中，根据传入的参数（name和courseId），可以动态生成SQL查询条件，以实现根据学生姓名或课程id来过滤学生列表。

courseMapper.xml文件内容如下所示。

```
<?xml version="1.0" encoding="UTF-8"?>
<!DOCTYPE mapper PUBLIC "-//mybatis.org//DTD Mapper 3.0//EN" "http://
mybatis.org/dtd/mybatis-3-mapper.dtd">

<mapper namespace="com.example.mapper.CourseMapper">
    <resultMap id="courseResultMap" type="com.example.model.Course">
        <id property="id" column="course_id"/>
        <result property="name" column="course_name"/>
        <!-- 其他属性 -->
    </resultMap>

    <select id="getCourseById" resultMap="courseResultMap">
        SELECT course_id, course_name
        FROM courses
        WHERE course_id = #{id}
    </select>

    <!-- 其他SQL语句和映射 -->
</mapper>
```

接下来编写模型类。本示例中Java模型类包括Student和Course，代码如下所示。

```
package com.example.model;

import java.util.List;

public class Student {
```

< 289 >

```
    private int id;
    private String name;
    private List<Course> courses;

    // 省略getter和setter方法
}

public class Course {
    private int id;
    private String name;
    private List<Student> students;

    // 省略getter和setter方法
}
```

（5）编写服务类StudentService，用于调用Mapper接口执行数据库操作。在StudentService类中注入SqlSessionFactory（或SqlSessionTemplate），然后使用MyBatis执行SQL语句，代码如下。

```
package com.example.service;

import com.example.model.Student;
import com.example.mapper.StudentMapper;
import org.apache.ibatis.session.SqlSession;
import org.apache.ibatis.session.SqlSessionFactory;

public class StudentService {
    private final SqlSessionFactory sqlSessionFactory;

    public StudentService(SqlSessionFactory sqlSessionFactory) {
        this.sqlSessionFactory = sqlSessionFactory;
    }

    public Student getStudentById(int studentId) {
        try (SqlSession sqlSession = sqlSessionFactory.openSession()) {
            StudentMapper studentMapper = sqlSession.getMapper(StudentMapper.
class);
            return studentMapper.getStudentById(studentId);
        }
    }

    public Student getStudentWithCourses(int studentId) {
        try (SqlSession sqlSession = sqlSessionFactory.openSession()) {
            return sqlSession.selectOne("com.example.mapper.StudentMapper.
getStudentWithCourses", studentId);
        }
    }

    public List<Student> getStudentsByCondition(String name, Integer courseId) {
        try (SqlSession sqlSession = sqlSessionFactory.openSession()) {
            Map<String, Object> params = new HashMap<>();
            params.put("name", name);
            params.put("courseId", courseId);
```

< 290 >

```
            return sqlSession.selectList("com.example.mapper.StudentMapper.
getStudentsByCondition", params);
        }
    }
}
```

（6）编写一个Controller类来处理HTTP请求并调用Service类实现业务逻辑，代码如下。

```
import com.example.model.Student;
import com.example.service.StudentService;
import org.springframework.beans.factory.annotation.Autowired;
import org.springframework.web.bind.annotation.*;

import java.util.List;

@RestController
@RequestMapping("/students")
public class StudentController {
    private final StudentService studentService;

    @Autowired
    public StudentController(StudentService studentService) {
        this.studentService = studentService;
    }

    @GetMapping("/{id}")
    public Student getStudent(@PathVariable int id) {
        return studentService.getStudentWithCourses(id);
    }

    @GetMapping("/search")
    public List<Student> searchStudents(@RequestParam(required = false)
String name,
                                        @RequestParam(required = false)
Integer courseId) {
        return studentService.getStudentsByCondition(name, courseId);
    }

    // 添加其他Controller方法, 处理更多的HTTP请求

    @PostMapping("/")
    public String createStudent(@RequestBody Student student) {
        // 进行学生的创建操作, 调用Service层方法
        // 返回成功或失败信息
    }

    @PutMapping("/{id}")
    public String updateStudent(@PathVariable int id, @RequestBody
Student student) {
        // 进行学生的更新操作, 调用Service层方法
        // 返回成功或失败信息
    }

    @DeleteMapping("/{id}")
    public String deleteStudent(@PathVariable int id) {
        // 进行学生的删除操作, 调用Service层方法
```

< 291 >

```
            //  返回成功或失败信息
        }
    }
```

此外创建了一个StudentController类，它包含一些常见的HTTP请求处理方法，如获取学生信息、根据条件查询学生列表、创建学生、更新学生和删除学生。这些方法分别对应不同的HTTP请求路径和请求方法（如GET、POST、PUT、DELETE）。在每个方法中，调用了StudentService中的相应方法来实现业务逻辑。例如，在getStudent()方法中，调用了studentService.getStudentWithCourses(id)来获取学生及其课程信息。

（7）编写Spring Boot启动类，并运行该Spring Boot+MyBatis应用。

Spring Boot启动类前文已经给出过，这里不重复给出。记得确保所有的依赖项、配置文件和相关类都正确配置，以便Spring Boot应用程序能够正常运行。在Spring Boot应用程序的启动类中添加@SpringBootApplication注解以启用Spring Boot自动配置。

思考与练习

1．AOP作为一种程序设计的范式，其含义是_____。

2．在Java EE的多层架构中，MyBatis或者Hibernate都属于_____框架。

3．Spring框架的核心概念包括AOP和_____。

4．Spring MVC中的HandlerAdapter使用了什么设计模式？

5．以下不属于JAVA EE框架的是（　　）。

A．Spring　　　　B．Struts　　　　C．Tapestry　　　　D．Ruby on Rails

6．通过自主学习，阐述在使用Spring IoC时，采用BeanFactory和ApplicationContext对于非单例的Bean的管理的不同之处。

7．Spring中的IoC和AOP分别反映了面向对象设计中的哪些原则？

8．撰写代码说明代理模式中的组件和约束，并说明Java SE中的动态代理模式是如何实现AOP的。

9．通过思维导图等工具，总结Spring MVC（Spring Boot）从前端到后端的各个部分体现了哪些设计模式。

10．说明MyBatis和Hibernate的主要异同点，说明其核心接口设计中所涉及的设计模式。

11．（设计和实践）在一个书店采购销售定价决策系统的设计场景中，提供了不同角色，如"供货商""决策者""管理员"。登录页面将实现类似系统门户的功能，根据不同的用户名和密码识别出不同的角色，从而跳转到不同的页面，体现不同的功能。就登录页面功能这部分，说明采用Spring MVC的设计考虑。比如，需要设计一些什么组件，它们之间的调用关系和流程是如何的，各自是MVC的哪部分？（不需要写出具体代码，写出具体的文件各自实现的功能和调用以及跳转关系等即可。）

12．本章示例实现了学生管理系统中后端针对学生信息的增、改、查功能的代码。基于本章的示例，编写代码实现删除某位同学信息的对应后端服务功能。

< 292 >

第7章 Web服务与微服务

学习目标

- 能阐述Web服务的概念和内涵，以及解释其核心协议，并比较说明其与Web服务器的关系。
- 能阐述SOA的概念，并比较说明其与Web服务的关系。
- 能比较说明基于SOAP和REST风格的Web服务的各自特征以及相互的异同。
- 能解释SOAP和WSDL协议的作用，并阐述两个协议的关键组成元素的含义。
- 能阐述并解释RESTful Web服务的核心概念和运行机制，比如资源、统一接口、HATEOAS等。
- 能运用Spring MVC（Spring Boot）进行REST化Web服务的开发和部署，并与之前的前端框架进行对接。
- 能阐述GraphQL Web服务的特征和运行机制，并能辨析其和其他Web服务的异同。
- 能开发和部署较为简单的GraphQL Web服务，包括服务器端的服务、调用服务的客户端程序。
- 能阐述微服务架构的含义和特征，并比较其和单体架构的异同。
- 能运用Spring Boot和Spring Cloud进行较为简单的微服务开发和治理。

7.1 SOA与Web服务

分布式计算是计算机学科中一个重要研究和应用方向，指通过网络连接多个计算机来协同解决问题。分布式计算的发展使得数据和服务可以在不同的地理位置、平台和环境中交互和集成。RPC、CORBA（Common Object Request Broker Architecture，通用对象请求代理体系结构）、Java RMI（Remote Method Invocation，远程方法调回）和DCOM（Distributed Common Object Model，分布式公共对象模型）是一些早期的分布式计算技术。

分布式计算概述

随着互联网的快速发展，Web服务技术应运而生。Web服务技术是分布式计算发展的一个重要方向，也是本书第1章概述过的服务Web的核心技术。Web服务基于开放的Web标准

（如HTTP、XML等），支持在不同平台和用不同编程语言进行交互。它以开放、自描述和网络可寻址等特征，提供了允许不同平台、语言和应用之间进行通信和交互的方法。在前后端分离架构中，Web服务起着连接前后端的作用。

Web服务也是SOA（Service-Oriented Architecture，面向服务的架构）的一种具体实现方式。SOA是一种软件设计和软件架构设计模式，由Gartner机构于1996年提出。它使得应用组件可通过网络提供和调用服务。在SOA和Web服务中，"服务"都是一个核心概念。服务是一种软件组件的概念，通常封装了某些满足特定的业务需求或计算需求的功能，并且具有独立性，即它与其他服务是低耦合的。服务可以被客户端通过网络远程调用，其接口描述通常发布在服务注册中心，可以被其他服务或客户端发现。服务具有以下一些特征。

- 低耦合：服务与其他服务之间的依赖应该最小化，这使得服务可以独立地进行更改和演化。
- 抽象：服务隐藏了其实现的具体细节，服务的使用者不需要了解服务的内部实现。
- 可重用：服务的设计和实现考虑到了重用的需求，同一个服务可以在多个场景和应用中使用。
- 自治：服务具有控制其自身逻辑和状态的能力，无须依赖其他服务。
- 标准化：服务通常基于一些标准化的协议和技术来实现，例如Web服务通常基于HTTP、SOAP或REST等协议。

在SOA架构以及其实现技术Web服务中，主要包含3种角色（或者说软件组件）。

- 服务提供者：创建并发布服务。
- 服务注册中心：存储服务描述信息，使得服务能够被发现。
- 服务消费者：查找并调用服务。

SOAP、RESTful、GraphQL和微服务是现代Web服务的主要技术类型，每一种都有其应用场景和优势。本章主要介绍这几种典型的Web服务技术。随着云计算和微服务架构的发展，Web服务技术将继续演变，以满足不断增长和变化的业务需求。

7.2 SOAP Web服务

SOAP Web服务是一种基于XML的Web服务实现方法，它基于SOAP来交换结构化的信息，基于WSDL来描述服务，基于UDDI（Universal Description Discovery and Integration，通用描述、发现与集成）来发布和发现服务。其工作流程如下。

SOAP Web服务

- 发布：服务提供者创建一个SOAP Web服务，并使用WSDL来描述这个服务。然后，将此服务注册到UDDI。
- 发现：服务消费者搜索UDDI以找到所需的服务，并获取相关的WSDL文件。
- 绑定：服务消费者根据WSDL文件中的信息（如服务器端点、操作、消息格式等）来访问和调用Web服务。
- 执行：服务提供者执行请求的操作并返回响应，此过程中的消息交换遵循SOAP。

SOAP Web服务主要是基于RPC模式的。SOAP的设计初衷是要使程序能够通过HTTP和XML进行跨网络和跨平台的通信。RPC模式是一种允许程序调用位于另一地址空间（通常是不同的物理地址）的过程或函数的通信模式。在基于RPC的SOAP Web服务中，客户端向服务器发送请求（请求中包含要调用的方法名和参数），然后等待服务器响应。服务器处理请求，执行指定的方法，

< 294 >

并将结果返回给客户端。在SOAP Web服务中，服务的可用方法、参数和返回值都是通过WSDL来定义的。RPC通常是同步的，意味着客户端在发送请求后会等待并阻塞，直到收到服务器的响应。

SOAP Web服务具有的主要优势如下。

- 语言和平台无关：由于基于XML和HTTP，SOAP Web服务可以在任何支持这些标准的语言和平台上实现和使用。
- 结构化的信息交换：SOAP使用XML来编码消息，允许复杂的数据结构和类型进行交换。
- 丰富的功能：SOAP提供了丰富的协议扩展，支持消息的路由、事务、安全性等。
- 灵活的传输方式：尽管SOAP通常使用HTTP作为传输协议，但它也可以使用其他传输协议，如SMTP（Simple Mail Transfer Protocol，简单邮件传送协议）、TCP、UDP等。

实现互操作的基础协议栈主要包括网络层的HTTP、XML 消息传递层的SOAP以及服务描述层的 WSDL，如图7-1所示。目前UDDI已经应用非常少，所以下面主要介绍SOAP Web服务的核心协议SOAP和WSDL。

图 7-1　SOAP Web 服务实现互操作的基础协议栈

7.2.1　SOAP

SOAP定义了在网络中传输消息的格式和规则，其消息格式基于XML，可以包含复杂的数据类型和结构。其消息主要包含以下几个部分。

- Envelope：SOAP消息的根元素，包含整个SOAP消息。
- Header（可选）：包含消息的属性，如认证信息、事务管理等。
- Body：包含调用的详细信息，如方法名、参数等。
- Fault（可选）：包含错误信息，当消息处理发生错误时使用，通常出现在SOAP响应中。

SOAP消息一般作为HTTP POST操作的内容部分进行传输。图7-2左侧为SOAP消息结构，右侧为以HTTP作为互联网传输协议时SOAP消息在HTTP消息中所处的位置。

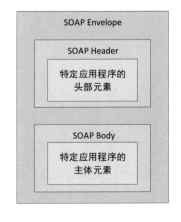 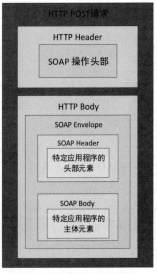

图 7-2　SOAP 消息结构以及 SOAP 消息在 HTTP 消息中所处的位置

< 295 >

下面是一个简单的SOAP消息示例，该消息表示调用名为GetStudentGrade的方法，并传递一个名为StudentID的参数。

```
<soapenv:Envelope xmlns:soapenv="http://schemas.xmlsoap.org/soap/envelope/"
                  xmlns:edu="http://www.example.edu/">
   <soapenv:Header>
      <edu:Authentication>
         <edu:Username>teacher1</edu:Username>
         <edu:Password>password123</edu:Password>
      </edu:Authentication>
   </soapenv:Header>
   <soapenv:Body>
      <edu:GetStudentGrade>
         <edu:StudentID>456</edu:StudentID>
      </edu:GetStudentGrade>
   </soapenv:Body>
</soapenv:Envelope>
```

在这个例子中，<soapenv:Envelope>是SOAP消息的根元素。<soapenv:Header>是SOAP消息头部，包含认证信息（例如用户名和密码），用于验证请求方的身份。<soapenv:Body>包含具体的方法调用和传递的参数，例如调用GetStudentGrade()方法并传递学生id。<edu:GetStudentGrade>表示要调用的方法名。<edu:StudentID>456</edu:StudentID>表示调用方法时传递的参数，即456这一学生id。

服务提供者在收到此SOAP消息后，会处理这个GetStudentGrade请求，找到id为456的学生的成绩信息，并将成绩信息作为SOAP消息的一部分返回给服务消费者。当服务器端成功处理了SOAP请求并能够正确返回学生的成绩时，响应消息可能如下所示（该示例假设学生的成绩是"A"）。

```
<soapenv:Envelope xmlns:soapenv="http://schemas.xmlsoap.org/soap/envelope/"
                  xmlns:edu="http://www.example.edu/">
   <soapenv:Header>
      <edu:ResponseDetails>
         <edu:ResponseID>789</edu:ResponseID>
         <edu:Timestamp>2023-09-28T12:00:00Z</edu:Timestamp>
      </edu:ResponseDetails>
   </soapenv:Header>
   <soapenv:Body>
      <edu:GetStudentGradeResponse>
         <edu:StudentID>456</edu:StudentID>
         <edu:Grade>A</edu:Grade>
      </edu:GetStudentGradeResponse>
   </soapenv:Body>
</soapenv:Envelope>
```

在这个操作成功的SOAP响应消息中，Header部分包含响应的详细信息，例如响应id和时间戳。Body部分包含成功的响应内容。GetStudentGradeResponse是响应的主体，包含学生id和对应的成绩。在SOAP服务中，当服务器端向客户端发送响应时，响应消息的名称通常是在原请求消息的方法名称后面加上"Response"。这是一种广泛采用的命名约定，用于表示这是一个响应消息，与原请求消息相对应。这有助于区分请求和响应消息，以及识别服务器端返回的是哪种类型的响应。例如，如果请求消息中的操作是<edu:GetStudentGrade>，那么相应的响应消息中的操作通常会被命名为<edu:GetStudentGradeResponse>。

< 296 >

假设服务器端不能找到对应的学生id，则会返回一个包含Fault部分的SOAP响应。以下示例表明，由于提供了无效的学生id，因此服务器无法处理该SOAP请求，并且返回了具有详细错误信息的SOAP响应。下面仅给出Body部分的示例，其他部分和正确返回的响应消息一样。该示例的Body部分包含Fault元素，用于传递错误信息。<faultcode>是一个标识错误类型的有名字空间的字符串；<faultstring>是一个可读的错误描述；<detail>可以包含更具体的错误信息，例如错误码和详细的错误信息。

```
<soapenv:Body>
    <soapenv:Fault>
        <faultcode>edu:InvalidStudentID</faultcode>
        <faultstring>Student ID 456 does not exist</faultstring>
        <detail>
            <edu:ErrorCode>1001</edu:ErrorCode>
            <edu:ErrorMessage>Invalid Student ID provided</edu:Error
Message>
        </detail>
    </soapenv:Fault>
</soapenv:Body>
```

7.2.2　WSDL 协议

WSDL是一种用于描述SOAP Web服务的XML格式，它指定了网络服务的公共接口。这种语言是用于描述客户端如何与使用SOAP通信的Web服务进行交互的。通常，SOAP Web服务的提供者创建WSDL文档来描述他们的服务，以便客户端可以理解如何与服务互动。客户端开发人员或软件可以使用WSDL文档来理解如何访问和使用Web服务，并且多数开发工具能够从WSDL文档生成客户端和服务器端的框架代码。

WSDL文档主要由以下几个核心部分组成，其中Service、Port、Binding和具体的服务部署采用的传输协议有关，属于服务实现，而其他元素共同描述了服务接口，一般不会随着具体的服务部署和传输协议而改变，如图7-3所示。

图7-3　WSDL 标准中的元素

- 定义（Definition）：定义WSDL文档的各种数据类型和名字空间。
- 类型（Type）：描述Web服务使用的数据类型。通常，这个部分包含XMLSchema定义，描述消息的数据结构。
- 消息（Message）：定义服务使用的消息格式。每个消息都可以包含一个或多个与XMLSchema定义的数据类型相关联的部分。
- 操作（Operation）：描述Web服务上可以执行的操作（或方法）以及这些操作的输入和输出消息。
- 端口类型（Port Type）：将一组操作组合成一个端口类型，这相当于服务的接口定义。
- 绑定（Binding）：描述服务的通信协议和消息格式，指定如何在消息的传输协议（例如HTTP或SOAP）和消息格式（例如文本、二进制）之间进行映射。

< 297 >

現代 Web 開発與應用（微課版）

- 服務（Service）和端口（Port）：描述服務的具體位置和綁定，定義Web服務的網絡地址（端點）和使用的綁定。服務器端點是Web服務的網絡位置，通常是一個URL，客戶端可以通過這個位置訪問Web服務。

以下是一個較為完整的WSDL示例，與之前的SOAP示例對應。這個例子描述了一個簡單的StudentService，它有一個GetStudentGrade操作，該操作接收一個學生id並返回該學生的成績。具體WSDL文件內容如下。

```xml
<?xml version="1.0" encoding="UTF-8"?>
<wsdl:definitions xmlns:wsdl="http://schemas.xmlsoap.org/wsdl/"
                  xmlns:soap="http://schemas.xmlsoap.org/wsdl/soap/"
                  xmlns:xsd="http://www.w3.org/2001/XMLSchema"
                  xmlns:tns="http://www.example.com/StudentService"
                  targetNamespace="http://www.example.com/StudentService">

    <wsdl:types>
      <xsd:schema targetNamespace="http://www.example.com/StudentService">
        <xsd:element name="GetStudentGradeRequest">
          <xsd:complexType>
            <xsd:sequence>
              <xsd:element name="StudentId" type="xsd:string"/>
            </xsd:sequence>
          </xsd:complexType>
        </xsd:element>
        <xsd:element name="GetStudentGradeResponse">
          <xsd:complexType>
            <xsd:sequence>
              <xsd:element name="Grade" type="xsd:string"/>
            </xsd:sequence>
          </xsd:complexType>
        </xsd:element>
      </xsd:schema>
    </wsdl:types>

    <wsdl:message name="GetStudentGradeInput">
       <wsdl:part name="parameters" element="tns:GetStudentGradeRequest"/>
    </wsdl:message>
    <wsdl:message name="GetStudentGradeOutput">
       <wsdl:part name="parameters" element="tns:GetStudentGradeResponse"/>
    </wsdl:message>

    <wsdl:portType name="StudentServicePortType">
       <wsdl:operation name="GetStudentGrade">
          <wsdl:input message="tns:GetStudentGradeInput"/>
          <wsdl:output message="tns:GetStudentGradeOutput"/>
       </wsdl:operation>
    </wsdl:portType>

    <wsdl:binding name="StudentServiceBinding" type="tns:StudentServicePortType">
       <soap:binding style="document" transport="http://schemas.xmlsoap.org/soap/http"/>
       <wsdl:operation name="GetStudentGrade">
         <soap:operation soapAction="http://www.example.com/StudentService/
GetStudentGrade"/>
```

< 298 >

```
            <wsdl:input>
                <soap:body use="literal"/>
            </wsdl:input>
            <wsdl:output>
                <soap:body use="literal"/>
            </wsdl:output>
        </wsdl:operation>
    </wsdl:binding>

    <wsdl:service name="StudentService">
        <wsdl:port name="StudentServicePort" binding="tns:StudentServiceBinding">
            <soap:address location="http://www.example.com/StudentService"/>
        </wsdl:port>
    </wsdl:service>

</wsdl:definitions>
```

在这个WSDL例子中，<wsdl:types> 包含输入和输出消息的数据类型定义。它包含XML Schema定义，定义了输入和输出消息的结构。我们在第1章中就介绍过XMLSchema如何定义简单和复合的数据类型。<wsdl:message> 定义了输入和输出消息。每个<wsdl:message>都表示一个消息，该消息由一个或多个<wsdl:part>元素组成，描述了消息的各个部分。<wsdl:portType> 定义了Web服务的抽象接口，包括一组<wsdl:operation>，这些操作定义了服务的行为。<wsdl:binding> 元素描述了服务如何与消息协议（如SOAP）绑定，并定义了服务的通信协议和消息格式。在这个例子中，<soap:binding>元素指定了绑定的类型（document style）和传输协议（SOAP over HTTP）。<wsdl:service>和<wsdl:port>定义了Web服务的网络地址和绑定。这些元素将逻辑定义（例如操作和消息）映射到网络地址，提示客户端如何访问服务。

虽然RESTful服务由于其简洁性和易用性而变得越来越受欢迎，但SOAP仍然在许多场景中占有一席之地，尤其是在企业级应用中。大多数旧的和大型企业系统仍在使用SOAP，因为它提供了一套严格的规范和高安全性。比如许多CRM和ERP系统使用SOAP接口来进行数据交换和集成。

支持SOAP Web服务开发的主要平台和框架有Java平台下Apache Axis2、Apache CXF、Java的官方标准JAX-WS等；.NET平台下的ASP.NET Web Services、WCF（Windows Communication Foundation，Windows通信开发平台）等。由于SOAP Web服务已经没有RESTful Web服务应用广泛，但是对于理解RPC模式的Web服务还是很有裨益的。本书主要介绍原理和协议，不给出开发示例，读者可以自行探索和实践。

7.3　RESTful Web服务

SOAP Web服务存在着一些弱点，比如XML格式的解析和生成可能会对性能产生影响；SOAP和WSDL的复杂性可能会导致开发和维护的困难；SOAP Web服务通常采用RPC模式，而RPC模式通常假设强类型和严格定义的接口，这可能

RESTful 架构风格

RESTful 关键原则

RESTful 例子

< 299 >

会限制服务的灵活性。而具有轻量级、可扩展和可维护等特点的RESTful Web服务成为主流。下面先简述REST架构风格，然后介绍基于该风格的RESTful Web服务。

7.3.1 REST架构的含义与特征

REST（Representational State Transfer，描述性状态转移）是一种分布式应用的架构风格，由罗伊·菲尔丁（Roy Fielding）2000年在他的博士论文*Architectural Styles and the Design of Network-based Software Architectures*中提出。他也是HTTP、URI等规范的主要设计者之一。REST利用Web的现有协议和标准（特别是HTTP），成为实现轻量级、可扩展和可维护的Web服务的一种理想选择。由于其简洁和可扩展性，REST如今已成为构建Web服务的主流方法。在Web 2.0时代，伴随着轻量级Web服务需求的爆发，REST逐渐成为Web服务设计的主流方法，从而形成了RESTful Web服务。随着微服务架构的兴起，RESTful API成为微服务之间互相通信的标准。

REST是一组架构约束。"Representational"（描述性）指的是一个资源的"描述"（Representation）。在REST风格中，一个非常核心的特点是按资源组织。一个"资源"是网络上的一个实体，或者说是网络服务的一个具体信息片段。在REST中，每个资源都是可寻址的，通常用URI来唯一标识。客户端可以通过URI来访问对应的资源。而资源的"描述"，就是我们选择呈现资源状态的一种格式，通常是XML、JSON等，这些描述可以通过网络传输。例如，如果我们有一个代表学生的资源，其描述可以是JSON格式，这个JSON对象就携带了描述学生的相关数据。"State"（状态）指的是应用的状态。在RESTful Web服务中，这通常指的是资源的状态，这些状态以资源的描述形式存在，被传输、创建、修改和删除。"Transfer"（转移）指的是状态的转移。通过HTTP，资源的描述从服务器转移到客户端。在REST中，客户端发送请求，这些请求包含需要执行的操作和需要操作的资源，服务器处理这些请求并返回资源的描述。在这个过程中，资源的状态以其描述形式在网络中转移。总结而言，描述性状态转移是指资源（实体）的状态通过它们的描述，在网络中从一个应用转移到另一个应用。在REST架构中，通过HTTP执行CRUD操作，使用标准的HTTP方法（如GET、POST、PUT、DELETE等）来完成资源状态的转移。例如，当我们通过HTTP GET请求一个资源时，我们在请求服务器将资源的当前状态（以资源的描述形式，如JSON或XML）从服务器转移到客户端。这就是一个描述性状态转移的实例。

罗伊博士的论文中提出了REST的6个特点，即客户/服务器架构、无状态、可缓存、统一接口、分层系统和按需编码。这6个特点共同定义了REST的架构风格，实现这些特点可以帮助开发人员设计出简单、可扩展和可维护的网络应用。

- 客户/服务器架构。将客户端和服务器分离，客户端负责定义UI和用户体验，而服务器负责存储和处理数据。通过遵循统一的接口协议，客户端和服务器可以独立地进行开发和演化。
- 无状态。每个请求从客户端到服务器必须包含所有的信息，以理解和处理请求。服务器不会存储任何关于客户端之间会话的事实。并且每个消息都是独立的，不依赖于其他消息。无状态使得网络应用更为可扩展，降低了服务器的复杂度。
- 可缓存。响应可以被明确定义为缓存或不缓存，若定义为缓存可定义缓存的存活时间。如果响应可缓存，缓存数据可以用来满足后续的请求，这可以减少服务器的负担，并提高性能。
- 统一接口。REST架构通过统一的接口来简化系统架构，提高整个系统的可见性和可交互性。统一接口定义了用于访问资源的标准方法。最常见的统一接口包括HTTP标准方法，如GET（获取资源）、POST（创建资源）、PUT（更新资源）和DELETE（删除资源）。
- 分层系统。分层系统允许一个架构被组织成多个层。每一层只能"看见"与其直接交互

< 300 >

的层。这种层次结构可以帮助组织代码，更容易实现复杂的系统，并提供封装以阻止外部变化影响系统内部。

● 按需编码（可选）。按需编码是REST中唯一可选的约束，这个原则允许客户端下载并执行服务器端提供的代码。这可以用来将应用逻辑移到客户端，减轻服务器负担，并允许应用更好地适应用户需求。

7.3.2　遵循REST风格的Web服务

REST不是一种标准或者具体的协议，而是一种跨平台、跨语言的架构风格。RESTful Web服务是对REST在Web领域的实现，即采用Web相关标准来构建的、遵循REST风格的Web服务。

按照前文风格的REST介绍，使用Web标准实现其核心概念包括以下几个方面。

● REST是按资源来组织的，RESTful Web服务采用URI（通常是UBL）来唯一标识资源，从而使得资源具有可寻找性。

● 描述是资源的某个具体状态的外化形式，RESTful Web服务则使用JSON、XML等Web技术来进行描述。同一个资源可以针对客户端的特性体现为不同的资源描述，即所谓资源的多重表示。

● 统一接口定义了与资源交互的标准方法。RESTful Web服务通常使用HTTP方法，GET用于读取或检索资源；POST用于创建新资源；PUT用于更新现有资源；DELETE用于删除资源。

资源的多重表示指的是，同一资源可以有多种不同的表现形式或格式。例如，一条新闻可以HTML格式显示给浏览器用户，以JSON格式返回给移动应用，或以XML格式提供给其他服务。通过资源的多重表示，服务可以更加灵活，能够满足不同客户端和用户的需要。

假设有一个Web服务提供新闻资源，该新闻资源可以有多种表示。针对计算机端的Web浏览器，服务应返回HTML表示，因为它可以包含样式、布局和脚本，为用户提供丰富的交互界面；针对移动端，服务应返回JSON表示，因为它更加轻量级，易于处理；而针对RSS阅读器这样的客户端，则可以返回XML表示。

在实现多重表示时，通常会使用HTTP的Accept头部来确定客户端期望的表示。服务器会根据Accept头部返回相应的表示。例如，如果客户端发送的请求中包含Accept: application/json，服务器应该以JSON格式返回资源的描述。如果客户端发送的请求中包含Accept: text/html，服务器应该以HTML格式返回资源的描述。

下面介绍REST风格的另外一个核心特征和设计原则——HATEOAS及其在RESTful Web服务中的实现。HATEOAS 是"Hypermedia As The Engine Of Application State"的缩写，中文可以翻译为"将超文本作为应用状态的引擎"。它允许客户端通过服务器动态提供的超媒体链接来理解和互动。通过实现HATEOAS，开发者可以创建出更加直观、灵活和用户友好的Web服务。

假设你在使用一个网上购物应用，当你查看一个商品时，应用可能会给你一些选项，比如"加入购物车""查看评论""购买"，这些都是HATEOAS的一部分。这些选项是动态提供的，意味着根据你所处的状态，这些选项会变化。例如，如果你已经把一个商品加入购物车，那么"加入购物车"的选项就可能会变成"从购物车中移除"。在网络应用中，HATEOAS允许客户端通过服务器提供的动态链接来进行导航，从而使客户端不需要事先知道应用的所有操作和状态，增加了Web服务的可发现性和可探索性。

HATEOAS增加了服务的易用性、灵活性和可发现性。服务的响应中包含足够的信息，让客户端了解如何使用服务，提高了服务的易用性。由于客户端通过服务器动态提供的链接进行操作，

< 301 >

因此即使服务的URL发生变化也不会影响客户端的正常使用，使得应用具有灵活性和健壮性。另外，客户端可以通过服务器提供的链接探索和发现服务的其他部分，增加了服务的可发现性。

HATEOAS的设计原则可以理解为将Web服务看作一个状态机，这个状态机由资源的不同状态和状态之间的转换组成，这些转换是通过客户端的操作来触发的。在计算机科学中，状态机是一个抽象模型，它可以处于一系列的状态中，状态机通过从一个状态转换到另一个状态来响应外部输入。在HATEOAS的上下文中，状态机的每个状态都对应一个资源的特定表示，而转换则对应客户端可以执行的操作。客户端可以通过在资源描述中包含的链接来动态发现可用的状态转换，而不是靠硬编码来知道可以进行哪些操作。这意味着客户端和服务器之间的交互是灵活且可扩展的。

在实践中实现RESTful Web服务，主要需要考虑资源的定义、URI的设计、HTTP方法的选择、状态码的使用和消息的格式，以及对HATEOAS设计原则的体现。下面给出一个较为完整的RESTful Web服务设计和实现的简单示例，该示例用于处理图书信息。

- 定义资源：图书。
- URI设计：/books（所有图书），/books/{id}（特定图书）。
- HTTP方法：使用GET读取图书，使用POST创建图书，使用PUT更新图书信息，使用DELETE删除图书。
- 状态码：使用200 OK表示成功，使用201 Created表示资源成功创建，使用404 Not Found表示资源未找到，使用400 Bad Request表示客户端请求错误（如请求的消息体不是有效的JSON格式）。
- 消息格式：使用JSON表示资源。每个资源的JSON表示中将包含与之相关的一组链接，以指导客户端如何进行下一步操作。
- HATEOAS的体现：在每个资源的表示中，将包含一组控制信息，这些信息将以链接的形式出现，描述客户端可以对该资源执行的操作。例如，对于图书资源，我们将包括self（自引用）、update和delete链接，示例代码如下。

```
{
  "book": {
    "author": "J.K. Rowling",
    "title": "Harry Potter",
    "uri": "/books/1",
    "links": [
      {"rel": "self", "uri": "/books/1"},
      {"rel": "update", "uri": "/books/1"},
      {"rel": "delete", "uri": "/books/1"}
    ]
  }
}
```

在6.3.2小节中，我们已经给出过如何采用使用Java的Spring Boot来实现RESTful Web服务。下面我们采用另外一个流行的后端框架，即使用Python的Flask框架来实现这个RESTful Web服务，代码如下。

```
from flask import Flask, jsonify, request, abort, url_for

app = Flask(__name__)
```

< 302 >

```
books = [
    {'id': 1, 'title': 'Harry Potter', 'author': 'J.K. Rowling'},
    {'id': 2, 'title': 'The Hobbit', 'author': 'J.R.R. Tolkien'}
]

def make_public_book(book):
    new_book = {}
    for field in book:
        if field == 'id':
            new_book['uri']=url_for('get_book',book_id=book['id'],_external=True)
        else:
            new_book[field] = book[field]
    # Adding links to show the possible actions.
    new_book['links'] = [
        {
            'rel': 'self',
            'uri': url_for('get_book', book_id=book['id'], _external=True)
        },
        {
            'rel': 'delete',
            'uri': url_for('delete_book', book_id=book['id'], _external=True)
        },
        {
            'rel': 'update',
            'uri': url_for('update_book', book_id=book['id'], _external=True)
        }
    ]
    return new_book

@app.route('/books', methods=['GET'])
def get_books():
    return jsonify({'books': [make_public_book(book) for book in books]})

@app.route('/books', methods=['POST'])
def create_book():
    if not request.json or not 'title' in request.json or not 'author' in request.json:
        abort(400)
    book = {
        'id': books[-1]['id'] + 1,
        'title': request.json['title'],
        'author': request.json['author']
    }
    books.append(book)
    return jsonify({'book': make_public_book(book)}), 201

@app.route('/books/<int:book_id>', methods=['GET'])
def get_book(book_id):
    book = next((book for book in books if book['id'] == book_id), None)
    if book is None:
        abort(404)
    return jsonify({'book': make_public_book(book)})

@app.route('/books/<int:book_id>', methods=['PUT'])
def update_book(book_id):
    book = next((book for book in books if book['id'] == book_id), None)
```

< 303 >

```
        if book is None:
            abort(404)
        if not request.json:
            abort(400)
        book['title'] = request.json.get('title', book['title'])
        book['author'] = request.json.get('author', book['author'])
        return jsonify({'book': make_public_book(book)})

    @app.route('/books/<int:book_id>', methods=['DELETE'])
    def delete_book(book_id):
        global books
        books = [book for book in books if book['id'] != book_id]
        return jsonify({'result': True})

    if __name__ == '__main__':
        app.run(debug=True)
```

在这个例子中，我们创建了一个辅助函数 make_public_book()，这个函数将图书的内部表示转换为外部表示，同时添加了一些链接来代表可能的操作。这样，客户端就可以通过这些链接来了解如何与这个服务进行交互——这正是HATEOAS的核心思想。

在已经安装了Python 3.5或以上版本的基础上，可以在Windows的命令提示符窗口或macOS/Linux的终端下执行以下命令安装Flask。

```
pip install Flask
```

假设之前的Python文件保存为了app.py，可执行以下命令来启动Flask应用。

```
python app.py
```

如果一切正常，会看到类似以下的输出。

```
* Running on http://127.0.0.1:5000/ (Press CTRL+C to quit)
```

这时可以通过Web浏览器访问 http://127.0.0.1:5000/books 以查看初始化的图书列表，或者访问http://127.0.0.1:5000/books/1查看第一本图书的相关信息等。也可以采用 Postman 这样的工具来测试该Web服务，比如用GET方法访问 /books，应该能看到初始化的图书列表；用POST方法向/books发送一个新的图书对象的JSON，应该能创建一个新的图书资源；使用PUT方法可更新图书；使用DELETE方法可删除图书。在测试过程中，查看不同的HTTP方法和状态码，以及返回的JSON消息的结构，这有助于更好地理解RESTful Web服务的工作原理。

7.4 GraphQL Web服务

GraghQL是一个强大的查询语言，用于请求和发布数据，由Facebook在2012年开发，并在2015年开源。GraghQL提供了一种与传统REST不同的数据交互方式，它允许客户端明确地指定所需的数据，从而解决了以往Web服务技术中存在的过度获取（Over-fetching）和欠获取（Under-fetching）问题。通过定义明确的模式和解析器，开发者可以构建灵活、可扩展和高效的Web服务。GraphQL并不

GraphQL Web
服务

< 304 >

是用来替换REST的。GraphQL和REST各有优劣，对它们可以根据项目需求和特点进行选择。GraphQL更适合对多样性和复杂性要求较高的应用（如多平台和多设备应用），而REST可能更适合简单和轻量级的项目。

过度获取是指客户端下载了它实际上不需要的信息。例如，如果一个API返回一个用户对象，该对象包含用户的姓名、邮箱、电话和地址，但客户端仅需要展示用户的姓名，那么其他的信息就构成了过度获取。欠获取是指一次API请求不能提供客户端需要的所有信息，导致客户端必须发出多个请求来获取所需的所有数据。例如，如果客户端需要获取一个用户的所有订单信息，但API仅返回用户信息，客户端则需额外发出请求来获取该用户每个订单的信息。

GraphQL允许客户端指定它们需要的确切数据，从而避免出现过度获取和欠获取的问题。客户端可以通过一个请求就获取到所需的所有相关信息。

例如，使用GraphQL，客户端可以这样请求。

```
{
  user(id: "1") {
    name
    orders {
      id
      amount
    }
  }
}
```

这样，客户端就可以在一次请求中得到用户的姓名和其所有订单的id和金额，避免了过度获取和欠获取。

GraphQL的核心概念如下。

- 查询（Query）：GraphQL允许客户端准确地请求它们需要的数据。客户端可以请求一个对象的特定字段，并且只会接收所请求的这些字段。这可大大减少不必要的数据传输。
- 变更（Mutation）：变更允许客户端请求修改数据。变更可以理解为GraphQL中的写操作，例如创建、更新或删除数据。
- 订阅（Subscription）：订阅允许客户端接收订阅的事件。这为实现实时功能提供了可能，例如聊天应用。
- 类型系统（Type System）：GraphQL使用类型系统来定义API的模式（Schema）。模式是类型、查询和变更的集合，它定义了API的全部功能。

要实现一个GraphQL服务，主要有以下关键步骤。以JavaScript为例，具体用到的库是Express和Apollo Server。

（1）安装必要的库。在项目目录（如my-graphql-server）下，运行以下命令来安装必要的库。

```
npm install express apollo-server-express graphql
```

（2）创建项目结构，如下所示。该示例将Schema定义和Resolvers分开存储，并且考虑到了未来可能出现的其他类型、解析器和辅助函数。

```
/my-graphql-server
  /src
    /resolvers
```

< 305 >

```
        index.js
        bookResolvers.js
      /typeDefs
        index.js
        bookTypeDefs.js
    index.js
    package.json
```

my-graphql-server是项目的根目录。src为存放代码文件的目录。resolvers目录存放所有解析器，下面的index.js文件汇总并导出所有解析器，bookResolvers.js存放与Book类型相关的解析器。typeDefs目录存放所有模式定义，下面的index.js汇总并导出所有类型定义，bookTypeDefs.js存放与Book类型相关的类型定义。src目录下的index.js为启动文件，用于设置并运行服务器。package.json为npm的项目配置文件。

（3）定义模式。模式定义了GraphQL API的类型系统和所有可执行的查询，它是GraphQL服务的核心。例如，一个简单的图书服务可能有这样的模式定义，bookTypeDefs.js代码示例如下。其中包括查询books、book，以及一个变更addBook。

```
const { gql } = require('apollo-server-express');

const typeDefs = gql`
  type Book {
    id: ID!
    title: String!
    author: String!
  }

  type Query {
    books: [Book]
    book(id: ID!): Book
  }

  type Mutation {
    addBook(title: String!, author: String!): Book!
  }
';
module.exports = bookTypeDefs;
```

src/typeDefs/index.js中的内容如下。

```
const bookTypeDefs = require('./bookTypeDefs');

module.exports = [
  bookTypeDefs,
];
```

（4）定义解析器。解析器是用于处理查询和变更的函数。对于上述图书服务，解析器文件bookResolvers.js的代码示例如下。

```
let books = [
  { id: '1', title: 'Harry Potter and the Chamber of Secrets', author:
'J.K. Rowling' },
```

< 306 >

```
    { id: '2', title: 'Jurassic Park', author: 'Michael Crichton' },
];

const resolvers = {
  Query: {
    books: () => books,
    book: (_, { id }) => books.find(book => book.id === id),
  },
  Mutation: {
    addBook: (_, { title, author }) => {
      const newBook = { id: Date.now().toString(), title, author };
      books.push(newBook);
      return newBook;
    },
  },
};

module.exports = bookResolvers;
```

src/resolvers/index.js中的代码如下。

```
const bookResolvers = require('./bookResolvers');

module.exports = [
  bookResolvers,
];
```

（5）设置Apollo Server和Express，并将其绑定到一个端口。假设该代码保存为src/index.js。

```
const express = require('express');
const { ApolloServer } = require('apollo-server-express');
const typeDefs = require('./typeDefs');
const resolvers = require('./resolvers');
const server = new ApolloServer({
  typeDefs,
  resolvers
});

// 创建Express应用实例
const app = express();

// 使用异步函数包围启动逻辑
async function startServer() {
  // 等待服务器启动完成
  await server.start();

  // 应用中间件
  server.applyMiddleware({ app });

  app.listen({ port: 4000 }, () =>
    console.log('🚀 Server ready at http://localhost:4000${server.graphqlPath}')
  );
}
```

< 307 >

```
// 启动服务器
startServer();
```

（6）运行服务，即运行步骤（5）构造的代码。

```
node index.js
```

现在可以访问http://localhost:4000/graphql来查看该GraphQL服务，或使用GraphQL Playground进行查询。在GraphQL Playground中，尝试运行图7-4所示的查询语句，将看到返回的图书列表。

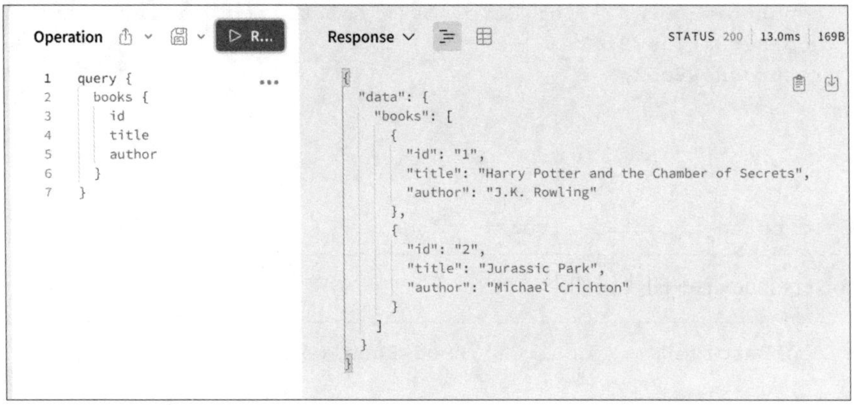

图 7-4　在 GraphQL Playground 中查询所有图书的结果

图7-5所示语句用于查询特定id的图书。

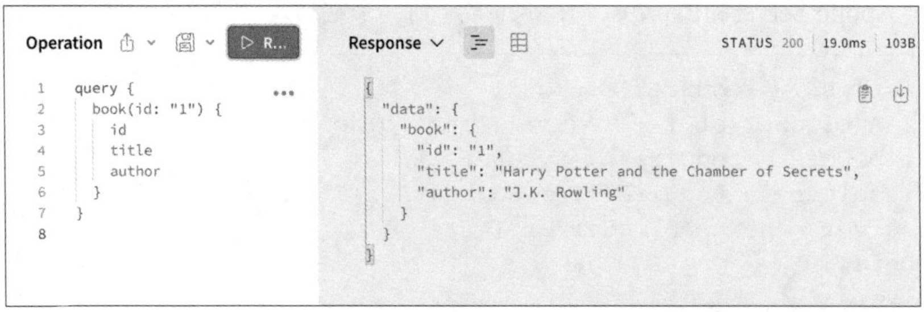

图 7-5　在 GraphQL Playground 中查询特定 id 图书的结果

图7-6所示语句用于添加一本新图书。

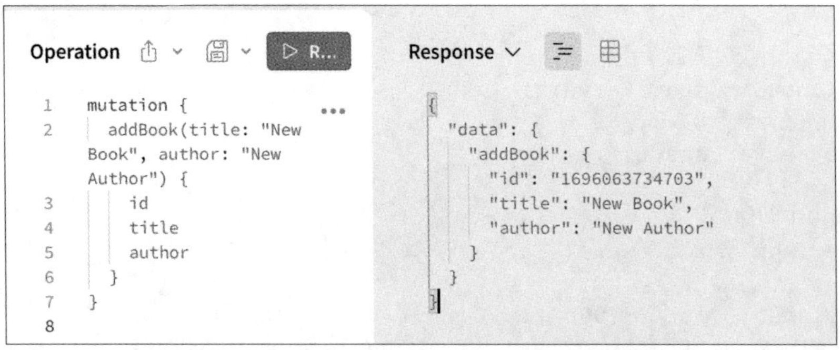

图 7-6　在 GraphQL Playground 中添加一本新图书的结果

再次查询所有数据，如图7-7所示，会发现添加了一本新的图书。

< 308 >

图 7-7　在 GraphQL Playground 中再次查询所有图书的结果

下面是一个使用JavaScript（基于fetch API）从客户端调用GraphQL服务的例子。在这个例子中，调用一个名为queryBooks的查询。

```
const url = 'http://localhost:4000/graphql';

const queryBooks = '
  query {
    books {
      title
      author
    }
  }
';
fetch(url, {
  method: 'POST',
  headers: {
    'Content-Type': 'application/json',
  },
  body: JSON.stringify({
    query: queryBooks,
  }),
})
  .then((res) => res.json())
  .then((data) => console.log('数据:', JSON.stringify(data, null, 2)))
  .catch((error) => console.error('错误:', error));
```

可以看到从控制台上输出了所有图书信息的JSON数据。

上述步骤和代码仅为简单的示例，用于展示如何设置GraphQL服务。在实际应用中，需要考虑数据存储、错误处理、认证、授权、输入验证等其他方面。

7.5　微服务

7.5.1　微服务架构概述

前文介绍了面向服务的架构SOA和具体的实现技术Web服务，下面介绍一种

容器技术与微服务

< 309 >

新兴的互联网服务器端软件开发技术架构——微服务架构。可以认为微服务架构是目前最落地的
SOA架构，其概念于2014年由詹姆斯·刘易斯（James Lewis）和马宁·福勒（Manin Fowler）提
出。在微服务架构中，每个以功能或者业务场景划分的小应用都被独立开发和部署，应用之间采
用标准协议（比如HTTP或RCP等）进行通信，这些相对独立的应用即为微服务，而由这些微服
务构建整个系统所采用的架构就称为微服务架构。

微服务和目前的软件开发模式方向云原生技术息息相关。云原生是一种集成了容器化和微服
务等技术的应用部署与维护的技术栈，致力于在这些技术的基础上创造一项高效的软件开发标
准。CNCF（Cloud Native Computing Foundation，云原生计算基金会）是一个致力于云原生计算
技术发展与推广的开源软件组织。云原生的核心内容如图7-8所示。CNCF定义了云原生应用的如
下三大特征。

● 容器化包装：软件应用的进程应该包装在容器中独立运行。
● 动态管理：通过集中式的编排调度系统来动态管理和调度服务。
● 微服务化：明确服务间的依赖，互相解耦。

简而言之，云原生应用的开发者应将应用组织为相互解耦的微服务，将每个部件包装为容
器，并能够动态地编排调度容器。可见，微服务是云原生应用开发模式的重要基础。而容器化技
术可以采用虚拟容器Docker，容器调度和编排可以采用Kubernetes等。

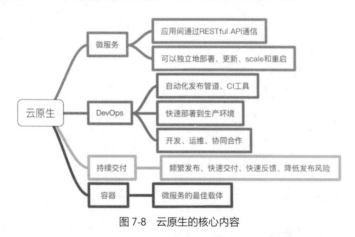

图 7-8 云原生的核心内容

传统的应用架构通常是单体式的。单体式是指整个应用中的所有代码、业务逻辑、资源文
件等被打包构建成单一的整体，比如Java Web前后端资源都被打成.war包，修改应用需要重新
构建、部署新版本。其优点是开发及部署过程相对简单，不存在分布式带来的复杂问题（比
如分布式事务管理等）。但是缺点也很明显：由于相对紧耦合，不方便进行团队协作开发，开
发人员沟通及项目交接成本极高；容错性差，一个模块的错误会影响到整个系统；可修改性
和可扩充性都比较差。单体式架构本身也不适合构建本来就要在网络上进行分布部署的较大
应用。

图7-9所示为针对单体式架构和微服务架构的比较。假设系统中存在3个业务功能：产品服
务、订单服务、用户服务。图7-9（a）所示的单体式架构会将这3个服务紧耦合在一起，并共享
一个集中式的数据库。这样，开发语言和平台选择也基本一致。而图7-9（b）所示的微服务架构
中，这3个业务功能被分别实现为3个微服务，并且相对独立（比如有各自的数据库）。微服务之
间采用REST化的Web服务调用，而客户端首先会访问到一个API网关，由该网关来寻找并转发调
用其上注册的微服务。

< 310 >

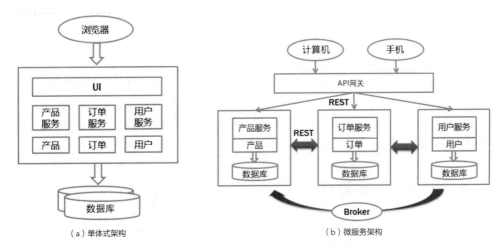

图 7-9　单体式架构和微服务架构的比较

相比单体式应用，微服务架构便于构建较大规模的互联网应用，并且各个微服务之间松耦合，便于团队协作开发。

总结而言，相比于单体服务架构，微服务具有以下优势。

- 服务模块原子化：通过将复杂的应用分拆成功能内聚的单个原子服务，每个服务只专注于一个业务功能点，在功能不变的情况下，应用被分解为多个可管理的分支或服务，降低了系统的复杂度。同时每个服务都是一个以 API 的方式定义的独立模块，实现了模块化的系统解决方案，并且单个原子服务相比于单体服务更容易开发、理解与维护。

- 快速迭代与易扩展：微服务架构模式使得每个 API 服务可以独立开发并且易于扩展。开发者可以根据业务的变化而实现快速的开发迭代，由于其只修改了对应的独立模块，从而不需要考虑该模块功能对其他模块功能的影响。

- 独立测试与部署：微服务可以实现每个微服务的独立测试与部署。测试团队可以采用 A/B 测试，快速部署变化。微服务架构模式使得持续化部署成为可能。在微服务架构中，独立部署方式可以做到只针对需要的部分功能进行扩展。当一个功能模块并发量增大时，可以横向扩展部署，将更多资源配给该模块。过去在单体式服务架构中，只能基于整块进行扩展，会浪费大量资源。

- 技术实现多样化：微服务架构使得每个服务都可以有专门开发团队来开发。开发者可以自由选择开发技术，提供 API 服务。传统的软件开发中经常会使用同一个技术平台来解决所有的问题，然而经验表明使用合适的工具做合适的事情会让开发变得事半功倍。所以使用微服务架构时，针对不同的模块可以选择最合适的开发方式对其进行开发，提高开发效率。同时，因为服务都相对简单，即使更换技术重写代码也能不影响整个系统的运行。

虽然微服务相比于传统的单体式服务架构拥有很多优势，但微服务同样拥有不足和劣势。

- 对分布式事务的支持：由于系统采用了微服务架构，因此应用就转变为分布式应用。传统的单体服务往往只对应一个数据库，但是在微服务中则需要更新不同服务对应的数据库，服务的无状态与事务一致性等问题都会增加整个系统的复杂度。

- 可维护性差：微服务架构模式应用的改变将会波及多个服务，测试应用流程时常常跨多个微服务，当出现问题时，不易进行问题的定位。同时，还要考虑相关改变对不同服务的影响。

< 311 >

- 部署复杂：部署微服务应用也很复杂。微服务应用一般由大批服务构成，而针对每个独立的模块，又将对应其背后的数据库和消息中间件等基础服务，无形中增加了很多需要配置、部署、扩展和监控的部分。

基础的微服务架构具有用户终端、服务提供者/消费者、统一API网关、服务注册与发现、数据库、服务配置管理等模块。随着应用规模的扩大，还可以增加权限认证、日志监控、客户端负载均衡、服务过载保护、容器化部署等模块。典型的微服务架构有Spring Cloud和Dubbo等。下面以开源的Spring Cloud为例做介绍。

7.5.2 Spring Cloud简介

Spring Cloud是目前应用最为广泛的微服务架构，支持采用Java技术的微服务开发。它是一系列框架的集合，其核心组件如图7-10所示。

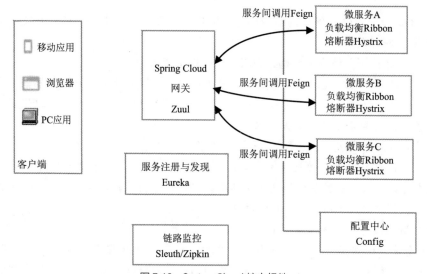

图 7-10　Spring Cloud 核心组件

Spring Cloud微服务架构的核心功能包括统一配置管理、服务注册与发现、统一API网关、服务间调用、客户端负载均衡、熔断器等，其中的核心组件主要如下。

- API网关Zuul：来自客户端的请求不能直接访问各个内部服务，而是通过Zuul来访问。
- 服务注册组件Eureka：服务在Eureka处注册。Zuul收到客户端的请求后，从Eureka获取可用的服务列表。
- 负载均衡组件Ribbon：请求经过Ribbon，根据策略进行负载均衡，然后调用各个微服务。
- 微服务间的调用组件Feign：Feign封装了RESTful风格的HTTP请求，用于微服务之间的相互通信。
- 熔断器Hystrix：Hystrix负责整个架构下所有服务请求的超时熔断及服务降级。
- 链路监控Sleuth/Zipkin：用于实时监控服务间的调用。
- 分布式配置中心Config：集中管理各微服务的配置信息，可动态更新配置。配置信息可以放在Git上以便协同。

采用以上组件便可以实现具有核心功能和流程的微服务架构。除此之外，Spring Cloud还包含其他核心工具框架，如下所示。

< 312 >

- Spring Cloud Bus：可结合分布式消息框架将各个服务连接起来。
- Spring Cloud Consul：可实现服务的注册与发现和配置管理，可作为Eureka的替代产品。
- Spring Cloud Security：可提供OAuth 2认证、授权等安全支持。
- Spring Cloud Stream：可基于Redis、Rabbit、Kafka实现分布式消息服务。
- Spring Cloud ZooKeeper：可基于Apache ZooKeeper提供服务发现和配置管理功能。

Spring Boot可以很好地简化基于Spring的开发。Spring Boot提供了简化配置的开发，以及对注解式编程的支持。Spring Boot还内嵌了Tomcat或Jetty服务，这样无须部署便可以将Spring Boot项目打包成.jar包而直接运行。这使得Spring Cloud下的微服务开发变得更加简便，所以往往会采用Sprin gBoot来开发微服务和实现一些组件。

下面采用Spring Boot和Spring Cloud来尝试实现基于微服务架构的开发和部署。

7.5.3　采用Spring Cloud开发部署微服务

1. 相关工具和环境配置

首先下载和安装一些需要用到的工具。这里采用Spring Tool Suite（STS）作为IDE进行微服务的开发，可以从Spring官网下载并安装该IDE。将下载文件解压缩后，运行目录下的STS.exe即可使用。界面如图7-11所示。

图 7-11　Spring Tool Suite 界面

其次，从getpostman网站下载Postman并安装，Postman是常用的模拟客户端发起HTTP请求的桌面工具。然后需要安装虚拟容器Docker，在开发完成之后，会用Docker容器来发布微服务应用。

Docker安装完成之后，可以在命令提示符窗口中运行"docker -v"来检查安装是否成功，如果得到Docker版本信息的输出即表示安装成功。此时运行"docker run hello-world"，就可以运行第一个Docker容器中的示例程序，如图7-12所示。

< 313 >

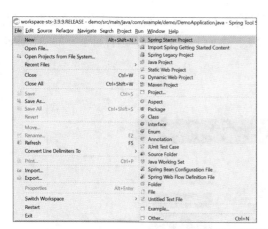

图 7-12　运行"docker run hello-world"

2．采用Spring Boot构建REST Web服务

参照图7-13中的步骤，创建一个基于Spring Boot的启动项目。

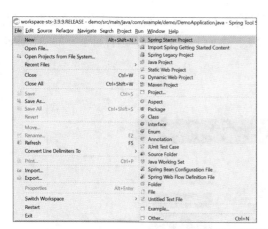

图 7-13　使用 STS 创建基于 Spring Boot 的启动项目

通过图7-14所示界面添加两个依赖：Spring Boot Actuator和Spring Web Starter。

图 7-14　添加依赖 Spring Boot Actuator 和 Spring Web Starter

< 314 >

　　单击"Finish"按钮完成项目创建。右击根目录并选择"Open Project"命令，就能在左下角看到它被导入的Boot Dashboard，如图7-15所示。

　　在Boot Dashboard里面选中demo并单击"运行"按钮，如图7-16所示。

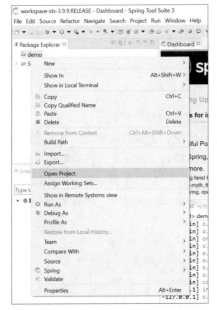

图 7-15　将创建好的项目导入 Boot Dashboard　　　　　图 7-16　在 Boot Dashboard 中运行程序

　　在Console里面能看到运行日志显示这个应用已经在8080端口监听，如图7-17所示。同时有两个端点是可以直接访问的，它们是/actuator/health和/actuator/info。

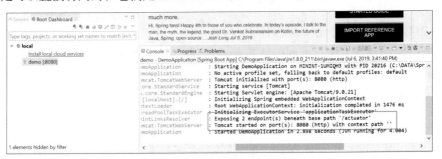

图 7-17　运行日志显示应用已经在 8080 端口监听

　　打开Postman，并向本地的8080端口发送GET请求http://localhost:8080/actuator/health和http://localhost:8080/actuator/info，就可以测试这两个端点，分别如图7-18和图7-19所示。

图 7-18　使用 Postman 测试访问端点

< 315 >

图 7-19　使用 Postman 测试另一个访问端点

应用可以成功运行之后，下面做一些修改来使用前面添加的两个依赖。

Spring Boot Actuator可以帮助实现监控程序内部运行情况，比如监控状况、Bean加载情况、环境变量、日志信息、线程信息等。如果我们使用Spring Boot Actuator，创建项目之后默认开放的端点只有两个，即/actuator/health和/actuator/info。现在打开src/main/resources/application.properties文件，增加配置"management.endpoints.web.exposure.include=＊"来开启其他端点，如图7-20所示。

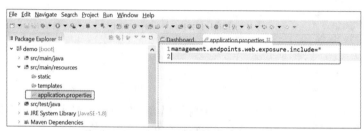

图 7-20　修改配置文件开启其他端点

如图7-21和图7-22所示，这时我们能看到共有15个端点开放了，如图7-21所示。对这些端点的描述如表7-1所示（注：不同的版本端点数目和名称会有一些差异）。发送GET请求到http://localhost:8080/actuator 同样能够列出这些端点。

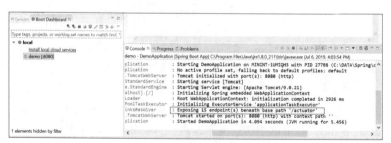

图 7-21　可以观察到开放了 15 个端点

表7-1　15个端点的描述

端点名	描述
auditevents	显示当前应用程序的审计事件信息
configprops	显示一个所有@ConfingurationProperties的集合列表
env	显示来自Spring的ConfingurableEnvironmrnt的属性
health	显示应用的健康信息（当使用一个未认证连接访问时显示一个简单的'status'，使用认证连接访问则显示全部信息详情）

< 316 >

续表

端点名	描述
heapdump	返回一个heap dump文件
httptrace	显示HTTP trace信息（默认显示最近100条）
info	显示任意的应用信息
loggers	显示logger配置
metrlcs	展示当前应用的metrics信息
mappings	显示一个所有@RequestMapping路径的集合列表
scheduledtasks	显示应用程序中的计划任务
sessions	允许从Spring会话支持的会话存储中检索和删除（retrieval and deletion）用户会话。使用Spring Session对反应性Web应用程序的支持时不可用
threadump	执行一个线程dump

前面在创建项目的时候，增加了Spring Web Starter这个依赖，用于使用Spring MVC构建Web应用程序（包括RESTful Web服务），并使用Tomcat作为默认的嵌入式容器。

现在可以增加一个端点，修改DemoApplication.java文件如下所示。

```java
package com.example.demo;
import org.springframework.boot.SpringApplication;
import org.springframework.boot.autoconfigure.SpringBootApplication;
import org.springframework.web.bind.annotation.RequestMapping;
import org.springframework.web.bind.annotation.RequestMethod;
import org.springframework.web.bind.annotation.RestController;

@SpringBootApplication
@RestController
public class DemoApplication {
    public static void main(String[] args) {
      SpringApplication.run(DemoApplication.class, args);
    }

    @RequestMapping(value="/greeting", method=RequestMethod.GET)
    public String SayHello() {
        return "Hello from Spring Boot!";
    }
}
```

这里增加了一个/greeting API，保存修改并重启应用之后就可以访问它，如图7-22所示。

图 7-22　访问新建的 API 端点

< 317 >

3．配置和使用Config Server

由于微服务的松耦合和细粒度，会衍生出更多的配置文件，几乎对于每一个微服务都有其对应的配置文件，因此希望有一个统一的Config Server来负责配置文件的管理，这样就发展出了Spring Cloud Config Server。可以将Spring Cloud Config Server 配置在任意地方（本地、专门用于存放文件的服务器等）。

首先用本地配置文件来测试Config Server的基本功能。创建一个新的Spring Starter Project，并添加两个依赖Spring Boot Actuator和Config Server，如图7-23所示。

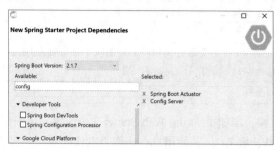

图 7-23　创建一个新的 Spring Starter Project 并添加两个依赖

创建成功后，可以在XML格式的POM文件中看到添加的依赖，如图7-24所示。

```
15    <description>Demo project for Spring Cloud Config</description>
16
17⊖   <properties>
18        <java.version>1.8</java.version>
19        <spring-cloud.version>Greenwich.SR1</spring-cloud.version>
20    </properties>
21
22⊖   <dependencies>
23⊖       <dependency>
24            <groupId>org.springframework.boot</groupId>
25            <artifactId>spring-boot-starter-actuator</artifactId>
26        </dependency>
27⊖       <dependency>
28            <groupId>org.springframework.cloud</groupId>
29            <artifactId>spring-cloud-config-server</artifactId>
30        </dependency>
31
32⊖       <dependency>
33            <groupId>org.springframework.boot</groupId>
34            <artifactId>spring-boot-starter-test</artifactId>
35            <scope>test</scope>
36        </dependency>
37    </dependencies>
38
39⊖   <dependencyManagement>
40⊖       <dependencies>
41⊖           <dependency>
42                <groupId>org.springframework.cloud</groupId>
43                <artifactId>spring-cloud-dependencies</artifactId>
```

图 7-24　可以从 POM 文件中看到添加的依赖

需要对主类做对应的修改，引用Config Server的名字空间，并添加相应的注释@EnableConfig Server。

```
package pluralsight.demo;

import org.springframework.boot.SpringApplication;
import org.springframework.boot.autoconfigure.SpringBootApplication;
import org.springframework.cloud.config.server.EnableConfigServer;

@SpringBootApplication
@EnableConfigServer
```

< 318 >

```
public class PluralsightSpringcloudM2ConfigserverApplication {
    public static void main(String[] args) {
        SpringApplication.run(PluralsightSpringcloudM2ConfigserverApplicati
on.class, args);
    }
}
```

现在，我们在本地添加多个配置文件，创建不同的属性文件，如图7-25所示。

图 7-25　在本地添加多个配置文件

同时修改application.properties文件，指定使用本地配置文件并选用端口，如图7-26所示。

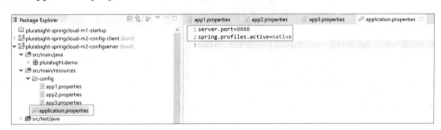

图 7-26　修改 application.properties 文件

保存以上所有修改，并启动这个应用，就能访问添加的配置文件了。可以使用之前安装的Postman 来模拟请求。这里指定的端口是8888，因此给相应端口的URL发送GET请求就能够得到相关的应用信息，如图7-27所示。

图 7-27　使用 POSTMAN 模拟请求访问端点

下面将配置文件放到GitHub仓库中，以方便通过网络访问和协同。假设已经有了GitHub账

< 319 >

号，并且创建了不同应用的配置文件（.properties 文件），如图7-28所示。

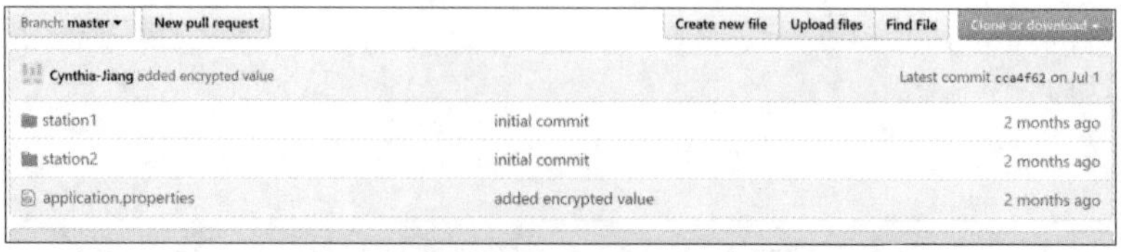

图 7-28　将配置文件放到 GitHub 仓库中

在每个目录下面放置不同阶段的配置文件，如dev、qa等，如图7-29所示。

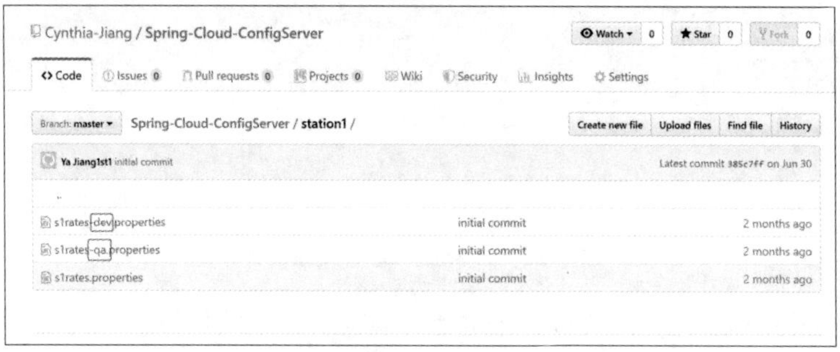

图 7-29　每个目录下面放置不同阶段的配置文件

接下来如之前步骤新建一个Spring Starter Project，并添加两个依赖Spring Boot Actuator和Config Server。重复前面的操作来开启Config Server，引入相应的包并添加注释。然后修改配置文件来指定Config Server的URI等信息。这里我们使用application.yml文件代替之前示例中的application.properties文件。YAML格式文件是JSON文件的一个超集，便于指定分层配置数据。

```
server:
port: 8888
spring:
    cloud:
        config:
            server:
                git:
                    uri: https://github.com/Cynthia-Jiang/Spring-Cloud-
ConfigServer
                    searchPaths:
                    - 'station*'
```

保存所有的修改并运行应用，继续使用Postman来测试。分别对3个文件default、dev和qa发送GET请求，可得到不同的返回结果，如图7-30所示。

Config Server也支持多个GitHub仓库，我们可以添加更多的repo，同时通过pattern来区分它们，如下所示。

```
---
server:
    port: 8888
spring:
    cloud:
        config:
```

< 320 >

```
            server:
                git:
                uri: https://github.com/Cynthia-Jiang/Spring-Cloud-Config
Server

                searchPaths: station*
                repos:
                    perf:
                        pattern: perf*
uri: https://github.com/Cynthia-Jiang/Spring-Cloud-ConfigServer-Perf
```

图 7-30　采用 Postman 对 3 个文件进行访问

< 321 >

保存修改之后再次运行，这时可以通过GET请求来访问 http://localhost:8888/perf/default ，访问结果如图7-31所示。同时前面访问的URL仍旧有效。

图 7-31　采用 POSTMAN 进行修改配置后的访问

前面我们通过浏览器或者Postman测试了访问不同的配置文件。下面我们实践使用Spring Boot应用去访问部署在GitHub上的配置，从而接近真实的使用环境。下面我们创建一个新的Spring Boot应用，并添加Config Client依赖去访问前面搭建的Config Server。创建新的Spring Boot应用时，添加3个依赖Config Client、Thymeleaf、Spring Web Starter，如图7-32所示。

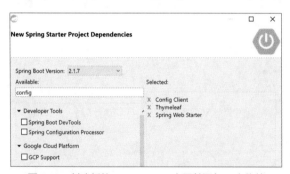

图 7-32　创建新的 Spring Boot 应用并添加 3 个依赖

创建成功之后，首先需要创建一个bootstrap.properties文件，该文件是应用运行时最先装载读取的配置文件，以保证其他配置能够生效，而不是使用默认设置。在src/main/resources下面创建bootstrap.properties，并添加如下配置。

```
spring.application.name=s1rates
spring.profiles.active=qa
spring.cloud.config.uri=http://localhost:8888
```

这里指定了Config Server的URI，同时指定了active（活跃）的profile为qa，而不采用default（同样可以指定为其他的profile）。然后创建新的Controller来使用从Config Server得到的配置信息。这里使用Spring MVC架构新建一个Controller 类 RateController.java和一个视图页面rateview.html。RateController.java的代码如下所示。

```
package pluralsight.demo;
import org.springframework.beans.factory.annotation.Value;
import org.springframework.cloud.context.config.annotation.RefreshScope;
import org.springframework.stereotype.Controller;
```

< 322 >

```
import org.springframework.ui.Model;
import org.springframework.web.bind.annotation.RequestMapping;

@Controller
@RefreshScope
public class RateController {

    @Value("${rate}")
    String rate;

    @Value("${lanecount}")
    String lanecount;

    @Value("${tollstart}")
    String tollstart;

    @Value("${connstring}")
    String connstring;

    @RequestMapping("/rate")
    public String getRate(Model m) {
        m.addAttribute("rateamount", rate);
        m.addAttribute("lanes", lanecount);
        m.addAttribute("tollstart", tollstart);
        m.addAttribute("connstring", connstring);
        //视图名称
        return "rateview";
    }
}
```

Rateview.html的代码如下所示。

```html
<!DOCTYPE HTML>
<html xmlns:th="http://www.thymeleaf.org">
    <head>
        <title>Pluralsight Training: Config Client</title>
        <meta http-equiv="Content-Type" content="text/html; charset=UTF-8" />
        <!-- Latest compiled and minified CSS -->
        <link rel="stylesheet" href="https://maxcdn.bootstrapcdn.com/
bootstrap/3.3.7/css/bootstrap.min.css" integrity="sha384-BVYiiSIFeK1dGmJRAkycuH
AHRg32OmUcww7on3RYdg4Va+PmSTsz/K68vbdEjh4u" crossorigin="anonymous"></link>
    </head>
    <body>
        <div class="row">
        <div class="col-md-2"></div>
        <div class="col-md-8">
        <h1>Pluralsight Training: Spring Cloud Config Client</h1>
        <p th:text="'Your rate is: ' + ${rateamount} + ', number of lanes
is ' + ${lanes} + ', toll start time is ' + ${tollstart} + ' and encrypted value
is '+ ${connstring} +'!'" />
        </div>
        <div class="col-md-2"></div>
```

< 323 >

```
    </div>
  </body>
</html>
```

这里创建了一个新的RequestMapping，因此可以访问URL/rate。同时，加入了@Value("${rate}")来使得可以从Config Server中获得这个值。

保存所有修改之后即可运行测试。为了访问Config Server，需要保证前面创建的Config Server处于运行状态。这时访问http://localhost:8080/rate，就能得到返回结果，结果即得到的Config Server里的配置信息。

4．增加Config Server的安全性

之前Config Server和客户端的通信过程中的所有请求都没有要求认证，而在实际情况下安全性也是一个重要因素。此处加上基本认证（Basic Authentication）来完善其安全性。需要添加一个新的依赖Spring Boot Starter Security来添加安全性组件。回到之前的项目，通过STS来添加新的依赖。重新运行Config Server，在编译过程中会得到一个默认的用户名和随机的密码，这可以从STS的Console中得到。同样，也可以在配置文件中指定用户名和密码：修改application.yml，添加如下配置来指定Basic Authentication的用户名和密码。

```
security:
    user:
        name: pluralsight
        password: pluralsight
```

重新运行Config Server，这时如果进行与之前相同的POSTMAN请求，会收到401出错提示，如图7-33所示。

图7-33　加上基本认证要求后进行与之前相同的请求不成功

需要在请求里面加上Basic Authentication参数，如图7-34所示。

如果在配置文件中存放一些敏感的信息（比如密码），一般需要对这些信息加密存储。这里只需要指定开启Config Server加、解密，同时指定加、解密需要的encrypt.key就可以使用加、解密功能。修改application.yml文件如下。

```
spring:
    cloud:
        config:
            server:
                encrypt:
                    enabled: true
                git:
```

< 324 >

```
                        uri: https://github.com/Cynthia-Jiang/Spring-Cloud-
Config Server

                    searchPaths: station*
                    repos:
                      perf:
                        pattern: perf*
                        uri: https://github.com/Cynthia-Jiang/Spring-
Cloud-ConfigServer-Perf

                        searchPaths: station*
```

图 7-34　需要在请求里面加上 Basic Authentication 参数

需要在bootstrap.properties中指定encrypt.key，我们在这里使用了简单的key并进行对称的加、解密：encrypt.key=ABCDEFGHIJKLMNOPQRSTUVWXYZ。

重新运行Config Server，这时我们可以给接口URL发POST请求来进行加、解密，示例如图7-35所示。

图 7-35　给接口 URL 发 POST 请求来进行加、解密

< 325 >

在得到加密过的字段后，在真实场景中，首先应把加密过的字段加入GitHub中的配置文件，之后需要使Config Client也能够使用encrypt.key解密加密过的字段。在配置文件中，当加入加密过的字段时，需添加{cipher}前缀，如图7-36所示。

图 7-36　把加密过的字段加入 GitHub 中的配置文件

回到Config Client的项目，给bootstrap.yml添加下列配置。

```
spring.cloud.config.username=pluralsight
spring.cloud.config.password=pluralsight
encrypt.key=ABCDEFGHIJKLMNOPQRSTUVWXYZ
```

这样就能保证Config Server的Basic Authentication通过，也能够解密加密过的字段了。

再次访问Config Client的URL，能够得到解密过的connectionstring，如图7-37所示。

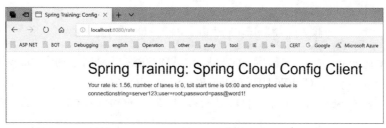

图 7-37　再次访问 Config Client 的 URL 得到解密过的 connectionstring

给Config Client 应用中为Config Server的Controller添加注释@Refreshscope，可以实现当Config Server里的配置发生了改动的时候，不需要重启Config Client 应用就可以获取最新的配置。另外，Spring Boot Starter Actuator中也提供了名为Refresh的Endpoint（端点），当Config Server有改动时，只需要给Config Client的Endpoint /Refresh发送POST请求，即可更新配置。

思考与练习

1．从计算机学科的角度来说，Web服务的本质是＿＿＿＿＿＿＿＿＿＿＿＿技术。

2．在Web服务的服务描述标准WSDL中，服务描述分为两部分：服务接口和＿＿＿＿＿＿。

3．SOAP的网络传输层协议可以采用各种协议，通常采用的协议是＿＿＿＿＿＿。

4．一个SOAP消息包含一个＿＿＿＿＿＿＿＿作为必需的顶层元素，一个可选的＿＿＿＿＿＿＿＿元素以及一个必需的Body元素。

5．Web 服务中采用XML的＿＿＿＿＿＿＿＿规范对数据类型进行描述和表达。

6．Web服务的3个角色分别为服务提供者、＿＿＿＿＿＿＿＿和服务注册中心。

< 326 >

7．Web服务的3个基本操作为发布、查找和_____。

8．REST的中文含义是_____。

9．下面是一个绑定在HTTP上的SOAP消息，请在横线处说明指定行的作用。

```
POST http://www.SmartHello.com/HelloApplication HTTP/1.0
Content-Type: text/xml; charset="utf-8"
Content-Length: 587_____   说明1（前三行）
SOAPAction: "http://www.SmartHello.com/HelloApplication#sayHelloTo"
<SOAP-ENV:Envelope xmlns:SOAP-ENV="http://schemas.xmlsoap.org/soap/envelope/"
  xmlns:xsi="http://www.w3.org/1999/XMLSchema-instance"
  xmlns:xsd="http://www.w3.org/1999/XMLSchema">_____  说明2（前三行）
  <SOAP-ENV:Header>
  </SOAP-ENV:Header>
  <SOAP-ENV:Body>
  <ns1:sayHelloTo xmlns:ns1="Hello" SOAP-ENV:
    encodingStyle="http://schemas.xmlsoap.org/soap/encoding/">
      <name xsi:type="xsd:string">Tarak</name>_____  说明3（前三行）
      </ns1:sayHelloTo>
    </SOAP-ENV:Body>
</SOAP-ENV:Envelope>
```

10．下面关于Web服务的说法正确的是（   ）。

A．Web服务是由全新技术搭建的全新体系

B．Web服务具有很好的跨越平台性能，但是不能跨编程语言

C．Web服务具有紧耦合的特性，并且采用一种适合互联网环境的消息交换协议SOAP

D．Web服务使用开放的标准协议进行描述、传输和交换

11．下列不属于WSDL所描述的内容的是（   ）。

A．服务提供的操作或者方法

B．访问此服务提供的操作的数据格式和协议的详细信息

C．协议专用的网络地址信息

D．服务的具体程序实现方法

12．下列关于Web服务优点描述错误的是（   ）。

A．Web服务集成各种应用的方法是标准化的，具有较好的通用性和兼容性，具有更好的跨平台性

B．Web服务基本协议栈很好地解决了事务处理、安全性、工作流的编排与描述等问题，有很好的业务流程管理能力

C．提供了实现自动发现服务并进行调用的基础

D．有很好的松耦合性和封装性

13．对SOAP的描述，错误的是（   ）。

A．整个技术标准基于文本

B．不包含分布式垃圾回收的处理机制

C．没有规定任何底层的传输协议

D．与WSDL协议独立，没有任何联系

14．服务描述语言WSDL将基本的服务描述分成了两部分：服务接口和服务实现。以下不属于服务接口的元素是（   ）。

A．PortType

< 327 >

B．Opertion

C．Message

D．Port

15．以下描述与RESTful服务关键原则不符合的是（　　　）。

A．无状态通信

B．使用标准HTTP操作

C．为资源定义唯一id，在Web中就是采用URI

D．资源只能有唯一的描述。

16．阐述SOA和Web服务的概念，并比较两个概念的异同点。

17．Web服务器和Web服务器两个技术词汇的联系和区别是什么？

18．Web服务器技术产生的背景是什么？它着重解决什么问题，其主要特征有哪些？

19．基于SOAP的Web服务器的3个核心协议是什么？各自的含义是什么，分别规范了哪些方面的内容？

20．请根据下面W3C对Web服务调用的过程，说明其中4个步骤的含义，以及可以采用的具体方法。

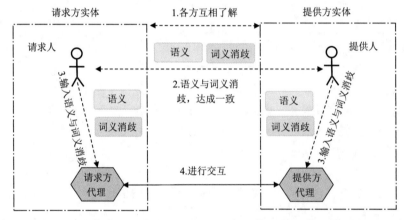

21．依据下图所示，给出Web服务的SOAP调用过程①、②、③、④的描述（假设左边是使用C++编写的服务请求者，右边是使用Java编写的服务提供者），并说明SOAP服务器如Axis处于什么位置，其作用是什么？

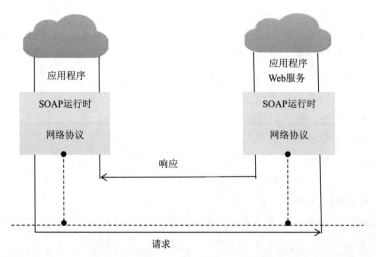

22．（设计与实践）基于XML部分内容设计的城市天气信息的数据，采用基于SOAP的Web服

< 328 >

务器实现一个简单的"全国各大城市天气情况查询系统"。本系统只需提供对天气信息的查询功能，而不需要提供对天气信息的增加、删除、修改等管理功能。用户输入完整的城市名称，提交后返回相应城市的天气信息。如果相应城市在系统中不存在则返回错误提示信息。系统架构如下。

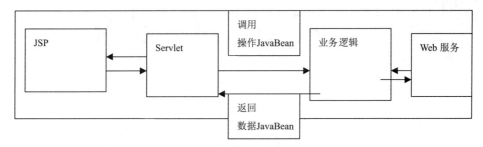

说明：前端使用JavaBean访问Web服务器，再用Servlet/JSP调用JavaBean。

"操作JavaBean"是指用于逻辑操作/计算的JavaBean，例如本题中将在"操作JavaBean"中实现对天气的查询方法（调用Web服务器来实现）。而"数据JavaBean"是用来封装即将全部或部分显示到JSP页面的数据的JavaBean，例如本题中将对天气的查询结果封装成"数据JavaBean"，并将其作为"操作JavaBean"中查询方法的调用结果返回。

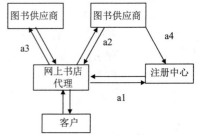

23．（设计与实践）右图是一个网上书店代理的运作流程，首先是客户在网上进行图书订购，代理通过注册中心查询获取图书供应商的服务信息地址（a1），通过查询该供应商服务（a2）评价判断最合适的供应商，然后发出订单（a3）。在这之前，各个供应商需要注册自己的服务信息（a4）。若采用SOA的Web服务来实现，回答以下问题。

（1）采用SOA架构的Web服务分别有哪3个角色，以及哪3种操作？试结合该实例进行阐明。

（2）采用Web服务有些什么优点，其基础协议SOAP、WSDL、UDDI在这个实例中是如何体现的？

24．列举单体式应用和基于微服务架构的应用之间的主要区别，它们各自的优劣是什么？

25．给出以下微服务经典组件的作用。

- Eureka。
- Zuul。
- Ribbon。
- Feign。
- Hystrix。
- Config。
- Sleuth/Zipkin。

26．描述从客户端发起请求，以微服务构建的后端进行客户端响应的一般流程。

27．给出Spring Boot作为微服务开发框架的优势，并编写一个简单的REST化服务，提供模拟的天气预报服务（给出时间和地点两个参数，返回天气数据）。

28．给出采用Docker虚拟容器部署微服务的优势。

29．按照本章给出的步骤，配置GitHub上集中部署的配置文件，并采用Spring Cloud Config Server组件进行集中管理。然后采用Spring Boot开发客户端程序进行配置文件的访问，最后加上安全性访问机制。

30．自学并实践其他的微服务核心组件，撰写实践报告。

< 329 >

本课程建议采用项目式教学，以具有一定挑战度的项目贯穿整个学习过程，并给予学生创新的空间，体现"两性一度"（即创新性、高阶性和挑战度）的学习。这里，本书给出3个课程项目选题供教学时参考，分别从数字媒体、信息管理、移动应用等方面给予学生选题方向，应用场景都是用于计算机教学的教育信息化平台。数字化进程推进到网络化和智能化阶段，正在深刻改变各行各业，也改变了教与学的方式。网络技术应用于教学，构成了结合线上、线下的混合式教学；虚拟现实技术的引入，支持了实验仿真教学；而AI技术则是实现个性化教学、实现大规模因材施教的核心使能技术。通过使用现代Web技术来实现现代教育信息化系统，有利于同学们认识到学习的时代特征，并且基于同学们最熟悉的应用场景，可以引导同学们的反思，构建的原型系统还可以应用于同学们的学习。这些课程项目选题可引导学生团队合作完成项目，锻炼同学们的团队协作能力，培养同学们的工程素养。

课程项目选题1——基于Web3D的仿真学习平台

一、选题概述

在这个选题中，需要实现一个完整的多人在线VR教学环境。该环境可以是一个博物馆、校园、室内等，用户拥有自己的虚拟形象，可以在这个环境中模拟真实世界中的操作，如行走、交流等。

这个环境具有以下特点。

- 模拟真实世界中的环境，不受时空限制。
- 多人可以选择化身进入同一个环境，引入社交因素。
- 在数字化的虚拟世界中可以方便地进行用户行为的分析，化身在虚拟世界中的行为（比如行走路线、速度等）可以被记录下来进行分析。
- 实现教学场景。如博物馆，玩家可以漫游博物馆，浏览文物学习知识，并进行交流；或者多人虚拟环境，可以让玩家移动虚拟的汉诺塔、进行相互讨论等。

二、系统需求和分析

2.1　功能要求

2.1.1　基本功能

- 支持多人加入同一个虚拟世界中，采用 Web3D + WebSocket构建。
- 维护虚拟世界的一致性。
- 同一时刻各个化身能看到的场景应该是一致并且最新的。

- 系统部署在云服务器上，提供可以访问的公网地址。

2.1.2　进阶功能

- 加入一些AI因素，增加一个由计算机控制的NPC，比如导游、服务员。可以根据用户化身的行为做出简单的响应，比如介绍景点等。
- 在环境中的实体可以采用语义 Web 技术加入描述，甚至可以支持推理。

2.1.3　附加说明

- 3D 建模和动画不是课程重点，不要求建模非常逼真，可以采用下载的模型。

2.2　非功能性要求

除了功能需求外，平台还有以下几个非功能性要求。

- 即时性：用户交互、信息位置同步及时且准确。
- 灵活性：尽量使用灵活的设计，提高复用与适应性，后台项目架构要规范。
- 安全性：充分考虑到安全性，对数据传输以及密码的保存等使用相关安全技术。

2.3　系统功能分析和场景

具体界面设计和功能安排可自由发挥，鼓励创新。除了以下页面外，可以根据场景需要添加其他页面和交互。

2.3.1　登录注册页面

- 用户能够注册并通过用户名和密码登录。注册时需要完善用户名、密码等信息，并选择虚拟形象。
- 登录后进入多人VR环境。

2.3.2　支持多人VR环境

- 有教学意义的Web3D场景，可以是一个丰富的大场景或者由几个案例组合起来。
- 相互可见，并行且共享，可以进行一定的交流。
- 环境中可以有一些可交互的实体，如可以打开的门。
- 维护虚拟世界的一致性，同一时刻各个化身能看到的场景应该是一致并且最新的。

2.3.3　用户后台页面

- 用户可以查看并修改自己的个人信息、虚拟形象等。
- 根据可选场景，提供历史行为查看和分析功能。

2.3.4　示例场景

以下为一个计算思维虚拟仿真教学平台的场景，演示了多个用户进入该虚拟场景，共同讨论和解决汉诺塔问题，从而实现可视化地学习计算思维中的递归思维。用户可以选择房间，从而进入某个虚拟教学场景，如附图1所示。虚拟场景支持多人行为同步和实时文字沟通，如附图2所示。

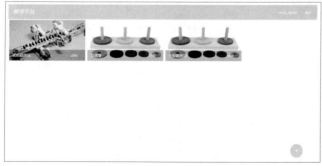

附图1　进入虚拟教学场景

< 331 >

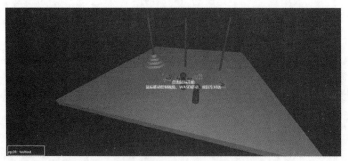

附图2　虚拟场景支持多人行为同步和实时文字沟通

三、技术要求和参考

3.1　技术方案

- Web3D 展示建议使用 Three.js。多用户的位置同步、协同聊天等功能建议使用 WebSocket实现，可以采用框架Socket.IO。
- 采用前后端分离的架构，后端提供RESTful风格的API给前端调用，前后端之间用JSON 或者XML传递数据。
- 后端采用Spring Boot框架，以MyBatis作为数据库持久化层。数据库不限制，可以采用 MySQL、Redis、MongoDB或者图数据库（如Neo4j）。
- 前端与后端的程序均部署在云服务器上，在线上环境直接演示。

3.2　技术架构

涉及HTML5高级技术，包括WebSocket、Web Storage、Web Worker，以及Web3D技术（如封装了WebGL的Three.js框架），技术架构如附图3所示。

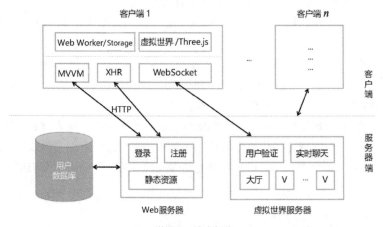

附图3　技术架构

四、评分细则

4.1　分数组成

- 基本功能分：实现评分量表中的"基本功能"，满分100分。
- 进阶任务分：实现评分量表中的"进阶功能"，包括AI功能、多模态交流、云计算应用，以及其他具有创新性的功能，满分30分。
- 个人工作分：根据小组分工及个人完成工作量得分。每组组员该项分数总和30分，根据贡献比例分摊。

< 332 >

4.2 评分量表

评分量表如附表1所示。

附表1 评分量表

功能项		评分指标	分值
基本功能	UI和交互	UI设计是否合理,是否具有较好的用户体验	5
	基本页面与流程	登录和注册功能是否正常	5
		后端用户管理功能是否正常	8
	虚拟场景以及交互	可交互的3D场景建模是否合理,是否具有较好的用户体验	10
		场景功能的完成度和交互的丰富程度	15
		是否支持多人加入该场景,并实现行为共享	17
		是否支持用户间通过文本、动作等交流	10
	工程能力	文档说明是否清晰、详细,是否图文并茂、图示准确	10
		系统架构设计是否合理规范	5
		代码是否清晰,风格是否合理,是否具有良好的设计模式	10
		服务是否部署在云平台上且具有很好的可访问性	5
进阶功能	AI功能	是否实现响应用户虚拟行为的AI导师	5
		是否对虚拟场景中的实体添加语义描述	5
	交互性	是否支持创新交互与多模式交流(如WebRTC)	5
	云计算应用	是否合理采用Docker以及多种云服务	5
	其他	是否支持增强功能,是否进行了提升用户体验的其他创新设计和开发	每项5分

4.3 评分点说明

(1)每一项的分数取决于该项功能的完成度和可用性。完成度和可用性越高,分数越高。

(2)项目完成度和可用性评价标准如下。A、B、C分别对应0~30分、31~70分、71~100分。

- A:最低要求。必须实现并完成规定的用户功能与操作。核心功能和技术都有实现,可以不考虑应用逻辑和实际操作便捷性。

- B:基本要求。实现并完成规定的用户功能和操作,并设计合理、便捷的操作流程,系统各部分衔接过渡自然,方便使用。

- C:进阶要求。实现并完成规定的用户功能、操作和进阶加分项,形成一套完整的可发布应用逻辑。

(3)附加功能必须在文档中明确写出,概述该功能并描述实现原理。

(4)项目设计文档需要至少包含如下内容。

- 项目组织以及其中每个文件的说明。

- 关键功能实现的细节。

- 服务器部署配置的详细介绍。

(5)团队分工文档需要至少包含如下内容。

- 团队成员、分工、具体完成的工作,列出每个人的贡献比例。

- 其他需要补充说明的问题,比如创新之处的思考。

五、提交

提供可访问的公网地址,以及系统的使用说明文档。

< 333 >

- 代码文件：推荐使用 Git 进行协作，提交到 GitHub 等托管平台上。
- 文档：推荐使用 Markdown 编写项目文档，与代码文件一同提交到托管平台上。

课程项目选题2——采用Blockly的计算思维可视化学习平台

一、选题概述

Blockly

计算思维是运用计算机科学的基础概念进行问题求解、系统设计以及人类行为理解等涵盖计算机科学之广度的一系列思维活动，具体包括递归、循环、抽象和分解等。在线编程教育是未来必然的发展趋势。本选题以可视化为核心、计算思维为主题构建学习平台，为在线编程教育提供发展思路。这个选题需要实现一个基于Google Blockly 的计算思维可视化学习平台，为初入编程大门的人提供一个培养计算思维的可视化积木式编程仿真学习平台。同学们可通过对Google Blockly以及其他Web领域前沿技术的自主探索与学习，了解行业在可视化、前端存储等领域的发展方向，提高自身技术水平，体现新工科理念的教学。

二、系统需求和分析

2.1　功能要求

2.1.1　基本功能

- 用户前台页面。
- 用户注册、登录，可展示个人信息、操作记录、场景历史等。
- 用户可选择相应的场景去学习计算思维。
- 用户后台页面。
- 记录用户信息和学习场景的完成情况，可以结合个人设计丰富内容。
- 编程可视化。
- 利用Blockly二次开发构建通用的学习模块，将编程从代码的输入转化为可视化的模块拖曳，不仅能免去学习语法的前置门槛，还能增加编程趣味性，提高用户的学习积极性。
- 设计学习场景。分析并设计比较适合可视化学习的计算思维，归纳总结其特点，并为之设计一个或多个具体的应用场景供用户学习。每个场景可以分为多个步骤，用户通过完成每一步的任务，可逐渐加深对该计算思维的理解，最后达到掌握计算思维的目的。
- 学习场景动画演示。
- 历史记录。
- 考虑到时间原因或者是用户被某个场景的任务卡住，平台应提供历史记录功能，让用户在下一次进入相应场景时，可以从前一次未完成的地方继续学习，而不是再一次从头开始，重复已完成的工作。
- 系统部署在云服务器上，提供可以访问的公网地址。

2.1.2　进阶功能

- 协同学习。当用户被任务卡住时，可以选择把自己的房间id告诉朋友或老师，让其加入房间。加入房间后，支持视频通信、辅导者演示等功能。辅导者演示的时候，其演示步骤要与被辅导者共享。可以选择TurnServer或者coturn实现WebRTC（推荐使用coturn）。
- 结合Web3D展示，引入 Three.js，使计算思维的代码生成与Three.js结合。

2.2　非功能性要求

除了功能要求外，平台还有以下几个非功能性要求。

< 334 >

- 易用性：由于针对的是初入编程大门、对编程仍一知半解的用户，平台需要通过细微的提示和简单的操作让用户简单、快速地上手，降低学习成本和减少受挫感。
- 稳定性：平台应在某些服务出现问题后仍能稳定运行。
- 可维护性：由于每种场景都会涉及许多自定义模块，因此模块的管理会是平台维护的一个难点。设计平台时需要考虑模块的抽象与复用，提升平台的可维护性。

2.3 系统功能分析和场景

2.3.1 平台工作流程描述

附图4描述了本学习平台的工作流程。

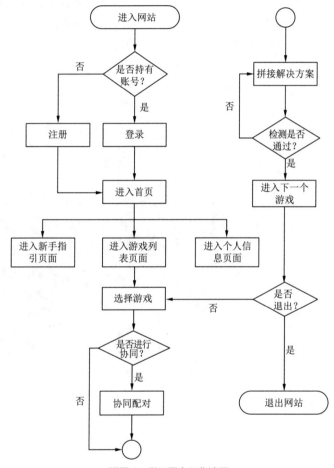

附图 4 学习平台工作流程

用户通过在浏览器中输入网址进入网站。新用户需要进入注册页面进行账号的注册，完成注册后账号会自动登录；已有账号的用户需要进入登录页面输入账号和密码，完成登录。从首页可以进入新手指引页面，也可以进入个人信息页面，最主要的是可以进入游戏列表页面进行游戏的选择。选择游戏后就会进入核心操作页面。在操作页面中，用户会看到游戏场景的文字描述和游戏场景的2D或3D画面，通过从页面左侧工作区的工具箱中拖曳出指令块，可以进行具体问题求解。完成解决方案的拼接后单击"运行"按钮即可查看应用结果，结果会在游戏场景中通过动画的方式展现出来。平台进而显示下一关的游戏场景。如果所有游戏场景中的问题都已经解决，则显示提示信息，用户确认后退出网站。

< 335 >

如果用户解题遇到困难，可以通过页面右侧的协助模块进行求助，平台进行协同配对后用户即可协同学习。用户单击"开设房间"按钮，等待对方加入后即可单击"开始视频"按钮开始视频聊天。双方建立连接后由一方获得控制权，进行游戏场景中的问题求解操作，另一方只可观看，不可操作，在操作方转移操作权后，另一方才可进行操作。

用户可进入个人信息页面查看相关信息，如在"个人信息"选项卡中查看账号信息，在"游玩情况"菜单项中查看游戏的通过情况和近7天的游玩时长统计图，在"历史操作"中查看游玩历史记录。用户不会使用时，可以进入新手指引页面查看新手指南。

2.3.2 示例场景

附图5所示为一个计算思维可视化学习平台的场景，在这个页面中，用户可以拖曳指令块，完成给定场景的任务。用户单击"运行"后，场景中的人物可以模拟用户的动作并演示，无论失败还是成功都会给出对应提示。右侧的"协同学习"是进阶功能，用于请求老师或朋友辅导自己。协同包括视频通信和操作演示，可以自定义如何开启协同。

附图5　计算思维可视化学习平台

三、技术要求和参考

3.1 技术方案

- Web基础课程的知识（如HTML、CSS、JavaScript），Ajax技术。
- 前端采用Angular框架。
- 自主学习和探索采用Blockly二次开发实现积木式可视化编程。
- 后端采用Spring Boot框架，以MyBatis作为数据库持久化层。数据库不限制，可以采用MySQL、MongoDB或者图数据库（如Neo4j）。
- 鼓励学习并使用WebRTC，支持用户采用音、视频进行交流和协同学习。
- 前端与后端的程序均部署在云服务器上，在线上环境直接演示。

3.2 技术架构

为了实现高内聚、低耦合，本平台建议采用前后端分离的总体架构设计，前端采用Angular框架编写单页应用，后端采用Spring Boot和Node.js进行数据服务，前后端之间通过Socket.IO和JSON进行数据交互，如附图6所示。

< 336 >

后端总共分为3个部分：基于Spring Boot的数据服务器，基于Socket.IO的服务器客户端双向通信服务器（信令服务器）和基于coturn的NAT穿越服务器。

数据服务器采用Mybatis技术与MySQL数据库进行交互，利用XML文件进行Mybatis静态映射，包括游玩记录映射文件和用户信息映射文件。数据服务器提供了登录服务和注册服务，由用户信息操作控制器控制；历史记录服务由场景记录控制器控制。由于本平台采用Token机制用于用户登录状态的保持，故数据服务器还拥有JWT加密模块。并且为了保护用户的隐私，存储用户账号信息时需要对密码进行加密存储，因此还具有密码加密模块。

信令服务器采用Socket.IO技术编写，利用Socket.IO已有的名字空间的房间功能进行协同操作和视频聊天时的用户组管理。服务器定义了对用户加入房间、用户离开房间和用户发送消息等事件的监听。

NAT穿越服务器则直接使用技术成熟的STUN服务器和TURN服务器一体化的coturn服务器，只需要对配置文件进行自定义配置即可部署在云服务器上运行。

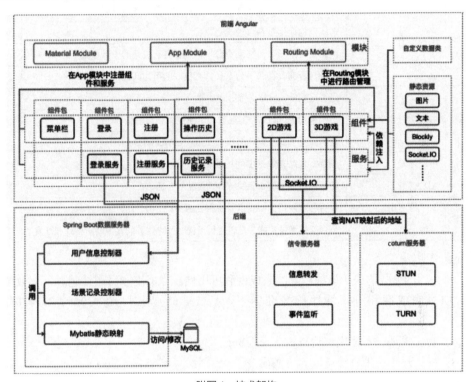

附图6 技术架构

四、评分细则

4.1 分数组成

● 基本功能分：实现评分量表中的"基本功能"，满分100分。

● 进阶任务分：实现评分量表中的"进阶功能"，包括协同学习功能、结合Web3D的场景展示、AI功能、云计算应用，以及其他具有创新性的功能，满分30分。

● 个人工作分：根据小组分工及个人完成工作量得分。每组组员该项分数总和30分，根据贡献比例分摊。

4.2 评分量表

评分量表如附表2所示。

< 337 >

附表2　评分量表

功能项		评分指标	分值
基本功能	UI和交互	UI设计是否合理，是否具有较好的用户体验	5
	基本页面与流程	登录和注册功能是否正常	5
		新手指引页面功能是否正常	5
		个人信息页面功能（如查询历史记录等）是否正常	5
		后端用户管理功能是否正常	5
	可视化学习场景以及交互	是否实现可交互的计算思维学习页面，如Blockly场景	10
		多关卡学习场景的设计和交互的丰富程度	20
		动画展示效果	15
	工程能力	文档说明是否清晰、详细，是否图文并茂、图示准确	10
		系统架构设计是否合理规范	5
		代码是否清晰，风格是否合理，是否具有良好的设计模式	10
		服务是否部署在云平台上且具有很好的可访问性	5
进阶功能	协同学习和交互性	是否采用Socket.io支持房间功能	5
		是否采用WebRTC等实现远程桌面控制和权限管理	5
		是否支持创新交互与多模式交流（如WebRTC）	5
	用户体验	是否实现结合Web3D的场景展示	5
	AI功能	是否调用API访问外部大模型实现AI导师	5
	云计算应用	是否合理采用Docker以及多种云服务	5
	其他	是否支持增强功能，是否进行了提升用户体验的其他创新设计和开发	每项5分

评分点说明

（1）每一项的分数取决于该项功能的完成度和可用性。完成度和可用性越高，分数越高。

（2）项目完成度和可用性评价标准如下。A、B、C分别对应0～30分、31～70分、71～100分。

- A：功能残缺，不能完整运行，有明显bug。
- B：完成规定的用户功能，无明显瑕疵。
- C：界面舒适，操作合理，响应迅速，鲁棒性强。

（3）附加功能必须在文档中明确写出，概述该功能并描述实现原理。

（4）项目设计文档需要至少包含如下内容。

- 项目组织以及其中每个文件的说明。
- 关键功能实现的细节。
- 服务器部署配置的详细介绍。

（5）团队分工文档需要至少包含如下内容。

- 团队成员、分工、具体完成的工作，列出每个人的贡献比例。
- 其他需要补充说明的问题，比如创新之处的思考。

五、提交物

提供可访问的公网地址，以及系统的使用说明文档。

- 代码文件：推荐使用 Git 进行协作，提交到 GitHub 等托管平台上。

< 338 >

● 文档：推荐使用 Markdown 编写项目文档，与代码文件一同提交到托管平台上。

课程项目选题3——基于微信小程序的问答式学习平台

一、选题概述

这个选题需要实现一个基于微信小程序的教学内容管理平台。学生利用个人微信号登录微信小程序，选择课程进行课程内容的学习，采用对话式教学的思路启发学生按照问题的提示一步一步深入学习。教师可以在浏览器的网页上发布课程、编排课程内容等。

交互式学习的典型案例如下。

（1）微信公众号：熊猫小课。

（2）微信公众号：风变编程。

二、系统需求和分析

2.1 功能要求

2.1.1 基本功能

● 教师后台。
● 课程的内容按照对话式教学的方式组织。
● 教师可发布课程，将课程的内容按照章节编排。
● 教师可查看学生的选课、提交作业情况等。
● 学生平台。
● 微信号直接登录，完善账号信息，填写邮箱、性别、姓名、学号等个人信息。
● 学生可查看平台上有哪些课程、参与课程。
● 学生参与课程后，可按照对话式教学方式学习课程，能够记录学习进度。

2.1.2 进阶功能

● 学生可以将对话式教学的内容收藏，并可以自己添加笔记内容

2.2 使用流程

具体界面设计和功能安排可自由发挥。除了以下页面外，可以根据场景需要添加其他页面和交互。

2.2.1 学生小程序（微信）端页面

● 微信号直接登录，完善账号信息，填写邮箱、性别、姓名、学号等个人信息。
● 查看平台上有哪些课程、参与课程。
● 参与课程后学习课程，记录学习进度。

2.2.2 教师后台（浏览器）端页面

● 课程的内容按照对话式教学的方式组织。
● 发布课程，将课程的内容按照章节编排。
● 查看学生的选课、提交作业情况等。
● 教师后台需要实现账号的注册、登录等功能

三、技术方案和参考

3.1 技术方案建议

● 采用前后端分离架构。
● 前端框架不限制为Angular，用Vue.js、WePY、mpvue等也可以。

< 339 >

- 后端编程语言为Java，后端框架建议用Spring Boot。

3.2 参考资料

- Java仿抖音短视频小程序开发全栈式实战项目。
- Hhree.js——打造微信爆款小游戏跳一跳。
- Spring Boot+MyBatis搭建迷你小程序。
- Spring Boot 微信小程序——微信登录功能实战。

以上项目均可在慕课网上找到。

3.3 实现场景示意

附图7所示为以手机端微信小程序展示的交互式教学场景的实现。左图是登录后展示的课程列表，支持用户进行课程搜索。加入某门课程后，可以进行对话式学习，该微信小程序内置聊天机器人，用户可以通过和其进行交流学习相关内容，实现交互式学习。

附图 7 手机端交互式教学场景

四、评分细则

4.1 分数组成

- 基本功能分：实现评分量表中的"基本功能"，满分100分。
- 进阶功能分：实现评分量表中的"进阶功能"，包括结合Web3D的场景展示、AI功能、云计算应用，以及其他具有创新性的功能，满分30分。
- 个人工作分：根据小组分工及个人完成工作量得分。每组组员该项分数总和30分，根据贡献比例分摊。

4.2 评分量表

评分量表如附表3所示。

< 340 >

附表3　评分量表

功能项		评分指标	分值
基本功能	UI和交互	UI设计是否合理，是否具有较好的用户体验	5
	基本页面与流程	登录和注册功能是否正常	5
		个人信息页面功能（如查询历史记录等）是否正常	5
		教师后端课程管理功能是否正常	5
	课程学习核心功能	教师和学员之间的文本对话是否以聊天记录的形式呈现，内容、头像、姓名等格式编排是否合理	10
		多关卡学习场景的设计和交互的丰富程度	20
		是否实现对话式答题功能：对话框内可以创建选择题，学生可完成选择题，教师可查看题目完成情况	10
		是否实现学生对于课程内容的收藏、笔记等功能	10
	工程能力	文档说明是否清晰、详细，是否图文并茂、图示准确	10
		系统架构设计是否合理规范	5
		代码是否清晰，风格是否合理，是否具有良好的设计模式	10
		服务是否部署在云平台上且具有很好的可访问性	5
进阶功能	场景的丰富性和良好的用户体验	是否支持创新交互与多模式交流（如WebRTC）	5
		是否实现结合HTML5多媒体表现的学习场景展示	5
	AI功能	是否调用API访问外部大模型实现AI导师	5
	云计算应用	是否合理采用Docker以及多种云服务	5
	其他	是否支持增强功能，是否进行了提升用户体验的其他创新设计和开发	每项5分

4.3　评分点说明

（1）每一项的分数取决于该项功能的完成度和可用性。完成度和可用性越高，分数越高。

（2）项目完成度和可用性评价标准如下。A、B、C分别对应0～30分、31～70分、71～100分。

- A：最低要求。必须实现并完成规定的用户功能与操作。核心功能和技术都有实现，可以不考虑应用逻辑和实际操作便捷性。

- B：基本要求。实现并完成规定的用户功能和操作，并设计合理、便捷的操作流程，系统各部分衔接过渡自然，方便使用。

- C：进阶要求。实现并完成规定的用户功能、操作和进阶加分项，形成一套完整的可发布应用逻辑。

（3）附加功能必须在文档中明确写出，概述该功能并描述实现原理。

（4）项目设计文档需要至少包含如下内容。

- 项目组织以及其中每个文件的说明。

- 关键功能实现的细节。

- 服务器部署配置的详细介绍。

（5）团队分工文档需要至少包含如下内容。

- 团队成员、分工、具体完成的工作，列出每个人的贡献比例。

< 341 >

- 其他需要补充说明的问题，比如创新之处的思考。

五、提交物

提供可访问的公网地址，以及系统的操作说明。

- 代码文件：推荐使用Git进行协作，提交到GitHub等托管平台上。
- 文档：推荐使用 Markdown 编写项目文档，与代码文件一同提交到托管平台上。

< 342 >